张思莱育儿手记（下）

1~4岁宝宝养育及早教专家指导

张思莱 著

中国妇女出版社

图书在版编目（CIP）数据

张思莱育儿手记.下，1～4岁宝宝养育及早教专家指导：全新修订版 / 张思莱著. --修订本. --北京：中国妇女出版社，2015.8

ISBN 978-7-5127-1126-6

Ⅰ.①张… Ⅱ.①张… Ⅲ.①婴幼儿—哺育②婴幼儿—早期教育　Ⅳ.①TS976.31②G61③R715.3

中国版本图书馆CIP数据核字（2015）第134512号

张思莱育儿手记（下）

作　　者：	张思莱　著
责任编辑：	王　琳
封面设计：	尚世视觉
责任印制：	王卫东
出版发行：	中国妇女出版社

地　　址：北京东城区史家胡同甲24号　　　邮政编码：100010

电　　话：（010）65133160（发行部）　　65133161（邮购）

网　　址：www.womenbooks.com.cn

经　　销：各地新华书店

印　　刷：北京楠萍印刷有限公司

开　　本：170×230　1/16

印　　张：30.25

字　　数：460千字

版　　次：2015年8月第1版

印　　次：2015年8月第1次

印　　数：1－25000册

书　　号：ISBN 978-7-5127-1126-6

定　　价：49.80元

作者简介

　　张思莱，北京中医药大学附属中西医结合医院原儿科主任、主任医师，原卫生部"儿童早期综合发展"项目国家级专家，中国少年儿童基金会"陪伴成长"项目特聘专家，全球儿童安全组织认证专家。擅长新生儿专业、儿童保健、儿童疾病治疗以及儿科中西医结合治疗等，在婴幼儿早期教育及心理方面也有一定研究。著有《您育儿的方法正确吗》《从新手到育儿专家》《育儿路上答疑解惑》《张思莱育儿微访谈：爸爸妈妈最想知道的事（健康分册）》《张思莱育儿微访谈：爸爸妈妈最想知道的事（养育分册）》《张思莱谈育儿那点事儿：专家解惑0～6岁育儿难题》。

　　从1998年开始，张思莱医师就致力于婴幼儿科学养育知识的普及和传播，经常作为嘉宾参加电台、电视台养育类节目的录制，2014年还参与了湖南卫视《天天向上》栏目的录制。同时，张医师还是众多孕育类杂志的专家顾问，也是国内最早的在线咨询专家之一。从2000年初至今，张医师在网上育儿咨询的第一线已经整整工作了15年，回答了千万家长的提问和咨询，仅2014年一年其育儿微博的总阅读量就超过15亿次，使其成为中国最具影响力的网上育儿专家之一，并因此获得多项荣誉：新浪育儿金牌专家、新浪微博专家百强榜医疗健康专家TOP10、新浪微博全国十大育儿大V用户。2014年6月，为表彰张医师做出的贡献，中华全国妇女联合会和中国家庭教育协会授予她全国百位"传承好家风的好妈好爸"光荣称号。

风一般的奶奶

——引领育儿大军就是引领中国的未来

　　我总望见自己牵着孩子们的手向前走，有时我会慢下来，孩子们跑到了我的前边，停下来喊我、拉我、推我往前走。而张思莱医师却从来没有停下来的一刻，她始终是一位处在奔跑中的长者、行在助人路上的智者。

　　2013年，真人秀《爸爸去哪儿》让孩子们迷上了"风一样的女子"森碟。而在我眼里，张医师就是一位"风一般的奶奶"。

　　记得很久以前，儿子曾问过我："妈妈，我怎么能知道有风来了呢？"

　　我回答："你可以看看天空啊，如果看到云在飘，那一定是有风在吹；你也可以看看地上的树，如果有树枝在摇，那一定是风刚刚路过。"

　　儿子听得开心："原来风可以让东西动起来！"

　　是的，如果把年轻的父母比作天上洁白的云，把孩子比作地上嫩绿的苗，那么张奶奶就好像推动云的那股力量，好像拂过秧苗的一阵和风。

　　记得4年前，我为张医师的《张思莱育儿手记》上、下册著写了序。那时，她正在"织"微博，热心热意地为千万父母在微博上排疑解难。当时，我也在"织"微博，我们时不时地会在网络空间里相遇。有一天早上，我收到一条新浪微博留言，通知我新鲜出炉的2013年度新浪微博全国"十大育儿大V用户"，而名列榜首的正是张医师。接下来让我吃惊的是，自己竟然也挤进了前八的名单，荣幸地与张奶奶站到了同一个队伍里。这于我是莫大的鼓励，因为张医师始终是致力于母婴关怀、父母教育的一股推手力量，她推动着千万父母改变，而引领育儿大军就是引领中国的未来。

　　2012年年底，我创办了微信公众号"父母堂"，旨在为专家和父母大众之间搭起一个平台，每天推送科学育儿观和养护知识。张医师欣然成为我们平台的第一位特邀专家，无偿提供了大量的文章，服务几十万的新手父母。2013年6月的一个下午，张医师亲自爬上没有电梯的4层楼，来到了我们办公室，不为别的，只为学习使用和操作微信公众平台。很快，"张思莱医师"的公众号上线了，并一路快速成长，成为2015年被父母点"赞"最多的专家公众号。这样一位勤勉的奶奶怎能不让我感动呢？

与此同时，另一程线下征途也在紧锣密鼓地展开。从2014年8月起，张医师"和孩子共同成长"——别克英朗智慧家庭课堂走遍了大江南北，几乎每一个休息日她都在不同的城市演讲，为孩子和他们的父母提供育儿咨询和指导。而一到工作日，张医师立即做回姥姥的角色，去幼儿园接小外孙子恒恒，为大外孙子铭铭安排妥当的生活作息。这样一位被千万父母和孩子拥戴的奶奶，在家中还是一位操持家务、为女儿分担家事的普通老人。这就是为什么张医师的讲座、书籍、微博和公众号会广受大家欢迎的主要原因，因为这位"风一般的奶奶"就是生活中的动力、日子里的依靠、大家心中的榜样。为此，中华全国妇女联合会和中国家庭教育协会授予张医师全国百位"传承好家风的好妈好爸"光荣称号。作为妈妈、姥姥和千万父母的领军人，张奶奶获得这个称号当之无愧！

时不时地，我们也会在电话里聊上几句，张奶奶总会亲切地喊我"静洁"。她还常常不忘问候我的先生，最经典的一句话就是："静洁，没有谭盾先生的支持，你是没法干好你的事业的。"

我深深牢记张医师的这句话："一个妈妈的梦想再大，也大不过对孩子和家庭的寄托；一个妈妈的追求再高，也必须有爸爸的支持和共力。"如果生儿是妈妈一人的天职，育儿则应该是全体参与的大家的事，而《张思莱育儿手记》的再版正好为我们提供了及时又贴心的育儿向导。

有幸，我们这一代父母享有这样一位"风一般的奶奶"。

"父母堂"微信公众号创建人黄静洁(妈咪Jane)

携手先生谭盾共同推荐

2015年5月29日

改变从自己开始

2015年6月19日我参与录制了第一财经传媒的节目《头脑风暴》，其主题是《暑假到了，虎妈猫爸谁当道》。嘉宾中有一位性格鲜明的爸爸，要为儿子从小规划高远的人生目标，严格塑造坚忍性格，取得非凡人生成就，人称"鹰爸"何烈胜。儿子多多4岁就被爸爸训练在冬天雪地裸跑，5岁学习飞行，最近他刚刚徒步穿行了罗布泊；学业上，7岁的多多已经跳级上6年级了，小小年纪便获得全国心算一等奖、作文一等奖、机器人大赛一等奖。在各种成绩的激励下，"鹰爸"认为他的"鹰式教育"是成功的，必须坚持下去。在马上到来的暑假里，除了睡觉的几小时，"鹰爸"早已细心地为多多安排了紧密的日程，从军训火灾逃生训练，到学科强化拓展，任务安排精确到分钟。"鹰爸"在介绍他的理念时，我实在忍不住打断他："现在您认为自己是专家，把多多的学习和训练安排得很紧密，10年后如果您不能为他做最到位的规划怎么办？30年后如果他没有竞赛可参加怎么办？多多有自己思考选择的能力吗？他有自己的兴趣吗？他能和同龄的好朋友一起快乐成长吗？"在2个多小时的节目里，我们显然都不能说服彼此。

我不是"虎妈"，不同意强权一定能塑造优才，也不赞成把孩子像工业产品一样去打造标准的质量保障体系。作为父母，我觉得最大的挑战就是不把自己真实成长、时时跌跤的孩子，去和自己心中一个虚幻的完美孩子做比较。尊重每个孩子的独特个性，激发好奇心和求知欲，让他们真实、快乐、自信地成长，其实比参照一个标准程式更具挑战性，需要家长的细心观察和个性化引导。更重要的是，如果作为父母的我们能热爱自己的事业、家庭，互相支持陪伴，日日精进，我相信这些种子都会植入孩子们的潜意识，帮助他们拥有驾驭幸福人生的能力。

《头脑风暴》节目激辩过后，我晚上回家问铭铭，"1~10分，你给妈妈打几分？"铭铭想也不想就说"9分"。"评价挺高，谢谢。妈妈的优点是什么？"铭铭扳着指头说："第一，你总知道我喜欢什么；第二，你总带我去参加同学们的活动，也会帮我组织好玩的生日会；第三，我考试的时候，你会陪我上学；第四，妈妈你做的饭菜很好吃。""你希望妈妈做出哪些改变？""你应该对我更有耐心，不要经常抱怨我做得不够好，就这一点扣分。"儿子9岁，在意的是很多平凡有爱的生活细节。有趣的是，这和我预想的答案挺不同。作为爸妈，我们是否能坐在孩子身边，认真倾听并及时改变自己呢？

　　我妈妈是一个立志学习和工作到底的人，我从年少轻狂时对她的权威充满逆反，到今天对她由衷的敬佩和欣赏，经历了很长的心路历程。小时候的记忆中，她是北京儿科名医，一个追求完美主义的强势母亲。后来，她是原卫生部"儿童早期综合发展"项目国家级专家，千万年轻父母的育儿专家导师。一个60岁的人敢于学习互联网，建博客，开微博，成为新浪微博全国"十大育儿大V用户"No.1，2014年微博总阅读量超过15亿次；2014年春天，她从零开始创建微信公众平台，学习新的规则和沟通方式，以原创内容和知识传播为重点，仅仅一年多已经拥有30多万粉丝。在她的背后，没有商业力量运作，没有专业团队扶植，只有她对儿科专业的爱与专注，和充满激情与活力的公益心。我也很想成为她那样的人，在年长时还能激励自己的儿女，为自己的理想和传播科学知识不懈努力。

　　我非常幸运，有一位名医母亲，可以时时指导我科学育儿的方法；另一方面，我也像其他年轻妈妈一样，常常会有很多疑问和挫折感。我很爱看妈妈的书，她有几十年做儿科医生的丰富经验，也有作为姥姥带外孙成长的真实体验，更有和千千万万年轻父母互动指导的经验。妈妈的书，像一个超级实用的工具箱，有很多平凡而有爱的细节，让我们用知识一点点提升自己，以更科学正确的方式去养育自己的孩子。希望她的新书可以切实地帮助到更多的新手父母！希望我们能够互相勉励，在爱中、在挫折中陪伴孩子成长，一起慢慢体会生命的全部意义。

麦肯锡资深董事合伙人　沙莎

2015年6月

再版序

　　《张思莱育儿手记》从出版到现在已经四五年了。在这四五年中，出版社不断通过加印本书来满足读者的需要。看到当当网近5000条的读者评论中，好评占到99.1%，我十分激动，这对我鼓励巨大。其中，有的读者说："张大夫的书深入浅出，用自己外孙在成长过程中遇到的一些常见问题，告诉新手妈妈们在遇到类似状况的时候该怎么做。我总参照上面的方法、观念以及一些自己想不到的育儿方法来养育自己的宝宝。这套书对我很有用，非常喜欢。"也有读者说："书拿到手就立刻开始读了，写得非常通俗易懂，涵盖了很多在孕期和养育宝宝过程中大家会遇到的问题，对我和老公，尤其是即将要帮我们带孩子的父母帮助很大。我如今怀孕5个月，提前学习，以免将来临时抱佛脚。""在微博一直关注张思莱奶奶，而读此书我感觉像找到救命稻草一样！孩子整个成长期都参考它了。"

　　另外，还有一位网友在微博上推荐："张思莱——一位退休后还坚持每天微博义务答疑，并在全国进行免费讲座的良心医生！我买了她4本书，《张思莱育儿手记》上、下册和《张思莱育儿微访谈》养育分册、健康分册，非常接地气和实用。张医生以自己小外孙子的成长轨迹，来诠释小朋友成长路上会遇到的各种事情。我一般都是提前一个月看好下一个月会发生什么，在心理上做好准备。遇到什么问题也可以直接进行关键字检索，这4本书实在太实用了，推荐给大家！"看到读者这样喜欢我的书，我感到十分的欣慰，也感到进行科普宣传责任重大！

　　当初写这套书就是因为十几年来我一直在网络上与年轻的家长互动，帮助他们答疑解惑。这些家长遇到一些关于孩子的他们认为不寻常的表现，就束手无策了。其实，孩子身上的很多表现都是这个阶段的正常现象，只不过初涉育儿领域的家长不知道而已。另外，一些新手爸妈在育儿路上还存在许多盲区和误区，我看在眼里，急在心里。作为一个儿科医生、一个妈妈、一个外祖母，我能不能写一套书就自己帮助女儿养育外孙所经历的事情，以及结合家长在育儿过程中所遇到的困惑给年轻的父母一些指导呢？为方便读者理解，我特意将晦涩难懂的医学术语转换成通俗易懂的科普知识，以写手记的形式告诉家长孩子在每个阶段可能会出现的问题及其应对措施，让读者读起来就像听邻居老妈妈在谈自己养育孩子的经历一样，既可以让年轻的父母感到亲切，又能增强对育儿知识的理解和应用。

隔代育儿是我国特有的社会现实，老一辈的人往往以自己旧有的价值观和养育观来养育孙代的孩子，自然就与具有现代养育观的年轻父母产生摩擦和矛盾。因此，我又希望我的书能够帮助我的同龄人跟上时代的步伐，帮助儿女一起养育隔代人。这也是我写《张思莱育儿手记》的初衷之一。

《张思莱育儿手记》已经走过将近5个年头，在这5年中，医学在不停地发展，我也在不断学习一些发达国家的科学育儿理念，并促使我萌生了要增补和修订这套书的念头，好让读者去接受更先进的科学育儿知识。另外，2014年6月，我被中华全国妇女联合会儿童工作部和中国家庭教育学会推荐为全国百位"传承好家风的好妈好爸"，更让我感到自身责任重大。因此，我更加希望在晚年时能为普及科学育儿知识做出更大的贡献，将这本育儿手记变得更加完善、实用，于是便花了近一年的时间修改这套书。尤其是我的书被指定为中国儿童少年基金会"和孩子一起成长"的公益活动用书，进一步促使我一定要将这套书做得更好，为孩子茁壮成长贡献出我的夕阳红！

在我和中国妇女出版社的编辑们的共同努力下，这套书出版了。在这里，我要深深感谢中国妇女出版社为这套书所付出的努力！感谢编辑们的精心雕琢！十分感谢为我的书著写序言的中国著名指挥家、作曲家、联合国教科文组织亲善大使谭盾先生和夫人"父母堂"创建人黄静洁女士！感谢著名主持人汪涵、杨乐乐夫妇、著名演员沙溢、胡可夫妇和新浪网育儿主编黄晓莉女士为我的书写推荐语！

谨以这套书献给准父母、父母和养育孙辈的我的同龄人！

张思莱
2015年5月

第一版序

自从《育儿手记——一个儿科主任和她的小外孙》这本书出版后，不少家长通过新浪网的各种论坛告诉我："这本书对我们这些80后的家长来说很有指导意义。我们这一代人几乎都是独生子女，很少有照顾比自己小的人的机会，对于上一代人的育儿方式，我们往往又认为比较陈旧，跟不上时代的发展，因此喜欢从网络上获取育儿信息。但是，这些信息往往又互相矛盾，让人怀疑其是否具有科学性。看到这本由著名的儿科专家将自己照顾外孙的经历写成的书，我感到书中所写的内容可信、容易操作、实用性强，是一本具有指导意义的书籍。"另外，一位儿科医生在当当网的书评中写道："我自己也曾是儿科医生。这本书的形式很好，把枯燥、艰涩的医学知识，很家常地、趣味地、通俗易懂地介绍给读者，极具可读性，而且很实用。因此，我买了两本，一本给妹妹，一本给女朋友的姐姐，算是我这个学医的给她们的帮助吧。"还有一位读者写道："一个儿科主任同时也是一位母亲、小外孙的外婆，从女儿准备怀孕到怀孕再到养育孩子，她的细心、专业，让我这个准妈妈学到了很多的知识，让我对宝宝出生以后能更科学地照顾他有了更强的信心。我觉得这是每位准妈妈应该拥有的专业书。"

正因为有这么多读者喜欢那本书，并希望我能继续写下去，将小外孙铭铭成长的过程记录下来，所以我又开始着手完成外孙1~4岁的成长记录。

孩子成长的4年，也是我学习的4年。说实在的，在40年的临床工作中，我经常从理论上指导别人，遇到一些具体细节上的问题便只能泛泛地解答家长，因为女儿长大后我再也没有亲自带过孩子。自从开始帮助女儿抚育外孙以来，我才真正体验了现代育儿过程中的酸甜苦辣。不但要让孩子吃得饱、吃得好，还要对孩子进行科学系统的早期教育，为他的一生奠定好基础。这一切对于我来说需要不断进行学习，既要学习心理学、教育学以及当代学前教育的各种观点，还要学习电脑等方面的知识。但这一切的努力是值得的，通过不断地在网上和全国各地的家长进行交流，获得更加丰富的第一手资料，我——一位暮年的儿科医生再次焕发了学习上的青春，确实做到了活到老学到老，同时也快乐到老。

在帮助女儿抚育外孙子的过程中，我也有过抱怨和不满。每年我都要到全国各地讲课，还要完成杂志社约稿、整理讲稿内容和写书，加上我做事要求完美，所以常常感到照顾外孙有些力不从心。我是多么希望能够回到自己生活和熟悉的圈子里，但是为了女儿女婿和孩子之间更好地建立起亲子依恋关系，我不能带外孙离开他们在北京住，因为我不愿意在自己去世后给他们留下一个与他们不亲的孩子。

在中国，由隔代人帮助带孩子的居多，我希望年轻人多多理解隔代人带孩子的辛苦。他们带孩子是有很大优势的，因为他们对孩子有着深深的爱，有着丰富的生活经验，这是任何金钱买不来的，绝不像一些人宣传的那样一无是处。我去全国讲课，台下听课的不乏白发苍苍的老人。他们听课特别认真，并且仔细地记录着每一个知识点。但是，任何事物都有两面性：随着人的日渐衰老，思想可能趋于保守，这源于他们长久积累的生活经验；体力渐渐跟不上，不能带着孩子跑跳，这是人类生理发展的自然规律。我们不能像要求年轻人那样去要求他们。老年人在育儿方面做不到的地方，年轻的父母就应该进一步充实，尽自己做父母的责任。

希望我的这套书能够帮助大家，使大家在育儿路上少走弯路，让我们的下一代更加茁壮地成长。

在这里我要感谢我的亲家戚永芳、秦水娟为我提供了大量的照片和帮助，我的先生沙宪友、女儿沙莎和女婿秦志勇的大力支持下才使这本书得以顺利地完成。更要感谢"父母堂"微信公众号创建人黄静洁女士为本书做了序、著名的摄影师唐人为本书封面所作的摄影。

张思莱
2011年4月

目　录

第 1 章　13~15个月发育和养育重点

第 2 章　16~18个月发育和养育重点

第 3 章　19~21个月发育和养育重点

第 4 章　22~24个月发育和养育重点

第 5 章　25~30个月发育和养育重点

第 6 章　31~36个月发育和养育重点

第 **7** 章   3~4岁发育和养育重点

附 录

5

13~15个月发育和养育重点

	发育概况	养育重点
大运动发育	• 能独立行走	• 走稳后能拉着玩具前进，也可以侧行和倒退走几步； • 可以拉着孩子手上楼梯，孩子还掌握不好身体平衡，但是可以感知高和低的概念。
精细动作发育	• 手的动作更加灵活和准确	• 可以搭积木3～4块； • 可以用棒插小孔、用笔插笔筒； • 做出翻书动作，能翻几页书； • 可以握笔涂鸦。
生活自理能力	• 开始培养孩子自理能力和自理意识	• 学会使用勺将食物放进嘴里； • 自己用杯子喝水，尽管不熟练； • 训练孩子"表示"大小便； • 能有意识地脱下裤子，而不是拉下来。
认知发展	• 能够认识更多的物品，并且准确地叫出它们的名称	• 用手能正确指出3个以上的身体部位。
语言发育	• 学会叫人和基本需求表达	• 经过教育的孩子会有意识地称呼爸爸妈妈和周围的人； • 鼓励孩子使用正确的语言表达自己的需求。
情绪、情感发育	• 开始有了明显的嫉妒心理 • 逐渐发生内疚、害羞、羞愧等情感	• 疏导孩子的嫉妒心理。
社会性发展	• 开始接受非家人以外的陌生人 • 建立起最初的伙伴概念	• 能表现出害羞的表情； • 可以给其他小朋友玩具，也会与其他小朋友争夺玩具。

1岁5天
需要更改每天的饮食安排了

铭铭1岁以后运动量明显加大。只要醒着，他就会不停地走动，尤其喜欢推着助步车到处走，常常是"马不停蹄"，走得小脸红扑扑、汗津津的。现在，铭铭身体正处于快速生长发育时期，各个组织系统逐渐发育完善，对各种营养素以及能量的需求也随之加大，因此不能再沿用原来的饮食安排了。这个阶段，孩子的主要营养来源不能再只依赖配方奶，要增加食物的能量密度[1]，以满足孩子生长发育以及不停的运动对能量的需求。因此，我将晚上睡前10点左右的配方奶取消，加强每天三顿主餐的营养搭配。另外，在进餐时间的安排上尽量做到与全家人用餐时间同步，为日后接受普通三餐做好准备。

13~15个月饮食安排建议

每天进餐6次，其中主餐3次，加餐3次。

时间	内容
6：00	配方奶200毫升
8：00	鸡蛋羹1份（含鲜牛奶170毫升）
10：30	配方奶120毫升+水果
12：30	饭菜
15：30	配方奶120毫升+水果
19：00	饭菜

1　指每克食物所产生的能量。

这样配餐的目的是：

保证每天400毫升～600毫升的配方奶量

孩子需要终身吃奶。对于1～3岁的孩子来说，配方奶是优质蛋白质、天然钙质、矿物盐和维生素的最好来源，也是幼儿从糊状食物、软固体食物到普通膳食的最好过渡食品，能够满足幼儿在饮食过渡时期对营养的需求。有的家长认为，孩子已经1岁了可以用鲜牛奶代替母乳或者配方奶。《中国居民膳食指南》指出，1～3岁的孩子不宜直接喂食普通液态奶，建议首选适当的幼儿配方奶粉。这是因为鲜牛奶中的蛋白质和矿物盐含量过高，对于幼儿发育还不完善的肾功能和胃肠功能来说是一个较大的负担。相应阶段的配方奶去除了鲜牛奶中一些不利于孩子身体状况的成分，强化了此阶段孩子一些特殊需求的营养物质，因此配方奶才是这个阶段孩子最好的奶类食品选择。母乳喂养的孩子可以继续母乳喂养到2岁断奶。

保证每天食物种类的多样化

不同食物含有不同的营养素和其他有益于健康的物质，没有任何一种食物可供给人类所需的全部营养素，因此食物的多样性是保证营养均衡的首要条件。与此同时，还要保证食物是安全的和易消化的。

另外，针对1岁以上的孩子容易发生缺铁性贫血，或者有了食物的喜好，产生偏食和挑食的情况，我们应多选择富含铁、锌、碘的食品。

适合13～15个月儿童的食物种类	
动物性食品	·每天保证1个鸡蛋； ·多选用鱼虾、瘦肉（禽肉、畜肉）、肝等食品，尤其是海鱼，因为海鱼的脂肪含有丰富的DHA，有利于儿童的神经系统发育。
大豆制品	·豆腐。
粗粮	·玉米面和燕麦片，因为粗粮不但可以增加饮食中膳食纤维的含量，补充维生素B族和矿物盐，有助于弥补精细谷物的营养不足，而且还可以预防便秘。

蔬菜水果	· 保证各2种以上； · 多选择一些新鲜的绿色、红黄色的蔬菜和水果，因为这些深色蔬菜和水果中不但含有多种色素物质，如叶绿素、叶黄素、番茄红素和花青素，而且这些食物色彩鲜艳，具有一定的芳香气味，均有激发孩子进餐的兴趣、刺激食欲的作用。更重要的是，这些色素物质具有抗氧化的生理活性作用，有利于清除体内产生的大量氧自由基，避免组织器官的伤害。

　　总之，这样的安排可以保证孩子每天的饮食中，谷类、动物性食品、蔬菜、水果和配方奶一样也不少。

　　铭铭的饭菜我都是单独给他制作，一般采用蒸、煮、煨和炖的烹调方式。我从不在孩子的饭菜中使用味精和鸡精等调味品。现在可以给孩子的食品加上盐了，不过每天也不要超过1克，为此我还买了一个小磅秤。另外，每顿饭菜我还很注重食品颜色的搭配和食物的形状，主要是为了刺激铭铭的食欲，激发他对饭菜的兴趣，因为随着孩子自主能力的发展，很可能因为贪玩分散注意力而不正经吃饭。

　　一切设想都很好，但是停掉晚上10点左右的奶会不会引起铭铭的抗拒呢？我心里没有底。孩子1岁以后，我将孩子的晚饭向后推到7点。铭铭晚饭吃完后玩1个多小时，洗漱后就上床睡觉了。到了夜间10点多的时候，铭铭闭着眼睛不停地翻身哼哼，看没有人理他，接着就大哭起来。女儿女婿和保姆小王都心疼孩子，一直与我商量是不是少喂一些奶。我坚决不同意："喂一点儿奶与喂足了奶没有区别，只能更进一步强化他睡前吃奶的习惯。哄哄他，他慢慢就会睡着了。"屋里黑着灯，我轻轻地坐在一旁不停地拍着铭铭，直到他入睡。第一次他一直睡到早晨5点多才醒。睡醒后，铭铭清洗了小屁屁，换上了纸尿裤，又刷了牙、洗了脸。这之后，小王给他冲了200毫升的配方奶，铭铭吃完就在床上高高兴兴地玩玩具，一边玩还一边"咿咿呀呀"地说话，一副美滋滋的样子。三四天后，铭铭就能够不吃奶一觉睡到天亮了。没想到铭铭这样轻易地断掉了夜间10点多的奶。新的饮食安排就这样顺利地开始了。

　　每天上午快8点的时候，我会给他做鸡蛋羹。

（1）先将170毫升的鲜牛奶倒入碗里，放进微波炉加热1分40秒；

　　（2）在牛奶加热过程中，在另一个碗里打进一个鸡蛋，用打蛋器将蛋清和蛋黄打成均匀的液体；

　　（3）将微波炉里热好的牛奶马上倒入鸡蛋液的碗里，并且一边倒一边搅动蛋液，直到蛋液上面显出一层小泡泡；

　　（4）将蛋液碗放入微波炉里，加热1分40秒，时间到后，一碗滑嫩嫩的鸡蛋羹就做成了。

　　鲜牛奶做出的鸡蛋羹不但滑嫩可口，不会像用水蒸的蛋那么容易"老"，营养相对比水蒸的鸡蛋羹更加丰富。有的时候，我还会将绿色的叶菜切碎，趁着微波炉刚停，立刻放进鸡蛋羹碗里再在微波炉里闷上1分钟，拿出来放上极少的盐和芝麻油，一碗香喷喷、营养丰富的鸡蛋羹便出炉了。铭铭可爱吃这种鸡蛋羹了，每次都吃得碗底朝天。

　　铭铭上、下午的加餐就是配方奶和水果。正确选择零食（其实应该叫加餐食品）对于1岁以上的幼儿是非常重要的，因为这时孩子的胃内容积只有300毫升左右，每次正餐吃不了太多的东西，必须通过加餐才能满足孩子对于能量和营养的需求。不能从口味和爱好上给孩子选择零食，同时也不要给孩子买油炸的、含糖多的、过咸的、过黏的、膨化的零食，像饼干、蛋糕、糖果、薯片都不在我的选择之中。为了孩子的健康，我也不允许女儿和女婿吃这些食品。

　　保证幼儿每天的饮水量也十分重要，因为补充水分不但能满足身体新陈代谢的需要，而且还能将进入体内的有害物质通过多尿的方式排出去。每天，铭铭喝白开水3～4次，每次大约200毫升。家里有时给铭铭榨一些鲜果汁，并兑3～4倍的水。市面上销售的甜饮料、乳饮料、碳酸饮料等在我们家是坚决杜绝的，我想孩子没有喝过这些饮料，不知道这些饮料的味道，即使见到别的孩子喝也不会要求家长买。其实，孩子对某些食品的偏好主要是家长给惯出来的。

当然，铭铭现在喝水还是要继续练习自己拿着杯子喝。我给他使用的是两边带把手的鸭嘴杯，每次倒的水不多，喝完了再给他倒，而且每次他喝完后都要夸奖他喝得好。于是，铭铭的兴趣很高，不知不觉就喝完了200毫升水，没有挑剔是没有味道的白开水，遗洒的也不多。

TIPS

　　铭铭已经出了10颗牙，保护牙齿刻不容缓。虽然在他睡前吃完奶后，我们会给他再喝上几口清水进行口腔冲洗，然后使用纱布或指刷给孩子进行口腔清洁护理，但是很难将口腔内的奶液清洗干净，剩余的奶液酸化腐败后会形成易导致早期龋齿的口腔环境。因此，使用儿童牙刷要提到议事日程上来了。

1岁7天

去医院接种水痘疫苗和麻风腮疫苗

1月5日，按照医院的通知，铭铭应该去接种水痘疫苗和麻风腮疫苗。临去医院前，我们先给铭铭洗了澡，因为接种部位感染接种疫苗后24小时内最好不要洗澡。铭铭这时还不明白去医院是干什么，所以坐在汽车的儿童座椅上看着马路上疾驶的各种车辆激动地手脚舞动，还兴奋地喊个不停。

汽车驶进医院后，女儿抱着铭铭进入门诊大门。护士先给孩子测了体温、身长和体重。铭铭身长已经达到85厘米，体重14公斤。护士又询问了铭铭是否患有严重疾病或免疫缺陷，对庆大霉素、卡那霉素、新霉素或者其他药物是否过敏；近3个月内是否注射过丙种球蛋白；是否接受过免疫抑制剂治疗；近期是否发热等。当得到我们否定的回答后，护士说："凡是有以上问题的孩子是不能接种水痘疫苗和麻风腮疫苗的！"说罢，护士就出去叫医生了。护士一走，铭铭立刻起身坐在诊断床上开始"忙活"起来，一会儿摸摸固定在墙上的输氧管，一会儿又去动动墙上挂着的广角检耳镜，丝毫没有胆怯的样子。

过了一会儿，李医生拿着病历卡走进屋来，看见铭铭便说："哇！铭铭长这么大了！"随后，她一边翻看测量数据，一边拿着听诊器逗铭铭玩。可是，铭铭用警觉的眼神不停地打量着李医生，手脚顿时老实了很多，也不出声了。李医生开始给铭铭做全面的体检。这时，铭铭好奇地躺在诊断床上不哭也不闹，十分配合。一直到两个护士端着治疗盘进来，铭铭还在集中精力注视着李医生手中的听诊器，饶有兴趣地试探着伸出手来摸摸听诊器头，全然没有注意到护士治疗盘中的两个注射器。其实对于铭铭来说，即使看到注射器，他也不会产生恐惧的情绪，因为铭铭还没有将注射器与肌肤疼痛联系在一起。对于以前接种疫苗的情景他早已经忘得一干二净了，因为这个时期的孩子还是以瞬时记忆、无意注意为主。

护士当着我的面核对了装有水痘疫苗冻干粉和麻风腮三价疫苗无菌冻干粉的药瓶后，再拿给我确认。经过我进一步核对并且确认药瓶无裂纹破损后，其中一个护士用0.5毫升的灭菌注射用水将装有水痘疫苗冻干粉溶解，而另一个护士用稀释液将麻风腮疫苗冻干粉溶解。经过摇动，两瓶冻干粉完全溶解没有凝块。之后，两个护士各自用一个注射器抽取药液后，放进治疗盘。这时，我遵护士吩咐将铭铭的裤子褪下来露出双下肢。护士在左、右大腿外侧各消毒一小片，待消毒液挥发之后，两个人口中小声说"一、二"，同时将手中注射器针头扎进铭铭左、右大腿外侧消毒好的皮肤下，并迅速推进药水，拔出针头，粘贴上消毒好的棉纱垫。动作快得让铭铭脸上的笑容还没有来得及消失就大哭起来。因为铭铭感到疼痛的时候护士已经操作完毕，所以稍加哄逗铭铭就立刻停止了哭泣，又拿起李医生的听诊器玩了起来。随后，护士将水痘疫苗和麻风腮疫苗的说明书和接种后注意事项的宣传单送给我，接种疫苗就这样顺利地结束了。

 水痘

水痘是一种常见的、由水痘—带状疱疹病毒感染的疾病，人类是唯一的宿主。水痘多侵犯1岁以上的儿童，5～9岁儿童对本病最敏感。一年四季都可能发病，但多见于冬春季，且传染性非常强，主要是通过空气飞沫经过呼吸道传染，

水痘减毒活疫苗，商业名"威可檬"，是进口疫苗，由上海葛兰素史克生物制品有限公司分装，属于我国扩大计划免疫的疫苗。水痘减毒活疫苗是用病毒冻干制成，为乳白色疏松体，经溶解后为透明或乳白色澄清液体。免疫接种后，该疫苗可刺激机体产生抗水痘病毒的免疫力，用于预防水痘。接种后所产生的保护作用可以长期存在，这样就可以避免水痘—带状疱疹的感染。接种对象主要是1岁以上易感者。

也有的是因为接触被水痘患者痘内胞浆污染的物件或者母婴垂直传播而感染的。患者通常表现为发热、头痛、食欲下降、水痘处剧烈瘙痒以及合并感染等，病程一般2～3周。水痘痊愈后，病毒可能并未清除，而是潜伏在体内，可被重新激活引起复发性疾病——带状疱疹（俗称缠腰龙）。此病疼痛剧烈，可引发坐骨神经痛、肺炎、脑炎甚至失明。

麻疹、腮腺炎、风疹

麻疹、腮腺炎、风疹都是因病毒感染所引起的呼吸道传染病。这三种疾病都可以通过空气传播，传染性很强，婴幼儿及儿童都容易被传染。

麻疹是一种有特征性的出疹程序和皮疹形态的疾病，伴有发热、咳嗽、结膜充血、畏光、流涕。此病可以并发肺炎、喉炎、中耳炎、脑炎，可能导致永久性的脑损伤甚至死亡。

流行性腮腺炎具有腮腺非化脓性肿胀、疼痛伴发热，可以损害多器官，除了并发脑膜炎和脑炎外，还可以引发睾丸炎、卵巢炎、胰腺炎，严重者可损害生育

TIPS

疫苗接种注意事项：

（1）美国CDC网站刊登的文章显示，接种麻风腮三价疫苗后的42天内可能有15%的接种者发热，体温≥102℉（38.88℃），万分之四的孩子在5～12天内可能发病。

（2）水痘减毒活疫苗与麻风腮三价疫苗可以同时在身体的不同部位接种（多选择双上肢三角肌外侧皮下或双下肢大腿外侧皮下），但是不能使用同一个注射器。

（3）在接种其他减毒活疫苗的1个月内，不应再接种水痘疫苗。

（4）接种水痘疫苗后6～18天内，注射部位会出现轻微和暂时性的反应，如疼痛或不适、红肿，偶有发热，个别儿童接种后3周内出现少量水疱丘疹，属正常现象。

能力。

风疹表现为全身皮疹，颈后淋巴结肿大触痛，少数孩子并发心肌炎、脑炎。此病最主要危害怀孕妇女，引起胎儿各种先天性畸形甚至死胎和流产。

麻风腮三价疫苗是美国默沙东公司生产的麻风腮减毒活疫苗。该疫苗是一种冻干制品，主要成分由减毒的麻疹病毒株、流行性腮腺炎病毒株和风疹病毒株组成。此疫苗是用于预防麻疹、风疹和腮腺炎的联合疫苗。接受注射后，易感人群有98%能产生麻疹抗体；96.1%产生腮腺炎抗体；99.3%产生风疹抗体，抗体水平可以维持11年以上。

麻疹、风疹和腮腺炎的早期病征和非典型性肺炎非常相似，不容易鉴别，容易造成误诊，被当成非典型性肺炎的疑似病例。因此，建议孩子按国家计划免疫程序8月龄接种麻疹疫苗后，12～18月龄再接种一剂麻风腮三价疫苗。这样既保证了对单价麻疹疫苗免疫的接种，又预防了风疹和流行性腮腺炎。如果1岁以上才接种第一针，那么可在4～16岁加强接种第二针。我国大部分地区已经将麻风腮三价疫苗纳入到儿童计划免疫程序中。

近期，美国生产了一种麻风腮水痘四联疫苗，孩子注射一针可以预防四种传染病，这将减轻孩子对注射的恐惧心理。但是，美国CDC网站刊登出的文章也指出，接种麻风腮水痘四联疫苗的孩子42天内可能有22%会出现发热，体温≥102℉（38.88℃），万分之八的孩子在5～12天内可能发病。该文章建议，如果4岁以上的孩子第一次接种麻风腮和水痘疫苗建议最好选用这种四联疫苗，可避免更多的副作用。

1岁12天
推助步车碰到障碍物——
有趣的意志行动

自从铭铭学会了使用助步车后，每天除了睡觉，其余大部分时间都会推着助步车不停地走动玩耍。虽然铭铭已经能够脱离助步车独自行走了，可是推着助步车在屋里或者院子里四处游玩还是他的最爱。今天吃完早饭后，我将铭铭从餐桌椅上放下来，只见他立刻回转身来，摇摇晃晃向阳台走去。

"咦，铭铭又要干什么去？"我不禁问女儿。

"肯定是拿他的助步车！"女儿回答。

只见铭铭走到距离阳台不远的地方突然摔了一跤，我和女儿对视了一下，谁也没有出声，我们要看看铭铭摔跤后有什么表现。于是，我们故意转过头去吃早饭，假装没有看到他摔跤。铭铭趴在地上回头看看我们，并冲我们哼唧了几声，见我们没有"注意"他，于是自己一边爬起来，嘴里一边还嘟囔着："不——不——"来表达他摔倒了不哭。在1岁前，铭铭就已经会说具有特定意义的词语来表达自己的想法。铭铭站稳后，还学着大人的样子，用小手有模有样地拍打了裤子几下，接着走到阳台上去推他的助步车。当他推着助步车要进到屋里来时，没有想到阳台和屋子中间隔扇门的轨道挡住了助步车的前轮。铭铭使劲地向前推助步车，可是车子的前轮就是不能滚上轨道。就这样，铭铭反反复复地推了好几次，还是不能将助步车推上轨道，累得他小脸通红，站在那儿不断地喘着粗气。这时，铭铭朝我们这儿看了看，看得出来他是希望我们帮助他。

我对铭铭说："铭铭，自己想想怎么把车推进来呀！"然后，我小声对女儿说："不要帮他，看看他怎么办！"

"没准儿他就不推了！"女儿说。

铭铭看了看我们，又看了看助步车，于是松开助步车把手，自己一个人进了屋。

"妈，你看，是不是不推了！"女儿有些失望地对我说。

"别着急，再等等看！"我饶有兴致地注视着铭铭。

铭铭进屋后，走到助步车的车头一面，用手拉着助步车的把手，使劲往里一拉，助步车的前轮就轻松地滚上了轨道。之后，铭铭企图拉着助步车走，可还没有走两步，因为还不会倒着行走，结果他一屁股坐到了地上。只见他一翻身爬了起来，跟跟踉踉走到车尾，双手扶着车把手，又改为原来的推车动作，继续推着车向前走。

女儿看着铭铭这一系列的表现，跑上去激动地抱着铭铭不断地亲了起来："我的铭铭真棒！"

看着他们母子两个兴高采烈地拥抱在一起，我也不由得跟着笑了。

这时我回想起前几天的一个早晨，铭铭喝过晨奶后，又推着助步车在屋里玩。地上一只"顽皮小猴"的玩具挡住了助步车的路。只见他使劲一推，助步车轧着"顽皮小猴"的胳膊就推过去了。车子被"顽皮小猴"的胳膊硌得颠了一下，车筐里的彩球立刻开始上下弹跳起来，车把上的灯也开始不停地闪烁。这时，铭铭只顾低头看着彩球和灯光，推着助步车就直奔餐桌撞去，只听见嘭的一声，助步车撞到餐桌腿上，铭铭也随之打了一个趔趄。站稳后，铭铭抬起头来使劲地朝前推车（还想采用轧小猴子玩具的办法），但是车被桌子腿挡住纹丝不动。于是，他往后拉了一下助步车，再用力往前推，没想到助步车还真的擦着桌子腿被他推了过去。就这样，铭铭又解决了一个"难题"。推着助步车的他伴着欢声笑语在屋子里继续"横冲直撞"起来。家中的一些家具和他的玩具被折腾得伤痕累累，甚至"肢体不全"。对此，我们已经习以为常了，所以事先我们会将一些可能发生危险的或者比较脆弱的摆件收起来。

"有趣的意志行动！看来铭铭这次行动时，坚持性和解决问题的能力比前些日子又提高了不少。"我对女儿说。

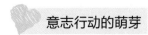 **意志行动的萌芽**

幼儿时期是儿童意志品质发展的重要时期，培养孩子良好的意志力和坚持性是孩子将来成才的一个重要条件。意志是人类特有的高级心理机能，可使人们自觉地克服困难完成预定任务。对于儿童来说，意志主要就是指意志行动，具体体现在直接外露的行动上。

从孩子出生时无意识的、不随意运动到有意识的、随意运动去够取和指向某个物体，孩子的动作开始受大脑的支配，动作的有意性和目的性逐渐加强。随着生长发育，孩子的有意动作开始转向外部世界进行探索，指向一个目标，并且努力排除障碍，以达到自己预想的目标，出现了意志行动的萌芽。

 意志行动的训练

1岁以后小儿的意志行动的特征就更加明显了。由于意志行动是一种特殊的有意行动，需要有行动的目的和自觉意识，在行动的过程中还要努力克服困难，不过小儿因为生理和心理发育水平限制，其意志行动往往缺乏明确的目的，行动带有很大的冲动性或盲目性，一般多是从兴趣出发，不假思索就开始行动，所以当遇到困难或者外界的引诱时其很容易改变原来的行动和目的，不能坚持到底，更谈不上行动的自觉性了。因此，行动过程中坚持性的发展是儿童意志发展的主要标志。孩子到1岁半～2岁便会出现坚持性的萌芽。

1岁以后的孩子随着大脑皮层有关部分的逐渐成熟，当孩子语言能力逐渐发展并真正形成的时候，家长可以根据行动结果的合理性和道德要求，帮助孩子制订适宜任务：（1）用具体的示范和语言提示，指导孩子自觉地按照设定的目的去行动；（2）在行动过程中家长需要采取不断提醒和暗示的方法引导孩子独立完成任务（不能越俎代庖）；（3）鼓励孩子尝试不同的解决问题的方法；（4）当孩子遇到困难想退缩或准备放弃时，应给予孩子适当的关爱和协助；（5）不要满足孩子提出的不合理的行动目的，并尽量避免外界的干扰。

总之，家长应该为孩子提供一个积极的、情感安全的、丰富多彩的生活环境，并提供高质量的教育训练，创造各种机会让孩子在一次次行动中反复、不断地强化他意志行动的自觉性和坚持性，让孩子逐渐养成必需的意志品质。

1岁15天
邻居装修的噪声严重影响了铭铭的情绪

　　我们搬进新家已经2个多月了，为了避免自己装修的麻烦和污染，女儿女婿选择了带精装修的房子。由于新房的装修早已完成，经过2个多月的开窗换气，确认没有污染的气味后，我们才搬进来住。谁知道，楼内的不少邻居却不喜欢开发商的装修，要按照自己的喜好重新进行装修。于是，每天从早到晚电锯声、电钻声和敲击声不绝于耳。由于大多数业主还没有入住，这些噪声在空旷的楼房中此起彼伏，连续不断，其声音之大、音频之高，让人实在无法承受，有的时候连我也会抓狂。

　　铭铭刚1岁多，白天还需要睡一次午觉。孩子吃完午饭正躺在床上准备入睡时，突然响起的电锯声和电钻声将铭铭吓得大哭，喊着"怕——"。我急忙抱起孩子不停地安慰，好不容易等这些噪声停了，才将铭铭哄睡着了放到床上。我松了一口气，准备起身离开床，这时突响的电钻声就像在我家屋顶爆开一样，刚刚入睡的铭铭立刻被惊吓得号啕大哭，四肢不停地颤抖着。我急忙抱起孩子，孩子紧紧搂住我，声嘶力竭的哭声甚至导致了呼吸暂停。看着孩子憋得青紫的脸，满脸恐惧的表情，我只好让阿姨给铭铭穿上厚衣服抱到楼外院子里，躲开这个噪声环境。

　　我愤怒地打电话要求物业的人上来，让他们也听听这样的声音。不一会儿，物业的人就到了，他站在我的屋内听着屋顶上不停顿的电锯、电钻、敲凿交织在一起的刺耳噪声，无可奈何地对我说："是够吵人的，可没有办法，因为上海市规定的装修时间为早晨8点开始到下午6点结束。他们在按规定的时间内工作，我恐惧是孩子天生就有的一种情绪反应，在1岁之内，孩子对突然大声、身体位置突然改变或者从高处突然降落都会产生恐惧。1岁以后，孩子还会对突然的响声、陌生的事物和妈妈或抚养人离去而感到恐惧。恐惧是一种消极的情绪，它会引起孩子极度紧张感，使孩子的肌肉紧张或僵化，造成孩子逃避与退缩，是最具有压抑作用的一种情绪，对孩子极具伤害性。

们不能制止。"

"中午也要给住户2小时的休息时间呀！北京市政府就规定早晨8点开始到中午12点结束，然后下午2点到6点结束，中间给住户2小时的休息时间！"我愤怒地说。

"可这儿不是北京，上海没有这样的规定！我们也无能为力！"物业人员摊开双臂，脸上显出一副与己无关的冷漠表情。

"你们还自我标榜是国际五大物业公司之一呢！就你这样的答复，我十分不满意，一副冷漠无情的样子，我找你们经理去！请出去！"说完我将这个物业工作人员赶出了家门，来到物业办公室找到他们的经理。

经理是一位衣冠楚楚的中年人，当我把事情的来龙去脉向他叙述了一遍后，他马上彬彬有礼、态度十分和蔼地对我说："我们实在没有办法，因为那些业主要求装修队赶工期。对于装修时间，上海市有明确规定：晚间18时至次日上午8时和节假日，不得从事敲、凿、锯、钻等产生严重噪声的施工。装修队没有违反上述规定，我们没有理由制止。另外，即使我们考虑到你家的孩子中午需要睡觉，可你们是业主，装修的也是业主，我们要为你们每一个业主服务。如果我们制止他们家装修，你家满意了，进行装修的业主就不满意了，你说该让我们怎么办？"得！碰了一个软钉子！

"可是电锯声是110分贝以上、电钻的声音是100分贝以上，而且几乎是不停顿地使用，早已超过了上海市政府的规定：住宅区白天噪声不能超过55分贝，夜间不能超过45分贝。你为什么不管？"因为我已经查过有关的数据，所以我责问得理直气壮。

"我们实在无能为力，要知道，我们可不是为你一家服务。要不然你自己去找那家业主商量吧，我给你电话。"说着这位经理将电话簿拿出来，可上面记录的电话不是外地的，就是外国的，看来物业也是不管了。这个小区的业主委员会也还没有成立，业主的利益受损只能忍受。

阿姨抱着裹好被子的铭铭在院子里将他哄睡着了。我去院子找铭铭，只见睡着的铭铭还在不停地抽动着。当孩子睡醒后把他抱回家时，铭铭就是哭着不进屋。没有办法，我只好上楼冲好奶，拿着水果回到一楼大堂里，坐在沙发上让铭铭吃。晚上6点以后，我们才抱着铭铭回到家里，可铭铭边哭边用一只手把着门框坚决不进屋。我只好安慰铭铭，一再告诉他已经没有那些声音了。好不容易哄着铭铭进了屋，但是他坚决不下地，紧紧地搂抱着我，就这样我一直抱着铭铭到他晚上睡觉。夜间熟睡中的铭铭突然发出一声惊叫，紧接着就是大哭，搅得我也没有睡好。第二天，铭铭表现得无精打采，眼睑也有些浮肿，脸色也不好看。我对女儿和女婿说："怎么办呀？不能让铭铭生活在这样的环境中，这些噪声对孩子的危害很大，会影响他发育的！"女婿说："妈，要不然每天早晨我开车将你们送到原来的家，晚上再把你们接回来。这两天我再给这几家业主打电话协商一下，看能不能让装修队中午停2小时。"于是按照女婿的建议，我们白天回到原来住的家，但由于生活用品大部分已经搬到了新家，所以生活很不方便。不过，只要孩子不受噪声的骚扰，我们还是愿意过这种"背井离乡"的生活。咱惹不起还躲不起吗？！

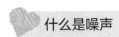 **什么是噪声**

噪声是一类引起人烦躁，或音量过强而危害人体健康的声音。换句话说，凡是听起来感到刺耳，妨碍人们学习、工作和休息，并使人产生不适感的声音都叫噪声。噪声是一种环境污染，它被认为是仅次于大气污染和水污染的第三大公害。有些专家认为："噪声像毒雾一样，弥漫在人们周围，尤其在城市和工业区里，它是一种致人死命的慢性毒素。"

在声学上，用响度表示声音的大小，用分贝（dB）来做度量响度的单位。世界卫生组织研究表明，当室内的持续噪声污染超过30分贝时，人的正常睡眠就会受到干扰，而持续生活在70分贝以上的噪声环境中，人的听力及身体健康将会受到影响。

声音分贝表

	音量（单位：分贝）	声音举例
极安静	0～10	人耳刚刚能听到的声音
较安静	30	低声耳语
	40	一般交谈
	34～50	电冰箱
	42～70	洗衣机
	60～70	大声说话
	70	热闹的街道
	60～80	电视机、录音机
	80以上	高声讲话
噪声	90	大声喧哗
	80～100	汽车
	100	电钻
	100以上	大型交通工具
	110	电锯
	120以上	部分挤压类、扩音类和手枪类玩具
	130	喷气式飞机

室内的装修声音就是一种噪声，这种噪声污染着我们生活的环境。《中华人民共和国环境噪声污染防治法》明确指出，环境噪声是指在工业生产、建筑施工、交通运输和社会生活中所产生的干扰周围生活环境的声音。环境噪声污染是

指所产生的环境噪声超过国家规定的环境噪声排放标准，并干扰他人正常生活、工作和学习的现象。并且该法第六章第四十七条还强调，在已竣工交付使用的住宅楼进行室内装修活动，应当限制作业时间，并采取其他有效措施，以减轻、避免对周围居民造成环境噪声污染。如果未按该法第四十七条规定采取措施，从家庭室内发出严重干扰周围居民生活的环境噪声的，由公安机关给予警告，可以并处罚款。

 噪声的危害

世界卫生组织指出，噪声污染不但会影响人的听力，而且能够导致高血压、心脏病、记忆力衰退、注意力不集中及其他精神综合征。

噪声对于婴幼儿的影响更大：（1）婴幼儿的各组织系统发育不成熟，各个器官还十分娇嫩和脆弱，长期受噪声刺激会使脑细胞受到损害造成大脑发育不良，使孩子的智能、语言、分析和判断能力以及反应能力受到伤害；（2）噪声还会影响婴幼儿的视觉器官，造成孩子色觉和视力发生异常；（3）严重的噪声影响婴幼儿的睡眠质量，使其不能进入深睡眠阶段，造成生长激素和其他有助于生长的激素的分泌减少，影响婴幼儿正常的生长发育；（4）噪声会引起孩子久久不能入睡或者睡眠不实、多梦、惊悸，白天精神萎靡，急躁易怒；（5）噪声还会使孩子食欲下降，消化功能降低，久之会出现营养不良。

因此，对于婴幼儿来说，尽量不要长时间处在噪声污染的环境中，如车水马龙的马路、卡拉OK厅；洗衣机、吹风机、家庭影院、各种音响等家电也要远离；劣质光盘和磁带、劣质的带响玩具等不要购买和使用。否则，这些噪声污染源都有可能成为杀手，对婴幼儿造成不可挽回的伤害。

1岁20天

接种水痘疫苗后铭铭反而出水痘了

几天前，我就感觉铭铭与往常不一样，有些懒洋洋的，玩什么都不能引起他的兴趣，食欲也不好，而且稍不如意就哭哭啼啼的。是不是铭铭要生病了？测量几次，体温都在37.1℃～37.3℃，检查他咽部有些发红，脸颊和身上出现了几颗如小米粒大小的淡红色皮疹。

"莫不是接种水痘疫苗的副作用？"我对女儿说，"接种水痘疫苗已经11天了，有可能是接种引起的不良反应。没关系，这只是轻微的反应，很正常，对孩子影响不大。"女儿依旧紧张兮兮的，我倒认为没有什么问题，让孩子多喝水、吃一些清淡的饭菜即可。

没有想到，昨天铭铭头上、躯干以及四肢出现了大量的红色皮疹，仔细观察有些皮疹上还顶着针尖大小的透明小泡。今天皮疹就更多了，铭铭的小脸和全身密密麻麻地布满了一个个大小不等的红色皮疹，很多皮疹顶上都有一个针尖大小的透明小泡。

我心里暗暗地想："这肯定是水痘！比真正感染水痘-带状疱疹病毒出的水痘还严重，只不过不是那种典型的内含有浆液的透明疱疹。"这时，孩子的体温也上升到38℃，精神萎靡不振，躺在床上不爱动，直拉着我的手让我给他挠痒痒。我只好伸开手掌轻轻地来回揉搓着以减轻他的难受感。如果直接挠痒痒就会抓破皮疹，很容易引起感染造成永久的疤痕。

看到铭铭这身水痘，我想是不是这批疫苗有问题？是不是还有其他孩子出现这种情况？如果这批疫苗引起孩子出水痘的例数太多，应该按照申报程序进行申报，请求上级单位对这批疫苗的质量进行必要的检查，必要时应该停用这批疫苗。一种医生的责任心促使我想起应该给上海市疾病预防控制中心免疫规划科打电话进行申报，因为免疫规划科的工作职责之一就是"对出厂后的疫苗进行运输、储存、分配，并对其质量进行监测"和"加强疾病的报告系统，及时、准确地掌握相关资料"。

于是，我通过114查号台找到我家所在区域卢湾区疾病控制中心的防疫科（免疫规划科）的电话。接电话的是一位女士，我先告诉她我家住在卢湾地区，并准备将铭铭接种水痘疫苗后的一些不良反应详细地讲给她。当她听到我们是在×××医院接种的疫苗后，她就打断了我的话，说："你的孩子不是在我们地段接种的疫苗，你向市疾病预防控制中心去反映吧！我们不负责你这种情况。"说完就挂上了电话。

责任心促使我又通过网络查到了上海市疾病预防控制中心的电话，然后我将电话打到免疫规划科。这回是一位男士接电话，他耐心地听完我的反映，然后说："你孩子的情况确实应该引起重视，但是你孩子是在长宁区接种的疫苗，你应该向长宁区疾病控制中心的防疫科反映情况。"紧接着他又告诉了我长宁区疾病控制中心的防疫科电话，然后客客气气地放下电话。

我一看情况还真复杂麻烦，于是我想到给接诊的李医生打电话。接通电话后，为了防止李医生产生误会，在我向她叙述铭铭接种疫苗后的具体情况之前，我先说："我这次打电话请你不要误会，我不是追究医疗问题，更不是追究赔偿问题，更不是追究疫苗生产单位的问题。我主要是想请你们追问一些接种这批水痘疫苗的孩子是不是有类似铭铭这样的反应，如果确实有几例的话，就应该向生产疫苗的厂家反映一下，是不是再复查这批疫苗的质量，以免更多的孩子受累……"就这样，我又一次像祥林嫂一样唠唠叨叨地叙述了一遍。李医生建议我带孩子去医院看看。我说："我自己就是儿科医生，我不希望孩子再去医院当传染源去扩散这种传染病，我自己在家里进行隔离治疗完全可以。请你不要误会，我不是谎报情况，我也没有必要进行谎报，因为我没有提出追究谁的责任问题，只不过医生的良心促使我这样做。""那好吧！我向药房主任反映一下，让他给你打电话。"就这样李医生也放下了电话。

我这个人认准了一个理就爱较真，于是我刚放下李医生的电话，就又拿着市疾病防控中心给的电话打给长宁区疾病控制中心的防疫科。接电话的是一位女士，她听完我的叙述后，说："×××医院是从我们这里进的疫苗，我们的疫苗是上海市疾病防控中心免疫规划科统一进货分配的，是×××生产的，不会有问题！有问题去市疾病防控中心反映吧！"啪，挂上了电话。

"得！问题转了一圈又踢回去了。"我自言自语地唠叨着。说实在的，我也没有精力再打电话去反映了。我开始感到自己的力量太微薄，还是好好照顾铭铭吧！

我上网查看了×××生产的水痘减毒活疫苗的产品说明书，其中关于"不良反应"是这样说的：

> 水痘减毒活疫苗在所有年龄组有很低的反应原性。
> ☐ 健康个体：水痘减毒活疫苗注射部位的反应通常是轻微和一过性的。
> 在一项包括1500多个婴儿和儿童的临床研究中，据报道仅有少于4%的受试者出现丘疹水疱样皮疹。其中大多数发生于免疫后的头3周，并且皮损数量在10个以下。

可是铭铭全身出水痘，甚至比患水痘传染病的孩子出得还多，而且我们在接种疫苗前2～3周并没有接触过患水痘的病人，所以我肯定孩子出的水痘就是与接种疫苗有关系。于是，我按照水痘患儿的治疗和护理照顾铭铭的生活。

 ## 水痘的病征

水痘的潜伏期一般为13～17天，最短为10天，最长为24天。前驱期24～48小时，表现为发热、不适、食欲减退、头痛、偶尔有轻度腹痛。前驱期过后即出疹期，伴有轻度和中度发热。皮疹首先出现于头皮、面部和躯干，最初为强烈瘙痒性的红色斑疹，然后发展为充满透明液体的水疱疹，24～48小时内疱疹内液体变得浑浊，且皮疹出现脐凹现象。当最初疱疹结痂后，躯干和肢体又会出现新的皮疹。同时存在不同期的皮疹是水痘的特征。铭铭出水痘的情况基本上符合了出水痘的临床表现。而出水痘严重者还会累及口咽部、阴道、眼睑、结膜。

一般出疹期持续2～4天。如果没有皮损的话不会有疤痕出现，但是可能遗留色素斑（色素减轻或者增强）。如果护理不当，如抓破皮疹可以引起继发细菌感染，皮肤表面容易遗留疤痕。其感染的细菌多为金葡和A族链球菌，表现为脓疱、蜂窝组织炎、脓肿、肋膜炎、猩红热或脓毒症、脑炎。对于免疫受损者（如接受化疗、使用大剂量肾上腺皮质类固醇者）还可能引发严重的肝炎、肺炎和脑炎。对于以往健康的孩子根据病史、流行病学史以及典型的皮疹，不需要实验室检查就可以作出诊断。

🖤 水痘患儿的护理

为了减轻出水痘的不适，杜绝并发症的发生，我采取了以下措施进行护理：（1）不断给孩子喝水，保证每天的进水量；（2）铭铭只是中度发热，我多采用物理降温，主要是冷敷，没有给孩子吃退热药（对于体温高于39℃的患儿可以口服退热药，如泰诺、布洛芬等）；（3）为了防止孩子用手抓破疱疹（如果抓破了可以外涂1%龙胆紫药水），我将孩子手的指甲修剪干净，并坚持每天给他洗澡一次，以保持皮肤的清洁；（4）西医无特效药物，中医在这方面具有独特的优势，所以我采用口服中成药双黄连口服液（也可以使用清热解毒口服液、银黄口服液、抗病毒口服液等）进行治疗，每天3次，每次2／3支。

就这样经过7天，铭铭全身水痘均已结痂，没有再出新的皮疹。其实水痘全部结痂后铭铭就可以解除隔离了，但是本着对他人负责，我还是嘱咐家人等到铭铭全身的结痂脱落后才允许铭铭外出与其他的孩子接触。

在铭铭患病期间，由于孩子食欲减退，每天除了保持600毫升配方奶外，上、下午只吃少量清淡的菜粥或烂面片，里面只添加青菜和少许猪肉末；零食是苹果、香蕉还有梨。尽管是冬天，我还是保证每天3次开窗通风，每次通风半小时。

（后记：铭铭的皮肤未留下任何色素痕迹。）

1岁24天
王阿姨回来了——谈谈记忆力

小王因为家中有事离开我家已经3个多月了，在这3个月中，我找过2个育儿嫂，但是都不理想。每天只有我一个人带着孩子确实感到十分吃力，尤其是铭铭出水痘后更加娇气和黏人，我一点儿都不能离开他。女儿女婿上班太忙顾不了家，铭铭的爷爷奶奶虽然经常过来帮我一起照看铭铭，可是他们还要照顾铭铭的太爷爷和太奶奶，这样下去绝不是长久之计。无奈之际，我只好试着给小王打电话，希望她能够来上海再帮我一程。

小王听到我叙述的困难以及铭铭在近1个月里生病的情况，动了恻隐之心，匆匆忙忙将自家的事情安排妥当就坐火车赶到上海来了。清晨，当风尘仆仆的小王推开家门站在铭铭面前时，铭铭表现出一副陌生、茫然的样子，继而躲在我身后大哭起来。小王忙蹲下来望着铭铭笑着说："铭铭，不认识阿姨了？阿姨好难过呀！"说着又转过身来对我说："3个月不见铭铭，他又长高了许多。能够再见到孩子我真是太高兴了，可是铭铭却不认识我了！"小王有些伤感地叹了一口气。"说实在的，回到家里我真是特别想铭铭，毕竟这孩子从出生一直是我带着他，要不是家里有事，说什么我也不回去。没想到我走了以后会给你添那么多的麻烦，孩子又发生了这么多情况。接到你的电话，我心里别提多心疼孩子了，为了孩子我也得回来帮你一下！"

"嗨，你可别这样说！为了我们铭铭你放下家里的事出来帮我，我感激还感激不过来呢！"

"您看，铭铭已经不认识我了！"小王落寞地说。说着她拉过铭铭想抱起他来，可是铭铭不但不让小王抱，还倔强地扭过头去不看小王。

我对小王说："小王，别着急，你先洗个澡去，一路上很辛苦，洗完后吃点儿早餐。对铭铭不要急着与他接触，可能铭铭已经忘记你了或者对你的印象不深了，需要慢慢熟悉。"

于是小王进了房，打开行李箱，安置带来的物品，并准备拿出换洗的衣服去洗澡。这时，铭铭扒在门框上怯生生地向屋里好奇地张望，一声不响地看着小王收拾箱子。只要小王抬头看他，他就害羞地低下头。不一会儿，只见他开始移动脚步，一步一步地慢慢走进屋里，来到箱子旁，蹲下来目不转睛地盯着小王的活动。他一会儿看看小王手中拿着的衣服，一会儿又紧张地盯着小王的脸看，双手此刻却不老实地伸开企图去拉行李箱的把手，小王的脸上始终带着笑容。这时，铭铭的胆子逐渐大了起来，面部表情也由紧张焦虑转为松弛安静，随后就露出了灿烂的笑容，指着小王的衣服说："衣——衣——"小王激动地喊道："张大夫，铭铭好像记起来我了！"又转过头来对铭铭说："铭铭，叫阿——姨——"铭铭这时顺从地叫了一句："阿——姨——"激动的小王满眼含着泪水抱起了铭铭不停地亲吻起来，铭铭也咧开嘴笑了。

小王洗完澡后穿上了以往照看铭铭时穿的花罩衫，可能这一切都勾起了铭铭的记忆，孩子完全没有了小王初来时茫然、拒绝、紧张焦虑的神情，取而代之的是一种亲热和依恋的情感。铭铭紧贴着小王，拉着小王的手不停地叫着"阿——姨——""阿——姨——"。

"铭铭确实想起你了！"我笑着对小王说。

 ## 记忆的本质

记忆是一个比较复杂的心理过程。记忆力是决定智力因素很重要的一方面，一个孩子是否聪明常常与他的记忆力是分不开的，因为一切知识的获得都是记忆在起作用。换句话说，记忆是一切智力活动的基础：人的想象和思维都要依靠记忆；孩子学习语言也要依靠记忆；通过记忆曾经历过的某些事情引发的情感体验可以使情感更加丰富；人的意志也离不开记忆，因为意志是有目的的行动，在行动过程中必须始终记住行动的目标，才能够为这个目标去坚持奋斗。

名　称	特　征
运动记忆	最早出现的记忆。
情绪记忆	较早出现的记忆。
印象记忆	是婴幼儿最主要也是最特殊的一种记忆方式，在婴幼儿的记忆中所占比重最大。
语言记忆	在孩子掌握语言的过程中逐渐发展起来。

　　记忆需要经过识记、保持和回忆（再认和再现）的过程。产生记忆的生理机制是人脑在外界刺激作用下形成暂时神经联系，留下印象，如小王的音容笑貌、小王的衣服等经过不断强化而在铭铭的头脑中得到巩固。当小王回来后，铭铭再看到小王的音容笑貌和衣物，留在铭铭大脑中的印象痕迹被激活，有关小王的信息被提取，出现再认情景，所以铭铭认出了小王。因此，在婴幼儿时期，如果家长让孩子多接触各种不同的信息，多长见识，经过不断强化、反复感知，孩子获得的知识经验就会再认和再现出来。

 记忆能力的训练

　　0～3岁是孩子记忆发展的第一个高峰时期和关键时期，主要发展形象记忆和机械记忆。通过长期观察发现，婴幼儿机械记忆能力比成人要强，而且具有很大的记忆容量和发展潜能。这是因为他们大脑皮层的反应性较强，感知一些不理解的事物也能够留下较深的记忆痕迹的缘故，所以我们给孩子进行早期教育就要利用这一点。

　　婴幼儿时期大脑皮层发育还未完全成熟，多以无意识记忆为主，从记忆的时间来看主要是短时记忆，记忆的准确性差，带有很大的随意性，容易遗忘。另外，愉快时进行记忆能收到好的效果。因此，0～3岁的孩子对鲜明、生动、有趣、形象直观的事物，生动形象的词汇，有强烈情绪体验的事物，多种感官参与的事物容易记忆，也容易保存下来。尤其是1岁以后随着语言的发展孩子的记忆力逐渐增强，长时记忆开始发育。1岁多的孩子能够记住自己的玩具和衣物等物品，并且产生主动提取眼前不存在的事物的信息。2岁的孩子能够有意识地回忆以前发生的事件，能记住一些简单的儿歌。这时，孩子的记忆时间明显延长，能保持几个月。2～3岁的孩子可以表现出明显的回忆能力。

根据这些特点，家长应该有意识地训练孩子背诵儿歌、记住家庭地址、家长姓名和家庭电话号码等有意义的内容，记住玩具和所用物品的具体名称，与孩子玩"藏宝""找宝"的游戏。家长可以通过一些与孩子生活有密切关系，且孩子感兴趣的事情，以讲故事、看图记物学说话等方式来加强孩子的记忆。给孩子玩一些可以拆卸组装的玩具，或让孩子传达命令，给家庭成员传递信息来进行记忆训练。交给孩子一些简单的任务，督促他记住每天都要完成的事情，如每天吃饭前让孩子摆筷子，睡觉前将鞋子摆好等。

孩子的记忆力与遗传有一定的关系，但是并不完全取决于遗传因素。如果后天训练和培养得当，孩子摄取的营养均衡合理，那么智慧的基础就会打得更牢，智慧的仓库就会装得更多。

1岁2个月

建构游戏是铭铭和爸爸的最爱

　　铭铭很喜欢玩积木、套碗等游戏，尤其喜欢和爸爸一起玩。女婿为了训练孩子的手眼结合能力以及精细动作的准确性，在铭铭刚会坐的时候，女婿就开始利用套碗与他玩建构游戏。

　　女婿和铭铭玩套碗，就像变魔术一样，花样百出，变化无穷，让铭铭感到无比的兴奋和乐趣十足。

　　每次玩时，女婿和铭铭都面对面席地而坐。当女婿像变戏法一样从背后拿出

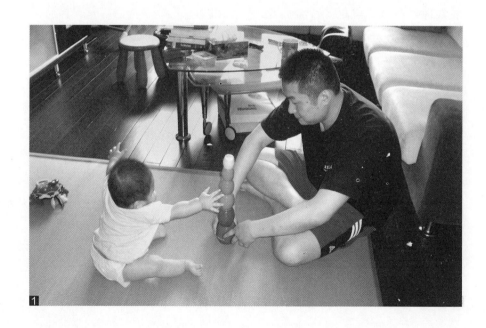

套碗在铭铭面前一晃时，铭铭就高兴得手舞足蹈，"啊——啊——"大叫，因为他知道爸爸又开始和他玩套碗了。只见女婿在一个大碗里按大小顺序依次装上6个碗，然后迅速地倒扣在地面上，让铭铭去猜那几个小碗藏在什么地方。当铭铭掀开大碗露出里面的小碗时，女婿及时地亲亲铭铭，露出了赞许的目光。

这个游戏训练了7～8个月孩子的记忆力，同时也让孩子了解物质永存的概念，即小碗在眼前突然消失了，但它实际上还是存在的，并没有真正消失。当铭铭再大一点儿时，女婿同时还将另一个同样的大碗也倒扣在地上，然后让铭铭猜猜哪个大碗底下扣着小碗，进一步训练孩子的记忆力。

最让铭铭感兴趣的是女婿将每对小碗对接拼插起来组成一个个小"腰鼓"，然后从大到小叠搭起来。铭铭看着用套碗叠搭成的"高塔"会高兴得直拍双手，然后用力去推倒它。当铭铭看到被自己破坏而倒塌的高塔时，他会兴奋地"啊——啊——"大叫。这个过程让孩子充分体会到了自己的力量，有助于建立自信心。

当铭铭10个多月时，女婿还让铭铭模仿他叠搭套碗。铭铭先是将小碗倒扣在地上，然后将比较大的碗搭在小碗上，其结果不是叠搭而是小碗扣在大碗里面

1 铭铭6个多月时与爸爸在玩他最喜欢的套碗　2 这是铭铭1岁2个月在搭建"高塔"

29

了，自然搭不成"高塔"了。于是，女婿告诉铭铭要想搭建成高塔，下面的碗必须大于上面的碗。铭铭模仿去做，成功地叠搭了2层碗。1岁时，铭铭就可以叠搭5层碗了。

在这之后，女婿又教给铭铭将套碗对接拼插成小"腰鼓"，然后将"腰鼓"由大到小再一层层叠高起来。这时的难度就大多了，因为小"腰鼓"的两端平面比较小，而且有凹槽，如果双手的控制能力差，对不准凹槽，肯定不能搭建成功。就这样，女婿不断训练铭铭，从搭建2层、3层、4层，到1岁2个月时铭铭就可以搭建5层的高塔了。铭铭精细运动能发展得这样好，女婿的努力是功不可没的。

后来，我们又给铭铭买了木制的积木，供他玩建构游戏。通过搭积木，孩子明白了整体是由无数的个体组成的，并逐渐懂得一些概念，如平衡、形状、对称等。铭铭还尝试利用各种不同形状和大小的积木根据自己空间认识和判断能力进行建构游戏，这不但可以激发铭铭的想象力，有助于思维能力和创新能力的发展，而且有助于空间感和视觉的发展。在这方面，女婿自然是铭铭义不容辞的老师和玩伴了。

我家里有一套碗，其含有大小不同、颜色各异、色彩艳丽的6对碗。每对同颜色的碗相对拼插起来就是一个中间鼓两端小，像微型腰鼓一样煞是好看的建构。套碗外面印刻有凹凸不平、形状不同的花纹，其鲜艳的颜色给婴幼儿视觉上带来强烈的冲击。印刻的花纹不但给予孩子触觉上的刺激，而且便于孩子抓握。随着发育，孩子逐渐学会将同颜色、相同大小的套碗进行配对，并依照大小顺序学会比较和排序。学会对接拼插后，孩子还可以训练手眼结合能力和大脑对双手手指动作的控制能力。

1岁3个月

不能抱小弟弟

　　这一天雨过天晴，金色的阳光照在身上暖融融的，碧蓝的天空中飘着几朵白云，湿润的空气中弥漫着花草的芳香，好一派春天万物复苏的景象。我和小王带着铭铭来到小区儿童游乐场玩。游乐场有很多的孩子在玩耍嬉戏，其中既有比铭铭年龄大的孩子，也有比铭铭小的孩子。铭铭很喜欢看大孩子玩跷跷板，于是小王就和正在玩跷跷板的孩子商量，可不可以让铭铭坐一会儿。那个小哥哥痛快地让了座，于是铭铭美滋滋地坐了上去。小王必须帮助他向下使劲，这样才能与坐在另一端的小女孩一上一下玩起来。

　　正在这时，楼上邻居家的阿姨推着亮太郎和他的姐姐来玩了。这对日本姐弟俩长得比较瘦小，亮太郎姐姐比铭铭大1岁，可是身高只到铭铭的肩膀。我印象中亮太郎爸爸妈妈的个子都不算矮，不知道为什么孩子却长得这样瘦小。我抱起亮太郎，问他的阿姨："这个孩子怎么这样轻？个子也不高？"亮太郎家的阿姨一周在他们家做4天，其余时间是爸爸妈妈自己照顾孩子。阿姨说："他们家3个孩子，每个孩子就相差1岁。他妈妈刚生了一个小弟弟，哪有工夫细心照料孩子。这两个孩子什么都吃，别看亮太郎还不到1岁，抱着大街上买的肉包子就啃着吃，一点儿都不浪费。"正在这时，坐着玩跷跷板的铭铭突然大哭大闹地要下来，小王赶紧把他抱下来。只见铭铭哭闹着跑过来，不停地喊"抱，抱"，并且用手使劲地往下拽亮太郎。我赶紧把亮太郎送到小王手里，弯下腰正准备抱起铭铭，谁知道他看到亮太郎被小王抱着时，转身又跑到小王面前哭喊着"抱，抱"，并使劲抓挠亮太郎的腿，吓得亮太郎嗷嗷大叫。小王赶紧把亮太郎递给了他的阿姨，把铭铭抱了起来。这时铭铭立刻破涕为笑，双手搂着小王的头不停地亲吻着小王的脸颊，说："铭铭，铭铭！"因为他还不会使用更多的语言表达自己的想法，但是我们清楚他的意思是"这是铭铭的阿姨"。

这是嫉妒啊，我心里想，于是马上对铭铭说："铭铭，刚才的表现可不像大哥哥！亮太郎是小弟弟，铭铭是大哥哥了，大哥哥应该照顾小弟弟。姥姥和阿姨喜欢铭铭，也喜欢亮太郎，抱抱他怎么不可以呀？你也可以抱抱他呀！"说着我就把亮太郎抱到他面前，让他抱抱。铭铭高兴地伸开了双臂，还没有等铭铭搂住亮太郎，亮太郎就大哭起来。"铭铭，看，亮太郎生你的气了！因为你刚才的表现，他不喜欢你抱他！"铭铭只好沮丧地低下了头。

嫉妒

嫉妒是一种不健康的、消极的情感表现。这是一个人与别人进行攀比时，发现自己在才能、名誉、地位或境遇等方面不如别人而产生的一种由羞愧、愤怒、怨恨等组成的复杂情绪状态，因此是一种负面的情感。

嫉妒是人性的弱点之一，是一种包括有焦虑、恐惧、悲哀、猜疑、羞耻、自咎、消沉、憎恶、敌意、怨恨、报复等比较复杂的心理活动。这种情感具有破坏性因素，直接影响人的情绪，使之自卑、孤独、痛苦，难以自拔。因此，嫉妒会成为一个人进步的绊脚石，使人停滞不前，对生活、社交、工作等都会产生消极的影响。正如培根所说，嫉妒这恶魔总是在暗暗地、悄悄地"毁掉人间的好东西"。

另外，嫉妒容易使人产生偏见，偏见与嫉妒相伴而行，嫉妒越深，偏见就越大。偏见是一种无知的表现，如果固执于偏见就会衍生为病态人格。

嫉妒的产生

嫉妒情感人皆有之，具有一定的普遍性，但每个人的嫉妒程度有浅有深，关键是如何认识和对待嫉妒心的产生。

孩子在1岁半左右开始产生嫉妒情感，2～3岁时会发展得更为显著。这是因为这个阶段自我意识开始发展，自我意识是特殊的认知过程，是通过认识外界（别人）而产生的。自我评价是自我意识的一种表现，是在与别人比较的过程中对自己作出评价，所以孩子既要认识自己，还必须同时区别于他人。幼儿早期的自我评价与小儿的认知水平和情感的发展密切相连。自我评价系统尚未形成，孩子还不能正确评价自己和别人，所以其往往会依赖于成人对他或别人的评价。幼儿对自己的评价通常带有主观情绪性，容易过高评价自己。当他与别人进行"比较"后，幼儿常常得出大人对别人好的评价。对孩子来讲，这是一件失去"公平"的严重事情，极有可能引发孩子种种不安、烦恼、痛苦的嫉妒心理。一旦嫉妒心膨胀起来，孩子就会出现愤怒、闷闷不乐的抑郁情绪，甚至会产生对抗、攻击等行为。如果家长不能给予正确的引导，势必会影响孩子的身心健康。因此，

幼儿嫉妒的心理特征

特　征	具体表现
明显的外露性	幼儿往往直接表露，不会掩饰自己嫉妒的情绪，也从不会考虑这种外露的嫉妒情绪所造成的后果以及别人对自己的印象。
鲜明的对抗性	幼儿对他嫉妒的对象，包括人、事、物表现出直接的对抗性，以发泄自己的不满，如直接攻击他嫉妒的人、破坏被嫉妒人的物品、毁坏他喜爱但是不属于他的玩具等。
主观性	因为幼儿考虑问题时主要从自我的角度出发，而且往往过高地评价自己，所以凡是不符合自己意愿的人或是事，他都会表现出不满的情绪。

幼儿产生嫉妒的原因

原　因	具体表现
认识水平有限	
个人能力的差异	每个孩子都有自己的强项，能力也有所不同，一些能力比较强的孩子或者自认为能力比较强的孩子，如果没有引起重视或关注，他往往会对受到表扬的孩子产生嫉妒的心理。
不良的家庭教育	有的家长对自己的孩子期望值过高，经常拿自己孩子的弱项与其他孩子的强项进行比较，常对自己的孩子说他在什么方面不如某个小朋友，使孩子以为家长喜欢别的小朋友而不爱自己，由不服气产生嫉妒。
环境的影响	如果在家里，成人之间互相猜疑、互相看不起，或当着孩子面议论、贬低别人，抬高自己，会在无形中影响孩子的心理。

家长有责任帮助孩子正确地对待所产生的嫉妒心理，引导孩子将嫉妒的情感转化为激励自己前进的动力。

 嫉妒的表现与疏导

每个孩子嫉妒的表现是多种多样的，具体来讲主要有如下4方面。

（1）不能容忍自己最亲近的人对别人家的孩子表现出喜爱。1岁以后的孩子最初表现出嫉妒就是不能容忍自己最亲近的人去喜爱别的孩子。一旦出现这种情况，其情绪会发生急剧的变化，表现出强烈的不满、哭闹，甚至攻击别的孩子。

（2）出现行为倒退现象。例如，为了获得家长的关注和喜爱，本来已经能很好地控制大小便的孩子，会故意尿湿裤子，要求使用尿裤、恢复奶瓶吃奶等。

（3）别人受到表扬，自己却没有，因此对获得表扬的孩子采取诋毁的态度。例如，孩子对受表扬的孩子表现出不高兴、不服气，并且常常以告状或者其他方式揭对方的短。

（4）因别人拥有的物品自己却没有，或别人具有的能力自己不具备，而产生嫉妒心。这是一种由羡慕、渴望进而转为嫉妒的情绪。尤其是能力比较强、听惯了表扬的孩子，当遇到能力比自己强的小朋友时，往往从不服气进而产生嫉妒心理，因此不愿意跟这个小朋友玩，甚至鼓动其他小朋友不与这个孩子玩，以达到孤立他人的目的。

家长如何疏导有嫉妒心理的孩子呢？

（1）建立良好的家庭环境。应当在家庭中为孩子建立团结友爱、互相尊重、谦逊容让的环境气氛，杜绝背后对他人说三道四的不良习气。这是预防和纠正孩子嫉妒心理的重要基础。

（2）正确评价自己的孩子。平时不要滥用表扬、一味夸奖，要褒贬适当；也不要经常用其他小朋友的长处去比自己孩子的短处，恨铁不成钢的心态千万要不得。

（3）正确对待竞争，鼓励互相学习。教育孩子正确对待竞争，同时告诉孩子在竞争过程中输赢都很正常。引导孩子输时找出与别人的差距，迎头赶上；赢时要多学输者的长处，这样才能取得更大的成绩。

第 **2** 章

16～18个月发育和养育重点

	发育概况	养育重点
大运动发育	· 掌握完美的走路技能	· 走得很稳; · 能蹲下捡物接着站起来再走; · 可以抬脚踢球、抛球; · 能扶栏杆上、下楼梯; · 开始学跑。
精细动作发育	· 可能使用一只手比另一只手多	· 会模仿画线条; · 会翻书看书; · 会从小瓶取物; · 能将4块积木搭成木塔,然后推到。
生活自理能力	· 建立良好的生活规律(睡眠、饮食、个人卫生规律)	· 能脱去简单衣物,包括穿戴帽子和脱袜; · 白天不尿裤子。
认知发展	· 经过训练可以根据形状和颜色进行分类	· 认识自己在镜子里中的样子; · 认实物、图片和五官。
语言发育	· 能听懂简单的词语并且能执行简单命令 · 能说出几个单独的词并且能背诵简单的儿歌	· 与孩子说话时要用成人语言以扩大孩子的词汇量。
情绪、情感发育	· 开始对黑暗和动物产生恐惧 · 产生分离焦虑	· 注意关心和呵护孩子,使他有安全感。
社会性发展	· 渐渐喜欢和小朋友在一起玩,但还不会分享,并抢夺玩具和物品 · 观察并模仿成人或大孩子	· 你干活时,孩子要求"帮助"你,如果不是危险的事,不要拒绝孩子。

1岁4个月

爬隧道游戏是进行感觉统合训练的一个好方法

女儿当初在生铭铭时因为宫缩乏力，虽然经过两天静脉给以催产素进行引产，但仍然不能诱发女儿自己的宫缩。加上人工破膜已经超过12小时，胎心当时也不太好，为了预防可能出现的感染、胎儿宫内窘迫的发生，我坚决要求夜间值班医生给女儿进行紧急剖宫产术。作为近40年的儿科医生，我知道剖宫产对产妇和孩子的产后或将来都可能会带来一系列的问题，但是为保证母子二人生命安全，我迫不得已做出了这个决定。事实证明，我的这个决定是正确的，因为铭铭出生时体重已经大大超过了产检和待产室医生的估计。原来医生估计胎儿体重7斤左右，自然产是没有问题的。实际上，铭铭出生时体重为4130克，有8斤多。更要命的是，脐带还缠绕着孩子的前臂，并抓在孩子的手中。试想，这种情况如果坚持自然产是很危险的。

但是，我非常清楚剖宫产儿在感觉学习和感觉统合训练方面存在着先天不足。近年来，一些剖宫产儿的家长发现自己的孩子似乎比别的孩子更加"活泼好动"，但动作不协调，做任何事情没有长性，爱哭闹情绪不稳定，爱招惹人不合群，食纳差，饮食起居也没有规律。去医院检查，医生也没有发现孩子有什么健康问题，因此家长认为孩子天性调皮任性而没有在意。直到孩子上学后出现学习困难，表现出一些异常行为，才引起家长足够的重视。

经过专业医生检查认为，孩子发生以上问题主要是因为感觉统合失调造成的。虽然进行了治疗，但是由于这些孩子失去了早期及时对他们进行恢复治疗的机会，并已发展到出现严重异常的行为问题，所以孩子、家庭和社会都背上了沉重的负担。据不完全统计，目前3～13岁的孩子中有10%～30%的人不同程度地患有此症，其中剖宫产儿占很大的一部分，因而我们不得不重新审视剖宫产。

 感觉统合

感觉统合是指人的大脑将从各种感觉器官传来的感觉信息进行多次分析、加工、整合后，做出正确的应答，以使个体在外界环境的刺激中和谐有效地运作。若人的大脑不能将各种传来的感觉信息进行分析和整合，使得机体做出的反应与外界环境不相适应，就会出现感觉统合失调。

感觉统合失调包括触觉统合失调、平衡觉统合失调、本体觉统合失调等。孩子出生后，家长应该将感觉统合训练纳入到日常的生活中。0～3岁是感觉统合训练的关键时期。剖宫产儿更要提早进行预防训练，越早训练效果越好。只要家长采取科学方法育儿，在大自然的环境中为孩子提供最充分的探索和放手操作的机会，就可以避免孩子发生感觉统合失调问题。所以，铭铭出生后，我们就一直注意有关方面的训练，并且贯穿到生活中的每一天。在上册书中，我已经详细叙述了0～1岁阶段对铭铭进行的有关训练。

 为什么剖宫产儿容易发生感觉统合失调

在阴道分娩的过程中，胎儿的肌肤、胸腹、关节、头部均受到宫缩有节奏的、逐渐加强的挤压刺激和产道适度的物理张力的刺激。胎儿必须主动通过狭窄而屈曲的产道，同时将这些刺激信息通过外周感觉神经传入到中枢神经系统，经过大脑对这些信息进行分析、加工、整合后发出指令，令胎儿整个身体以最佳的姿势、最小的径线和最小的阻力，即形成一个"圆柱体"，来适应产道各个平面的不同形态，顺应产轴曲线而下，最终娩出。

在分娩过程中，胎儿接受了人类最早的也是最重要的、强有力的、大约持续2小时的触觉、本体觉和前庭觉的体验和学习的过程。这其中对胎儿头颅的挤压，还可以激活胎儿大脑的神经细胞。这也是胎儿第一次主动参与的感觉统合训练，即触觉和运动觉的统合。

剖宫产属于一种干预性分娩，没有胎儿主动参与，完全是被动地在短时间内被迅速娩出。剖宫产儿没有分娩过程中被挤压的经历，没有感受这些必要的感觉刺激，大脑与胎儿的机体所发生的各种动作也没有机会进行整合和反馈，由此失去了人生中最早的感觉学习和第一次感觉统合训练的机会，皮肤的触觉没有被唤醒。因此，剖宫产儿生下来在感觉学习和感觉统合训练方面就存在着先天不足。先天的不足和后天缺乏科学的养育是剖宫产儿容易发生感觉统合失调的主要原因。

铭铭1岁以后，随着认知水平的发展，他开始玩爸爸妈妈买的人造彩色隧道玩具，进行"爬行通过隧道"游戏。这个游戏可以帮助孩子对自己身体的大小做出较正确的判断，了解身体与其他物体之间的关系，促进孩子空间认识和判断能力。孩子进入隧道时，需要头、手、脚与躯干动作的协调，促进本体觉的发展。另外，隧道爬行对孩子的前庭感觉的调节也很有帮助，可以感知隧道的深度，是一种不错的知觉训练；进出隧道时，光线与声音的改变可增加孩子对视觉和听觉的刺激。因此，隧道游戏对本体感不佳，触觉敏感或不足的孩子特别适用。

记得这个隧道玩具是女儿女婿带着孩子去那个所谓国际品牌早教中心上体验课时，在那儿的老师动员之下买回来的。这个玩具价钱不菲，其实如果不买也可以，用废弃的大纸箱子做成隧道，一样可以训练孩子。那时，铭铭才8个多月，看到摆在厅里的这个"大家伙"很害怕。从隧道口向里张望时，孩子可能感觉深不可测，因此说什么也不往里爬。只要大人将铭铭放到隧道口，推着他希望他能沿着隧道继续向前爬，铭铭就大哭小叫，有一次竟然哭着哭着下面发了"大水"。原来铭铭紧张得尿湿了裤子（因为是夏天，铭铭没有穿尿裤），这正验证中医说的"恐则气下"的道理。爸爸妈妈只好悻悻地抱出了孩子，于是这个玩具就束之高阁了。

1岁时，铭铭开始蹒跚学走，我们就拿出隧道让铭铭当罐笼推着玩。我想这样玩也不错，铭铭通过自己的推动，促使五颜六色的罐笼翻滚前进，让他体会到自己的力量，明白这种因果关系，从而更加自信了。直到最近，我们才正式教他爬隧道。

刚开始拿出这个玩具时，铭铭蹲在隧道口向另一边张望，当看到另一边的妈妈时，高兴得哈哈大笑，但并不往里爬。无论你怎么推他，他就是不爬，而且还站起来看着妈妈大叫"妈妈"，然后又蹲下向里张望，最后又站起来指着妈妈大笑。原来他利用这个玩具和妈妈玩起了躲猫猫。

"沙莎，你将他最喜欢的汽车放到里面，我在这里推着他向里爬。"我对女儿说。

于是，女儿拿来铭铭喜欢的小汽车放进了隧道里，在隧道口旁召唤铭铭："铭铭，看这里面有什么玩具？"

我在另一边让铭铭趴下，并向里推着他的双腿说："铭铭，看里面有你的小汽车，爬过去拿！"我用力向前推着铭铭，铭铭看到里面的小汽车就高兴地爬了过去。他拿到小汽车后，就势坐在里面玩了起来，不往外爬了。因为他的个子那时还不大，坐下后头顶着隧道顶，外面可以清清楚楚地看出他圆圆的头形和后背的身形。于是，我轻轻敲着他的头说："铭铭，看妈妈又拿着什么玩具了？"铭铭看到妈妈手里又拿着他喜欢推着玩的"小蜜蜂敲鼓"的玩具，这才快速地爬出来。不过，铭铭的坏主意也来了，他推着小蜜蜂玩具来到隧道口，将小蜜蜂推进了隧道里。他想推着小蜜蜂走进隧道，但是因为隧道直径小，他站着肯定是进不了隧道的。我看到铭铭立刻趴下身体，一只手推着小蜜蜂玩具，一只手扒在地上沿着彩色隧道匍匐前进。还别说，小蜜蜂玩具还真让他推出来了。虽然他累得满头大汗，可是他兴致勃勃再次进了隧道。就这样，铭铭开始喜欢这个隧道玩具了，每天总要玩上一段时间，高兴起来就会坐在里面玩一会儿，兴趣很大，从不厌烦。在玩的过程中，铭铭也完成了感觉统合训练。

1 铭铭最喜欢的"小蜜蜂敲鼓"　2 爬隧道游戏好处多

41

年龄段	本体觉和前庭平衡觉训练	触觉训练
13~15个月	①训练独立行走、拉着玩具前进。②鼓励孩子侧行和倒退走几步。③可以拉着孩子的手上楼梯，虽然孩子掌握不好身体平衡，但是可以感知高和低的概念。④经过训练可以搭积木3~4块、玩插孔玩具、用笔插笔筒、拼插画片、穿珠子、玩钓鱼玩具、握笔涂鸦。⑤学会使用勺将食物放进嘴里，用杯子喝水。	玩水、土、沙子，游泳，赤脚走路，和小朋友一起玩需要身体接触的游戏。
16~18个月	①蹲下捡物接着站起来再走，侧着和倒退走。②扶栏杆上、下楼梯，开始学跑。③训练画线条、翻书看书、从小瓶取物，将4块积木搭成木塔，然后推倒。④外出游玩坐转椅、座椅式秋千。	训练抬脚踢球、抛球、赤脚走路。
19~21个月	①训练孩子可以稳定地倒退走和侧向走，走平衡木，跑步时可以绕开障碍物。②让孩子学习简单的对折纸、拼图、穿珠子。③经过培养，比较熟练地使用杯子、碗和饭勺自己吃饭喝水。④训练孩子准确画出一笔——横线或竖线。	
22~24个月	①经过训练跑得很稳，很少摔跤。②能够扶着或者独立上楼。③训练孩子双脚同时离开地面原地跳、蛙跳、兔跳。④帮助孩子学会串珠子等游戏，能打开门闩开门，会折纸和逐页看书，使用笔学会画竖线和圈，可搭起7~8层积木或插插片。	
25~30个月	①训练孩子稳定地、独立地双脚交替上楼，独立下楼梯、单脚站立。②学习骑三轮车。③鼓励孩子从低矮的台阶上往下跳，当动作掌握且稳定后，可以适当提高高度。④可以教孩子画一些简单的图形，如直线、水平线、圆等。⑤可以有意识地训练孩子用细绳穿珠子，玩积木和拼插玩具，用积木搭出汽车、火车、塔和门楼等。⑥学习游泳。	
31~36个月	①鼓励孩子单脚站立、单脚跳、使用脚尖走路、双脚离开地面原地向上跳跃或者跳远、从台阶向下跳（注意保护孩子的安全）。②下楼梯时使用双脚轮换交替下楼。③跨越障碍物。④骑三轮童车、自行车等。⑤剪纸，简单画画，逐渐学会穿衣服、扣纽扣。⑥学习游泳。	

1岁4个月

铭铭懂得害羞了

这天，某育儿杂志的主编要找我就有关的育儿问题进行访谈。因为我和这个杂志的主编很熟，所以就请她到家中进行访谈。当时除了主编之外，摄影师等多人也一起来到我家。

当访谈就要结束时，铭铭与小王从外面回来了。我赶紧拉住铭铭，指着客人们对他说："叫叔叔、阿姨！"谁知道，平时一贯喜欢叫人的铭铭却急忙躲在小王的身后，双手紧紧地抓住小王的裤子不肯张嘴，小脸埋在小王的双腿间。我催促了多次，铭铭就是不张口。我看到他不时地从小王身后探出头来偷看客人，红红的小脸露出一股窘态。主编笑着说："铭铭懂得害羞了，是不是？看到这么多陌生人有点儿不好意思，躲起来了，对吧？"也许是因为女主编和颜悦色的话语，也许是因为屋里的气氛很轻松，所以铭铭露出一小脸来点点头就又缩回去了。我赶紧解释道："原来铭铭特别爱叫人，小嘴还特别甜，我们这儿的邻居和保安都特别喜欢他。最近1个多月以来，铭铭见到外人开始表现得羞羞答答、扭扭捏捏的了，而且也不爱叫人了，显得很没有礼貌。"主编说："这个阶段的孩子大多数都有这种害羞的表现，不能说是不礼貌，对不对呀，铭铭？"主编说着就又将头转向了铭铭，铭铭赶紧点点头笑了。小王拉着铭铭的小手对铭铭说："跟叔叔、阿姨说再见！"铭铭向客人们摆摆手说完再见，就回到了自己的屋里。

这之后，我们就孩子害羞的问题又聊了起来。也许是我们没有注意他，也许是孩子的好奇心促使他又回到了客人面前，铭铭开始小心翼翼地抚摸着客人的摄影器材，不时抬起头来用询问的眼光看看客人的表情。当摄影师叔叔微笑着告诉

43

他可以轻轻摸一摸时，他高兴地对摄影师说："都都（叔叔）！"而且铭铭还非常乐意摄影师叔叔为他照相，时不时摆出很酷的姿势，完全没有了当初的羞涩。

害羞大部分在孩子1岁~1岁半时发生。害羞是指感到不好意思、难为情，表情、态度极为不自然的一种情绪状态。当孩子暴露在自己不能控制的情景下时，害羞会促使孩子产生一种把自己藏起来的愿望。心理学家孟昭兰在《情绪心理学》中谈道："当在熟悉的环境中碰到陌生人，或者陌生人出现在社交场合时，婴幼儿有时出现微笑，随后头和眼睛低垂，扭转身躯，把脸藏在母亲的裙子里，或躲在母亲身后，或以不乐意的眼光偷看陌生人，表现出'害羞'的表情。"害羞是伴随着语言能力和自我意识的发展而发展的。害羞的发生是孩子生长发育过程中的正常行为，也是一个必经阶段，每个人或多或少都有会害羞的时候。

人类害羞行为的发生有其积极的意义，它是一种自我保护的策略。当人面临陌生环境或对陌生人没有充分了解时，人会感到不安全而产生一种自我保护和防备的反应。孩子在家里与亲人相处时，感到安全，因而不会害羞；而陌生环境和陌生人让孩子失去安全感，所以孩子会通过害羞的表现来保护自己。

虽然每个孩子都存在着害羞行为，但三四岁以后的幼儿如果过于害羞或者持续表现害羞行为，就会被确定为有羞怯气质与性格的儿童。心理学家认为，害羞是一种退缩性情绪状态，是一种典型的自我意识情绪。这种情绪往往使得孩子变得忸怩、窘迫，导致思维、知觉和活动受到抑制。随着社会不断发展，人们逐渐发现：如果孩子持续表现害羞行为，即过分忸怩、过分消极的自我评价和过分负面的自我为中心，就会使害羞转变成孤僻，导致孩子在社会适应方面出现越来越大的问题，不但自己会感到孤独与痛苦，甚至还会染上社交恐惧症。孩子不能真正地表现自我，将来势必影响其人格的发展，阻碍他进步，因此越来越多的家长开始正视孩子过分害羞的问题。

羞怯气质与性格的养成，除了少数生理性的原因之外，更主要的还是与生活环境、社交机遇和家长的教养方式有关。

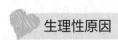 **生理性原因**

（1）生物遗传因素的影响。孩子的父母从小就过于害羞，往往孩子也会过

于害羞。美国著名的社会心理学家、斯坦福大学教授菲利普·津巴多在《害羞心理学》中提出："一般来讲，70%的父母和孩子拥有相似的情况：如果父母是害羞的，那么孩子也是害羞的；如果父母都不害羞，那么他们的孩子一般不会害羞；如果父母任何一方害羞的话，就加大了他们生出害羞孩子的可能性。"

（2）先天气质问题。具有黏液质和抑郁质气质的孩子性格多内向，会因不适应陌生环境和陌生人而感到害羞。

（3）身体有缺陷或者疾病缠身。这样的孩子往往特别在乎别人对他的评价，因而敏感和自卑，因此为了避免他人注意、嘲笑或被人看不起而采取害羞躲避的态度。

 环境因素

（1）主流文化差异。每个国家的主流文化不同，因此对儿童的影响也不同。例如，我国长期受儒家学说影响，常常把害羞认为是一种美德，以"沉默是金""含而不露""贵人语话迟""枪打出头鸟"来教育自己的子孙，喜欢用"害羞的小姑娘"或"有些羞怯的小男孩"来形容温顺的好孩子。菲利普·津巴多教授在《害羞心理学》提到："在人类所有族群中，害羞在亚裔美国人中最为普遍。这一现象也从跨国文化调查中得到证实。我们研究了很多国家的人，中国人和日本人是最害羞的。我们也曾探究原因，在亚洲文化中，害羞往往被当成一种美德，如晚辈对长辈的尊敬、谦逊和低调的举止，人们更愿意成为团体中的一员，而不是与众不同的个体。"因此，每个家庭在不同文化背景下形成的习得性习惯不同，对个人的性格有着不同的影响。

（2）受到挫折。孩子在成长过程中屡屡遭受挫折，又得不到大人的安慰和理解，迫使孩子寻求自我保护，而采取害羞等消极行为。

 父母的教养方式

（1）过度保护。目前每个家庭多是一个子女，集千般宠爱于一身，对孩子的照顾过度细致周到，什么事情都是家长出头处理，由此让孩子产生强烈的依赖性，使得孩子不能很好地接触社会，错失了许多社会交往的机会。当孩子习惯于一切都由家长来安排时，一旦他进入复杂的社会交往，顿时就会感到束手无策，产生恐惧和羞怯的情绪。

（2）期望值过高。一些家长把孩子当作实现自己理想的替代品，对孩子的期望值过高，一旦孩子没有达到要求，就会表现出失望、沮丧甚至怒斥，给孩子造成很大的压力。久之，孩子会自觉不如他人，产生自卑感，不能正确评价自己，而羞于接触外界也不敢接触外界，总是担心别人看不起自己，会受到他人的嘲笑，因此变得束手束脚，无法使自己的能力得到发展。

（3）家长严厉专制。由于家长严厉专制，使得孩子不能正确表达自己的意见。而且经常受到批评和惩罚，孩子总处于负面情绪的影响中，变得越来越不自信，逐渐不愿意在众人面前表现自己，而处于害羞退缩的地位。

因此，当孩子发生害羞的情绪时，家长要正确引导孩子。

☐建立和谐的家庭环境，关爱孩子，与孩子建立正常的亲子依恋关系，鼓励孩子自己的事情自己去完成，杜绝包办代替。

☐利用玩具和游戏鼓励孩子独立思考，勇于表达自己的想法。在游戏的过程中，让孩子学会与其他小朋友分享和合作。

☐给孩子创造社交机会，鼓励孩子与其他小朋友友好往来。教给孩子一些社会交往的技巧，让他学会赞美和宽容别人。

☐鼓励孩子善于通过语言表达自己的想法和内心的真实感受，先学会与家人进行沟通，然后逐步打通孩子与外界交流的通道。同时，允许孩子发泄自己不愉快的情绪。对此，家长应该表示同理心，然后帮助孩子进行分析以正确对待。

☐对于孩子点点滴滴的进步，家长要给予充分的肯定，让孩子及时获得自信。对于孩子出现的问题，家长要及时给予指正和批评，严重的需要进行严厉惩罚，但批评和惩罚之后要及时向孩子表示父母是爱他的，只是不喜欢他的不良行为。

☐对于有生理缺陷或疾病缠身的孩子，家长多以平常心态对待，像照顾正常的孩子一样照顾他，保护孩子的自尊心，鼓励他善于发现自己的长处，以树立自信心。

1岁4个月

接种完乙脑疫苗和甲肝疫苗回家时，铭铭突然会说"爸爸再见"了

今天该去医院给铭铭接种甲肝疫苗和乙脑减毒活疫苗了，于是我和小王、女婿带着铭铭按照预约好的时间来到医院。根据这个医院的工作程序，铭铭先做了体检：铭铭的体重是14.6公斤，身长90.5厘米，头围49.5厘米。

"铭铭这么高了？"我有些不相信。这时，一位护士端着治疗盘来到诊室，准备给铭铭接种疫苗。我顾不上追问，赶紧给铭铭脱下裤子。两个护士各拿着甲肝灭活疫苗的乙脑减毒活疫苗的安瓿[1]让我们确认无误后，然后开启安瓿将药液吸入针管，然后在铭铭两条大腿消好毒的地方快速进针、推药、拔出针管，最后贴上类似创可贴的消毒胶布，并嘱咐我们晚上将小胶布揭下，24小时内不要洗澡。操作过程中，铭铭只是轻轻哭了几声就停止了。医生交给我们一份有关接种乙脑疫苗和甲肝疫苗的说明书和注意事项的告知书，让我们回家仔细看看。

 乙脑

流行性乙型脑炎是在夏秋季流行的、由嗜神经病毒感染的一种急性传染病，主要引起中枢神经系统感染，传染的媒介是蚊子。为了预防此种疾病的发生，需要接种乙脑疫苗，疫苗保护率可以达到60%～90%。

乙脑疫苗有两种剂型：乙脑灭活疫苗和乙脑减毒活疫苗。卫生部在2007年颁发的《扩大国家免疫规划实施方案》中规定，乙脑减毒活疫苗需接种2剂次，于儿童8月龄和2周岁各接种1剂次，一般在当年的4月或5月接种。上一年9月，铭铭

1　装有注射剂的密封小玻璃瓶。

8月龄时没有接种，所以今年4月开始接种第一针，2周岁后再接种一针，完成乙脑减毒活疫苗的全程接种。

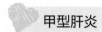 ## 甲型肝炎

甲型肝炎分为黄疸型和无黄疸型，是一种通过粪口传播的消化道传染病。甲肝的流行高峰一般在春秋两季，有2～6周的潜伏期，具有传染性强和流行面广的特点。甲肝患者会出现高烧、无力、厌油、腹泻和黄疸等症状，好发于15岁以下的儿童，尤其是学龄前儿童。这主要是因为孩子没有形成好的卫生习惯，所以托儿所、幼儿园以及学校发病率较高，且容易形成暴发流行。由于有相当一部分孩子感染后没有临床症状，容易被忽视，因此成为一个潜在的传染源，威胁着周围与之接触的人，造成甲肝的传播。

有效制止甲型肝炎的方法主要是做好预防工作。甲肝疫苗就是预防甲肝的一种有效手段。《扩大国家免疫规划实施方案》中规定，甲肝减毒活疫苗接种1剂次，于儿童18月龄时接种；甲肝灭活疫苗接种2剂次，于儿童18月龄和24～30月龄各接种1剂次，即初次免疫后第二针间隔6个月后再接种。铭铭因为接种的是甲肝灭活疫苗，所以6个月后还需要加强接种一次。

接种甲肝疫苗后8周左右便可产生很高的抗体，获得良好的免疫力，疫苗免疫效果高达98%～100%，一般可持续10～20年。凡1岁以上未患过甲型肝炎的儿童就可以接种甲肝疫苗。发热、急性传染病患者、严重慢性病患者、有免疫系统缺陷的人、过敏体质者和正在使用免疫抑制剂的人不可接种甲肝疫苗。

我在汽车上看着医院发的告知书，小王在一旁照看着铭铭。铭铭坐在汽车座椅上兴高采烈地看街上跑着的汽车，嘴里一直高声喊着"车、车——"，完全忘记了打针的疼痛。女婿把我们送到家后还要赶着去上班，于是我对铭铭说："跟爸爸说再见！"铭铭伸出小手向爸爸摆了摆，之后冒出一句："爸爸再见！"

"铭铭会说句子了！"我兴奋地说。小王高兴得将那双不大的眼睛眯成了弯弯的月牙形。女婿更是兴奋得不得了，抱起铭铭亲个不停。作为铭铭最亲的人，我们怎么能不为铭铭一点一滴的进步感到高兴呢？我赶紧督促女婿快去上班，不要耽误了开会的时间。女婿这才恋恋不舍地离开了铭铭，开车走了。

真有意思！孩子首先学会有意识地叫人（即语音能和某些特定事物联系在一起，产生真正有意义的词语），一般都是先从叫妈妈开始，可我家铭铭却先从叫爸爸开始，这让女儿妒忌得不得了。这次，铭铭学会说的第一个完整句子又是从"爸爸再见"开始，我心想让女儿知道了又会"醋意十足"地含笑嗔怪儿子呢！

语言是在人类进化过程中发生发展起来的，是人脑的高级功能，也是人类特有的神经、心理活动。它是人类进行社会交往和表达个人思想情感的重要工具。语言是后天学得的，是学习一切知识的基础，语言的发生和发展对婴幼儿认知水平的提高起着非常重要的作用。语言能力是人类智能中最重要的基础能力之一。婴幼儿时期是语言能力发生、发展的关键时期，错过了这个时期，就不能形成良好的语言能力。

一般来说，1岁以后语言发育的规律是这样的：

儿童1岁以后[1]语言发育的规律

年龄段	发育规律	具体表现
1～1岁半	理解语言迅速发展阶段	孩子理解的语言大量增加，可以听懂一些简单的故事，说出的词比较少，多用肢体动作来示意。说出的词主要是单字词，大多是名词，多是单音重复。孩子说的单字可能含有多种用意。
1岁半～3岁	积极说话发展阶段	孩子语言发展得非常迅速，说话的积极性很高，语词大量增加，语句掌握也迅速发展。2～3岁，孩子可以说出复合句，到3岁末可以掌握母语最基本的词汇，也就是掌握了最基本的语言。
3～7岁	基本掌握口语阶段	孩子在掌握语音、语法和口语表达能力方面都有迅速发展，为入学后学习书面语言打下基础。

1　1岁以后是孩子语言发生的阶段，开始正式学说话。

对于铭铭在1岁4个月能够说出清楚表达出自己想法的短句来，我既兴奋也有一种水到渠成的感觉。因为从铭铭出生以后直到现在，我们每天都在为他能早日学会说话做准备工作。

首先，我们为铭铭提供了一个丰富的语言环境。孩子出生后，家中的每一个成员只要在孩子醒着的时候，就不断地和孩子说话、念儿歌、读绘本等，时时刻刻让孩子处在一个宽松、自由、愉快、充满爱的语言环境中。

其次，在学习母语时，最好选择标准语言。虽然铭铭的爷爷一家是上海人，但是他们与铭铭说话时都用普通话。孩子普通话掌握后才可以开始学习第二种语言，否则很容易引起孩子接受和理解上的混乱。另外，同时学习两种语言的孩子发音准确率明显低于一般的孩子，音调也与正常孩子的音调有较大的差异，反而造成孩子说话晚。有的孩子因为不能理解，也不知道是谁对谁错，所以索性就不爱说话了。

最后，当孩子已经能够理解语言并说出一两个单字来时，我们鼓励孩子用语言来表达自己的需求，而不是过早满足孩子的需求。而且婴幼儿在与成人的互动中，婴幼儿的语言有很多模仿和受到强化的机会。

我对女儿、女婿和小王说，今后继续鼓励铭铭使用语言提出他的需求，杜绝使用肢体语言；还要通过给铭铭讲故事、共同阅读各种婴幼儿读物、说儿歌，让孩子进一步理解和掌握更多的语言；平时尽可能使用缓慢、清晰的语调和简单的词汇、句子与孩子进行交流，教他辨认和指出熟识的人、物品和身体各部位的正确名称，帮助他不使用错误的词汇说话；教会孩子说几个单独的句子，鼓励孩子用学会的单词和准确的发音来回答问题；对于孩子尝试说话时出现的错误，绝对不能嘲笑和讽刺，给孩子充裕的时间，鼓励孩子慢慢说出来。

在这里，我还需要提请家长注意几件事。

 儿语

很多家长尤其是女性在孩子开始学习说话时，往往喜欢和习惯使用儿语。因为儿语具有较高水平的音韵，且具有多样化和夸大的音调、语速缓慢、较多地使用重复话语、把一些词汇重叠和相近音并列、语意简单等特性，所以容易引起孩子兴趣，激发孩子的热情并诱导孩子注意，有利于孩子对语言的加工和语义的理解，便于成人与孩子进行持续的相互交往。因此，儿语在某些方面对婴幼儿语言发展起着积极的作用。

但是，研究者提出，如果孩子长时期处于仅仅接触儿语的环境，对于孩子的语言发育将是不利的，因为儿语过于简单化的结构会影响孩子接受必须学习的语言主体结构，不利于孩子语言的规范化发展。同时，孩子习惯儿语后，将来很难摆脱儿语，那么与同龄孩子一起交流时，他会显得非常幼稚，容易导致自卑心理。因此，不建议家长使用儿语与孩子说话。

在铭铭语言发育的过程中，我们从来没有与他使用过儿语，而是把他当作一个会说话的孩子，使用的都是语法规范的句子。我们还经常使用成语和书面语言，这样孩子的语言水平就会大大提高，用词也会准确恰当。事实也说明这样的做法是正确的，铭铭在以后的语言发展中表现出词汇量丰富、用词准确等特征，而且成语和书面语言在他言谈中也时时出现。

口吃

口吃是语言节律障碍，说话时会出现不正确的停顿和重复的表现。口吃出现的年龄以2～4岁为多，其中2～3岁一般是口吃开始发生的年龄，3～4岁是口吃的常见期。孩子6岁前出现口吃，部分是由生理原因造成的，更多的是由心理原因造成的。

心理原因主要是说话过于急躁、激动和紧张。其发生的原因一种为储存的信息多，急于表达，但语言的速度相对慢；另一种是孩子找不到适合的词句来表达自己的想法，而过度激动和紧张出现口吃。

口吃的成因还有一种就是模仿。孩子觉得别人这么说话好玩，于是跟着学，久而久之就形成口吃的习惯。

消除紧张是矫正口吃的重要方法，因此家长对于孩子口吃不要训斥或者给予纠正，这样反而造成孩子情绪紧张，出现恶性循环，或者导致孩子不再说话，时间久了就会产生自卑感和孤僻的性格。因此，家长平常注意让孩子慢慢叙述事情，耐心等待，而且要假装不去注意他的口吃，也不提醒他，就是让他慢慢表述。只要说出头几个字，孩子就会顺利说下去了。平时可以让孩子多说一些儿歌或者绕口令，有助于解决口吃问题。

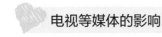

电视等媒体的影响

科学研究表明，0～6岁是孩子语言发育的敏感期，一旦错过，将带来不可挽回的损失。美国医学杂志《儿科与青春期医学文献》发表的一项研究报告显示，婴幼儿接触电视会影响其语言发育。研究人员通过对329个2个月～4岁的婴幼儿进行追踪观察后发现，只要电视机开着，无论有没有看，婴幼儿自言自语以及和成人的交流都会大幅度减少。据测算，电视每开1小时，孩子听到的词汇量就会减少770个。对此，主要负责这项研究的西雅图儿童研究院儿童健康、行为和发育中心主任迪米特里·克里斯塔基斯教授表示，婴幼儿大脑在2岁前发育得非常快，与此同时，它也需要外部刺激并做出反应。在所有外部刺激中，与他人讲话最为重要，但电视却会分散大人和孩子的注意力，使外部语言刺激大大减少，导致孩子语言发育迟缓。因此，要减少孩子看电视等媒体的时间，且每天不要超过20分钟。

 相关器官的保健

保护好听觉器官和发音器官的健康是保证语言发生和发展的前提。要对双耳、肺、支气管、气管、喉头、声带，以及口腔、鼻腔和咽腔等器官进行健康护理，尽量减少这些器官的生病机会，这样才有利于孩子语言的发展。

1岁4个月

白天撤掉纸尿裤进行如厕训练

什么时候开始给婴幼儿进行大小便和如厕训练的问题，目前专家们有着不同的看法，同时也为此争论不休。

本杰明·斯波克（著有《斯波克育儿经》）为代表的延迟训练观点认为，孩子独立大小便是种相当复杂的行为。孩子需要感到来自肠道或膀胱的刺激，理解刺激的含义，知道保持裤子干净和上厕所间的关系。该观点表示，应在儿童生理和心理上准备好后再开始训练，否则会给孩子带来过多压力，给亲子关系带来紧张，也会延迟完成训练的时间。因此，早期训练不宜实行，建议父母等孩子在身体、精神、感情上都准备就绪时，再开始训练其大小便。

美国约克怀勒大学心理咨询教授、教育学硕士、医学博士琳达·索娜在《婴幼儿早期大小便训练》一书中，针对上述观点批评道："从20世纪60年代起，一次性尿布行业已拥有几十亿美元的资产，其婴幼儿顾问极力主张晚一些进行大小便训练会更好。此后不久，很多儿科医生和婴幼儿专家响应这一建议，都说等孩子2岁以后才开始训练。专家告诉父母，早期练习会造成心理伤害，并会惹来长期的麻烦。对此，家长们深信不疑，认为早期训练的确有害。"同时，她认为："在把孩子当作朋友的养育观念的新时代里，许多家长认为，只要孩子开心那么他们就会身心健康……这种教养方法无疑使大小便训练更加困难。"

另外，我国一些权威儿科专家在《褚福棠实用儿科学（第七版）》中明确提出："小婴儿的膀胱黏膜柔嫩，肌肉层和弹力纤维发育不良，埋于膀胱黏膜下的输尿管短而直，抗尿液反流能力差，易发生膀胱输尿管反流。随着年龄的增长，此段输尿管增长，肌肉发育成熟，抗反流机制逐渐增强。5～6个月后，条件反射逐渐形成，在正常的教养下，1～1岁半可以养成主动控制排尿的能力。"所以，应该尽早给孩子进行大小便训练，以便形成条件反射，让孩子享受到皮肤干爽、清洁带来的舒适和满足，逐渐学会控制大小便，完成如厕训练。

1岁半～2岁是孩子养成如厕习惯的关键期。琳达·索娜教授在《婴幼儿早期大小便训练》一书中也阐明了这种观点，批驳了《斯波克育儿经》所宣扬的自由的、以孩子为中心的观点，并列举了延迟进行大小便训练所造成的种种危害。琳达·索娜教授认为："延迟训练曾给商家和父母都带来利益，但同时它也将一个本是很自然的学习过程变成无数家庭紧张、无助、代价沉重的噩梦……在1961年，美国有90%的儿童都是在2岁半完成大小便训练的。到了1998年，这一数字下降为22%。根据《儿科救护学》发表的一份研究显示，到2001年，孩子们只有到35个月（女孩）和39个月（男孩）时才能完成大小便训练。"所以，我们在美国看到3～4岁的孩子还穿着纸尿裤，就丝毫不用感到惊奇了。

作为儿科专家以及拥有多年儿科临床经验的我一直认为，及早建立排便和排尿的条件反射，进行大小便和如厕训练是有助于孩子身心发展的。

一个人的正常排尿过程是这样的：在肾脏生成的尿液经过输尿管运送到膀胱储存，当膀胱储存到一定的容量时，引起反射性排尿。具体来讲，当尿液的压力刺激位于膀胱壁的牵张感受器后，牵张感受器会发出的排尿信号，并经周围神经系统传导至大脑皮层排尿反射高级中枢，产生尿意。之后，排尿指令到达膀胱，膀胱逼尿肌收缩，引起尿道括约肌松弛，从而将尿液排出体外。在排尿时，腹肌和膈肌的强烈收缩，能产生较高的腹内压，协助克服排尿的阻力，直到尿液排泄为止。

琳达·索娜教授在《婴幼儿早期大小便训练》谈道："专家认为，婴儿具有延迟排便的能力，在2～3个月时就可以根据提示使用便盆……孩子在婴儿末期，可以感受到膀胱充盈，并能调节肌肉以推迟小便。"但是，如果延迟训练的话，孩子习惯了边走路边在尿布上大小便，那么孩子在以后学着坐便时就不会用力。另外，由于随时、多次小便，孩子膀胱储存尿的功能和排空的功能也得不到锻炼。而且使用一次性的尿裤或尿布，如果不及时换的话，污染的尿裤和尿布很容易引起泌尿系统感染和发生尿布疹。一旦孩子习惯了脏兮兮的尿布气味和它潮湿的感觉，孩子对排尿和排便就会失去敏感性，建立排尿和排便的条件反射便很难建立。如果错过了大小便训练和如厕训练的敏感期以后再训练孩子，就会遇到很多麻烦，也会有很多困难。尤其是孩子过了1岁，自我意识情绪逐渐发展，害羞的情绪开始产生，随之而来的是羞愧感产生。如果到了3岁孩子还在使用纸尿裤和尿布的话，孩子会为此感到羞耻，就会产生自卑感、孤独、焦虑、胆怯等心理。临床发现，3岁以后的孩子发生原发性遗尿症（夜尿症）和遗粪症往往都是由从小缺乏大小便训练而导致的，所以儿科医生尤其是行为儿科学的医生认为，在婴儿期应该进行大小便训练，幼儿期进行如厕训练，争取2岁～2岁半完成如厕训练。

我家铭铭在出生后26天就开始训练把便了，并且第一次的尝试很成功。以后，我们坚持在每天早晨铭铭吃完奶后，对他进行把便训练，所以铭铭很早就建立了排便的条件反射。由于每天清晨规律性排便，所以铭铭从生下来几乎就没有发生过便秘。

当孩子学会坐以后，在9个月时铭铭就开始进行坐盆排便训练。没有想到第一次的坐盆训练也进展得非常顺利。有了第一次成功的尝试，以后就顺理成章地一次次坚持下来，而且通过几天的训练，铭铭已经体会到坐盆大便比大人把便更舒服。另外，对铭铭来讲，坐盆还是一次很有趣的玩玩具的过程，因为我买的是一个天蓝色卡通造型可拆卸的塑料坐盆，坐盆前方竖立着憨憨的小熊头，十分可爱。小熊头上的两只耳朵是双手可以扶着的把手，这使得坐盆就好像骑在小熊身上一样，因此便盆成了铭铭最喜爱的玩具之一，甚至大便完后还舍不得离开。所以，去盥洗室坐盆大便也成了铭铭最喜欢做的事情。由于每天在固定的时间去熟悉的盥洗室，经过一段时间的训练，铭铭已经养成了清晨吃完奶后大约10分钟去盥洗室坐盆大便的好习惯。

当铭铭学会独立行走后，由于他经常进入盥洗室好奇地看着大人大小便，因此他知道马桶是大人进行大小便的地方。有的时候，铭铭还拉着小王的手，要求抱着他，模仿大人坐在马桶圈上。于是，小王只好双手拎着他让他坐在马桶圈上，怕他掉进马桶里。在他1岁3个月时，我们买了一个小的儿童马桶圈，放在盥洗室的马桶圈上，开始了对铭铭坐马桶大便的训练。铭铭很喜欢坐在马桶上的感觉，大概他觉得自己与大人一样在马桶上大便是一件很荣耀的事情。但是，我们一时还不敢放弃纸尿裤，因为大多数的时候铭铭还不会很好地控制尿或者及时通知大人需要尿尿，尤其是玩得高兴或者喝汤和吃稀饭多的时候，铭铭还会尿湿裤子。接近1岁4个多月时，铭铭控制尿的能力增强，两次尿之间可以间隔2～3小时，而且每次尿之前都会告诉我们"尿——"，好让我们带他来到盥洗室里，揭开纸尿裤，他才能顺利将小便尿到他专用的尿盆里。当然，我们还要不断表扬和鼓励他能够像大孩子一样及时通知大人要小便，铭铭获得表扬后再有小便时就更乐意去重复这些行为了。

最近由于我们观察密切，并且及时提醒铭铭该去尿了，所以几天下来铭铭所用的纸尿裤基本没有湿过，我认为该是白天撤掉纸尿裤的时候了。于是，我和小王商量了一下，她也同意我的想法。经过4天的尝试，铭铭都没有尿湿过裤子。无论谁带着铭铭外出，事先都带铭铭去盥洗室小便。外出时，我们还带着一个空饮料瓶（300毫升），以备铭铭要尿又找不到卫生间时使用。我们坚决不允许孩子随地大小便或当着外人面露出"小鸡鸡"。每次尿完后，大人一定要用柔软的、干净的纸巾帮他擦拭干净"小鸡鸡"（2岁以后就是他自己擦拭了）。在家里的话，铭铭便后就要洗手，这样就逐渐培养起铭铭大小便后要洗手的良好习惯。

夜间，我还是不敢马上撤掉纸尿裤，但是开始为夜间撤掉纸尿裤做准备工作。

（1）建立规律的作息制度，为此我调整了铭铭一天的作息安排。

6：00～6：30	醒后小便；洗漱完毕后，喝配方奶200毫升；吃完奶大约10分钟后，开始坐马桶解大便，然后清洗屁股，穿好衣裤。
8：00～8：30	早餐。
10：00～10：30	水果。
12：00～12：30	饭菜。
13：00～15：00	小便后午睡。
15：30～16：00	睡醒后小便，配方奶200毫升＋水果。
18：30～19：00	洗澡。
19：00～19：30	饭菜。
20：30～20：45	刷牙、小便之后准时睡觉。

上幼儿园后，铭铭的作息还是这样的安排。铭铭不在幼儿园吃早餐，在16：00从幼儿园下学回来时，他都坐在车上吃我带的冲调好的配方奶200毫升和水果。我不允许孩子在马路上一边走一边吃食品。

（2）晚饭尽量少安排含有汤水的食品。

（3）晚餐后不允许再进食，尽量少喝水或不喝水。

（4）白天上下午各进行1次户外活动，避免孩子过度兴奋或者受到过度刺激。

（5）白天当孩子要尿时，略微推迟排尿时间，然后再带他去盥洗室小便。这样做可以延长排尿的间隔时间，提高膀胱的容量并感受尿意，为夜间撤掉纸尿裤做准备。

1岁4个月

为蹲在地上的阿姨拿来
小板凳——谈移情

　　铭铭每天上午都要与阿姨一起外出游玩2小时，主要去离家不远处的延安绿地、淮海公园和湖滨公园。那些地方树木很多，绿荫葱葱，很是凉快。下午睡醒后，铭铭就在小区的院子里玩，因为院子里有很多从幼儿园里接回来的孩子，再加上同龄的孩子睡醒后也喜欢到院子里玩，所以小区傍晚十分热闹。最近铭铭特别喜欢和小朋友凑到一起玩，虽然他们这些年龄差不多的孩子在一起也只是各玩各的，不过他们还是喜欢凑在一块儿。这与这个阶段孩子社会交往能力还比较弱有关。

　　虽说只是5月末，可是上海就已经比较热了，而且因为快要进入梅雨季节，所以天气也让人感到有些发闷，有的时候还真让人受不了。今天一进门，我就看见铭铭和小王都面红耳赤的，铭铭的小背心也被汗洇湿了。进屋后，小王赶紧给铭铭擦汗，一边擦一边对我说："铭铭看见一个跟他大小差不多的小朋友，由他爷爷带着。铭铭特别喜欢这个孩子。这两个孩子就围着大树跑个不停。看，全身都是汗！要不是那家的爷爷要回家带走了那孩子，铭铭还不愿意回来呢！"说完，小王就又给铭铭倒白开水喝。她让铭铭坐在小圆凳子上，小王就势蹲在地上端着水杯让他喝。

　　"你把水杯给他，让他自己喝，都这么大了。你蹲着喂他多累呀！"我对小王说。还没等小王回答，铭铭便站起来，用手推开水杯，自己走进厨房里，双手拿着一个圆凳出来了。他将圆凳摆在小王的旁边，拉着小王的手示意让她坐上去，嘴里还不停地说"阿姨，坐坐""阿姨，累"。

"哇！咱们铭铭会心疼人了，知道阿姨累，给阿姨拿来凳子坐！真懂事！"我高兴得直夸铭铭。小王也感动得不得了，抱着铭铭不停地亲吻，说："阿姨没有白疼你，真懂得关心阿姨了。我们铭铭又长大了，懂事了！"

铭铭能够体会到阿姨蹲着累，并且给阿姨拿来凳子坐，帮助阿姨解决困难，这是一种移情行为。移情是一种既能识别他人的情感，又能够分享他人情感，还能够客观理解、分析他人情感，对他人的处境感同身受，并体贴、关心和帮助别人的行为。移情是情绪智力的重要组成部分。像我们常说的"换位思考""站在对方的角度上考虑问题"等都是典型的移情表现。

移情是现代文明社会的重要组成部分，是培养孩子利他行为和其他亲社会行为的一个重要中介因素。移情水平的高低影响着人们价值观的取向。移情是道德判断与道德行为的基础，有了它，人们可以通过头脑中特定的道德标准，对一些违背道德的事情或人感到不满或愤怒。移情也可以使人同情他人的不幸和痛苦，为自己不能给他们提供帮助而感到内疚。正因为有了移情的体验，一个人才能处处为别人着想，从他人角度看问题，具有较高的思想境界和道德水准。移情本身是一种亲社会动机，具有引发热心助人行为、富有同情心和抑制攻击性行为等亲社会功能，并有助于维护社会联结，促进人际友好关系建立，所以移情是现代社会所提倡的，我们有必要多了解婴幼儿移情的发展过程。

 婴幼儿移情发展过程

（1）1岁左右是移情的原始阶段。大多数孩子出生后或多或少都有着移情能力，但是对他人情绪的反应是比较笼统的，绝大多数是从自身的感受和体验出发。由于婴儿不能把自己和他人区分开，所以这时的移情还处于一种非常原始的状态，婴儿常常会把发生在别人身上的事当作发生在自己身上的事来处理。例如，孩子去医院，看到别的孩子打针时哭闹，虽然自己没有打针，但是也会跟着哭闹。

（2）1~2岁是自我中心式移情阶段。这时，幼儿自我意识开始出现萌芽，初步意识到自我与他人的不同，能够意识到他人并非自己，在体验一种情绪时能产生移情呼唤。由于自我中心的发展特点，这时期的幼儿识别、判断、体验他人情感的能力不够，容易受外界刺激或别人情绪的影响，所以他们的移情大多还保留在模仿阶段，会把别人的混淆为自己的。例如，在安慰别人时，他们犹如安慰自己一般，所采取的帮助方式可能并不恰当。

（3）2～3岁是对他人情感的移情阶段。这个阶段的幼儿已经能够区分自己和他人的情绪状态，开始意识到别人具有与自己不同的情感、需要以及对事物的不同理解。此时的幼儿能够对他人的感受进行推断，做出更多的反应。例如，看到别的孩子受到责罚，他们会感到很难过，有些甚至还会以模仿他人的方式向对方表示安慰。3岁的幼儿随着语言的发展，能够从语言中辨别出意义来，即使他人不在，通过听到对有关他人感受的描述也可以产生移情，而不只是单纯从他人的表情中辨别。此时，幼儿由移情采用的行动方式能够更熟练地以合适的方式帮助别人。

（4）3岁以后是对他人总体生活状况的移情阶段。这个阶段的幼儿开始走出自我中心，认识到自己与他人各有经历和个性，对他人情感的理解能力更强，能从表情来辨别和理解各种情绪。这时，孩子的换位思考能力也在不断发展，孩子可以感受到群体的痛苦，并能通过一定的方式来取悦他人，获得满足。移情的发展达到了超越直接情境的阶段。

移性产生的三要素

研究表明，条件反射、直接联想、模仿、象征性联想、角色扮演等都可以产生移情，但是移情的产生必须具备三要素：

■ 首先，需要感知他人的情绪，即通过他人情绪的外显表情来感知他人所处的情绪状态；

■ 其次，能够理解他人所处的情境，即个体能从当事者的角度来看待其所处的情绪状态，设身处地地考虑他人情绪表达的意义；

■ 最后，具有相应的情绪体验的经验，即个体若有过类似情境中的情绪体验，那么当其看到受害者的情绪表达和所处的情境时，就会唤起自己生活经验中类似的情绪反应，进而产生移情体验。

移情能力的培养

对于婴幼儿来说，健康的生长环境有助于移情能力的提高，反之可能会压制移情能力的发展，因此幼儿在家庭中接受情感教育是十分重要的。家长应该有意识地根据幼儿移情的发展特点，对幼儿先天的移情倾向加以有效的引导和培养。这里必须强调的是，安全依恋的亲子关系有助于孩子形成良好情绪状态，增强他的移情能力。

（1）在日常生活中，要对幼儿所表现出的各种情绪做出积极的反应，引导幼儿感知和正确表达自己的情绪。孩子的情感越丰富，就越能设身处地地感受他人的情感变化，其移情能力就越强。而且只有正确地表达自己的情绪，才能让别人了解自己的情绪，从而达到互相理解和沟通的目的，使社会交往得到发展。

（2）父母要主动向孩子表达自己的情绪。父母是孩子的第一任老师，既是孩子最亲近的人，也是孩子最先模仿的对象，对孩子的情绪发展起到潜移默化的作用。父母应该主动打开自己的情感大门，向孩子阐明自己产生喜、怒、哀、乐、恐等情绪的原因，并将各种情绪的外显行为即各种情绪的面部表情、肢体动作和语言等向孩子准确地表达出来，并进一步说明自己是如何处理的。孩子逐步理解了各种情绪以及它们的外显行为后，通过了解自己父母的情绪、情感，进一步了解他人的情绪、情感，并学会从别人的语言、声音、表情等准确地辨别各种情绪，提高对他人情绪的敏感性。

我国自古以来崇尚的行为规范和道德标准，如不拘言笑、喜怒不形于色等掩盖或抑制自己真正情绪、情感的方式是不可取的。另外，我国大多数家庭都是独生子女，因此过度细致的保护和社会交往机会的匮乏，也使孩子缺乏对各种情绪体验的机会以及识别各种情绪的外显行为的能力。

（3）多在家庭中进行情感教育。家庭是孩子的第一课堂，在家庭中首先要培养孩子学会爱父母、爱自己的亲人，这样孩子才有可能去爱其他人。一个只爱自己连父母都不爱的人是不会爱别人的。因此，在自己亲近的人际关系中学会移情，孩子才能更好地对其他人产生移情。

（4）家长要积极创造机会让孩子与外人进行交往，尤其是与同龄的小朋友交往。在接触的过程中，家长要引导幼儿感知、理解他人的情绪，学会察言观色、换位思考、理解和尊重他人。例如，引导孩子为小朋友的好事感到高兴，对小朋友的痛苦和不幸表示同情并给予安慰和帮助，学会宽容等。当孩子做出移情的举动时，家长要及时给予鼓励和表扬，同时将正确的价值观不断地灌输给孩子，这样才有助于提高孩子的移情发展水平，培养孩子的亲社会行为。

（5）通过游戏角色的扮演、讲故事、阅读、看卡通片等方式，培养孩子的移情能力。这种方式能让孩子了解不同身份的人遇到各种情境会怎样想、怎样做，启发孩子产生移情，是一种不错的移情训练方法。

1岁5个月

开始正式使用牙刷

　　铭铭快1岁半了，女儿又带他去医院做常规口腔保健检查。医生给铭铭仔细检查了牙齿，并进行抛光和涂氟处理。记得铭铭11个月时，我带他去朋友开的口腔诊所做了第一次口腔保健，其目的是做牙齿氟状况的评估、牙科检查、进行牙科的健康咨询以及让孩子熟悉牙科的就诊环境，避免和减少孩子将来对牙科就诊与治疗产生的恐惧。当时，朋友检查了铭铭的牙齿后，一直夸铭铭牙齿保护得好，说他的牙齿是珍珠小白牙。这次铭铭检查时又哭又闹的，因为此时正是他认生行为发展到最高峰的时期。建议家长最好每间隔3~4个月给孩子做一次牙科保健检查，及时发现问题，及时处理。如果做不到，也要保证每年一次牙齿保健检查。

　　其实，对于如何保护孩子的牙齿，我也曾遇到来自他人的一些旧习惯的干扰和不解。

　　自从铭铭添加辅食后，他就对大人的饭菜十分感兴趣，只要大人吃饭他都要吃，但是我坚决不让他吃大人的饭菜，因为大人的饭菜含有盐，对于1岁以内的孩子是不适合的。这个月龄段的孩子，肾脏发育得还不成熟，进食盐会增加肾脏负荷，而且配方奶中含有的钠足够孩子的需要。再说，从小喜欢吃咸会为以后血压健康埋下隐患的。到了1岁以后，尤其是最近铭铭已经能够说出简单的语言表达要吃大人的饭菜了，有时女婿就禁不住拿自己的筷子、饭碗或杯子让孩子尝一点儿，但都被女儿和我坚决禁止，因为通过这样的方式，大人口腔里的细菌很容易传到孩子的口腔中，这是儿童口腔科医生一再告诫的。

　　婴幼儿发生龋齿主要的致病菌是变形链球菌，而婴幼儿口腔中的变形链球菌主要来源于母亲及其看护人。婴幼儿出现早期龋齿不但会破坏乳牙的结构，影响孩子的咀嚼和进食，进而造成孩子营养不良乃至影响孩子全身的生长发育，还会影响孩子颌骨的发育。龋齿严重时也会影响乳牙下面继承恒牙的发育和萌出，导致恒牙排列不齐。另外，变形链球菌可以进入血液中，影响心脏和肾脏等器官。因此，龋齿以及龋齿所造成的后果，不但有损孩子的容貌，影响孩子语言的发育，而且在孩子懂事以后，还会影响孩子正常的心理发育。

　　为此，我给铭铭准备了专碗专筷（筷子颜色与我们用的不一样），而且孩子的饭菜都是单做。虽然随着孩子逐渐长大，饭菜也会向成人饮食过渡，但1岁以后孩子的零食就是配方奶和水果。我除了保证孩子每天400毫升～600毫升的配方奶外，就是三顿饭菜和零食，让孩子充分摄取谷物、水果、蔬菜和动物性食品中的营养。像糖、饼干、膨化食品、蛋糕、面包、绵软过细的糯米团、冷饮这类的零食坚决不能吃。这些食品含糖量高、食品添加剂多，又有反式脂肪酸，不但会影响正餐并对健康无利，而且很容易损害孩子的牙齿。铭铭偶尔吃一次糖也是很小块的硬糖，吃过糖后一定会漱口。对此，亲家一家开始不理解。太奶奶特别喜欢重孙子，依照过去的习惯总给孩子带一些糖和饼干。当面拒绝不合适，也不能扫了老人的兴，于是我就对孩子说："姥姥先给收起来，以后慢慢吃。"过后，我在和孩子的爷爷奶奶聊天的过程中，以不经意的口吻谈到我对孩子饮食习惯、食品安全以及如何保护孩子牙齿的做法和科学道理，他们自然就明白了我的用意，从此就不再让孩子吃这些食品，而是给孩子准备水果了。

　　铭铭的口腔清洁护理用品也从消毒好的纱布到指刷，1岁以后使用像狼牙棒一样的软胶牙刷，1岁半就开始使用这个年龄段的专用牙刷。近来，一些口腔科医生建议孩子只要出牙就可以使用相应年龄段的牙刷了。《美国牙科协会》最新研究显示，除高氟地区，3岁内的孩子可以使用含氟牙膏，但只是在牙刷上涂上薄薄的一层，并且需要家长帮助刷牙和监管牙膏用量，尽量避免孩子吞噬牙膏。3~6岁可以使用豌豆大小的含氟牙膏。因此，美国儿童牙医建议，当孩子出第一颗牙齿时就可以使用含氟牙膏，且每天早晚各刷一次牙。

每次铭铭都是与小王同时刷牙，主要是为了让他模仿，但是刷到最后大人必须提供帮助。一般都是我或者小王给刷，保证将牙齿的三面都刷到。对此，孩子还比较配合。我们经常使用牙线为铭铭清洁牙间隙，因为按现在儿童口腔医生的观点，应该天天使用牙线，所以在外孙子清洁口腔的过程中，我们开始天天给他使用牙线。用完的牙刷和口杯都送到消毒碗柜进行消毒（臭氧消毒），因为潮湿的牙刷最容易滋长细菌。另外，牙刷一般2~3个月就要换一把。

我牢牢记住朋友告诉我的话："不要嫌麻烦，帮助孩子刷牙最好到上学，否则孩子自己没刷掉的食物残渣会生成龋齿。"所以，至今我都在帮助孩子刷牙，而且每次饭后都让孩子喝几口清水清洗口腔中的残渣，晚饭后坚决不再给孩子吃任何食品。可能有的人说，你怎么这样烦琐麻烦，是不是在意得太过分了？其实不然，如果孩子从小牙齿保护得不好就会影响恒牙，也为他的成年和老年健康埋下隐患。

1岁5个月

接种五合一疫苗，使用
生长发育曲线图

　　根据铭铭做保健的医院安排，今天我和女儿、小王带着铭铭去接种五合一疫苗（百日咳、白喉、破伤风、B型流感嗜血杆菌及脊髓灰质炎的联合疫苗）以及七价肺炎球菌疫苗的加强针。因为前几日铭铭曾来这个医院接种过乙脑疫苗和甲肝疫苗，所以铭铭对这个医院似乎还有记忆。不过，由于接种时的疼痛很轻而且很短暂，他这次来倒是没有表现出害怕或者哭闹，反而对候诊室的玩具和墙上挂的输氧胶管和广角检耳镜似乎更感兴趣。按照以往的就诊程序，铭铭顺利地完成接种。

　　李医生告诉我，铭铭11月份还要接种甲肝疫苗加强针，2岁时需要接种流脑疫苗。在回家的路上小王问我，为什么已经接种过的疫苗还要接种加强针？她家一个亲戚的孩子接种疫苗后医院要求检查抗体，结果这个孩子却没有产生抗体，这是怎么回事？这是不是意味着孩子没有获得抵抗力？

TIPS

　　我国最新扩大免疫程序规定，流脑疫苗共接种4剂，第一剂和第二剂用A群流脑疫苗，儿童6月龄~18月龄接种第1剂。第一剂和第二剂为基础免疫，两剂次间隔不少于3个月。第三剂和第四剂次为加强免疫，用A+C群流脑疫苗，儿童3岁时接种第三剂，与第二剂间隔时间不少于1年；6岁时接种第四剂，与第三剂接种间隔不少于3年。进口的流脑疫苗是A+C+W+Y群混合型疫苗，用于预防A、C、W、Y群脑膜炎球菌引起的流行性脑脊髓膜炎，第一针以后每3年接种一次。因为这个疫苗是进口的，所以医院需要提前预订。

我告诉她，接种疫苗就是医学上说的进行人工自动免疫。人工自动免疫就是接种者接种某种菌苗或疫苗（即抗原）之后，通过抗原的刺激作用，机体会自动产生免疫力，同时在血清中有相应的抗体出现。菌苗或疫苗在接种后必须经过一定的时间才能产生抗体，抗体产生后其浓度可以维持一段时间（一般是1～5年），这时接种者的免疫力最明显，抵抗相应疾病的能力最强。随后，抗体浓度逐渐下降，免疫力也逐渐降低，这个时候需再次进行接种此种菌苗或疫苗，使抗体的浓度再度升高，以提高免疫力达到菌苗、疫苗的免疫持久性。所以，在完成一些菌苗或者疫苗的基础免疫后，人们还需要适时加强免疫，以巩固免疫的疗效。像乙肝疫苗、百白破三联疫苗、脊髓灰质炎减毒活疫苗（糖丸）、卡介苗、乙型脑炎疫苗、麻风腮三联疫苗、流感疫苗、流脑疫苗、水痘疫苗、B型流感嗜血杆菌疫苗（HIB）、轮状病毒疫苗都属于这类菌苗或疫苗。

孩子接种菌苗或疫苗后，只有体内产生足够的抗体，才能达到预防疾病的目的。需要注意的是，并不是100％的接种者都可以产生抗体，也有极少数人（1％～5％）即使接种了适当的菌苗或疫苗后仍不能产生抗体。产生这种情况的原因是多方面的。

疫苗接种后不能产生抗体的原因

主要原因	具体表现
接种者自身原因	（1）接种者体内可能存在着免疫系统的某种功能障碍，造成体内无法识别此种疫苗，因此不产生免疫应答反应，或者免疫应答反应很弱。（2）3周内接种者曾使用过丙种球蛋白或胎盘球蛋白，使其免疫作用被抑制。（3）没有按时进行加强免疫接种。（4）常规剂量可能对有的人来说偏低，不能刺激抗体产生，因此需要加大剂量。（5）接种的起始年龄不对。（6）服用减毒活疫苗要用凉开水送下，服下半小时内不能吃、喂奶和热饮。
菌苗或疫苗原因	（1）每种菌苗或疫苗都具有最低和最高的免疫剂量要求，如果接种的菌苗或疫苗的剂量低于最低剂量时，不能刺激机体产生相应浓度的抗体，因此也就达不到免疫的效果；相反，如果接种剂量过大，也会产生免疫麻痹。（2）菌苗或疫苗在生产过程中存在着质量问题。

主要原因	具体表现
冷藏链有问题	有一些疫苗或菌苗是减毒活疫苗或减毒活菌苗，有效期短，在生产、运输和储存上需要冷藏的环境，如果中间某个环节出了问题，就会造成活菌苗或活疫苗死亡，那么接种后就不会产生抗体。
检测抗体时的试剂、检测的方法有问题或医生的检验技术水平问题	这些问题会造成检测抗体时，结果出现偏差的情况。
医生接种技术问题	（1）消毒接种部位应该由内向外螺旋式对接种部位皮肤用75％的酒精进行消毒，涂擦直径≥5cm，待酒精干后再接种。严禁使用2％碘酊进行消毒。由于疫苗易被酒精杀灭，皮肤消毒需待干后才可注射。（2）接种部位和接种途径（皮下、皮内、肌内、口服）要正确，注射部位和深度也要正确。（3）加吸附剂的疫苗，注意摇匀，做到"苗不离冰"。活疫苗安瓿开启半小时，死疫苗开启1小时未用完应废弃。（4）如果两种疫苗需要同时接种，需要在不同部位用不同针管进行接种。如果两种减毒活疫苗未能同时接种，应至少间隔4周再接种。

以上环节只要有一个出现问题，就会接种失败，致使体内没有相应的抗体。

疫苗按接种程序完成后进行抗体测定是十分必要的。如果经过检查，机体产生了足够的保护抗体，就说明人工自动免疫是成功的。不过，即便产生了足够的抗体，抗体水平也会随着时间推移而逐渐下降，所以要定期进行抗体测定，以确定是否有必要进行加强接种。如果没有产生抗体，就需要再次按程序进行接种；如果产生的抗体较少，就需要加强接种。

这次护士测量的数据显示，铭铭体重15公斤，身长87.5厘米，因此我断定是上次测量错了。我当时就疑惑，铭铭的身长不可能在短短的4个月里就增长了5厘米。

要了解孩子生长发育是否正常，掌握孩子的生长发育规律，就要利用世界卫生组织颁布的新"儿童生长标准"了。该标准确认，在全世界任何地方出生并给予生命最佳开端的儿童都有潜力发育至相同的身高和体重幅度内。儿童之间虽然存在个体差异，但是在区域和全球大规模人群之间，平均生长显著相似。例如，印度、挪威和巴西的儿童，在生命早期向他们提供健康的生长条件时，均显示相似的生长模式。新的标准证明，儿童生长至5岁时，各方面的差别更多地受到营养、喂养方法、环境以及卫生保健而不是遗传或种族特性的影响。时任世卫总干事的李钟郁在颁布该标准时强调，这一标准为保证儿童的最佳营养护理提供了重要参考，同时将最大限度地减少婴幼儿死亡和疾病的发生。

以往推行了40年的旧"儿童生长标准"是以美国特定地区和时间选定的儿童为样本制订的。这些婴儿主要都吃配方奶，他们的体重比吃母乳的婴儿重很多。同时世界卫生组织指出，原来的标准存在若干技术和生物缺陷，不应作为全球普遍的儿童健康标准。而我国的标准虽然是综合国内不同地区和不同喂养方式的数据统计出来的，但这样的数据并不能说明它更正确，反而会因混合或人工喂养宝宝的因素使数据偏高。

1997年～2003年，世界卫生组织对6个国家的8440名母乳喂养的孩子进行了跟踪调查。这些孩子来自巴西、加纳、印度、挪威、阿曼和美国，都具有最佳的成长环境——采取专家建议的喂养方法、有良好的卫生保健环境、母亲不吸烟等，其中最重要的是都以母乳喂养，且母亲的身体都很健康，对孩子的照顾也非常周到。通过检测这些婴幼儿的正常发育过程，世界卫生组织中的专家描绘出儿童生长发育曲线图。

同时，生长发育指标中还包含了身体质量指数（BMI）[1]，这是世界卫生组织首次在婴幼儿生长发育指标中引入此项指标。BMI为评估体重与身高比例提供了工具，对于监控孩子的肥胖症非常有效，是评估儿童健康的一个重大革新。

我国很多医院的儿科和儿保科医生目前也在采用世界卫生组织颁布的新生长曲线图，并对照我国卫生部对外发布的《中国7岁以下儿童生长发育参照标准》综合考虑、判断儿童生长的情况。这套标准参考了2005年中国9个较发达城市儿童体格发育调查的结果，稍高于世界卫生组织的标准。

医生和家长可以通过新生长曲线图来了解宝宝生长情况。用生长曲线检测孩子的身高、体重的发育，比起简单用一个数字断定孩子是高是胖要更科学。整个曲线图由若干条连续曲线组成，最下面的一条曲线为-3，如果婴幼儿低于这一

1　身体质量指数=体重（千克）÷身高（米）^{2}，单位：千克/平方米。

水平，可能存在生长发育迟缓；最上面的一条曲线为+3，如果婴幼儿高于这一水平，可能存在生长过速。这两种情况都应该引起重视。中间的一条曲线为0，代表平均值。[1]

将孩子身高、体重的测量结果标在生长曲线图上，连成一条曲线。有些孩子的生长速度比较快，生长曲线呈斜线，但只要一直在正常值范围内就不用担心。

每个月为孩子测量一次身高、体重、头围以及身体质量指数后，对照年龄轴，按照测量的数字画上一点。连续测量几次后，将这些点连接起来后生成曲线就是生长曲线图。这时，家长可以进行动态观察：如果孩子的生长曲线一直在正常值范围内（+3号线到−3号线之间）匀速顺时增长就是正常的；如果孩子的曲线落在+3号线或者−3号线以外，就说明孩子有一些问题了；如果曲线突然升高或降低，都需要引起家长和医生的注意。同样，定时计算出孩子的BMI值，并描绘在BMI曲线上，如果曲线匀速顺时增长为正常。BMI指数也是肥胖指数标准，不能被忽视。它的增长速度比身高、体重要慢，曲线图比较平缓。一旦孩子的BMI指数超出正常值（+3号线或−3号线之外）或递增（减）速度过快，就要带孩子到医院检查。

通过生长曲线图，家长就可以直观、快速地了解孩子生长的情况。通过连续追踪观察，家长可以清楚地看到孩子生长的趋势和变化情况，及时发现生长偏离的情况，以便及早找出原因并采取相应的措施。

1　生长曲线图见本书附录。

1岁5个月

铭铭成功地钓上了一条"大鱼"

现在，铭铭只要手中拿着笔就特别喜欢涂鸦，至今我们新家的白墙上还留着他的不少"杰作"。每当"挥毫泼墨"之后，铭铭都会十分自豪地欣赏着墙上的"大作"，顿时兴趣大增，更加激发他创作的热情，并且乐此不疲地反复"作画"。他的"作品"不但出现在我们家墙上、地上、床单上，甚至新买的沙发也被他用圆珠笔画得乱七八糟，害得他爸爸直咧嘴，自己跪在地上，用沙发布清洁剂一点儿一点儿地擦洗干净。因此，我们家中任何一个人只要看到铭铭手中拿着笔准备涂鸦时，马上就会拿出平时为他涂鸦而准备的废报纸、废稿纸、废包装纸作为他涂鸦的画板，否则我们家的墙早已变得惨不忍睹、不堪重负了。后来在铭铭的弟弟1岁时，我们吸取了铭铭时期的教训，他妈妈给孩子买来了类似黑板的墙纸，贴在适合小外孙子涂鸦的高度，让小外孙子涂鸦。这种墙纸还可以用湿布擦拭干净粉笔道，所以可以反复涂画。如果这张墙纸已经破旧，撕下即可，对墙皮没有任何损伤。

孩子在1岁以后开始喜欢拿着笔在纸上或者某个地方胡乱涂抹，我们将这种行为称为涂鸦。处于涂鸦阶段的孩子，并不是想画出什么东西，而是特别喜欢这种乱涂乱画的动作过程。看着经过自己的手而创造出的"杰作"，会让孩子产生一种自信感和成功感。涂鸦有助于孩子手眼脑协调能力的发展，所以一般情况下我和女儿女婿不但不会阻止铭铭"创作"，而且还极力为他创造条件，培养他的动手能力以及训练他手眼脑的协调能力，如陪他一起玩棒插小孔、翻书、对接磁人等。

什么是手眼脑协调能力？大家知道人与动物的区别之一，就是人会用手使用工具，创造和改造世界以适应人类的生活。手是生活中运用最多的身体部位，手部小肌肉群的活动能力我们称为精细动作能力。手的精细动作一般需要视觉、感觉、知觉系统的参与。大约90％的外界信息是经过眼睛通过视觉通路输入大脑进行加工处理的。具体来说，人的眼睛看到某个物品后，物品影像会通过视觉系统传到大脑皮层的感觉神经中枢，然后进行加工编码，并将加工编码的信息作为经验储存下来。同时，此信息会被传递到大脑皮层的运动神经中枢，运动神经中枢再对大脑中各部分所获得的信息进行整合，激活该皮层区的神经细胞，发出精细、准确的指令给双手。最后，双手的小肌肉群互相配合，准确地做出反应。这就是手眼脑协调能力。

动手能力是婴幼儿智力发展水平的最好体现，对婴幼儿动手能力的培养对其智力的发展有着至关重要的作用。瑞典专家研究了手指活动和脑血流量的关系，证明手指活动简单时，脑血流量约比手不动时增加10%；在手指做复杂、精巧的动作时，脑血流量就会增加35%以上。脑血流量相对增加，有利于思维的敏捷。苏联著名教育家苏霍姆林斯基说："儿童的智慧在手指上。手使脑得到发展，使它更加聪明；脑使手得到发展，使它变成创造智慧的工具和镜子。"手指的动作可直接刺激大脑皮层手指功能区，引起该功能区兴奋和活跃，促进大脑皮层的分化和成熟。

小儿手眼脑动作的协调能力是随着神经系统的发育而逐渐发展起来的。但是，由于大脑的不同区域是在不同时期成熟的，而且大脑皮层各个区域也不是以同一速度发展成熟的，所以针对不同时期的小儿进行相应的手部动作训练是必需的，也是不可逾越的。

1～2岁的孩子手眼脑协调能力的发展不完全，大脑分析判断的能力比较欠缺，对时间、空间、距离、重量、体积等估计不准确。通过训练，促使手指锻炼得愈来愈灵巧时，大脑皮层也得到了有效刺激，头脑的思维就会更敏捷，并提高了综合分析和判断能力，促使反应更加灵敏、迅速和准确。因此，必须及时训练孩子的手眼脑动作协调能力。

手的精细动作主要包括握、捏、捻、拉、拽、抓取、对敲、对拍、折叠、捆绑、换手等大约27种动作，其中还包括双手的感觉和知觉，手腕、手指运动灵活程度，动手操作的灵敏度以及操作过程中的手眼协调性和动作范围（空间判断能力）。

在铭铭洗澡或者玩水的时候，我们选择了钓鱼玩具来训练他手眼脑动作协调能力。这是一套物美价廉的玩具，含有红、绿、蓝色三条塑料鱼和一根黄色的大约20厘米长的钓竿。钓竿一端拴着30厘米左右的线绳，线绳的另一端是一个塑料鱼钩。只有当塑料小鱼进入水里时，鱼嘴才会张开。鱼嘴两侧用一根细线连着，只要鱼钩钩住这条细线，鱼就钓上来了。

铭铭洗澡的时候，特别喜欢玩钓鱼游戏。于是，我们将小鱼放到水里，小鱼顿时张开了嘴，铭铭手里拿着钓竿玩钓鱼。但是，由于小鱼在水面上来回漂动，而且鱼嘴张得并不大，所以铭铭需要把握住钓竿，集中注意力，双眼紧紧地注视着小鱼游动的方向，然后快速准确地下鱼钩到鱼嘴中，钩住鱼嘴中的细线，这样才能钓起鱼来。正因为小鱼不是固定在一个稳定的位置上，而是在水中不停地游

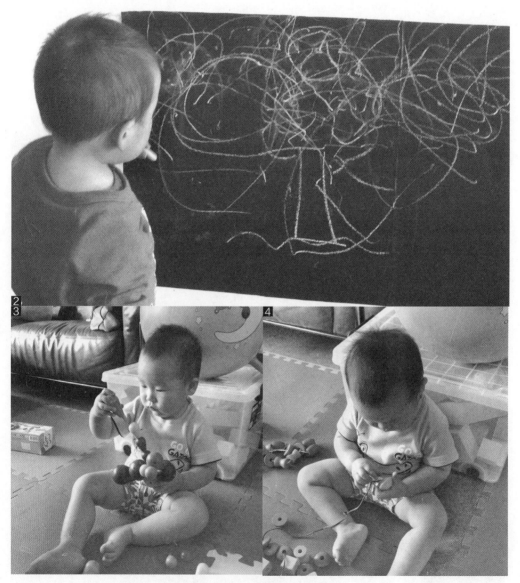

1 铭铭成功地钓上了一条鱼　2 铭铭的弟弟恒恒在涂鸦

3 恒恒在练习插孔　4 恒恒在练习串珠子

动，因此增加了一定的难度。有的时候，由于铭铭手的动作稍微慢了一步，已经游到眼前的小鱼又游走了；有的时候，由于鱼钩的方向不对而钓不上来鱼；有的时候，由于铭铭判断失误，甩下鱼钩，小鱼却没有游过来。

初次玩这个玩具时，铭铭经过一次次的努力，却仍然一条鱼也钓不上来。于是，铭铭"恼羞成怒"，扔掉了钓竿，双手直接抓住小鱼，掰开鱼嘴，将鱼钩直接挂在鱼嘴里的细线上。铭铭有时甚至会用双手拍击水面，但水花四溅泛起的涟漪将小鱼推得更远了。看到铭铭屡遭失败，就要失去信心时，我们用手拍打着水花，将小鱼赶到他的鱼钩下，让他钓起一条鱼来。当他提起钓竿看着自己的战利品时，我们鼓掌给予鼓励，训练他继续钓其他两条鱼。这次我们不再将小鱼轰到他的鱼钩下，而是教给他如何掌握手中的鱼竿，判断小鱼的位置。经过一次次的练习，铭铭终于自己独自钓上鱼来。

在以后玩这个玩具时，我们又让铭铭去钓我们给他指定的小鱼。"铭铭给姥姥钓红色小鱼！""铭铭给妈妈钓最远的小鱼！"这样又增加了钓鱼的难度，因为往常铭铭钓鱼是钓漂到自己面前的鱼。如果要钓我们指定的鱼，就需要铭铭手臂和腕部控制鱼竿以及下鱼钩的准确性，其空间判断能力和方位感要强，这一切都需要手眼脑的协调能力。同时，在钓鱼的过程中，孩子的大脑也需要不断地进行思维和判断，排除有碍钓鱼的各种情况，寻找出能够最快钓到小鱼的方法。这使铭铭的思维更加敏捷、动作更加灵巧准确了。

后来，我发现当铭铭按照我的指令去钓远处小鱼的时候，聪明的铭铭通过反复的实践悟出了一个解决伸直胳膊钓鱼困难的方法。他会用手使劲向自己方向划动或拍打身边的水，让小鱼通过水的流动，漂到自己的身边，然后再轻松地钓起鱼来，胜利地完成了任务。看来铭铭钓鱼时的思维模式十分符合这个阶段孩子思维模式的特点，即在行动的过程中发现问题、解决问题。

1岁5个月

这样很危险

　　当孩子1岁学会行走以后，他就能够自由支配自己的身体，到处走动玩耍。凡是他去到的地方，无论是眼睛看到的、耳朵听到的、手可以摸到的、身体可以触及的，对于孩子来说都是新奇的，都能引起他的兴趣。不管他是有意学习，还是无意模仿，各种信息都会在他的大脑中留下印迹，而兴趣和好奇就会促使他反复去体验以进一步加深这种印迹。大脑的不同神经细胞之间就会逐渐连接起来，形成一条通道。因为这个时期孩子的大脑就像一块干燥的海绵贪婪地吸收着各种营养和水分，尽情地将他周围发生的一切事情一览无遗通通接受下来。无论好的或者坏的行为，应该学习或者不应该学习的事物，他都一律照收无误，印刻在大脑里。一旦他遇到合适的时机，就会重复看到、听到、摸到和身体触及的各种行为。这样做可以使孩子迅速增长见识，有利于提高他的认知水平。

　　对于婴幼儿来说，很重要的一种学习方式就是模仿。通过模仿，孩子可以学到一些熟悉的社会行为，如帮助家长扫地、玩过家家的游戏模仿家庭生活，也可以学习一些新的行为并加以创造。但是，孩子的知识有限，有些模仿行为对孩子来说是很危险的，孩子也不可能预测某些行为的危险性和后果，因此常常发生意外。例如，孩子模仿动画片中的情节，把雨伞当降落伞，从家中窗户往外跳，结果导致摔伤或者死亡。有的孩子模仿"卖火柴的小女孩"去擦亮火柴，点燃了家里的物品，引起火灾。这样的例子举不胜举，在我职业生涯中就遇到过不少，因此这些促使我对铭铭的照顾格外上心，严格要求家人和阿姨仔细呵护孩子，注意孩子的安全。当然，家长也不要因为防止孩子出现意外，就不允许孩子去探索、去尝试，束缚住孩子的手脚。

我常对科里医生和护士说："不怕一万，就怕万一。"我国专家通过调查发现，意外死亡是儿童死亡的首要原因。这不，今天铭铭就在家里开始模仿电视中体操运动员的动作，让我着实吓了一大跳。事情的起因是，前些日子，一个儿童节目里有几个孩子在老师的保护下连续做了几个前滚翻的动作。我从来没有想过这样的动作会对铭铭产生什么影响，因为这些动作对于学龄儿童来说再正常不过了。昨天，我们在家里看电视，荧屏上一位体操运动员在平衡木上做了一个前滚翻的动作，很是吸引铭铭的注意。没有想到，铭铭今天就在我家的厅里上演了这么一幕。我为了写书买了一个数码相机，今天正准备给铭铭照几张相片，熟悉一下相机的各种技能，正巧抓拍下这样一张：淘气的铭铭站在地上，向前弓下腰，然后伸直双上肢，双手支撑在地面上，头在两腿之间向后望着我，还大声叫道："姥姥，看！"我双手拿着照相机，对着铭铭说："注意，别栽跟头！"刚说完这句话，正要用手按下快门，只见铭铭头已经顶着地面，正准备着向前翻滚。我看到后一个箭步跑过去，一只手拉住他，同时另一只手因为紧张不自觉地按下了

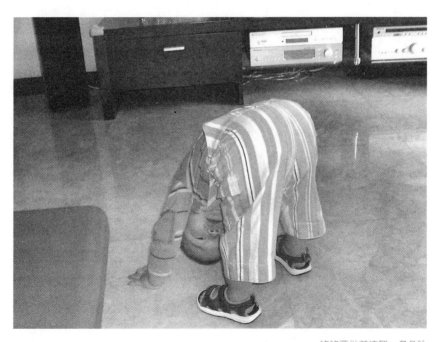

铭铭要做前滚翻，多危险

快门，就抢拍到下面这张相片。这么大的孩子不可能掌握前滚翻动作的要领，很容易造成脊椎损伤，尤其是颈椎，这种脊椎损伤后果严重的往往会造成截瘫。直到现在我想起来都后怕。

联想起前几天，女儿买回家一种挂相片的东西。那是个我还从来没有见过的新鲜玩意儿：一根金属细绳，绳子的一头可以挂在墙上，然后将相片按照自己喜欢的摆放方式用一块如豌豆大小的磁铁吸附在金属细绳上，一张相片使用一个小磁铁。这个玩意儿挺新颖的，挂在墙上颇具艺术性。因为女儿当时将那个东西收起来了，我也就没有多想。前几天，我去一个网站做访谈，回来后负责照看铭铭的亲家母告诉我，铭铭将挂在墙上的相片给拽下来了（不知道女儿什么时候挂上去的）。相片和小磁铁撒了一地，亲家公和亲家母发现后将相片和磁铁找到并收起来了。可是，我发现相片和小磁铁的数目不一致，小磁铁少了一个，心中十分着急，怕铭铭在玩的过程中吃进去一个。于是，我又满地仔细寻找，亲家公见此也与我一起寻找。我追问铭铭是不是吃了，孩子说没有吃，但是我不敢相信铭铭说的话。就这样，我几乎翻遍了屋里的每一个细小的角落，可还是没有找到。我对亲家说，我做儿科医生这么多年，儿童的什么意外几乎都遇到过，造成的各种后果我也都见识过，所以必须找到这块小磁铁，否则我不敢保证孩子没有吃进去。但是，最终我也没有找到。

女儿回来后，我积在心里的担忧像火山一样爆发了。我大发雷霆，狠狠地斥责了她。我告诉她，家里有了孩子，所有容易发生危险的物品一定不能放在孩子可以够到的地方。孩子小，好奇心强，又不知道深浅，只要他感兴趣的东西，他都要去动，就有可能发生意外。对孩子造成一些大的伤害甚至死亡的事故，往往就是由一些不起眼的事引起的，稍有疏忽就能酿成大错。

女儿、女婿可能觉得我是小题大做、过于紧张了，所以表现得还有些漫不经心。我气得语气更加激烈地说："万一磁铁随着肠腔蠕动卡在什么地方排不出来怎么办？"女儿、女婿看我真的动了火，也害怕了，急忙对我说："妈，怎么能够检查出来铭铭是不是吃了磁铁？"

我生气地说："只有照透视！"

"要不我们去医院？"女婿问我。

考虑到铭铭没有什么不适的感觉，我又不愿意让孩子接受一次射线，而且磁铁边缘比较圆润，即使吃下去卡住的可能性也不大，于是我对女婿说："先观察看看吧！要不然孩子还要吃'线'。"

之后每天孩子大便时，我都仔细扒拉着孩子的大便，查看有无磁铁拉出来。直到第三天，做家务的阿姨在擦屋里摆放的绿色植物的叶子时，才找到了这块磁铁。我揪了三天的心这才放了下来。原来铭铭来回拽金属绳时，小磁铁恰巧蹦到花枝上了，怪不得我翻遍了屋里犄角旮旯都没有找到。

这件事也再一次说明，现在给孩子讲什么危害或者后果他都听不懂，因为孩子还小，他不能理解，所以家长必须强行制止。另外，家长应尽可能地减少孩子生活环境中的不安全因素，并随时注意保护孩子，做到"放手不放眼，放眼不放心"，绝不能掉以轻心，谨防意外发生。

1岁6个月

铭铭，好好想一想

　　今天我带着铭铭去了离家不远的一个超市，这是铭铭最喜欢去的地方之一。进了超市，我将铭铭抱起来，让他坐在购货车的架子上，省得他到处乱跑。

　　这样做也正合铭铭的意。坐在高高的购货车上，可比走在地上惬意多了，不但可以不用费力地抬头向上看，而且视野也广阔多了。看着琳琅面目的货物，并且可以随手拿来，铭铭太兴奋了。他不停地将货架上的物品拿下来，转身放到购物车里，也不管我们是否有用，因为他还不懂得这些物品不是自己家的东西，而是需要用钱币买的。于是，他前脚拿下来，我后脚赶紧再给放上去，码放整齐。我们祖孙两个就这样忙活了一会儿。

　　后来，我发现铭铭拿货物不是以"要"为目的，而是喜欢自己可以独立取货和我们祖孙两个拿下又放回的忙活过程，对他来说这一切似乎证明了他的力量和他的独立。但是，这样做是不行的，像他这样大的孩子空间判断能力还很差，没轻没重的动作很容易弄坏物品，而且这样还容易养成随便乱动别人东西的坏习惯。于是，我就利用这个机会开始对铭铭进行有关购物规矩和物权的教育，告诉他进了超市小孩子是不能随便动货架上的物品的。不过，家长也要适当满足孩子的独立性和提升他的自信心，因此我明确告诉铭铭哪些东西可以动，哪些东西是不可以动的，并且再三强调，只有姥姥允许他拿的物品，他才可以去拿。这么大的孩子还分不清什么是自家的东西，什么是外人的东西，家长要让孩子知道超市的东西不是自家的物品，不能私自拿取食用或者毁坏。另外，也不要让孩子吃超市促销的食物样品。

处于第一反抗期的铭铭很执拗，不满足他的愿望就会大哭大闹，用道理说服他等于对牛弹琴，所以必须采取一定强制手段。我将购物车推到两排货架之间，让铭铭的小手两边都够不着。这时，铭铭急得直叫，我就将挑选的彩色小毛巾放到他的手上，然后通过一些问话来转移铭铭的注意力。这么大的孩子还没有建立起道德观，所以一些强制的规定是非常必要的。这些强制的规定经过反复的强化，就会形成一种习惯保留下来，从而养成良好的行为品质。这为以后培养铭铭成为一个高素质的人、养成正确的道德观打下了良好的基础。

　　超市是让孩子增长见识的最好地方之一，也是家长有意识地训练他归类、配对等思维方法的最好场所，所以我的问话都是围绕着这些方面进行的。

　　我先推着铭铭到百货区去选购货物，然后再去选购蔬菜、水果和各种冷冻肉类食品。每拿到一件物品，我都要问问铭铭，"这件东西你见过吗""是穿的还是用的""这些蔬菜和水果你都认识吗""这是可以直接吃的，还是用来做菜的""这是蔬菜还是水果""这是什么味道的""你吃过吗"等，告诉孩子姥姥买的这些食物非常有营养，而且还很好吃，只要铭铭好好吃饭，就可以长高高的个子，像院子里的大哥哥一样。在这里，我除了让孩子认识一些物品以外，还在教孩子的归类（分类）和配对。

　　例如，我拿着梨开始问铭铭："铭铭，这是什么呀？"

　　待铭铭回答"梨"后，我又问：

　　"对！是梨，它是水果还是蔬菜呀？"

　　"水果——菜——"铭铭不说蔬菜，而是说菜。

　　"为什么呀？"我又追问了一句。

　　"做沙拉。"听到铭铭这样的回答我高兴极了，不住地夸奖铭铭回答得好。一般情况下，大多数的孩子会认为梨是水果，只有极少数会想到梨也可以作为蔬菜在餐点中使用。因此，如果有的孩子这样回答，家长千万不要认为孩子回答错了。

　　"铭铭，梨可以切成小块直接吃，也可以做成水果沙拉吃，还可以怎么吃呢？"我又接着问，可铭铭吭哧了半天也回答不上来。

　　"不要着急，铭铭，好好想一想！"

"药——喝水！"铭铭想了一会儿回答道。

"答得很好。"我高兴地亲了亲孩子。

铭铭回答得确实非常好，因为他咳嗽时，我会用川贝、冰糖与梨一起蒸后给他吃。由于放了川贝，东西有些苦，所以他知道这是当药吃的。有时，我也用梨给铭铭榨汁或者煮梨水喝，所以铭铭想到了梨水。虽然铭铭的语言还不能清楚完整地表达出来，但是我已经明白了他要说的意思。不过，要想孩子回答得流畅，前提是孩子的见识广，所以家长需要多带孩子外出，让孩子多长见识，这样他的大脑就会储存更多的信息。

逛超市也是给孩子演示如何使用礼貌语言与外人打交道的一个好场所。我有意识地让孩子听听我是如何询问营业员的："先生，请问餐巾纸放在哪里？"当营业员告诉我后，我马上说："知道了！谢谢您！"交款时，我对收银员说："请结算一下。"交完款后，我马上对收银员说："谢谢！再见！"不管孩子是有意注意还是无意注意，他都会把大人的言行印刻在大脑里，这种潜移默化的教育作用是非常大的。

回到家里，我便把买来的东西让铭铭根据吃的和用的分成两大组。然后，他又把吃的食品按照蔬菜和水果分成两小组。当孩子分对以后，我又让铭铭把用的物品按照厨房用的、卫生间用的进行分类，再告诉铭铭哪些东西是需要放进冰箱进行储存的，其中哪些食品需要冷藏，哪些食品需要冰冻，让孩子多积累一些生活常识。

闲暇无事时，我就拿出给铭铭买的训练归类和配对的画册，根据今天上超市的所见所闻开始训练铭铭的发散思维："铭铭告诉姥姥，你今天在超市看到哪些水果？你还知道有哪些水果在这个超市里没有呀？菠萝、香蕉、西红柿是水果还是蔬菜？请铭铭帮姥姥把这4只拖鞋一双一双摆好可以吗？"

思维是一个复杂的心理过程，孩子的思维不是一出生就具有的，它是在以后的感知觉、记忆等发展的过程中逐渐发生的。思维是智能的核心，当思维发生并发展时，孩子对外界的认识产生了一个质的飞跃。正因为思维的发生发展，才使孩子的情感、意志和社会性行为得到发展。

2岁以前是思维发生的准备阶段，这时的孩子思维离不开对具体事物的直接感知，也离不开孩子自己的动作。孩子只考虑自己动作所接触的事物，依靠动作思考，思维既不能在动作之外进行，也不能计划自己的动作以及预见动作的后果。一旦动作停止，其思维也就结束了。

促进孩子的思维发展不但需要家长进行早期的启蒙教育，促进孩子思维萌芽的产生，还需要让孩子多长见识，以获得大量生活经验的积累。这些经验像取之不尽、用之不竭的源泉一样，当孩子思考问题时，就能源源不断地涌现在大脑中，成为思维的素材。但是，要想孩子做到这一切，还需要长时间的科学训练，才能培养孩子的创新思维，使孩子的智力进一步地升华。

拼图不但训练了孩子的动手能力还促进了他的思维活动（恒恒在玩拼图）

1岁6个月

姥姥，铭铭怕

这天晚上，因为女儿女婿外出参加一个重要的社交活动，小王去理发，所以我一个人带着铭铭在家里玩。天气很热，而且上海已经进入梅雨季节，蚊子很多，我怕屋里亮灯招蚊子，就将各个房间的灯关上，然后打开阳台的窗户通通风。铭铭这时紧紧地拉住我的手，一步不落地跟着我，以至于有几次他都踩在了我的脚面上。

"铭铭，别踩姥姥行不行？你差点儿绊姥姥一个跟头！"我说着说着，就感觉到拖鞋后跟又被他踩住了。我一抬脚，由于他紧贴着我还没有收回脚来，使我重心不稳，差点儿摔倒。要不是我及时扶着墙，他也随着我一起跌倒了。

"哎呀！铭铭，你怎么啦？怎么越说你不要踩我，你越踩我！跟这么紧干什么？姥姥也不走，这不是拉着你的手吗！"我一边说，一边摸黑准备进我的房间。

"姥姥，怕！"铭铭哆哆嗦嗦地回答。

我的房间面对淮海中路大街，可以饱览夜上海的美景。远处的高楼大厦都被五光十色的屋顶灯和霓虹灯装饰得漂亮非凡。璀璨灯火，浪漫奇幻，在黑夜中若隐若现犹如置身仙境一般。对面公寓楼顶露天游泳池上装饰的各色灯光，透过窗户将我的屋照得一会儿红，一会儿白，刚变成蓝色，刹时间又成了绿色，光彩夺目。

"怕？怕什么？我的房间多漂亮呀！照得五彩缤纷，真好看！"我笑呵呵地回答。

"姥姥，开灯！快开灯！拉上！"铭铭的祈求声中带着哭腔，我看见他用手指着窗帘。

"姥姥，铭铭怕——，铭铭害怕——"外面射进屋里照在墙上忽明忽暗、光怪陆离的灯光，以及我们两个映在墙上的黑黑的、长长的身影，对于1岁半的铭铭来讲，会加重他的恐惧。借着外面的光，我看见铭铭脸上表现出紧张的表情。我急忙关上门，打开灯，拉上窗帘。只见铭铭睁大的眼睛里含着泪水，嘴微微地张着，全身汗渍渍的。我打开了空调，然后蹲下来，拉着他的双手，看着他说："铭铭，你怕什么？有什么好害怕的！这不是有姥姥在身边吗！"说完，我把他抱在胸前一边抚摸着他的头，一边安慰他："铭铭，不要害怕，那是灯光照的，什么都没有！你看，姥姥打开灯拉上窗帘不就什么也没有了！再说，有姥姥在旁边，铭铭就更不要害怕了。"渐渐地，铭铭在我的怀里平静下来。于是，我和铭铭开始玩配对游戏，铭铭显得特别高兴，似乎已经忘了刚才害怕的事情。我又给铭铭讲鼹鼠的故事，有意识地将小鼹鼠如何坐着火箭到了一个荒岛，在荒岛上的海蟹的帮助下，它又如何修好了火箭重新飞上天空的故事讲给他听。

"铭铭，你说鼹鼠坐火箭是不是一件很愉快的事情呀？火箭是不是很漂亮呀？要是在夜里，火箭发出耀眼的光芒，小鼹鼠一定更喜欢火箭啦。铭铭是不是也喜欢看这样的火箭呀？"因为铭铭看过《鼹鼠的故事》的光盘，所以他很熟悉这个故事和画面，而且特别喜欢故事中热心帮助别人也不时制造一点儿小麻烦的小鼹鼠。

铭铭高兴地点点头。于是，我抱着铭铭站在窗前，轻轻拉开窗帘一角，指着远处的一座装饰着霓虹灯的高楼对铭铭说："你看，那座高楼亮着的彩色灯是不是像火箭一样？说不定这就是鼹鼠喜欢坐的那种火箭呢！你看楼上的灯光一闪一闪的，多像飞起来的火箭呀！你喜欢吗？"

铭铭说："喜欢！"

"这个火箭不可怕吧？所以铭铭不用害怕，说不定小鼹鼠会坐着高楼上的火箭到我们家来呢！如果关上窗帘，小鼹鼠就找不到我们家了，对不对？"

我看见铭铭点点头，于是又加了一句："那我们就拉开窗帘看着那个火箭会不会过来，好不好？"

"好的！"铭铭又点了点头。

我和铭铭坐在床上看着窗外，不一会儿铭铭就开始打哈欠，眼皮也耷拉下来。"铭铭，你困了，我们睡觉去吧！明天再看。"我让铭铭脱了衣服躺在床上。铭铭迷迷糊糊地说："姥姥，那不是火箭，是灯。"说完就睡着了。

恐惧

恐惧是一种消极情绪，是孩子出生后就具有的一种原始的、本能的情绪。虽然恐惧是孩子在生长发育过程中必然存在的一种情绪，而且恐惧可以作为警戒信号使婴幼儿逃离危险，使父母及时发现并帮助孩子去除危害性事物，给予他适当的安抚和鼓励。但是，恐惧也是一种强效应的情绪，有很大的反应效能，对人的知觉、思维和行动都有显著的影响，在全部基本情绪中具有最强的压抑作用。如果孩子长期处于恐惧情绪的体验中，孩子的精神就会极度紧张和压抑，使得思维受到抑制，动作笨拙，活动受限，严重地影响了孩子认知的发展。如果长期或多次生活在一个恐惧的环境中，又或者缺乏父母或亲人的关怀和爱抚，孩子就容易形成胆小、怯懦、退缩、逃避的个性。

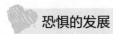 **恐惧的发展**

（1）本能的恐惧。这是孩子一出生就有的一种本能的、反射性的情绪反应。当新生儿的姿势突然改变或者他听到大的声音时，新生儿会立即外展双臂，手指分开，上肢屈曲、内收做出拥抱状，并伴有啼哭。这就是因为新生儿体位突然改变而引发的一种原始的、本能的恐惧情绪。

（2）与感知和经验相联系的恐惧。这种恐惧约在出生后4个月时出现。例如，孩子去医院接种疫苗，经历了被注射器扎的不愉快的体验，造成孩子只要一看见注射器就产生恐惧而大哭，进而发展到一看见穿白大衣的人或者医院就产生恐惧的情绪。这时，婴儿借助经验，视觉逐渐在恐惧中产生了主要作用。

（3）怕生。随着孩子认识水平的提高以及记忆能力的增强，尤其是长时记忆的发展，孩子在6～8个月已经能够区分熟悉或陌生的环境或人，开始对陌生人和陌生环境产生恐惧，也就是俗话说的"认生""怕生"。尤其是8个月～1岁，认生情绪会发展到最高峰。孩子除了对没有见过的物体产生恐惧，也开始产生对深度的恐惧。

（4）预测性恐惧。1岁半～2岁的孩子，随着他想象、预测和推理的发展，或者所受到的文化和认知的影响，开始对黑暗、动物、鬼怪和想象中的怪物等产生恐惧。3岁以后，对陌生的恐惧逐渐下降，而想象与认知引起的害怕则随着年龄的增加而增加。对于婴幼儿来说，母亲或家人的离去，安全感消失也会引起恐惧。

 恐惧的原因

恐惧情绪是人类的一种基本情绪，婴幼儿在生长发育过程中都会表现出以上各个阶段对不同事物的恐惧情绪。但是，面对同一种陌生、新异的事物，有的孩子表现出强烈的恐惧，有的孩子却会冷静地对待。其原因除了与先天气质有关，更主要的是与后天的习得性有关。

（1）天然线索。凡是强大的、新异的、变化大的事件都可能引起恐惧，如大的声音、从高处降落、突然变化、突然接近、疼痛、孤独等，都是引起恐惧的天然线索。像对黑暗、动物、陌生人、陌生环境等的恐惧都是天然线索派生出来的。

（2）文化—认知的影响。随着孩子想象力的发展，孩子的头脑中会出现想象中的妖魔鬼怪、幽灵、死亡等，从而引起恐惧。看到书籍或影视中恐怖的画面、大人讲的恐怖故事或者由于宗教信仰而产生的对神灵的敬畏等，也会使孩子产生恐惧。

（3）家长的原因。

☐ 过度保护。当7～8个月的孩子遇到陌生而不能肯定的情境时，他们往往从亲人的面孔上寻找表情和动作的信息，然后决定他们的行动。如果家长表现出微笑、肯定和鼓励的面部表情，他们就会勇敢面对。如果亲人为了限制孩子的活动而表现出紧张、恐惧、威吓的面部表情和举止时，孩子就会紧张焦虑、畏缩不前。过度受保护的孩子会失去体验害怕和抵抗恐惧的机会，限制了认知的发展，容易形成胆小怯懦的个性。

☐ 家长简单粗暴的教育。这种教育会加重孩子对恐惧的情境的想象和认知加工，导致孩子自身增加更多的恐惧体验，并将恐惧不断放大和强化。当孩子出现胆小的迹象时，家长利用恐惧、威吓的手段促使孩子服从自己的命令。这不但无助于孩子克服胆小的行为，而且当孩子的情绪结构中含有过多的恐惧成分时，孩子就会形成回避新异事物的习得性行为。这种孩子多安于现实环境，墨守成规，性格保守内向、胆小怯懦。

☐ 家长潜移默化的影响。由于父母在日常生活中有意无意地把自己的胆怯表现出来，因此潜移默化中，孩子也变得害怕、胆怯和畏缩。因为与这样的父母在一起缺乏安全感，久之孩子也会对父母产生不信任感。

 正确对待孩子的恐惧

（1）婴幼儿在生长发育的每个阶段因天然诱因出现的恐惧是正常的，也是必然要经历的一个过程。与孩子建立安全的亲子依恋关系，给予孩子最大的关爱，让孩子获得更多的快乐，有助于孩子减轻和克服恐惧情绪。当孩子面对引发恐惧的诱因时，家长需要刻意地保护孩子，尽量减轻孩子恐惧的程度，为孩子提供安全的港湾。同时，家长也要保持理智，该放手时就放手，创造机会鼓励和引导孩子去战胜恐惧，以获得更多的成功经验。这样孩子才能获得自信，敢于进取，逐渐铸造成坚强、勇敢的性格。

（2）当孩子出现胆小的倾向时，家长不能加重孩子的恐惧感，如恐吓孩子、给孩子讲有恐怖情节的故事或看恐怖的影视节目等。幼儿时期的孩子存在泛灵心理，他们会把所有的事物都视为有生命和有意向的东西。他们很难区分现实与虚构，往往把看到的、听到的故事或情节与现实生活相混淆，加上他们缺乏分析和判断能力，认为现实生活中真的存在妖魔鬼怪，甚至还会产生幻觉，从而产生不该有的恐惧心理。

（3）不同气质的孩子对待新异事物或者新环境会有不同的表现。

不同气质孩子的不同表现

气质类型	具体表现	优点	缺点	应对方法
容易型气质	很容易接受新环境和新事物。	能很快地接受新事物、新环境。	面对危险情境不能警觉。	需要家长时刻提醒和适当地限制孩子。
困难型气质	对待新事物、新环境往往采取回避的态度。	遇到危险的情境能够保护自己，而且不会主动去探索危险的事情。	难以接受新事物、新环境，保守而故步自封，难以进步。	需要家长用极大的耐心和宽容给予帮助，绝不能采取责怪和惩罚的态度，这样反而会加重孩子消极的情绪，甚至产生带有敌意的反抗情绪。

88

气质类型	具体表现	优点	缺点	应对方法
迟缓型气质	对新事物、新环境和生活变化起初回避，在没有压力的情况下可以逐渐接受和适应。	安静、谨慎，做事会三思而行。	情绪易消极，行动缓慢，容易发展成极端性格。	这类孩子随着家长的不同抚爱和教育的方式会逐渐发生分化。如果家长强迫孩子去适应新环境或新事物，会加重孩子的逃避行为，压力越大，逃避越强，而且还会引起亲子关系日益紧张，影响孩子心理多方面的发展。

俗话说，正人先正己。要想帮助孩子克服胆小、怯懦的心理，家长自己首先在遇到危险或不安定的因素时要做到临危不惧、沉着应对，这样才可以给孩子树立战胜恐惧的榜样。

附 **每个年龄段引发恐惧的诱因**

年龄段	引发恐惧的诱因
4个月内	主要由听觉、肤觉、肌体觉刺激引起，如突然高声、突然改变身体姿势等。
4个月以后	不愉快的经验刺激，如由于打过针，所以对医生、白大衣、医院等产生恐惧。
6~8个月	开始对陌生人和陌生环境产生警觉。
8~12个月	陌生人和陌生环境、深度（高处）等。
1岁	突然大声、陌生事物、妈妈离去（分离焦虑）等。
1岁半以后	想象中的怪物。
2岁	某些声音，如噪声、雷鸣声、某些动物的吼声；某些事物，如高楼、汽车驶近、黑暗；关灯；在黑屋里独处；书籍、影视作品中的恐惧画面。
3岁	对陌生事物恐惧减轻，但仍对黑暗、独睡、动物、夜间家长外出恐惧。
4岁	除了3岁时惧怕的事物，还有死亡和某些听觉刺激，如警报声。
5岁	已经不大害怕动物，但是惧怕受伤和跌倒、黑暗、雷电交加的夜晚、警报声。
6岁	某些声音、黑暗、孤独、妖魔鬼怪等。

1岁6个月

铭铭的第一次"谎言"

因为铭铭已经1岁半，可以自己玩了，而且他一个人玩起来也挺高兴的，所以我经常让铭铭坐在厅里地毯上玩他喜欢的玩具，让小王坐在他旁边关照着。这样，我好在自己的屋里忙里偷闲地工作一会儿。

这天，我告诉小王："让铭铭在厅里玩积木，你在旁边照看着他，我好抓紧时间赶一篇稿子。"不一会儿，我听见小王回屋一趟，但很快就出来了。小王对铭铭说："阿姨坐在沙发上，一边看书一边看着你玩。"客厅里传来了铭铭玩玩具时发出的嘟嘟嚷嚷的声音。

"阿姨，你看——"铭铭突然叫着小王。

"哦！我看到了，搭得不错。"我听到小王一边翻书一边敷衍地回答。

不一会儿，我又听到铭铭大喊："阿姨，你看看——"

"哦！我看到了，搭得不错。"听得出，小王还是心不在焉。

又待了一会儿，铭铭大叫起来："尿尿——"只听见小王立马说："铭铭，千万不要尿到地毯上，阿姨带着你去卫生间。"这时，铭铭还需要大人帮他脱下裤子（有裤扣），才能上厕所。而且铭铭有的时候因为贪玩，常常憋着尿舍不得上卫生间，所以一旦说要尿的时候，往往已经控制不住，尿就顺着裤腿流下来了。我赶紧出来，看见小王拉着铭铭朝卫生间跑去，但进了卫生间半天也听不见铭铭尿的声音，只听见小王说："铭铭，你怎么不尿呀？"

铭铭说："不尿！"

"不尿，你干吗说要尿尿？骗阿姨！"小王嗔怪道。

我对小王说：“他刚尿完，怎么还能尿，他这是逗你呢！”

“这么点儿的小人儿就学会说假话了！”小王感叹道。

“肯定是因为你刚才没有关注他，只顾着自己看书，敷衍他，所以他才说谎希望引起你的关注。”我对小王说。

“嗨！我想他一个人玩得挺好，我就在一边看你昨天让我看的那本杂志了。张大夫，铭铭是不是现在开始学说谎了？”

“现在，孩子说谎的目的是让你关注他，或者希望你与他一起玩，所以他才这样说的。严格上说，这不应该算是谎言，更不是他有意识地撒谎。他可不懂什么是谎言、假话。”

1岁半的孩子思考问题是以自我为中心，并且进入了第一反抗期，出现骄傲和自豪的情绪。这时期的孩子喜欢显示自己的力量和成绩，容易出现逆反心理。孩子在与外界接触的过程中通过自己不断地摸索、不断地学习、不断地积累生活经验，来满足自己在物质生活上和情感上的需要，进一步融入到这个社会中去。他需要家长对自己的关注，同时孩子也在揣摩用哪种方式能够获得家长对自己的关爱，因此就出现了吃饭时要求大便，睡觉前要求小便的行为。通过几次实践，他发现只有这样，家长才会围着自己转，自己才被关注，因此他很乐意重复，以达到自己的目的。

孩子由于认知水平的限制，并不懂得他说的这些话是假话、是骗人的，而且也不会准确地把握自己需求的表达方式，因此孩子出现这种行为就不足为奇了。如果用成人的观点和思维来理解孩子，就会在无形中给孩子的行为上纲上线，这对孩子是不公平的。如果我们分析孩子这样说的目的是引起别人对自己的关注，那么我们就要更主动地去关注孩子，并及时与他沟通和交流。不要责备孩子，更不要说他撒谎或反复强调他是在欺骗人，否则只能进一步强化他去说谎，并发展到有意识地撒谎。如果我们假装毫不理会他的这类谎言，进一步淡化这类谎言的行为，孩子就会逐渐削弱或消退这种行为。以后，随着孩子认知水平的提高和家长正确的引导，这种所谓的谎言就会消失。

同时，家长要注意自己的言行，无论做任何事情，一定要注意对孩子的影响。家长不能当着孩子的面撒谎，尽管有时是一些善意的谎言，也不要当着孩子的面讲。因为这么小的孩子还不能分辨什么是善意、什么是恶意，也不具备道德意识，他们对事物的好恶判断标准，就是自己亲近的人对事物评价的标准，所以对家长的任何做法，包括谎言都会照收不误。虽然有的时候孩子不会马上表现出来，但是潜移默化中家长的行为已经印刻在他的潜意识中，一旦遇到合适的土壤，谎言就会很自然地在孩子身上表现出来。有的时候，家长看到自己的孩子开始撒谎了，既感到很着急，也感到很苦恼，总想找出孩子学会撒谎的根源。其实，根源往往可能就出在家长身上。

第 **3** 章

19~21个月发育和养育重点

	发育概况	养育重点
大运动发育	·动作协调、稳定	·经过训练孩子可以稳定地倒退走和侧向走； ·跑步时，可以绕开障碍物。
认知发展	·逐渐学会分辨简单概念 ·学习观察 ·有意记忆能力提高 ·建立自我的意识和物权观念 ·客体永存观念已充分建立	·鼓励孩子积极思维，教会孩子一些简单概念，如相反词。 ·指导孩子如何观察不同的事物，教给孩子一些简单的观察方法。 ·有意识地让孩子记忆一些东西，家长要不时地提问复习，提高孩子的记忆力。 ·教会孩子正确使用"我"这个词，明确什么东西是"我"的，"我做"过什么事情。
精细动作发育	·提高手的控制能力和动手能力	·教会孩子如何用笔进行涂鸦； ·让孩子学习简单的对折纸。
生活自理能力	·掌握自我服务的意识	·能比较熟练地使用杯子、碗和饭勺。
语言发育	·反复使用熟悉的单词	·鼓励孩子用比较准确的、简单的双字词语或用简单语言完整地表达自己的意思，如阿姨抱、拿来、不要、不吃等； ·不要嘲笑他说错的话和重复孩子的错误语言； ·耐心等待，给孩子应答时间，鼓励他不慌不忙地表达他想说的话； ·家长要使用正确的语言和孩子对话，少说儿语。
情绪、情感发育	·对新异性刺激感兴趣 ·产生恐惧 ·产生以自我为中心的移情 ·出现骄傲、自豪、不安的情绪	·让孩子在模仿中获得快乐； ·孩子会害怕黑暗、独处、陌生的事物等，家长要及时疏导孩子； ·孩子学会按自己被安慰的方式来安慰、关心他人。
社会性发展	·会主动接近别人	·鼓励和创造机会让孩子用自己的方式去主动接近别人； ·孩子经常为争夺玩具而打架，还不会分享，家长需要教导孩子逐渐学会与同伴交换玩具玩。

1岁7个月

我和铭铭狼狈地离开了某国际品牌的早教中心

8月初，正是上海最炎热的时候，每天的气温都在37℃～38℃。因为女儿出国，阿姨又休息，这天下午，我带着铭铭去参加某国际早教中心的艺术课程。

这是我第二次来这个地方。女儿也像现在大多数妈妈一样，希望自己的孩子不要输在起跑线上（尽管这个口号是不对的），一直想让铭铭上一个亲子园，让孩子学到更多的知识。当初女儿要带着孩子参加这个据说是国际知名的早教中心时，我持强烈的反对态度。对于这个早教中心的教学方式（双语）、教学内容以及性价比，我都有一定看法。

因此，每次女儿或者阿姨带着铭铭参加完早教中心的课后，我都要问问学习的内容、老师教学的方法以及孩子的反应。近3周来，小王都说艺术课学的是"认识图形"，并且把学习的内容给我讲了讲。我想，这里的老师是如何指导家长以及让18个月～2岁半的孩子掌握和理解图形并且识别图形的？因为图形知识是一个逻辑性很强的知识，只有直观动作思维的孩子能够掌握吗？我倒是想见识一下。

TIPS

　　直观动作思维是高级动物和人类共有的、最低水平的思维，具体表现为先做后想，边做边想，行动没有事先的计划和预定的目的，也不会预见行动的后果，动作一旦停止，思维活动也就结束了。

我大汗淋漓地推着孩子到了这个早教中心的前台，询问前台工作人员艺术课的活动室在哪里。他们给我指了指方向，随后将铭铭的活动卡放在电脑里扫了一下，告诉我要交10元钱，可是没有开收据或发票。据说这10元钱是艺术课的材料钱。当时我很奇怪，怎么一堂近200元的课竟然还不包括材料费？后来一想，人家是国际品牌的早教中心，一切都是与发达国家看齐，非常注意清洁卫生，大概是每个孩子一份材料，预防交叉感染吧！因此，交10元钱也是说得过去的。

来到活动室，老师还没有上课，我选择了离老师最近的位置带着孩子坐下了，因为我怕听不到老师说话。今天有13个孩子参加活动，这些孩子年龄都在18个月～2岁之间，再加上家长和一些阿姨，整个活动室闹嚷嚷的，其声音之大好似要掀开房顶一样。

女老师是一个20岁上下的年轻人。当她分别用英语和汉语宣布上课时，孩子们还在跑来跑去，不停地喊叫。紧接着，老师用英语告诉孩子去她那里拿橡皮泥，让孩子用手做出各种形状来。虽然老师满口的英语十分流利，但是语速偏快，我在旁边听起来都有点儿吃力，而孩子根本不知道老师在说什么。这就意味着老师与家长、孩子交流的语言信息量几乎为零，完全是依靠肢体语言和实物示意进行沟通，这纯粹是在浪费时间和资源。

铭铭取来的橡皮泥一看就是反复使用过的。我仔细察看这块橡皮泥并且用手掰开，竟然发现里面有一根短头发。我心里很窝火，也感到很恶心。也许因为自己是医生的缘故，我很看重卫生问题。本来，我想找老师去理论，但是课程只有45分钟，不能因为我耽误了大家听课。于是，我只好仔细再检查一遍，才将橡皮泥递给了铭铭。在我的指引下，铭铭用小手对搓橡皮泥，做成橡皮泥条（圆柱体）。其他的形状铭铭当然不会捏，我环视了周围的孩子，发现没有一个孩子能够捏出其他的形状。不一会儿，老师又用双语在说什么事情，因为活动室很乱，我根本就听不清老师在说什么。

"老师！我坐在你的旁边都听不清楚你在说什么，我想其他人就更听不清楚你说什么了，那你说了半天不就等于没说吗？"

老师没有说话，拿出一些塑料工具，有刀子、滚动的切割刀等，然后点了一个孩子的名字。那个孩子在妈妈的指引下走上前领走了一个工具。之后，大家陆续领走了所有的工具。铭铭拿来一把刀子，在那儿乱比画着，我急忙给孩子做出示范，让孩子学着切橡皮泥。

这时老师又说话了，我还是没有听清楚，不过我猜想可能是让孩子交换工具。于是，我让铭铭将手中的刀子放回去，然后我和他领回了一把滚动的切割刀。我示范着让孩子去模仿切割，孩子看到切出的花纹还是很感兴趣的，于是反复切着橡皮泥玩，我则在旁边看着。

不一会儿，老师让孩子交回橡皮泥和塑料工具，然后发给每个孩子一支画笔和一张白纸。孩子们的思维还沉浸在玩橡皮泥的活动中，有的不知道将东西放在什么地方，需要家长大声地告之；有的还拿着橡皮泥玩，不愿意送回去，妈妈在一边命令也没用；有的干脆自顾自地玩着，还一边玩一边唱。孩子们的表现各种各样，这也很符合这个阶段孩子的特点。

因为铭铭才1岁半，拿着笔（也是已经用过的）也只能画竖道和横道。他不但在纸上画，而且还在我的裤子上画，一条白裤子让他画上深棕色的笔道，十分显眼。老师告诉我，这是可以洗下去的。我侧头看着旁边，看见几乎都是家长在画，孩子在一边看着。然后，每个孩子又开始领胶水。老师告诉孩子去大桌子里拿图片，并且告诉老师和家长拿的是什么图形，然后粘在刚才画过的纸上。铭铭也拿了一个剪成三角形的纸片回来。我问他："铭铭，告诉姥姥，这是什么图形？"其实，我知道问了也白问，因为这么大的孩子还不会分辨图形，更别说识别和命名了。铭铭不说话，正拿着胶水在纸上乱抹呢！胶水弄在纸上黏黏糊糊的，我赶紧将三角形纸片贴上。

"老师，这么大的孩子能够认识图形吗？更别说准确命名了。"我问老师。

"有的孩子认识的！"老师自信地说。

"那你给我指出哪个孩子认识！"老师不说话了。

实际上，让还不到2岁的孩子命名图形还为时过早，所以这不是拔苗助长又是什么呢？

"另外，亲子班的教育应该是孩子和家长共同作为接受教育的对象，鼓励亲子互动。今天你在课堂说的话，我都听不清楚，家长和孩子怎么能够互动学习呢？你就顾赶教学进度了，根本不管家长和孩子是否理解，这堂课效果真不怎么样！"

在幼儿园教学中，对于3~4岁孩子认识图形的分析是这样的：3~4岁的孩子对各种图形的认识率以圆形最高，3岁可以100％通过，正方形、等边三角形、半圆形、长方形通过率都在90％~96％，梯形、菱形最低为76%~80％。而且，3~4岁的孩子辨认图形时，以配对最容易，指认次之，命名最难。这个年龄段掌握以下8种图形自易到难的次序是：圆形、正方形、三角形、长方形、半圆形、梯形、菱形和平行四边形。

"我们的课程教案是与美国的×××同步进行的！"这位老师似乎认为只要提出美国×××来我就会哑口无言了。其实，我去美国探亲时早已观摩过这个品牌的早教中心的课程了。对于那里的老师如何与家长、孩子互动进行教学，我是一清二楚的。

听到我的不满声，老师没有再说什么，而是继续下一个教学内容。就这样，45分钟的课匆匆结束了。其实，认图形已经上了3次课，今天是最后一次。

"唉！就这样的教学质量还收那么多钱！"我心里别提多窝火了！

铭铭这时拉着我要去育乐室玩，我就和孩子一起进去了。这里所有的大型玩具铭铭几乎都会玩了，看到有很多的孩子不会玩，铭铭的表现欲就膨胀起来，一个一个地比试。突然，我看见铭铭用手捂着"小鸡鸡"处。"糟糕！我们马上去卫生间！铭铭，憋着！我们赶紧上卫生间哗哗！"说着，我拉起铭铭就往外跑。

"小姐，请问卫生间在哪儿？"我焦急地问。

前台的工作人员指了指门外。"啊，这里面没有卫生间？"我十分诧异，汗顿时下来了。"我们没有穿鞋怎么去呀？换鞋来不及了！"这里有一项规定，进活动室不能穿鞋，必须穿上袜子。我们来时已经将鞋脱了换上袜子，现在来不及去穿鞋。这时，前台工作人员用嘴朝外努了努。哦！原来在大门口摆着一些大拖鞋。"这怎么穿？交叉感染谁负责！"我自言自语地说道，急忙拉着铭铭穿着袜子往外跑，跑到半路碰到这个亲子中心的一位女工作人员。

"小姐，请问卫生间在哪里？"

"一直往前走！"她边走边回答。

我拉着铭铭一直往前跑，就要碰到墙了，可还是没有看到卫生间。

"铭铭，千万不要哗哗呀！"我一边跑一边不忘嘱咐孩子。

"先生，请问卫生间在哪里？"

"你往回走，就在电梯对面！"这位男士指给我们。按照这位先生的指引，我们终于找到了卫生间。

这是写字楼的公用卫生间，地上湿漉漉的，我顾不上只穿着袜子，急忙拉开写着×××（指这个亲子中心）专用的木门。一看小小的马桶圈上满是流淌的尿液，我急忙又拉开旁边的厕所门，解开孩子的裤扣，铭铭的尿马上就滋出来了。

"哎呀！这孩子憋得可够呛！"旁边一位女士感叹道。这时，我和铭铭的袜子上都沾上了尿液。

我家铭铭早已不用纸尿裤了，有了大小便会及时告诉大人。这次来之前，孩子已经在家里尿了，我想去了早教中心上完课再尿一次就可以了，谁知道这个早教中心没有卫生间呢！我带着铭铭走了回来，看着我和孩子沾满尿液的袜子，终于忍耐不住心中的怒火向前台的工作人员质问道：

"你们号称国际知名早教中心竟然没有卫生间，太不像话了！这么小的孩子怎么能上公共卫生间，使用公共马桶？"

"我们没有卫生间，你女儿报名时应该知道的！"前台小姐不紧不慢地回答。

"我女儿报名还要检查你们的卫生间呀！再说，你们应该事先说明呀！"

"你就应该给孩子戴上纸尿裤！"前台小姐也不示弱。

"我的孩子早已经会控制大小便了。如果要大小便孩子能马上告诉我们，很少尿裤子。再说，这么热的天，我为什么给孩子戴上纸尿裤？"我生气地说。

"我们就是这个条件，不行我们给你转到古北早教中心吧！"

"嘿，你这是什么态度！我家就住在附近，你却让我大老远地跑去古北，有点儿太差劲了吧！再说，你们也没有因为这儿条件差就少收费呀！"我大声地质问。

于是，我又开始对他们的教学内容提意见。这时，一位后面的工作人员请我到他们的办公室去谈（可能怕其他家长听到影响他们的生意），还说他们的一位总监在电话里要与我谈谈。时间已经5点半了，看着孩子和我沾满了尿液、需要清洗的双脚，我断然拒绝了。取回儿童车，脱掉沾满尿液的袜子，没有办法，我只能直接穿上鞋子而孩子则光着脚坐在车上，祖孙俩就这样狼狈地离开了这个所谓国际品牌的早教中心。

1岁8个月

巧对孩子挑食、偏食的行为

有位妈妈这样问我："我的孩子已经3岁了，可是体重还不到12公斤。这个孩子特别挑食、偏食，我们为了让他好好吃饭想尽办法做他喜欢吃的饭菜。可是，这个孩子不但不长个，反而越养越瘦，体质还特别差，隔三差五地生病，我很着急。这可怎么办呀？"

几乎每天我都会遇到不少心情十分焦虑的家长提出类似的问题。根据调查研究，大约有44%的1～7岁孩子会出现偏食或者挑食的问题。挑食、偏食已经成了影响孩子发育的拦路虎。

偏食和挑食会造成孩子营养不良，严重影响孩子的生长发育。据世界卫生组织测算："儿童时期消瘦可导致成年期身高损失1%和智商降低5%～11%。一个人营养不良将损失他一生中创造的生产力的10%，造成GDP的损失高达2%～3%。"

对于挑食、偏食的问题，我自己也是有亲身体验的。由于小王休息，铭铭的饮食起居基本上是我来管。铭铭年龄逐渐增大，表现出的挑食、偏食问题让我大伤脑筋，他不但对饭菜挑三拣四，而且注意力还不集中，一边吃饭一边玩。几次告诫后，他仍然嬉皮笑脸不改正，有一次气得我伸出手想打他。当手伸到半空时，我考虑到这种做法不对头，于是手就重重地砸到他坐的餐桌椅上，吓得他一激灵，顿时老实一会儿。可是好景不长，不一会儿，他就故技重演。

　　说实在的，为了养成铭铭良好的进餐习惯，杜绝挑食、偏食的坏毛病形成，在铭铭很小的时候，我就制订了不少的防范措施。自从添加辅食以来，我特别注意食品多样化的搭配、良好的就餐环境以及告诫家中成员在孩子面前要起到表率作用。没有想到孩子1岁半以后，随着他自主意识逐渐增强，有了自己的食品和口味的喜好，他不但变得挑食，而且吃饭也越来越不专心了。

　　为了防止铭铭吃饭时走动玩耍，每次吃饭我都让他坐在餐桌椅上。我还特别规定全家人在吃饭的时候不能看电视、看书或报纸，尤其对女婿特别强调了这一点。女婿因为工作繁忙，白天顾不上看报纸，常常利用吃饭的时间，一边吃饭一边将报纸的大标题浏览一遍，需要重点看的吃完饭后再仔细地看，以节省时间（这可不是好习惯，不符合进餐的生理卫生要求）。

　　铭铭每顿饭菜都有荤有素，干稀搭配，深绿色、红黄色的蔬菜各占一半，面食和米饭每天各一顿，而且面食还做成不同的花色和品种（我是北方人，比较擅长做面食）。上下午加餐只是水果和配方奶，而且也不过量，其他零食是没有的。

　　按道理说，这样的饮食安排应该能够引起铭铭吃饭的兴趣，但是每次吃饭铭铭还是表现得不尽如人意。他特别喜欢吃白米饭，不爱吃青菜，尤其不爱吃含纤维多的蔬菜。只要是他认为没有吃过的（其实这些蔬菜都给他吃过，不过从前都弄成菜碎、菜泥等）、不"顺眼"的蔬菜，一律被他排斥在外。即使他将这些菜吃到嘴里，也是含着不往下吞咽，在腮帮子那里鼓着一个大包。吃面食，如果是饺子、包子等他就特别喜欢吃，如果吃馄饨他就拒绝。其实馄饨和饺子都是面粉包裹着馅料的食品，只不过一个有汤水，一个没有。他也不喜欢单纯吃肉（不管是畜肉还是禽肉），但做到馅里就没有问题。鱼还要看是什么鱼，也要看怎么做的。我喜欢给他买龙利鱼柳、三文鱼和银鳕鱼，主要是考虑它们没有鱼刺或者鱼刺极少好剥出，吃着安全。鱼一般用少许生抽腌制后蘸着鸡蛋面包渣，锅里涂一点儿油，微火煎熟。蘸着番茄沙司他就爱吃，如果不让蘸番茄沙司他就吃得少。考虑到油煎食品和番茄沙司（添加剂比较多）不能经常吃，我就换成其他海鱼清蒸或者炖熟给他吃，他就不太喜欢，但是还可以接受。如果虾仁裹上面包渣油炸他就喜欢吃，如果与青菜同炒，他就不吃……因此，每天为他吃什么饭菜让我绞尽脑汁。

吃饭时，因为他坐在餐桌椅上限制了他的活动，于是他就开始玩餐桌椅上配制的玩具。我把这些玩具拿走后，他就开始玩菜盘、勺和叉子。如果你把这些餐具拿走，他就玩双手，或者玩吃饭掉下的米粒和菜渣，反正就是不能让自己的双手闲下来。要不然，他的眼睛就四处巡视，注意力全然不能集中在饭桌上。当你批评了他，他不但不听反而变本加厉地玩起来。

孩子挑食或偏食的原因

（1）孩子1岁时，自我意识开始出现，处处显示"我"的力量，加之进入第一反抗期，所以他可能因坚持自己的意愿，而在吃饭问题上显示出"挑食""偏食"。

（2）遗传导致的个体差异。这是指儿童的味觉敏感度或感知觉功能存在个体差异，如对苦味敏感度较低的孩子容易接受更多的蔬菜和水果。

（3）孩子在不同成长阶段的饮食喜好也不同，因为消化功能尚未发育完全，胃口自然也不好。

（4）早期喂养错误。过早添加辅食或非母乳喂养均可能使孩子偏食，尤其是过早让孩子吃味道香甜、富含矿盐和味精的食物。

（5）教养环境。有的孩子因为娇生惯养，喜欢吃什么食物，家长就给买什么食物，零食一大堆或甜品太多，导致正经吃饭时没有食欲。久而久之，他就会养成偏食和挑食的习惯。

（6）家庭的不良饮食习惯造成的影响。

□ 家中没有制订规律的用餐时间表。

□ 对孩子的食量期待过高或者没有耐心，尤其是当孩子进食一种新的食物时。

□ 用餐时，边吃边玩或边看电视分散孩子吃饭的注意力。

□ 父母不健康的饮食习惯。有的家长对某种食物的偏好贯穿在日常生活中，或者家长不喜欢的食物就不吃，又或者家长言谈举止中吐露出不喜欢某种食品。这些都给了孩子一个暗示作用，造成孩子也偏爱或不喜欢某种食物，使得孩子失去了品尝多种食物的机会。1岁以内是孩子味觉发育的关键期，家长要多让孩子品尝各种食物，帮他建立起良好的饮食习惯。

□ 父母的烹饪技术确实不高，引不起孩子吃的兴趣。

□ 吃饭时，父母常采用劝说、奖励、训斥或强制手段，使孩子情绪不佳，影响孩子的食欲和味道的选择。

□ 父母将自身的不良情绪带至饭桌。

□ 父母忽视了同龄小朋友及电视广告对孩子的影响；

□ 在别人面前挑剔孩子的偏食行为，让孩子产生逆反心理，从而使偏食更加严重。

事实上，父母对孩子的饮食习惯养成至关重要，尤其是母亲。平时，母亲喂养比较多，因此母亲尤其要注意自己的行为对孩子的影响。

（7）疾病原因。一些微量元素的缺乏，如锌、铁、铜等，造成孩子的食欲减退。另外，寄生虫的感染，严重的营养不良，也会使孩子的食欲受损。

（8）一些药物的副作用，如红霉素、铁剂等。

 纠正挑食、偏食的方法

（1）孩子出生后，家长要注意纠正自己的饮食习惯，尽量将饮食安排得营养全面，在孩子面前不表露自己对某些食物的喜好和厌恶，做出不挑食、偏食的表率。

（2）按时添加辅食，既不能超前也不能滞后。添加辅食后，尽量让孩子品尝各种味道、口感的食物，扩大食品的种类。帮助孩子获得各种味道的生活经验，鼓励孩子进食各种味道的食品。1岁以内，孩子的辅食要做到少糖、无盐、不加调味品，1～3岁的孩子少用或不用味精、鸡精、糖精、色素等调味品。孩子应少吃油炸、烤、烙的食物，少喝含糖高的饮料。总之，孩子的饭菜要做到形状多样、软硬适宜、颜色鲜艳、口味清淡，即色香味俱全，引起孩子进食的兴趣，并尽量减少不当食品和零食的摄入。

（3）如果孩子的挑食、偏食是出于孩子反抗期中要表现自我、满足好奇、要去探索，家长要善于引导，转移孩子的兴奋点，使孩子能够顺利进食。

（4）对于孩子喜好的食品，在纠正挑食或偏食的时候，要尽量少给或不给。不要强迫孩子吃他不喜欢的食物，或用他喜欢的食物作为奖励，这样反而强化了他的这些坏习惯。挑食或偏食要慢慢地纠正，例如，可以一段时间不给他喜欢的食物吃，或者将他不喜欢的食物换个花样，鼓励他进食。当孩子能够吃他所不喜欢的食品后，要及时给予表扬，使孩子愿意做第二次尝试，逐渐改变原来的不好习惯。

（5）进餐的环境应该是轻松愉快的。在纠正孩子挑食或偏食的过程中，切忌简单粗暴，以免造成孩子对他不喜欢的食物更加厌恶甚至拒绝进食的情况。

（6）如果是因为疾病引起，要及时针对疾病给予相对应的治疗。

我作为一个儿科医生，对于营养学也有一定的研究，而且从铭铭很小的时候，我就注重他良好的饮食行为的培养，所费之力不可言轻。为什么铭铭还会出现这种情况呢？

记得我刚工作看门诊的时候，很少有家长因孩子不好好吃饭而就诊的，除非孩子确实有病理情况而食欲下降的，反而听得最多的是自己的孩子每次吃饭都像小饿狼一样争抢着吃。通过我对铭铭和其他独生子女出现的挑食拣饭和不好好进食，以及我对一些多子女家庭孩子们进餐的观察，我认为最深层次的原因是因为这些孩子都是独生子女，生活在一个物质条件相对丰富的环境中，生存的所有需求不用争取均能获得满足。但是，人的本性中存在着惰性，如果生存中不需要通过竞争就能获得需求的话，人就不会做进一步的努力而满足于现状。孩子也是这样的，因为什么时候家里都会满足他的需求，孩子饮食无忧，就会出现挑食拣饭这种情况。而在多子女的家庭中，孩子发生偏食挑食的情况极少，而且自我服务的本领都很强。

我想对于孩子吃饭问题也要引入"鲶鱼效应"的观念，于是我经常邀请其他独生子女到家中来就餐，这样孩子们就会争抢着吃饭，因此铭铭每次吃得都不错。我想铭铭上了幼儿园，过上集体生活，小朋友们一块吃饭，他吃饭的不当行为就会纠正得更好。当然，我现在仍然需要对他进行良好进餐行为的培养。

据说，挪威人爱吃沙丁鱼，但沙丁鱼非常娇贵，极不适应离开大海后的环境。当渔民们把刚捕捞上来的沙丁鱼放入鱼槽运回码头时，用不了多久，沙丁鱼就会死去。死掉的沙丁鱼味道不好销量也差，倘若抵港时沙丁鱼还活着，鱼的卖价就要比死鱼高出若干倍。为延长沙丁鱼的活命期，渔民想方设法让鱼活着到达港口。后来渔民想出一个法子，将几条鲶鱼放在运输容器里。因为鲶鱼是食肉鱼，放进鱼槽后，鲶鱼便会四处游动寻找小鱼吃。为了躲避天敌的吞食，沙丁鱼会自然地加速游动，从而保持了旺盛的生命力。如此一来，一条条沙丁鱼就活蹦乱跳地回到渔港。

同样的情况也发生在我的小外孙子恒恒的身上。恒恒在2岁以后也存在着挑食、偏食的行为，不过当时并不严重，可到了3岁以后他表现得就越来越严重了。例如，他原来很喜欢吃鸡蛋，后来演变成拒绝鸡蛋，也不吃绿色蔬菜和凡是他看着不顺眼的食品。为此，我大伤脑筋。

托儿所小班的金老师，针对孩子入园以后表现的挑食和偏食的行为，与一些热心的妈妈精心策划了一场生动的表演课。金老师利用微信群给我们发来了微信和相片："今天妈妈故事团的'嬷嬷们'给孩子讲述并表演了故事《挑食的小花猫》。孩子们看后都表示自己以后不挑食，要样样食物都吃。请家长在家关注一下哦。在幼儿园，孩子挑食现象或许好一点儿，只有个别孩子流露出香菇、蔬菜不喜欢吃，大多数孩子还是样样都吃的，不过据说在家就不一样了。家长可以借此活动引导孩子不挑食，如有需要告知我们，我们会配合的。"金老师还说：

1 托儿所的表演剧起作用啦，恒恒开始吃鸡蛋清了

2 托儿所老师们巧对挑食宝宝制作的表演剧——家长参与扮演挑食的小花猫和小老鼠，孩子们看得津津有味（金宇清老师摄影）

"大家可以把孩子以前不吃的，但是现在吃了的吃饭照片从微信上发给我，我们可以在集体前表扬孩子。"同时，金老师又说："孩子们都表示自己不挑食！吃的时候，妈妈们可留意拍照，并引导哦！帮助孩子们慢慢在行动上也不挑食。"

结果，家长反馈的微信都表示孩子们在家表现得很好。女儿在给金老师发的微信上说："恒恒在'小花猫'故事的鼓励下终于开始吃蛋清了。"并发上了恒恒吃鸡蛋清的照片。下午我接小外孙子回家时，恒恒骄傲地抬起头来："姥姥，你看！"原来他额头上贴着2枚红色小星星贴画。我故意表现得很惊讶："呦！恒恒又受表扬啦？"小外孙子高兴地说："因为我在家开始吃鸡蛋了，不像小花猫那样挑食，所以金老师、小项老师和大金老师表扬我了，就给我贴上小星星了！"然后他很小心地按按贴画，唯恐掉下来。看来活泼的教育方式，孩子会很高兴地接受。

不过，纠正孩子挑食拣饭的行为不是一朝一夕的事，需要长期进行，因为孩子每接受一种新食物都需要花费很长的时间。在妈妈与孩子偏食行为"打持久战"的同时，也需要及时给孩子补充缺失的营养素。选择一些有针对性的营养补充，就可以快速有效地帮助孩子恢复膳食平衡，最大限度地减少挑食、偏身对身体造成的危害。

1岁8个月

铭铭便秘了

　　每天早晨吃完奶后大约10分钟，就到了铭铭大便的时候。为了让孩子养成在早晨固定时间大便的习惯，我可没少费力气。随着时间的推移，铭铭基本上能够在早晨吃完奶后的不长时间内大便，因此他还没出现过便秘的情况。

　　这次由于我外出讲课，每天早晨是由女儿负责孩子的洗漱和排便。等我讲课回来，女儿告诉我，铭铭星期六和星期日早晨都没有大便。每次只要让他坐在马桶上，他坐不了一会儿就要下来跑出去玩，根本没有心思解大便，而且下来之后坚决不再坐马桶。女儿拿他没辙，只好随他去。

　　考虑到铭铭已经2天没有大便了，而且不停地放屁，臭气熏天，因此今天无论如何也必须让铭铭大便，否则滞留的大便会越来越干燥，孩子再想排便会非常困难。而且大肠会不断吸收大便中的水分，导致大便中的有害物质被机体重新吸收，严重影响孩子的健康。

　　今天，铭铭吃完奶后就要拉"臭臭"。刚坐在马桶上，就看见铭铭开始使劲了。小脸因为用力涨得通红，小嘴向两侧使劲地咧着，双眼都挤出了泪水，但是大便就是解不出来。我觉得铭铭的大便已经到肛门了。可能是因为干燥的大便太粗太硬，肛门撑得十分疼痛，铭铭疼得大哭，说什么也不大便了，身子打着挺儿要求站起来。这怎么行！于是，我又按住他，让他坐在马桶上。

　　这时，女儿在旁边说："这两天他吃的菜也不多，就爱吃西红柿炒鸡蛋，小油菜、芹菜、萝卜、苋菜几乎不怎么吃。估计这次便秘也与吃菜少有关。"

　　我对女儿说："你怎么不给孩子做一些带馅的包子和饺子呀！"

"我哪有工夫！我除了带他外出找小朋友玩，还要工作呢！小张又不会做北方的饭菜！"女儿也一顿牢骚。

看着铭铭想使劲又不敢使劲、号啕大哭的样子，我心疼极了，于是决定使用我在医院常用的方法：用消毒好的棉签蘸着消毒好的植物油刺激肛门，看看铭铭能不能解出大便。我让女儿和女婿帮着我把铭铭放在一块垫好毛巾的床上，并让他侧身躺好。但是，铭铭打着挺儿不让我用棉签刺激肛门，哭声震天动地的，嘴里还大喊："姥姥不要！姥姥不要！"结果坐回马桶去还是解不出来。

这着不灵，我又让女儿和女婿帮忙将半软的肥皂条削成孩子小指粗细，准备塞进肛门里。这次，铭铭哭得更加声嘶力竭，几乎要断了气似的。女儿在旁边不停地安慰着铭铭，自己的眼睛里也含着泪水。由于她心疼铭铭，便不停地说："妈！您轻一点儿！轻一点儿！"因为肥皂条一直塞不进去，我憋着火说："要不然你塞塞试试？""妈，我哪儿敢下手呀！您不是医生吗！"

孩子一边哭一边扭动着身躯，我还是塞不进肥皂条。肥皂条太软，顶在肛门的大便又太硬，于是我只好拿出最后一招——使用开塞露。由于我看到铭铭近来不太爱吃蔬菜，唯恐他大便干燥，我提前买下2个婴幼儿用的开塞露准备着，没想今天派上了用场。于是，我打开开塞露的盖子略微挤出一点儿油来，涂抹在铭铭肛门处以达到润滑的目的。然后，我将开塞露一端的细管插进铭铭的肛门。在我插的时候，铭铭又是一阵撕心裂肺般的哭声。女儿在一旁直哭，也不敢看。只有女婿牢牢地把住铭铭不断挣扎的身躯。我挤进药液后，将开塞露细管继续留在铭铭的肛门里，这是为了堵住肛门让药液继续渗透进去。这时，铭铭大喊："铭铭要拉！"女婿问我是不是可以拔出开塞露让他拉大便。"不行！这是因为药液进去刺激直肠，促使他有便意的。如果这时让他拉大便，只能拉出药液来，还是继续堵几分钟。"不一会儿，铭铭也安静了。大约一共堵了有10分钟，女婿才抱着铭铭来到卫生间。坐马桶之前，我拔出开塞露的管头。铭铭坐在马桶上一使劲，只听见马桶里咚的一声，大便解出来了，紧接着又很顺利地解了不少大便。这时，铭铭挂着泪水的脸上笑开了花。

"姥姥！拉出臭臭了！"

"谁让你不吃蔬菜，不好好拉大便呢！刚才姥姥用药小屁屁疼不疼呀？"我

110

问铭铭。

铭铭说："疼！"

"以后吃不吃蔬菜呀？"

"吃！"铭铭不假思索地回答。

"以后如果贪玩不肯拉大便的话，姥姥还是要用开塞露的。"

女儿在一旁说："妈，还多亏了您在，否则我真不知道该怎么办。我也不敢给他使开塞露呀！我下不了手！"

"你妈我就下得了手？我也心疼孩子呀！但如果这次不让他拉了，以后再拉就更困难了。这是为了孩子好，有什么不敢下手的！"说着我话锋一转，"孩子发生便秘家长有着不可推卸的责任！"

女儿急忙赔着笑脸回答："是！是！我有不可推卸的责任！"

看着女儿殷勤讨好的表情，我不再说什么。孩子大便后清洗了小屁屁，我看见铭铭的肛门红肿，于是我在肛门四周涂抹上少许臀红膏。

之后，我每天又用半个切成片的心里美萝卜和一个削成块的梨（一定要带梨核），煮水给孩子喝，保证每天的蔬菜和水果的量，让他定时大便，铭铭的大便就恢复正常了。

 便秘及其形成原因

便秘是指大便干燥坚硬、秘结不通，排便时间隔时较久（大于2天），或虽有便意而排不出大便的情况。

孩子发生便秘的原因很多，对于1岁以上的孩子来说，最常见的原因有以下几种。

（1）家长喂养不当。

▣ 膳食成分不当。给孩子进食大量的蛋白质食品，尤其是动物性食品或者补充大量蛋白粉，而较少进食含有碳水化合物的谷类食品，造成肠道细菌分布和种类发生改变，致使肠道发酵过程减少，大便呈碱性而干燥。

▣ 过量补充钙剂。这会造成钙与牛奶中的酪蛋白结合，使得大便中含有大量的不能溶解的钙皂，也会造成便秘。

■ 食品中膳食纤维过少。一些孩子偏食肉类，少吃或不吃蔬菜和水果，又或者用水果代替蔬菜，使得食物中的膳食纤维减少，也会发生便秘。

■ 有的孩子食物过于精细，尤其是1岁以后的孩子还吃泥状食品或者细碎的食品也会造成便秘。

■ 吃配方奶粉的孩子，家长将配方奶粉冲调的浓度过高，造成肠道渗透压高，又不及时补充水分（正常应该2次奶之间喂一次水），造成大便干燥。

■ 提前喂食鲜牛奶。鲜牛奶中蛋白质和矿物质含量高、分子大，其中酪蛋白所占比例高达80%，与胃酸结合形成不易消化的酪合物，引起大便干燥。

（2）生活环境不稳定。孩子经常换生活环境或生活不稳定，使他的生活不规律，很难形成良好的排便习惯。

（3）生活习惯没培养好。孩子没有养成按时排便的习惯，难以形成或者不能形成良好的排便条件反射而引起便秘。另外，孩子因为贪玩憋住大便，也是引起便秘的原因。

（4）药物原因。长时间使用泻药、补铁药、抗惊厥药、利尿药、抗胆碱能药、抗酸药物，会使肠蠕动减少而致便秘。

（5）疾病原因。一些疾病造成肠壁肌肉乏力、功能失常而导致便秘，如佝偻病、呆小症、皮肌炎、先天性肌无力等。交感功能失调也会造成腹部肌肉无力或者麻痹而引起便秘。

（6）生理异常。一些孩子先天生理异常，如巨结肠、肛门裂、脊柱裂、肛门或直肠狭窄、肿瘤等，都可以引起便秘。

（7）心理因素。突然环境或生活习惯改变、受到意外精神刺激、去陌生的地方、初去幼儿园、换保姆或看护人等产生的紧张焦虑等，都可以造成便秘。

 **便秘的治疗**

（1）找出病因。如果是疾病或用药不当引起的，应该首先治疗原发病及合理用药。如果是膳食成分不当引起的，就要科学合理地安排膳食品种，多补充水分和膳食纤维含量多的食物，如蔬菜和谷物（包括适当的粗粮）。另外，尽量减少不必要的药物摄入，及早进行定时排便的训练，不要打乱孩子的正常生活

规律。

（2）大便前围绕肚脐顺时针按摩腹部，刺激肠蠕动。

（3）用消毒好的棉签蘸着消毒好的植物油轻轻刺激肛门，或用肥皂条、甘油栓（1.33克）、开塞露（5毫升，内含山梨醇、甘油或硫酸镁）塞肛。不过，此法不能常用，以免形成依赖性。

（4）因为便秘形成的肛裂，轻症可以用加上黄连素的温水坐浴，坐浴后肛门涂上少量金霉素软膏，保持局部清洁。重症需要请医生处理。

 如何预防便秘

（1）尽量保证孩子生活的规律，逐渐训练和培养孩子定时大便的良好习惯。

（2）多做户外运动。

（3）每天直接饮白开水600毫升~1000毫升。

（4）保证每天蔬菜和水果的摄入量。

（5）适当地添加粗粮，食物不要过度精细。

（6）避免高蛋白饮食，3岁前最好吃配方奶，不要过早吃鲜牛奶。

1岁9个月

巧做营养餐，让铭铭爱上蔬菜

铭铭不爱吃蔬菜，总说"妈妈，这个菜有点儿难"，然后就不吃了。几次斗智斗勇，我们都败下阵来，全家人都很着急。真是个顽固的小家伙！我知道铭铭一直爱吃各类面食，就开始钻研如何把蔬菜悄无声息地加入他的三餐中，让他重新爱上吃菜。突破是从早餐开始的，铭铭非常喜欢这款色、香、味兼备的三丝牛奶蛋饼。

三丝牛奶蛋饼

材料：生鸡蛋2个、牛奶150毫升、南瓜50克、西葫芦50克、胡萝卜50克、全麦面粉50克、生粉2小勺、橄榄油少许。

做法：

1.南瓜、西葫芦、胡萝卜洗干净，刮成细丝，放在一边备用。

2.鸡蛋打成蛋液，加入牛奶、全麦面粉、三色蔬菜丝、生粉，调匀。

3.在平底不粘锅内加少许橄榄油，油温后，加一大勺蛋饼液，摊成薄饼。一面煎成金黄色后翻过来再煎另一面，两面皆熟即可出锅。

上述食材总共可摊3张蛋饼，恰巧够一家人早餐享用。

 美食心得

三丝鸡蛋饼两面煎成金黄色，橙色、淡绿色和红色的蔬菜丝若隐若现，看上一眼就已经深深吸引铭铭的目光，再加上刚出锅时屋里弥漫着奶香和蛋味浓郁的香味，引得铭铭主动要求坐到餐桌椅上。三丝饼外焦里嫩，入口微甜。如果蘸上一点儿红红的番茄沙司，更让铭铭爱不释口。

 营养分析

（1）鸡蛋。蛋清中的蛋白质占全蛋的12%，其氨基酸的组成与人体需要最为接近，营养价值最高，优于其他动物蛋白。蛋黄中维生素含量十分丰富，而且种类较为齐全。

（2）胡萝卜。胡萝卜俗称小人参，含有丰富的β-胡萝卜素，具有很强的抗氧化作用，此外还含较多的钙、磷、铁等矿物质。β-胡萝卜素在体内可转化为维生素A。胡萝卜用油做熟后，其中的β-胡萝卜素在体内的消化吸收率可达90%。维生素A可以促进生长发育，提高机体免疫力，预防感染，保护视力，维持皮肤健康。

（3）南瓜。南瓜营养成分较全，营养价值也较高，含有丰富的蛋白质、碳水化合物、果胶、可溶性膳食纤维、叶黄素、β-胡萝卜素，同时也是高钙、高锌、高铁、低钠的食品。南瓜中的果胶，可以吸附、黏合与消除人体内的细菌及其毒性物质，保护消化道黏膜，可促进胰岛素分泌。叶黄素是构成视网膜黄斑的重要物质，具有强抗氧化作用，保护视网膜不受蓝光的侵害。黄斑中叶黄素的含量越高，抗氧化能力越强，对眼睛的保护作用也就越强。人体不能自己合成叶黄素，南瓜是人体摄取叶黄素很好的来源。

（4）西葫芦。西葫芦含有的能量不高，但是可以提供微量元素、膳食纤维、具有生理活性的植物化学物质等营养物质，具有清热利尿、除烦止渴、润肺止咳、消肿散结、润肤的功能。另外，西葫芦中还含有一种干扰素的诱生剂，可刺激机体产生干扰素，提高免疫力。

（5）牛奶。牛奶是营养丰富、价值高的天然食品。牛奶中蛋白质含量平均为3%，还含有丰富的乳糖、脂肪及各种矿物质，是膳食中最主要的钙来源。将牛奶加入三丝饼中，不但使饼增加了奶香味，而且做出的三丝饼暄松、绵软、可口，易于孩子咀嚼、消化、吸收。

（6）全麦面粉。小麦是人们日常生活中主要食品，是提供人体能量的主要来源。做三丝饼时，最好选择含有一定麸皮的全麦粉，因为这种粉富含碳水化合物、蛋白质、脂肪、维生素、矿物质和膳食纤维。尽量不用高筋的精白粉。另外，选择时注意面粉袋上要有QS标志，以及不加增白剂的著名厂家的产品。

（7）生粉。为了增加蛋饼液黏度，可适当添加生粉。

如果再配上小米粥，这将是一餐营养丰富、蔬菜多样、粗细混合、干稀搭配的绝佳早餐。

鸡毛菜鲜贝粥

材料：粳米50克、鸡毛菜50克、鲜贝6～8粒、盐1克、橄榄油少许、芝麻油少许。

做法：

1.选择细嫩新鲜的鸡毛菜洗干净，放在一边备用（不能提前切好蔬菜，否则会流失大量水溶性的维生素和无机盐）。

2.鲜贝泡在净水中，洗干净，撕成细丝。

3.粳米洗干净，加500毫升水（不能中途添水），滴上3～4滴的橄榄油（煮出来的大米粥会更好吃）。大火烧开锅后，小火慢煮。

4.当米酥烂，粥汤黏稠时，即刻剁碎鸡毛菜与鲜贝丝同时入锅。粥锅烧开后，为保持鸡毛菜的嫩绿和营养以及鲜贝的嫩滑，略煮片刻就离火出锅，然后放上盐。如果为了增加粥的鲜香味可以再点上几滴芝麻油。

 美食心得

煮好的鸡毛菜鲜贝粥黏稠润滑，香味扑鼻。在餐桌灯照耀下，乳白色的米晶莹剔透，与鸡毛菜的绿叶像绿白相间的翡翠泛波在半透明的粥汁中，其中还点缀着肉色的鲜贝丝，漂亮极了。铭铭非常喜欢吃这款粥，不一会儿一碗粥就进了他的肚子。

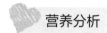

（1）粳米。粳米是人们日常生活的主要食品之一，营养价值颇高，是提供人体能量的主要来源。粳米中含有丰富的蛋白质，其氨基酸的组合配比合理，是人体摄入B族维生素的主要食物来源。米粥是有助于幼儿消化吸收的营养食品。

（2）鸡毛菜。鸡毛菜又叫小白菜、青菜、油白菜，是上海地区人们喜欢的一种深绿色的蔬菜，含有丰富的胡萝卜素、视黄醇、维生素和矿物质，以及多种色素物质，如叶绿素、叶黄素等，并具有一些特殊的生理活性，能够给人类提供丰富的营养物质。

（3）鲜贝。鲜贝肉质嫩糯，味道特别鲜美，富含蛋白质、脂肪、糖以及微量元素、矿物质、核黄素、尼克酸等，为海鲜中的极品。

西红柿面

材料：小麦面粉500克、西红柿300克、橄榄油10克、小鸡蛋1个、石膏豆腐50克、虾皮10克、盐1克、葱白末、香菜末少许。

做法：

1.西红柿洗干净，用开水烫后去皮去子，放在食品加工机里打成西红柿浆备用。

2.小麦面粉用西红柿浆和面，揉成面团，再用小压面机压成孩子爱吃的细面条，最后按照每顿吃的量将面条分成几份。留取一份，其余的各放在密封袋里放到冰箱冷冻室速冻储存，预备忙时给孩子做饭用，十分便利。

3.虾皮挑选干净，如有盐要冲洗掉，备用。

4.锅中放少许橄榄油，油温后[1]炝葱白、虾皮爆出香味，关火，留为作料备用。

5.小锅中放入水烧开后，加入一份西红柿面，待水沸腾，加入切成1厘米大小的豆腐块。当面条熟时，打入零散鸡蛋花，关火拌入佐料，调好咸淡味，撒上香菜末即可出锅。

---

1 橄榄油不适合高温烹调。

这碗色彩鲜艳的阳春面营养丰富、又香又好吃。洁白的豆腐像一块块白玉镶嵌在又细又薄的粉红色面条和淡黄色的鸡蛋花中。碧绿的香菜末和焦黄的虾皮点缀在上面，葱香味还不时飘过来，顿时令孩子食欲大增。只要有食品加工机和家庭用小压面机还可以做其他种类的蔬菜面条。

营养分析

（1）小麦面粉。参见前面的"全麦面粉"。

（2）西红柿。西红柿含有20多种胡萝卜素，如α-胡萝卜素、β-胡萝卜素、叶黄素和玉米黄素等，其中番茄红素占80%～90%。番茄红素是一种比β-胡萝卜素功效更强的抗氧化剂。由于番茄红素是脂溶性的，因此溶于油中最易被人体吸收。

（3）鸡蛋。参见前文。

（4）豆腐。豆腐是一种高蛋白质、高矿物质、低脂肪的营养食品。豆腐中的植物蛋白含有8种人体必需的氨基酸，还含有动物性食物缺乏的不饱和脂肪酸、卵磷脂等。另外，豆腐的含钙量也很高。在这里，我要提醒大家尽量选择用卤水或石膏制作的豆腐，因为豆腐中的钙和镁主要来自石膏或卤水。用葡萄糖酸内酯凝固剂做的豆腐既含钙很少也不含镁，营养价值因而下降。

（5）虾皮。虾皮的营养极其丰富，所含蛋白质高于鸡、鸭、鱼、蛋、奶。虾皮的矿物质含量高，其中钙含量最高，是婴幼儿摄取钙质的最好来源。虾皮的碘含量也十分丰富。挑选虾皮时，最好要生晒的、无盐的优质虾皮，因为其鲜度高、干燥适度。

1岁9个月

我不给铭铭吃外面卖的面包、饼干和蛋糕

一些妈妈喜欢去面包房或糕点铺给孩子买一些蛋糕、起酥面包、饼干、各种"派"作为早餐的主食，再配上在超市购买的火腿肠和一杯热奶，就轻松地搞定了孩子的一顿早餐。也有的老人早晨遛弯顺路带回了刚出锅的油条、薄脆、麻花作为早点让全家享用。孩子喜欢吃，大人也满意。

为了不让孩子随便到小店去买零食，一些妈妈去超市为孩子选购了膨化食品、薯片、虾片、果脯、水果干、各种口味的话梅以及各种奶糖、水果糖、巧克力糖等零食。天气热了，妈妈又很上心地在家里的冰箱中储存了冰棍（雪糕）、冰激凌、可乐等各种冷饮。

在我的博客和新浪的育儿答疑上，不少妈妈向我讨教如果安排孩子三餐的饮食，问我每天都给铭铭做什么吃的。说实在的，自从添加辅食以来，尤其是铭铭1岁以后，我从来不去糕点铺或面包房给铭铭买面包、蛋糕、蛋挞、饼干吃，也不给孩子买火腿肠吃。我也拒绝给孩子买冰棍、冰激凌吃，更别提各种饮料了。因此，至今铭铭也不知道冰激凌是什么味道。我倒不是在乎这些食品不卫生、油腻或冰凉，容易伤孩子脾胃，主要是因为这些食品含有大量的反营养物质。

反营养物质

什么叫反营养食物？反营养物质是一个全新的概念，是指食物生产、加工过程中残留或加入的一类物质。如果这类物质的摄入量高，不仅妨碍营养吸收，而

且会增加慢性病的危险，降低人类的寿命。

反营养物质与天然食品中的单宁、多酚、植酸、胰蛋白酶抑制剂、硫甙类物质、某些生物碱等天然抗营养物质是不同的。因为这些天然抗营养物质虽然有妨碍某些营养素吸收的问题，但它们本身也有一些好的作用，往往也会被看作食物中的保健成分。只要膳食调配得当，这些物质就不会对人体健康产生不良影响。例如，粗粮、豆类和蔬菜中的单宁、多酚、植酸都会妨碍矿物质的吸收，但它们也有强大的抗氧化作用，对于预防癌症、糖尿病和心脏病都有帮助。只要另外在膳食中适量增加一些动物性食品，再增加一些富含维生素C的果蔬，就能弥补这些物质造成的铁、锌等元素吸收不足的问题。

 反营养物质的种类

与我们生活密切相关的反营养物质很多，如食品添加剂、环境污染物、抗生素、杀虫剂、汽车尾气和粉尘中的铅、镉等重金属污染物等。食品添加剂能够增加食物的口感，使食物颜色鲜艳、耐储存，改善食物的品质。目前纳入国家标准的食品添加剂近2000种，23类，如酸度调节剂、甜味剂、漂白剂、着色剂、乳化剂、增稠剂、防腐剂、营养强化剂等。另外，像日落黄、胭脂红和焦糖色素等都是我国许可使用的食品色素。可以说，随着食品工业的不断发展，食品添加剂在加工食品中几乎无所不在。

常见反营养物质[1]

名称	代表性食物	作用	危害
反式脂肪酸	• 主要存在于含氢化植物油配料的食品中，例如，焙烤食品、油炸食品、甜点、冷饮、奶茶、冰激凌、雪糕和低档巧克力等。 • 标签上写着含"部分氢化植物油""氢化植物油""植物奶油""植物脂肪""植物起酥油""酥油""奶精""植脂末"等的食品。	让食品保质期延长，口感更酥脆或更柔软。	干扰体内正常的脂肪酸平衡，增加肥胖、心脏病、糖尿病、老年痴呆和儿童神经系统发育障碍的危险。

名称	代表性食物	作用	危害
磷酸盐	· 可乐、甜饮料、加工肉制品（粉红色、口感软嫩的肉制品90%以上添加了磷酸盐）、淀粉制品等。 · 标签有"磷酸盐""复合磷酸盐""磷酸×××"等字样的就是含有磷酸盐。	改善口感，增加保水性。	严重干扰人体对钙、镁、铁、锌等矿物质的吸收，会增大骨质疏松和贫血的危险。
铝	· 煎炸食品、膨化食品等淀粉制品，例如，薯片、虾片、油条、麻花、水发海蜇、泡打粉、粉条等。 · 标签上写明含有"明矾""枯矾""矾""硫酸铝钾"等成分的食品。	使食物松脆、疏松、筋道。	妨碍多种矿物质的吸收，抑制免疫系统，导致神经系统功能紊乱和大脑组织的损伤，抑制骨骼发育。
合成色素	各种糖果、冰激凌、冰棍、果冻等颜色鲜艳的零食、甜点、饮料。	使食物颜色逼真诱人。	部分合成色素能与多种矿物质，如锌、铬等形成人体难以吸收的物质，从而加剧微量元素的缺乏。
精制糖	各种甜食。	增加甜味。	由于除了糖以外没有任何营养成分，所以会大量消耗维生素B_1和其他各种糖代谢所需要的营养素，加速钙的流失。
亚硝酸盐	· 肉类食品中各种嫩肉粉和腌肉料大部分都含有亚硝酸盐，并常见于各种粉红色的肉制品。 · 多见于腌制时间不够长的各种腌菜或标签上写明含有"亚硝酸盐""硝酸盐"等成分的产品。	使食品别有风味、不易腐败。	亚硝酸盐会与血红蛋白铁结合，妨碍血红蛋白转运氧气，形成致癌的亚硝胺。为了阻止产生致癌物质，机体需要额外消耗维生素C、维生素E等抗氧化成分，所以在新鲜蔬菜水果补充不足时危害更大。

1　本表格的内容参考了中国农业大学范志红副教授的文章《小心身边的"反营养物质"》。

如果按照国家规定正确使用这些食品添加剂，单一吃某种工厂生产的食品，可能对人体危害并不大。但是，一次吃多种的加工食品，或者长期吃这些经过工厂或者食品店生产的加工食品，那么累加起来进入机体的反营养物质的量，就会对人体造成一定的损伤。对婴幼儿来说，肝脏和肾脏还发育不成熟，这些反营养物质不能很好地在肝脏中分解或通过肾脏排毒。这些物质大量蓄积在体内就会严重影响生长发育，甚至影响神经系统发育，造成个子矮小和智力落后。而且孩子正处于口味发展的敏感期，往往为了追求食物的口感和新奇而不管食物好坏照单全收。

我并不反对使用食品添加剂，因为我们的生活确实离不开这些添加剂，例如蒸馒头时使用的发酵粉和小苏打粉，酱油和醋里面为了保鲜的防腐剂和调味剂，乳品厂生产酸奶时添加的益生菌、增稠剂、防腐剂、甜味素……但是，一定要正确使用食品添加剂，尤其是我们应该尽量选择天然的食品添加剂，少选人工合成的食品添加剂，对于婴幼儿来说，更应该杜绝使用人工合成的食品添加剂。

《新京报》曾刊登了由中国农业大学食品学院营养与食品安全系副教授范志红，北京大学公共卫生学院食品和营养卫生学系副教授柴巍中，中国农业大学食品学院教授、食品添加剂专家高彦祥指导的一篇文章《诱人食物背后的添加剂》。文中谈到，正规加工食品也要防食品添加剂的叠加危害。色素粉末加些水，就能变出诱人的饮料。在食品添加剂方面，滥用和添加非法化学物质问题最严重。"无与伦比的松脆""丝一般顺滑""松软有弹性"，诱人的广告语将消费者的口味越提越高，选择标准也聚焦在"口感和色泽"上，而不是食品所含的营养。对此，柴巍中副教授指出，现在更危险的是"擅自扩大食品添加剂的使用范围，过量使用食品添加剂，违法添加非食用物质或本身质量有问题的食品添加剂"这三方面。

一些妈妈喜欢给孩子买特别松软的面包和蛋糕，认为孩子乳牙出得不多，适合吃松软的食品。岂不知这种面包和蛋糕是使用了一种品质改良剂，让面包和蛋糕更柔软、弹性更高，放置三四天其松软品质也不会改变。而且这种改良剂会使面包体积增大2～3倍，妈妈看着喜欢就愿意买，商家更高兴。

品质改良剂是一系列添加剂的总称，最基本的包括乳化剂、增筋剂、防霉剂、泡打粉（含铝）等。改良剂在国家规定范围内使用没有危害。不过，近来的质检结果发现，有的商家在品质改良剂中添加违禁的溴酸钾，虽然该物质能起到增白、强筋、增加弹性的作用，但可能会导致癌症。同时，面包和蛋糕中还添加了反式脂肪酸，甚至甜味剂、各种人工香味剂、合成色素等，尤其是香酥菠萝包、牛角包中的含量较多。蛋糕大部分会用人造黄油即反式脂肪酸。同样，饼干、冰激凌和冰棍都存在这些添加剂。如果按照国家标准使用这些添加剂对于成人来说可能没有问题，但是对于发育不成熟的婴幼儿来说就会发生严重的危害。

有一位2岁孩子的家长这样问我："我的孩子不爱喝配方奶就爱喝×××乳饮料，现在管不住，可怎么办呢？"

我说："谁给孩子喝的第一口？既然知道这种饮料没有什么营养，当初你还给孩子喝！现在养成了孩子的这种饮食爱好再想纠正已经很困难了。早知如此，何必当初！"

"当初就是想给孩子尝尝，再说现在就一个孩子，比较依随孩子的要求。谁知道现在孩子要喝，不给他就哭，尤其是爷爷奶奶更是宠着孩子，没有办法，只好让他喝了，结果现在一天得喝七八瓶。可是，配方奶他一点儿都不喝，个子和体重比同龄的孩子都小很多。"孩子妈也感到十分内疚。

仔细想一想，如今孩子这样其主要责任都在家长身上，所以我一贯主张"让孩子的饮食回归到妈妈做的饭菜上"。

铭铭吃的酸奶是我自己用酸奶机制作的，铭铭吃的面包是我自己用面包机做的，铭铭喝的豆浆、紫米糊、玉米汁、南瓜汁是我用豆浆机做的，铭铭吃的卤肉是我自己卤制的。我买的面粉是没有任何添加剂的标准粉（内含有15%的麦麸），而且全家吃的面条都是我买的小压面机自己压制的。有的人可能认为我退休了有工夫，其实非也，我每天的工作也很多，包括上网解答全国各地爸爸妈妈提出来的问题，完成杂志社、出版社的约稿，还要到全国各地讲课。如果我外出讲课去，负责生活的阿姨就完全接管下铭铭的饮食（我临走之前都做好安排）。其实，在生活中只要我们做一个有心的家长就可以熟能生巧，就会毫不费力气地全部搞定。

第 **4** 章

22~24个月发育和养育重点

	发育概况	养育重点
大运动发育	·开始学习跳	·跑得很稳很少摔跤； ·能够扶着或者独立上楼； ·有意识地训练孩子双脚同时跳离地面。
精细动作发育	·手的灵巧性提高	·学串珠子等游戏； ·能打开门闩开门； ·会折纸和逐页看书； ·可以模仿成人用笔画竖线和圈； ·可搭7~8层积木或插插片； ·在孩子进行动手操作时，家长要有意识地启发他的想象力，鼓励孩子的创新思维。
生活自理能力	·形成独立生活的能力	·创造机会鼓励孩子完成自己力所能及的自我服务项目，例如，自己穿简单的衣服、刷牙、洗手、脱衣服和鞋，能够表示大小便并且晚上可以不尿床； ·家长不要照顾过度或对孩子自己动手做事表现出嫌弃不满的情绪。
认知发展	·学会表达"我的" ·学会看一些简单情节的图书 ·以大人的评价来评价自己	·利用图书给孩子讲一些简单的故事，促使孩子理解事物关系、生活常识、简单的是非观念； ·家长注意不要贬低和否定自己的孩子，多用鼓励和赞赏的语言帮助孩子建立正确的行为规范，对孩子正确的行为给予表扬，对错误行为及时制止或转移其注意力，谨防手段简单粗暴，反而起到强化错误的副作用。
语言发育	·学会说3个字的简单句子 ·可以对话和回答简单的提问	·逐渐学会运用比较完整的简单句来表达自己的想法。 ·鼓励孩子学会使用语言来叙述书中的内容，使孩子的语言理解能力增强。
情绪、情感发育	·不能随心所欲时会暴怒发作	·鼓励孩子用语言正确描述自己的情感和感受； ·随着想象、预测和推理能力发展，仍对黑暗、动物、独睡恐惧。
社会性发展	·喜欢各自玩 ·可能互相模仿或互争玩具	·鼓励孩子热情"帮忙"； ·尽可能让他一起参与家务，这也是一种重要的社交技能。

1岁10个月

我和铭铭一起玩橡皮泥

　　为了进一步训练铭铭的动手能力，有心的女儿给铭铭买了全套的橡皮泥玩具：各种颜色的橡皮泥，还有压面机、各种形状的模具、小盘子、小刀子（塑料的）、小勺子、小叉子、小擀面杖、小剪子（塑料的）等。平时只要女儿有空闲的时间，准保与铭铭一起玩"过家家"，其中玩橡皮泥的时候居多，因为这是铭铭最喜欢的游戏之一。

　　玩橡皮泥确实是一项非常好的益智游戏。五颜六色的橡皮泥通过孩子亲手操作可以按照自己的想法捏制成千姿百态、变化无穷的作品。这样不但可以激发且极大地丰富了孩子的想象力——每一件作品都是孩子创新思维的结果，而且孩子在玩橡皮泥的过程中，需要调动诸多感官和大脑去观察、接触和不断地进行思考，这个时候孩子的思维是最活跃的。正因为大多数的孩子对玩橡皮泥十分感兴趣，因此玩起来就会全身心地投入而且百玩不厌，这对于孩子的注意力尤其是有意注意的发展和坚持性等优良品质的提高大有好处。玩橡皮泥不但可以训练孩子的精细动作，而且双手的动作会越来越灵活，手眼动作会更加协调。孩子喜欢将不同颜色的橡皮泥进行混合，说不定你还能发现自己的孩子是一个潜在的色彩搭配的艺术家呢！如果小朋友们一起玩，孩子还能逐渐学会分享和合作，这将有利于孩子社会交往能力的发展。当孩子看到亲手制作的一件件作品摆在自己面前的时候，自豪感会悠然而生。当孩子对自己的作品娓娓道来创作的灵感时，那种自信的神气，似乎自己已经是一位真正的艺术家了。对于玩橡皮泥有利于孩子身心发展这一点我深信不疑，因为我和铭铭一起玩橡皮泥就特有感受！

自打女儿给铭铭买了橡皮泥之后，铭铭几乎天天要求别人与他一起玩橡皮泥，因为一个人玩没有人交流和沟通，而且没有人欣赏自己的杰作，产生不了共鸣（我这是"上纲上线"去理解他），玩起来很没有意思。这一天，我就成了与他共玩橡皮泥的好伙伴。

　　女儿和铭铭玩的时候都是坐在家里的地上，所有的工具也摆在地上，工作场面铺得十分壮观。可是我年纪大了又比较胖，直接坐在地上很吃力，坐下了再站起来就更加困难了，于是我和铭铭商量，是不是和我一起坐在小桌旁来玩橡皮泥。铭铭想了想愉快地答应了，于是我们祖孙二人就在桌子上玩起了橡皮泥。

　　我先建议铭铭和我各揉一个彩色的"元宵"，因为元宵是球状，需要双手掌心相对，均匀地上下左右用力才能揉成，这是双手操作的基本功。"铭铭，你选什么颜色的橡皮泥？"我有意识地问铭铭颜色。"蓝色的！姥姥红色的！"铭铭语言能力发育得很好，已经能说短句子了。他选择的是他最喜欢的蓝色。"好的，我就要红色的。"我接着铭铭的话说。于是，我们从装有蓝色和红色的橡皮泥罐子里揪出蚕豆大小的橡皮泥，各自揉了起来。

　　别看是哄着铭铭玩，我揉起来还是十分认真和卖力的，因为这种活动对于老人活化大脑也是十分有好处的。此时我童心泛滥，好似回到了童年。很快我就揉出了一个十分规整的红"元宵"来，摆在桌子上十分可爱。铭铭看到我已经揉成一个"元宵"，很着急，双手用力就更不均匀了，橡皮泥还不时地掉到桌子上。"铭铭，不要着急，像姥姥这样揉。"我一边说着，一边做着示范动作。铭铭也一边看着，一边照着我的样子双手对着上下左右转动。就这样，铭铭的蓝"元宵"做成了。虽然成品有些棱角，但基本上还是球形，于是我赶紧表扬铭铭："不错！与姥姥做的红元宵放在一起很漂亮呀！"铭铭笑着摆弄着这两个球，说："哥哥和弟弟！""对的！不过哥哥和弟弟长得模样不一样，因为光颜色就不一样。"

　　没有想到铭铭突然将手里摆弄的两个"元宵"双手一捏，合二为一了。"铭铭，你怎么将两个元宵捏在一起了？"我惊奇地问。铭铭什么也不说，将红色、蓝色橡皮泥使劲地捏在一起双手相对，又用力地揉起来了。没有办法！我十分生气地看着他，心里想真是一个破坏鬼！不一会儿，一个红蓝相间、颜色有深有浅的"元宵"出现在我们面前：上面彩色的条纹像蜿蜒曲折流淌的小溪，一会儿清澈透底、碧波荡漾让人十分陶醉，一会儿重墨勾画的溪水绕山而行，激起人无限的畅想。"好一个典雅、漂亮的"元宵"！"我不禁感叹道。虽然元宵大了，但是球的形状已经较上一个大有进步。我也为刚才自己的动怒感到愧疚，我为什么这样不理解孩子，孩子的创意不是很好吗！这说明孩子的想象力还是挺丰富的。

后来，我和铭铭又在桌子上用手搓长条。受铭铭上一个彩球的创意影响，我建议我们两个将铭铭已经用过的各种颜色的橡皮泥混在一起进行揉搓。这比揉球的做法来得快，因为这是用一只手压在桌子上完成，比较省力。这个锻炼的主要是大、小鱼际肌，也比较好掌握。很快，一条五彩缤纷的橡皮泥条搓出来了。我们将彩条摆在桌子上，活像一条条彩虹挂在天空。"姥姥，太阳！"铭铭指着彩球说。"姥姥，彩虹！"铭铭又指着彩条说。铭铭知道彩虹，因为他看过彩虹糖包装纸上印着的彩虹。

"姥姥，做面条！"铭铭说着就把压面机拿出来了。于是，我拿着压面机，铭铭给我准备橡皮泥。铭铭手里拿着一把塑料刀，还准备了2个小盘。这个压面机像订书机一样，我把压面机前面安装上能压出各种形状面条的镂空板子，然后

我和铭铭"压面条"（唐人摄影）

129

接过铭铭递给我的混有少许红色的黄橡皮泥，塞进压面机里。我用手压下压面机的把手，压面机前面就挤出细细的面条。铭铭在压面机出面条的下面放好了一个接面条的盘子。当面条装满盘子时，铭铭就用刀子切断了面条。然后，铭铭拿着面条对我说："姥姥，吃！"我也表现出吃面条的样子。这时，铭铭又说："西红柿面条，吃。"原来铭铭把掺有红色橡皮泥的面条假装成我给他做的西红柿面条了。接着，铭铭又让我帮他做了小青菜面条。我们祖孙二人玩得不亦乐乎，而且我们配合得还很默契，提高一步说就是合作得不错。

　　与铭铭一起玩橡皮泥，不但锻炼了铭铭的动手能力，也让我返老还童，乐呵了一番！真高兴呀！

1岁10个月

要爱护动物——去动物园游玩

　　10月正是北京游玩的好季节，利用回北京的机会，我带铭铭去了北京动物园。

　　北京动物园是全国饲养动物最多的动物园之一，也是世界上最著名的动物园之一，饲养、展览的陆地动物有600余种、7000多只，海洋鱼类及海洋生物500余种1万多尾。这里不但有生活在我国的各种动物，还有世界各国具有代表性的珍贵动物和濒于灭绝的稀有动物。我带铭铭去动物园有两个目的：一是要让铭铭增长一些见识，告诉孩子和我们共同生活在地球上的还有我们人类的朋友——各种各样的动物，并学会辨认各种动物、了解各种动物的习性；二是在游玩观赏的过程中，要让铭铭学会如何遵守公园制订的各项规定、学会爱护我们赖以生存的环境和动物、学会关爱各种动物、学会尊重生命。

　　进了动物园的大门，我带着铭铭凭着以往的记忆准备去猴山。在我记忆中，看着北京展览馆的塔尖就能找到猴山，谁知道时隔十多年动物园已经修建得我完全认不出来了。旧时记忆中的猴山已经关闭，代之的是上面高耸的高架桥道路，破坏了动物园的整体美感（为什么设计人员就不能考虑动物的生活环境呢），给人一种怪怪的感觉。

　　不过，其他动物馆错落有致地排列在不同的位置，其建筑物各具特色。原来可以直接去旧猴山的路上也修建了一些动物的舍馆，美丽、舒适而实用。自然景观和人文景观相互辉映，让人感受人与大自然相处的和谐场面。

　　接下来，我们按照路边指示牌去了其他灵长类展区。人类的近亲灵长类的形象、习性都接近人，所以很受大伙欢迎，也是孩子们最喜欢去的地方。这里展出的有大猩猩、黑猩猩、狒狒、金丝猴、蜘蛛猴、环尾狐猴等。这里是灵长类动物生活的天堂，灵长类之间似乎也在演示着人类生活中的喜怒哀乐。据北京晚报报道的《离人类最近的和最远的表亲们——北京动物园故事之一》中说，黑猩猩跟人类的"基因差异仅为1.9%。黑猩猩和人类本是同一种古猿。700万年前，古猿中有一些跑到东非稀树草原上去，进化成了人，剩下的就成了黑猩猩，因此黑猩猩与人类是两种血缘最近的表亲。其本性也差不多，都爱拉帮结伙过日子、都聪明机灵、都好奇心重，特爱吵闹、爱窝里斗、爱记仇，经常使坏等"。

我和铭铭看到一对狒狒夫妇（我猜测是夫妇）百般疼爱自己的孩子，抱着它们的孩子喂奶，替孩子捉拿身上的虱子。当看到有其他狒狒接近时，母狒狒背上孩子赶快躲避，公狒狒上前迎战。当母狒狒拾到食物准备送到嘴里时，小狒狒跑过来从妈妈嘴里抢过来急忙吃了下去。母狒狒不但不急，还抱起小狒狒放在胸前喂起奶来。

"姥姥，小猴（他把狒狒当成猴子了）抢了猴妈妈的水果！"铭铭冲我大喊。

"猴妈妈没有生气，因为猴妈妈很爱它。你看，它还给宝宝喂奶呢！"

铭铭点了点头，接着又说："妈妈也爱铭铭。"

"那当然了，因为你是爸爸妈妈的心肝宝贝呀，也是姥姥的宝贝呀！不过这不是猴子，它叫狒狒。这个小狒狒抢妈妈的水果有些不对，你说是不是呀？"我对铭铭说，铭铭又点点头。

接着，我们游览了熊山和狮虎山。曾经的白熊馆，因为修建高架桥道路关闭了，只有棕熊和黑熊还放在这里饲养着。棕熊坐在地上向人作揖，然后招手要吃的。铭铭看见一个家长递给自己孩子一根香蕉，那个孩子将香蕉扔了下去，便又嚷起来："姥姥，给我（这时铭铭已经会说我了）香蕉！"原来他也要丢给棕熊香蕉吃。

"不行！"我坚决地制止了他，"动物园有规定是不允许喂食动物的。大家都这样喂动物，动物正顿饭该不吃了。乱吃东西，动物还容易生病呢！"

"他们喂大熊？"铭铭还会找理由。

"我们不学他们，这样的行为饲养员叔叔会说的。"我对铭铭说。

不一会儿，就听见动物园的工作人员拿着喇叭在喊："请大家文明游园，请不要喂食动物！"这时，铭铭又嚷起来："熊吃袋子了！"我一看，一个男游客将装着水果皮的塑料袋子抛下来，重重地砸在那只正在要食吃的棕熊头上，棕熊拿起塑料带啃咬起来。我听到这个游客对自己的孩子说："看，熊受骗了吧！它很傻的。"这时，棕熊可能觉得没有什么味道就将袋子丢弃了。另一只黑熊跟着又捡起塑料袋放到嘴里撕咬，结果黑熊一嘴的塑料碎片。另一个游客可能怕黑熊吃下塑料袋，用一块小石头抛到黑熊的头上，黑熊吐掉嘴里的塑料膜跑掉了。

看到不文明的游客，我心中十分愤怒，对铭铭大声说（为了让那位不文明的游客听到）："铭铭，如果黑熊吃了塑料袋会死的！"

"姥姥！什么是死？"铭铭不解地问我。

"就是再也不能吃饭、不能玩，再也见不到妈妈了！"我对铭铭解释道。

铭铭一听，大哭起来："不能让大熊死，不能让它见不到妈妈！"

没想到我的回答让铭铭大动感情，惹得周围的家长也过来安慰铭铭，纷纷谴责那位不文明的游客。那位不文明的游客带着自己的孩子在大家的谴责声和铭铭的哭声中灰溜溜地走了。于是，我急忙告诉铭铭："我们不乱给动物喂食物，不乱抛塑料袋，大熊就不会生病，就不会死了。"

铭铭又点了点头，擦干眼泪对大熊说："姥姥说了，不能给你吃的，你会生病死的！"

旁边有个人听到铭铭说"死"字，就问他："你知道什么是死？"

"姥姥说就是不能吃饭、不能玩，再也见不到妈妈了！"别看铭铭才1岁10个多月，语言发育得相当不错。他怕别人不相信他，急忙又说："我姥姥是医生、是专家。"弄得我一个大红脸！没有想到这个孩子把我给"介绍"出去了。

其实，到熊山来游玩的基本上都是爸爸妈妈带着孩子。在游玩的过程中，遵守社会公德、规范自己的行为、给孩子树立良好榜样，是家长义不容辞的责任。应该告诉孩子，动物是人类的朋友，我们共同生活在一个地球上，需要和谐相处、维持地球的生态链。欺负动物会养成孩子凌弱暴寡的坏习气，所以我们要从小培养他们的爱心，使我们赖以生存的世界变得更加美丽。尊重动物的生命就是

铭铭模仿环尾狐猴的怪相

尊重人类自己。家长每时每刻都需要注意自己的榜样力量。正如一位名人所说："你想要孩子成为什么样的人，你首先就要成为这样的人。"

我曾经给铭铭放过动画片《小飞象》，于是铭铭又让我带他去大象房。在大象房里我们看到小象跟着妈妈身后正悠闲地来回踱着步子。据说，小象出生时体重大约90公斤，身高近1米，而且生下来就会行走。相比之下人类就大不一样了，人类的新生儿是在大脑未成熟的状态下出生的。出生后，其神经系统需要迅速发育，神经细胞和神经胶质细胞需要不断增殖，到3岁时大脑的重量可以达到1200克（成人为1500克），是出生时的3倍。为了适应外界各种复杂的环境，神经纤维需要不断地增长、连接，以更好地应付外界传来的各种信息，并及时、准确地应答。

看来动物的生长史与人类确实差别很大，但是就母爱来说，正如有的记者在网上写的那样："那憨厚老实的大象看起来十分笨重巨大，它们却是一种十分聪明、有爱心的动物。听说有一头大象玛玛基母性超群，爱子如命，在动物园里传为佳话。玛玛基十分关爱小象，寸步不离地看守着它。小象摇摇晃晃地站起来，玛玛基急忙用长鼻子将它扶住。玛玛基日夜看护小象，当有蚊虫侵扰时，玛玛基就用长鼻子卷些稻草为小象撵跑虫害……在玛玛基的细心照料下小象茁壮成长。"

这样的描写确实像小飞象呆保和它妈妈一样。动画片中，呆保的妈妈为了保护呆保大打出手被主人关了禁闭，呆保失去了妈妈的保护，受到其他大象的欺负和嘲讽。后来，小呆保被老鼠领着去看被关禁闭的妈妈时，妈妈伸出长鼻子轻轻抚摸小呆保，铭铭看到这里流下了眼泪不忍再看。所以，铭铭今天看到动物园的大象时格外关心小象和它的妈妈。看到大象妈妈用鼻子为小象驱赶落在小象身上的苍蝇时，铭铭感慨地说："大象妈妈真好！我的妈妈也好！"

随后，我们又来到长颈鹿馆、河马馆和水禽馆。身体修长披着花斑外衣的长颈鹿，活像一个优雅的小姐高挺着脖颈斯斯文文地吃着头顶上的嫩树叶，并不时伸出头来与游人亲近。铭铭依仗个子小，钻进到护栏里想与长颈鹿亲热一番。我看见拽住了铭铭，告诉他，公园规定游人是不能进入到护栏里的，我们不能破坏这个规定的。再说，多么好的动物也会兽性发作，十分危险，于是铭铭只好退了出来。

最后，我们又路过水禽馆逛了一圈。带着孩子游玩毕竟是一件很累的事情，虽然10月末已进入深秋，气温并不高，但是我已经汗渍渍的了，于是我对玩兴正浓的铭铭说："我们回家吧！姥姥已经很累了！"铭铭只好不情愿地跟着我回家去了。

一路上铭铭兴奋得不得了，回到家中向姥爷叙述了看到的动物、这些动物吃什么。加上姥爷有意识的提问，铭铭虽然回忆得断断续续的，叙述也不完整，但是铭铭确实增长了不少见识，因为这些动物不再是书本上的画像了，而是活灵活现的真实动物。铭铭一再向姥爷表示，以后还要去动物园看这些有趣的动物朋友。

1岁11个月
再谈亲子班的早期教育

    这一天又是我带着铭铭去上那个号称国际品牌早教中心的育乐课。该早教中心规定必须在与他们签订合同的一年之内上完定购的全部课程，否则作废。女儿女婿因为工作紧张，根本抽不出时间带孩子去上课，阿姨又回家了，于是这个"伟大而光荣"的任务毫无争议地落在我的身上。

    前一次与该中心工作人员的激烈口角，至今还让我耿耿于怀。再加上我对他们教学内容的一些看法，我真是打心眼里不愿意再去这个早教中心，去看他们那种居高临下冷冰冰的脸色。但是，我心痛每节课耗费近200元人民币，没有办法只好硬着头皮带着孩子去上课。

    这是一节针对22～28个月的孩子"运用想法来表达意图或是感觉"的课，由两位20岁上下的女老师来上。上课开始照样是他们亲子班教学引以为豪的、语速飞快的、大量的英语开场白，紧接着就是两位老师带着孩子边说边做各种动作，并且用大量的英语和一些汉语进行解释。我的外孙子刚刚2岁，活泼好动，他根本听不懂老师在说什么，对老师带领的动作也丝毫不感兴趣，于是开始四处溜达、毫无拘束地自由行动起来。只见他东摸摸西看看，爬上爬下忙个不停。我的目光一直追随着他（我主张孩子按照自己的意愿去做他感兴趣的事情，家长的作用是协助和引导，而不是强迫孩子服从），预防他出其不意的危险动作。

    我在旁边也听不明白老师讲的究竟是什么意思（不管是英语还是中国话，语速太快），不过我在远处隐约看见老师拿出一张大约16开大的纸，上面好像是一辆红色的消防车的图像。后来，通过他们下课发给我的一张上课内容简介，我才知道这是"让孩子通过假装成消防队员的象征性游戏来发展符号联想能力，也对一些体能方面、平衡能力、协调能力进行锻炼的课程。同时，通过小朋友们在一起工作来'拯救'这一天（原文是这样，是不是有些文法不通），也能帮助发展他们的社交能力"。

所学内容有三方面：

☐ "红色消防车"鼓励孩子角色扮演，提高一些体能能力，例如爬坡、协调能力，并训练上半身和下半身的力量。课堂上是通过动作表演让孩子想象如何开消防车、给消防车加油、如何洗车、如何把东西装上车、如何将一根绳子想象成消防管，从而让孩子学会符号联想这个概念。

☐ "消防员集训"鼓励孩子在游戏中扮演消防员和练习消防员在工作时需要用的技能。看看孩子使用水枪进行灭火时是否发出水的声音，开消防车时有无发出好像从滑梯滑下来的声音。该活动主要训练孩子把想象力和本身想法联系在一起，然后用行动表现出来。

☐ "拯救大楼"鼓励孩子扩大符号联想能力，把丝巾想象成水来灭火，并且扮演消防员把大楼里的"动物"和"财宝"救出来。

后来，老师发给铭铭一块红色的尼龙纱巾，充当抹布给想象中的消防车（实际是一个练习行走的运动架子）做擦拭清洁的动作。我的外孙子虽然接过纱巾但是看也不看就丢到地上，自己又去爬高了。不一会儿，老师让孩子寻找散落在育乐室各处的"水枪喷嘴"。铭铭在我给他进一步说明之后，开始放眼寻找，马上发现目标，开始钻"隧道"，翻越障碍物，找到不少隐藏着的"水枪喷嘴"。铭铭每次寻找绝不空手而回，但是他不知道应该交到老师手里。他尝试着在小小胳膊弯里摆放4~5根"水枪喷嘴"，但都滑落下来，于是就将它们都堆放在一个距离老师不远的明显处又转过身来去寻找。另一个小朋友却跑上来将铭铭堆放的"水枪喷嘴"拿来交给老师了。老师笑容满面地夸奖了那个小朋友。后来，铭铭发现了这种情况才明白"水枪喷嘴"应该交给老师，于是他急忙跑去将小朋友还没有来得及拿走的几个交到了老师手中。

我在旁边仔细观看铭铭的一系列行为，并没有进行帮助，因为我要看看铭铭自己完成这个任务的能力。我发现铭铭善于寻找隐藏得很深的"水枪喷嘴"，而且这些喷嘴需要铭铭克服一定的困难，付出一定的努力，如爬高、钻洞、跨越障碍物等才能够取得。对于别的小朋友拿走了他找到的物品，铭铭并没有什么反应，这可能是铭铭刚2岁还没有清晰的物权概念。虽然铭铭交到老师手中的"水枪喷嘴"没有别的小朋友多，也没有得到老师的夸奖，但是这些我都不在乎，我最关心的是铭铭在这个活动中表现了很好的观察力和意志力，这些素质才是一个全面综合发展的孩子所要培养的。

在整个活动的过程中，我没有看到一个孩子做出了超出老师设计的动作或是借用语言说出了自己的想法。只有铭铭违反老师设计的程序，没有走所谓的桥，从高处跳到低处（高度相差大约10厘米），而是逆向从低处向高处爬。铭铭的动作十分灵活而且爬的速度极快，我都来不及抓住他，结果他与向下跳的小朋友撞个正着。铭铭的嘴撞到那个小朋友的左侧额头上，两个孩子顿时大哭起来。铭铭的嘴边流出了鲜血，我看到那个孩子额头上也有被撞的痕迹，我赶紧对铭铭说："谁让你从下面向上爬了，看给小朋友撞了吧！是你的错误，赶紧向小朋友道歉，说对不起！"我以孩子的名义向人家赔礼道歉，对方的妈妈和爸爸很通情理，没有说什么，只是不停地安慰着自己的孩子。

两个老师看着铭铭，呆呆地说："嘴破了，流血了！"

看到铭铭不断流着鲜血的嘴唇，我对两位老师说："你们有没有冰块？"

其中一位老师说："我们有退热用的冰袋！"

"赶紧拿来！"我命令道。目前最好的处理办法就是先止血，通过用布包裹的冰块或者冰袋外敷局部，促进局部血管收缩达到止血的目的。另一位老师没有任何表示安慰的意思。我生气地等待着，5～10分钟那位老师才拿来了冰袋。我给孩子外敷上。因为凉，孩子不接受，用手不停地推开冰袋，我也只好不停地拿开再放上。当血止住后，我仔细检查，原来是上嘴唇被撞裂了一个口子，出血染红了上下牙龈和牙齿。

我心里想，怪不得孩子哭个不停，撞得还比较严重！不过，这个位置的伤口很快就会好的。"不要害怕！姥姥抱抱！"我抱着铭铭小声地安慰着他。直到这节课结束，我也没有听到老师一句安慰的话。我想，虽然铭铭这次受伤有我作为家长监护不到位的责任，难道你们就没有一点儿责任了吗？就算是你们没有责任家长负全责，难道你们看到仅仅2岁的孩子嘴里流着鲜血痛苦地哭泣，就没有一点儿同情心吗？

其实，铭铭是特别喜欢汽车和消防车的，他经常与爷爷在大上海时代广场等候坐淮海中路的观光游览车，而且每次上车必须坐在司机旁，因为铭铭特别喜欢观摩司机开车的动作。回到家里，铭铭"命令"我和他妈妈坐在床边，他坐在床上伸直了双腿，将枕头放在腿上，双手摆在9点和3点的位置，好像握着方向盘一样，不停地倒着手模拟着开车的动作，嘴里不停地发出"呜——呜——"的声音来表示车轮的飞转声。别说，铭铭学得还真像司机转弯倒手一样，绝对不是新手练车的大撒把。

不一会儿，又听他嘴里发出长长的一声"吱——"，并回头冲我们说"火车站到了，请下车"或"××路到了，请下车"。噢！原来是汽车到站的刹车声。我们也配合他假装做出下车状。于是，铭铭又开车上路了。铭铭将白天看到的司机开着游览观光车的情景迁移到他现在进行着的象征性的游戏中，并用语言将他联想到的每一步骤表达出来，同时也在玩这个象征性游戏的过程中获得了极大的满足。

因为女儿家门口不远就是××消防队，每天在睡眠中听到消防队的起床号时，睡眼惺忪的铭铭都会喃喃地说："起床了！"每当路过这里时，铭铭必须停下来看看消防车。如果有一次正赶上消防车紧急出车，铭铭一定要目送到看不见车为止。对于消防车执行任务时发出又长又响的警笛声，铭铭熟悉得不得了。他能够不看车型就能区分警车、医院救护车和消防车不同的警笛声，常常在屋里告诉我："消防车出车了。""躲开、躲开、躲开开（这是救护车的警笛声）来了。"对于消防员他更是喜爱得不得了，见面一定要伸出右手洋味十足地说："嗨！"消防员也微笑着用手拍拍他的脸颊："宝宝好！"为了满足他对消防车的特殊喜好，女儿还给他买了美国著名儿童畅销书作家理查德·斯凯瑞的《消防站的一天》。铭铭非常爱看这本书，每天醒来必须让我讲这本书。虽然已经讲了无数遍，他从来都是当成新书来听，而且每次都能从画面上找出他认为的新东西。这本书让他知道了为什么消防站门口不能停车、灭火用的水管子（水袋）是布做的、认识了什么是消防栓、知道了消防员紧急集合时为什么不走楼梯而是顺杆滑下。至于什么是"着火"他可是没有感性认识的，也不理解"着火"是怎么一回事，他只看见过厨房灶上的火苗，所以如何使用高压水管灭火他就更不懂，也没有见过了。

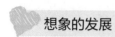
想象的发展

孩子在1岁之内是没有想象力的，1岁半～2岁由于经验的缺乏，语言发展较差，只有想象成分的参与，但并不是真正意义上的想象，最多只是一种生动的重现而已。

2～3岁，孩子的想象处于萌芽阶段，开始从记忆中分化出来。这个时期的想象具有以下特点：（1）孩子的想象与记忆的界限不明显，是记忆材料的简单迁移，几乎完全重复曾经感知过的情景，只不过是在新的情景下表现；（2）想象的内容简单贫乏，是简单的相似联想，没有情节的组合，只局限于模拟成人生活中个别动作和活动，很少有创造成分；（3）想象的过程完全没有目的，而且这个时期的孩子心理活动速度缓慢，因此想象也是缓慢地展开；（4）孩子的想象依赖于感知的形象，特别是通过视觉感知的形象，所以如果在游戏过程中没有玩具，孩子很难展开想象；（5）动作有利于想象的进行，因为动作可以使感知的视觉形象发生变化，促使孩子变换观察的角度，从而感知到新的形象；（6）成人的语言提示或暗示促使孩子产生想象的需要和动机，激起孩子去搜索记忆中的表象，选择可以运用的素材和形象，创造出新的形象，这样孩子的想象内容才丰富起来；（7）孩子的想象受情绪和兴趣的制约。

想象的形成和发展除需要依靠孩子已有的知识经验外，动作和成人的语言提示起着重要的作用。由语言和动作组成的游戏活动最能引起孩子的兴趣和欢快的情绪，更是促进孩子想象发展的重要形式。

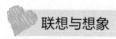
联想与想象

联想与想象是不完全相同的两个概念。联想是由一个事物想起另一个事物的思维活动。想象是人脑对已有表象进行加工改造，创造新形象的过程。

当事物不在眼前时，人们在头脑中呈现出的形象就是表象。表象具有逼真性或直观性的特征。记忆、联想、想象的基本素材虽然都是表象，都是运用表象的形象思维过程，但是记忆是头脑中已有形象重新出现，联想是看到或脑中浮现一个表象时，引发相关的表象增加，使一个或一系列的表象出现，想象是以记忆表象为基本材料，对已有表象加以改造的过程。所以，孩子联想、想象的内容是否丰富和新颖，想象发展的水平如何，取决于原有记忆表象是否丰富。而原有表象的丰富与否取决于感性知识和生活经验的多少。任何想象都不是凭空产生的，构成新形象的材料都来自生活、取自过去的经验，不可能无中生有。因此，必须扩大幼儿眼界，丰富感性知识经验，这对于孩子联想和想象的发展是极为重要的。

想象离不开语言材料，特别是需要用语言将想象的内容表述出来时，语言材料起着重要作用。在教学活动中，通过老师丰富的语言讲述，孩子能激发广泛的联想，获得间接知识，丰富想象的内容，同时也通过语言表达自己的联想和想象。

这节课堂的内容之所以吸引不了铭铭的兴趣，而导致铭铭不能积极参与的原因有如下几点。

（1）游戏能够顺利地开展，首要的前提是孩子具有与游戏主题相关的知识和经验，因为游戏是孩子通过模仿和想象（联想）来反映现实的生活活动。模仿要有对象，想象也不是凭空进行的，本游戏需要孩子平时观察过消防车和消防员，有过这些感性认识（表象），才能理解老师设计的游戏意图，而不只是让孩子看一看图画就可以了（因为有的孩子可能还没有见过消防车，更别提灭火这个概念了）。铭铭看的《消防站的一天》用很多篇幅，通过消防队员的活动，介绍了消防站一天的工作，让孩子充分了解了消防员和消防站。

（2）进行游戏的空间最好有与游戏内容相关的布置，并且要有适宜本次活动的游戏材料和玩具，用以启发孩子产生联想或想象，发挥孩子游戏的主动性和积极性。这个亲子班不管任何内容的育乐课都是在同一个教室里，固定不变的布置，很难引起孩子的联想和想象，尤其是2岁左右的孩子还处于表象迁移和表象替代的阶段，对于有一定情节和情景的象征性游戏，如果不和老师进行语言交流与沟通，恐怕就不能完成，而是盲目、机械地跟着老师去做，那就失去了这堂课的意义了。

（3）亲子班的老师在游戏活动中处于绝对指挥地位，事先为孩子设定游戏主题、设计游戏情节、规定游戏开展的模式，完全让孩子根据他们的安排进行活动。孩子被动地完成游戏任务，其主动性、积极性和创造性得不到发挥，孩子对游戏自然没有乐趣，而且这种教学也会造成孩子与家长思维的惰性和刻板。老师应该组织丰富的语言（最好是用与孩子同样角色的口吻）积极引导孩子进行象征性游戏。但是，这个中心的老师使用的大多数语言是孩子听不懂的外语，所以不可能激发孩子的联想，丰富孩子的想象内容。这里的老师也不鼓励孩子将自己的想法（可能是联想和想象）用语言表达出来，所以就不可能引起孩子的兴趣和做游戏的愿望。

正确的做法应该是，老师通过布置环境、准备有关消防器材的仿真玩具和游戏材料，激发孩子游戏的兴趣和动机，利用游戏情景与家长一起从侧面用语言间接地启发孩子已有的关于消防车和灭火的知识，引导和激发孩子的联想和想象。孩子遇到困难时，老师和家长可以采用提问、启发和建议方式，也可以提供一些有助于解决困难的物质条件，引导和帮助孩子完成游戏任务，找出解决困难的办法。总之，老师的角色应该是幼儿游戏的观察者、合作者、引导者和支持者。

1岁11个月

学骑三轮车

铭铭每天都到小区的院子里玩，今天他看着邻居家的一个三四岁的男孩骑着小三轮车神气十足的样子，别提多羡慕了。有的时候，小男孩在前面骑着三轮车，铭铭就跟在后面追。当小男孩停下休息时，铭铭会上前去摸摸三轮车，两眼看着我，露出企求的目光。我知道他想上去骑一骑，在我征得了邻居家小男孩的同意后，铭铭骑了上去。还别说，铭铭双脚蹬在前面的车镫上高矮正合适。只见他双手扶着车把，全身使劲向前用力，可车还是不走。"姥姥！"铭铭喊着我，我知道他是让我帮忙。"你双脚不蹬车镫子，车怎么走呀？"我对铭铭说。于是，我蹲下来扶着铭铭的双脚，手把着脚告诉铭铭两只脚一上一下怎样交替着用力。然后，我拉着车把帮铭铭，可是铭铭的双脚却总是踩空，动作还不协调，他还不会左右脚交替使劲。于是，我不停地蹲下来用双手按住铭铭的双脚，告诉他如何蹬三轮车，累得我气喘吁吁，站起来头发晕眼发黑。还别说，功夫不负有心人，不一会儿铭铭就学会了蹬车镫子，虽然双脚的动作配合得还不十分协调、双手握把的力量也不均衡，小三轮车还不断地跑偏，但是铭铭毕竟能够自己蹬着三轮车走了。尽管三轮车前行的时候还没有原地不动的时候多，但是铭铭信心大增。正当他兴趣浓时，小男孩准备回家了，铭铭只好恋恋不舍地下了车，道谢后将车还给了小男孩。我心中思量着，是不是该给铭铭买一辆小三轮车了。铭铭的身高已经1米了，比同龄的孩子高了很多，相当于3岁孩子的身高，所以骑小三轮车应该没有问题。更何况，今天他已经初步掌握了骑三轮车的技巧，只要控制每次骑车不超过半小时就可以了。

骑三轮车对于幼儿来说是促进大运动发展的一个非常好的项目。学习骑三轮车不但可以锻炼身体，掌握骑车的技巧，而且还能促进全身动作的协调和平衡能力、方位知觉的发展。另外，骑车有助于提高孩子的有意注意发展，在注意的广度、稳定性、注意的分配以及注意转移的发展水平等方面都会有所提高，遇到的突发情况还能促进孩子应变反应能力的发展。如果家长在孩子学习骑车的过程中有意识地给孩子讲解一些浅显的交通规则，例如红灯停、绿灯行、黄灯要注意，停车不要超过斑马线，看见行人要礼让等，可以为以后孩子遵守交通规则奠定一个好的基础。与小朋友一起骑车时，让孩子学会互相礼让，养成孩子替别人着想的好品质。孩子在学骑车的过程中可能会磕碰、摔跤和失败，鼓励孩子坚持下来，可以促进孩子勇敢、坚强、不怕挫折、不畏艰难的优秀品质。所以，孩子学骑小三轮车的好处很多。

本来，我们没有给铭铭买车的打算。因为1岁多的孩子身体还处于迅速发育阶段，全身骨骼的骨质比较柔软，可塑性很强，虽然颈曲、胸曲、腰曲、骶曲等生理性弯曲已经出现，但是这些弯曲还不恒定，因此坐姿不正确容易导致变形。

另外，骑车时双手扶把，需要腕部骨骼和肌肉的配合。正常成人的腕骨是由舟状骨、月状骨、三角骨、豌豆骨、大多角骨、小多角骨、头状骨和钩骨这8块骨头组成，但是孩子出生时这些腕骨还只有骨化中心，2～3岁才出现三角骨，4～6岁出现月状骨、大多角骨和小多角骨，5～8岁出现舟状骨，9～13岁出现豌豆骨。正因为各腕骨骨化过程慢，腕肌发育也比较慢，因此骑三轮车就必须用力得当以防腕部意外损伤。

正常骨盆是由髋骨、骶骨和尾骨共同围合而成。幼儿的髋骨由髂骨、耻骨、坐骨依靠软骨相连而成，还没有形成一个整体，骨盆也尚未定型，骨盆的骨皮质是多孔的，可塑性强，骨盆的各关节比较松弛，所以孩子骑车时应选择地面不要过硬的场地来骑，以免造成组成髋骨的各骨转位。

一般来说，3岁的孩子学习骑三轮车比较合适，这也是我们迟迟没有给孩子买三轮车的缘故。

铭铭虽然很羡慕别的小朋友有三轮车，但是这时他还没有"买"的概念，还不懂得向大人提出对某些物品或玩具的需求。看到铭铭这么喜欢骑小三轮车，为了进一步加强铭铭大运动的发展，我和女儿女婿还是决定给他买辆小三轮车，让铭铭开始学习骑车。

买小三轮车的任务就光荣地落在女儿和女婿身上了。我向女儿和女婿提出：一定要买著名童车厂的产品，这样质量、安全才有保证；三轮车的高矮以铭铭坐上车座后双脚可以着地，向前伸腿双脚可以够到车镫子；车把距离车座不能远，也不能太低，防止铭铭骑上后上半身趴在车把上，影响孩子脊柱的发育；车座必须舒适、透气、柔软，最好是圆座，防止孩子臀部因出汗被捂或者"小鸡鸡"受到伤害；可以在小三轮车上安装一个车铃，让孩子学会骑车时按车铃以警示他人，安全躲避；不要选择有很多装饰的车把，否则容易造成孩子注意力分散，不去注意前方而是低头看车把，这样是很不安全的；三轮车的各个部件一定要安装得牢固，不能有任何地方的松动；最好车把和车座是可以调节高度的，这样随着铭铭的身高增长可以骑的时间长一些。

2岁3个月时，铭铭骑车在小区里玩

按照我的要求，女儿和女婿很快就把小三轮车买回来了。这是一辆红色的车，车把前有一个红色的布筐，可以用来放一些面巾纸或者小小的水瓶。车后面有一个斜着的推手杆和放东西的盒子，不过因为铭铭已经学会了骑车，我们就把后面的推手杆拆掉了。铭铭每天到楼下院子里玩的时候，都忘不了骑上他的小三轮车。他还经常与邻居家的小男孩比赛，看谁骑得快。此后，铭铭的欢声笑语和他快乐的身影时常出现在院子里。

2岁

姥姥，我尿床啦

自从夜间撤掉纸尿裤后，铭铭还没有尿过床。对此，我们感到十分省心，觉得这个孩子控制排尿的能力很好，所以就没想着应该在他的褥子底下再垫上一个防渗漏的胶垫。

这天早晨，铭铭醒来就高声喊道："姥姥，我尿！"于是，我赶快跑到他的床前，准备拿便盆去给他接尿。这时，铭铭不好意思地说："我尿了！"我听后一惊，急忙用手一摸，不得了，大水漫过金山了。铭铭的睡衣、睡裤全都湿淋淋的，尤其是睡衣的后背全都湿透了。我再一摸被褥，也全都湿了。揭开褥子一看，哇，尿都洇到床垫上了。

"铭铭，你要尿尿为什么不叫姥姥呀？"2岁以后，铭铭从妈妈房间搬出和我同屋睡。

"我……我……"铭铭不知所措，结结巴巴地说。

"看，由于你尿床，姥姥得将你的睡衣、睡裤、被子、褥子全都洗一遍。可是，床垫就不能拆洗了，等尿液干了以后就会留下一大片地图，不太好看！还臊气烘烘的，太难闻了！"铭铭一听我说留下一大片地图，便说："地图好看！"气得我不知道说什么好。可是，我转过来一想，孩子又不是故意尿床的，肯定是有原因的，不能生气责备孩子，更不能羞辱孩子，给孩子造成精神负担。于是，我便轻声地对铭铭说："下次夜间要尿时，一定要喊姥姥，姥姥在床头桌上准备好一个大口的空瓶子，你把尿尿到瓶子里是不是很有趣呀！"铭铭点点头。

接下来，我急忙到浴室里打开热水器，又打开浴霸，烘热浴室。因为卧室里一直开着空调，屋内的温度维持在21℃～22℃，所以温度还合适。我又帮铭铭脱下睡衣、睡裤，然后急忙抱到浴室里去洗澡。洗完澡，我又赶紧给他穿好上衣和裤子，然后清理和替换床上被尿湿的全部用品，并放到洗衣机里去清洗。当初给女儿准备新生儿的被褥时，我就考虑到孩子小便和大便污染被褥的问题，所以给铭铭准备的被絮和褥絮全都使用的蓬松棉（人造纤维），就是为了清洗方便。然后，我又回到屋里处理床垫。床垫不能拿到外面去晾晒，所以我只好用刷子蘸着少许清水刷洗床垫，然后用电熨斗将铭铭尿湿的地方熨烫干。熨烫过程中，屋内弥漫着一股尿臊味。

后来，接连2次铭铭都有夜间尿床的情况发生，女儿问我，这是不是人们常说的遗尿症。"这不算遗尿症！这是2～2岁半幼儿在发育的过程中不可避免的一种生理现象，缘于孩子控制尿的能力还没有发育成熟。"我对女儿说。于是，我们决定在孩子临睡前必定让他尿一次，而且晚饭后尽量不要让他喝水或者只喝少量汤水，白天也不要让孩子玩得太兴奋或受到一些意外的刺激。孩子一旦尿床也不要责备他，更不能羞辱他，提醒孩子夜间要尿时一定要叫大人拿便盆或空瓶子。大人也需要注意，如果孩子夜间不停地翻身，就要叫他尿。做到这一切，铭铭很快就没有再发生夜间尿床的现象了。

遗尿症也称为功能性遗尿，是指本应已建立膀胱控制能力，但仍出现与任何可知的结构问题（如中枢神经系统和泌尿生殖系统形态正常）不相关的尿液非自主排出。换句话说，该症是指熟睡以后出现的尿液逸出的现象，且没有器质性原因。根据遗尿症状出现的时间将遗尿分为原发性遗尿和继发性遗尿。

幼儿在2～2岁半时，虽然白天可以控制排尿，但是夜间仍可能有无意识的排尿，这是一种正常的生理现象，不需要治疗。随着身体的发育，孩子就能够主动控制夜间排尿。

3岁以后，有的孩子白天不能控制排尿或不能从睡眠中醒来而自觉排尿，除先天性或后天性疾病引起的尿失禁外，可称为原发性遗尿。遗尿症中，70%～90%是原发性遗尿。这类孩子往往从小没有训练好控制排尿的习惯。对于孩子的这种情况，目前很少采取治疗手段，其自愈的可能性很大。

如果孩子2～3岁时已经能够控制排尿，但是在4～5岁时夜间又出现遗尿，且每周至少出现2次，并连续3个月以上，临床上称为继发性遗尿症（又称为晚发性遗尿）。此病男孩比女孩多见。孩子这种异常行为一方面是由某些疾病引起，如泌尿系统疾病或全身疾病引起全身虚弱造成功能失调。当原发病好转，全身情况改善时，遗尿也会消失。另一种情况是长期精神刺激或突发事件造成孩子紧张焦虑、惶恐不安等，导致其改变排尿的习惯而遗尿。这类孩子遗尿不仅需要生理上的治疗，更需要心理上的辅导，否则孩子会产生其他心理或行为上的异常，如孤独、羞愧、胆怯、焦虑、叛逆或自卑、注意力不集中、害怕社交活动甚至不敢参加在外过夜的活动，造成孩子性格上的缺陷以及智商的降低或智力水平提高减慢。因此，除了给孩子进行治疗外，家长要理解孩子遗尿不是故意的，而是疾病所致。要适度教育孩子，既不能置之不理，也不能过度刺激，否则会强化孩子遗尿的行为。同时，要保护孩子的自尊心，让孩子充满信心战胜疾病。

除此之外，晚餐后不要让孩子喝过多的水，更不能喝利尿的饮料；禁止孩子穿尿裤，并做好尿床的预防措施；随时提前叫醒孩子起床小便，养成良好的条件反射。如果以上办法不能取得很好的效果，就需要医生用药物或中西医结合来治疗了。

第 **5** 章

25～30个月发育和养育重点

	发育概况	养育重点
大运动发育	·下肢力量增强 ·动作更加协调	·经过训练孩子能够稳定地、独立地双脚交替上楼; ·继续训练独立下楼梯,但还不会双脚交替下楼; ·学习骑三轮车使全身肌肉获得锻炼; ·鼓励孩子从低台阶往下跳,锻炼孩子的胆量。当动作掌握稳定后,可以适当抬高高度。
精细动作发育	·手的控制能力加强、其动作更加灵活	·教孩子画一些简单图形,如模仿画直线、水平线、圆等; ·训练孩子用细绳穿珠子,玩积木和拼插玩具,用积木搭出一些汽车、火车、塔和门楼等,发展孩子的想象力和创造力。
生活自理能力	·会脱衣服,解开纽扣,穿袜子、松紧带裤子、鞋(必须是不系带的鞋) ·训练控制大小便	·学习穿脱衣服的过程中,家长开始可以帮助,以后要鼓励孩子自己去做; ·训练孩子在白天用语言来表示大小便,并且能够及时去卫生间或蹲盆; ·要养成孩子睡前先小便的习惯,有利于孩子更早地学会自己控制不尿床。
认知发展	·懂得"我"概念 ·认识和分辨大和小的概念 ·能辨别一些简单图形	·能用语言和动作表示眼前所没有的东西。 ·利用生活中的实物教会孩子分辨和认识大和小的概念 虽然孩子很早就知道圆形、方形、三角形等形状各不同,但是孩子并不认识它们。可以结合与孩子生活密切相关的实物来教孩子辨别形状,例如,先教孩子识别这些图形,然后在混在一起的图形中让孩子根据成人的要求进行挑选,最后让孩子根据图形自己命名;也可以用镶嵌或投空玩具来学习,但要注意图形不能太复杂。

	发育概况	养育重点
语言发育	· 可以背几首简单儿歌或拿书让你讲	· 家长每天要抽出一点儿时间教孩子背数、儿歌，反复强化，训练孩子长久记忆； · 通过儿歌学习知识和认识事物，教会孩子用正确的语言来表达所接触的物体的名称，并且表达这些物体的用途； · 教孩子简单叙述已经发生过的事情，帮助孩子正确使用语言，提高语言表达能力，增强孩子的长久记忆； · 教会孩子使用一些关键的用词； · 要用赞赏的眼光鼓励孩子，注意聆听，表扬孩子的叙述，让孩子获得自信，以后更乐意重复这样的行为。
情绪、情感发育	· 出现预测性恐惧 · 有一定的自控能力 · 表现出自尊心、同情心和怕羞	· 减轻孩子怕黑、怕蛇、怕坏人等心理； · 知道禁止做的事不去做； · 对于孩子不顺心时发脾气的情况，要及时纠正。
社会性发展	· 自我意识加强 · 喜欢帮助别人做事	· 非常重视自己的东西，对物品有占有欲，一般与小朋友平行玩耍，即各玩各的，不会分享，也没有合作意识； · 由于语言表达能力有限，孩子间容易发生吵架和肢体冲撞，家长可利用玩具或游戏教孩子与小朋友合作玩，培养孩子相互合作的意识。 · 家长不要打击孩子帮人做事的积极性，有意识地让孩子与大人一起做事，以培养孩子乐于人的好习惯，学会为别人服务。

2岁2个月

难道孩子必须在这个时候学会认数吗

今天上午，女儿带着铭铭像往常一样参加公司同事自发组织的每周一次的小朋友集会。现在的孩子多是独生子女，这样的家庭环境不利于孩子学会和掌握人际交往的技巧，因此我建议女儿多请同事和好朋友的孩子到家里来做客。女儿也带着孩子到其他有孩子的同事和朋友的家中去玩，为孩子创造一个良好人际交往的环境。

中午，女儿带着铭铭回到家中，我像往常一样开始询问铭铭的表现如何，是不是能够与小朋友一起玩，有没有打架，是不是抢其他小朋友的玩具了，学习骑三轮车有无进步等。谁知道女儿删繁就简地回答了我的问题，却大呼："我们同事的孩子比铭铭还小，都会识数了。铭铭就知道说'5'！你要问'铭铭你吃了几块糖'他明明吃了1块，却回答'5块'；'铭铭，你数数手指头，1、2、3'，问他一共有几个手指头，铭铭马上回答'5个'；拿一张写有'1'的卡片问他是几，他连看都不看，就回答'5'。"从女儿的口气中可以听出，她对铭铭的表现是相当的不满，好像铭铭不识数与我的教育不到位有关，因为这个月我带着孩子住在北京，前几日才返回上海。

"嘿！怎么，想让你的孩子成为神童呀？你怎么总拿自己的孩子去比别人的孩子。这叫什么？攀比！哼！"气得我又开始跟她分辩起来。

"你犯了当前一些妈妈最爱犯的错误，总是拿自己孩子的短处去比别的孩子的长处，更何况这还不是孩子的短处！这样的对比一点儿意义都没有。你再把这种情绪带给孩子，会伤了孩子的自尊心和自信心。你的孩子才2岁2个月，怎么能够识数呢？你同事的孩子是怎样认识数的？"

"那个孩子特别聪明，会数数，可以从1数到20，可流利了！还有，他认识数字，5以内的数字全认识。"女儿说。

"哦，孩子明白数的实际意义吗？"我问。

"还不明白。"女儿实话实说。

"是呀！这么大的孩子还不理解数的实际意义呢！如果孩子每天与数字接触得比较多，家长也有意识地教孩子认识这几个数字，孩子就会像认识画片一样来认识数字，但是孩子却不理解数的实际意义，因为这涉及了数的概念。"

 思维的发展

人的思维活动是一个复杂的认知过程。婴儿9~12个月是思维能力产生的萌芽时期，人真正的思维发生的时间是在孩子2岁左右，此时的孩子是通过对具体事物的直接感知和自己的实际动作进行思维的。这种思维方式在心理学上称为"直观动作思维"，尤以2~3岁的孩子表现得最为明显。在动作过程中，孩子不断地分析和总结，以期达到解决问题的目的。但是，如果动作停止了，其思维活动也就停止了。所以，这个阶段的孩子必须依赖对实物的感知来接触"数"。语言出现和表象产生后，孩子可以借助具体的表象和简单的符号表象进行思维，获得初步的具体形象思维。具体来说，儿童4岁开始向具体形象思维过渡，5~6岁进入具体形象思维阶段，依靠头脑中已经知道的、见到的、听到的、感觉到的表象和具体事物展开联想来思考问题，出现逻辑思维的趋势。孩子在6~7岁以后抽象逻辑思维才占主导地位。所以，对孩子来说，掌握数的概念需要一个漫长的过程。

 数的概念

数的概念属于逻辑思维，是逻辑思维发展的一个重要方面。对于幼儿来说，数（指自然数）是一种符号，数的概念是很抽象的，比掌握实物的概念困难得多。心理学家的研究表明，3岁前的孩子对数的认识主要处于知觉阶段，是数的概念的萌芽阶段，其发展需要经过以下几个阶段。

（1）辨数（1岁半～2岁）。儿童对物体的大小和多少有模糊的认识，凭着直觉来区分多少、1个与许多。这时的孩子已经知道大苹果和小苹果的区分，会挑选大苹果吃。如果分糖果吃，孩子会拿糖果数量多的那一堆。如果孩子手中拿着2块他喜欢吃的饼干，你要取走其中的1块，他就会哭，因为他知道自己吃得少了。

（2）认数（2～3岁半）。儿童产生对物体整个数目的知觉。孩子虽然还不会口头点数，但是可以根据成人的指示，拿出1个、2个或者3个物体。

（3）点数（3岁半～4岁）。儿童数的概念开始形成并逐渐发展起来。

数的概念的形成主要经过以下几个阶段。

（1）掌握数的顺序。一般，3岁的孩子已经学会口头数10以内的数，记住数的排列顺序，数时能够记住2在3前面，3在2后面等，但还不会数物体。

（2）掌握数的实际意义。孩子学会口头数数后，逐渐开始口手一致地按物点数，然后说出物体的总数。孩子这时具备了初步的计数能力，但是还没有形成数的概念。

（3）形成数的概念。掌握数的组成是形成数的概念的关键。当孩子学会按物点数并说出物体的总数后，开始理解数的顺序和大小，理解2比3小，3比2大等，并进一步掌握数的分解和组成。例如，2是由1＋1组成，4可以由1＋1＋1＋1、2＋2、1＋3、1＋2＋1等数群组成，由此学会10以内的加减法。但是，这种计算不是用抽象的数字进行综合分析，而是利用实物或者数手指头进行计算。

因此，幼儿掌握数的概念要经历一个从感知和动作开始，再到具体形象，最后发展为抽象概念的过程。最初，幼儿计数不但要用眼睛看，还要动手去数。随着思维的发展，幼儿逐渐减少用手点数的动作，可以用眼睛看着实物，心里默默地数，但是有的孩子还会经常借助手的动作和点头的动作来帮助数数。这个发展过程十分漫长，既不可能逾越，也不可能超前。当然，每个孩子在掌握数的概念时可能表现出很大的差异，这与孩子所接受的教育、生活环境、各自具有的不同的智能特点有关。

当铭铭1岁半后，我们借助与他生活密切相关的事情开始让铭铭接触"数"。每次洗完澡后，为了表扬他配合得好，常常奖励他1块糖："铭铭，今天洗澡表现得不错，姥姥奖励1块糖，铭铭自己拿。"我拿着糖盒让他挑选，因为糖盒中有好几种糖（我不主张孩子多吃糖，所以买的糖块都不大，只有黄豆大小），铭铭有时也会多拿2块，这时我就提醒他："铭铭只能拿1块，怎么多拿了2块。"然后，我将他攥着的手掰开，把他多拿的2块糖取回来，再告诉他："铭铭，看见了吧，这是多拿的2块糖。"虽然铭铭很不乐意将他拿到手的糖再放回去，但是我强调说："姥姥已经告诉你了，只能拿1块，不能多拿！"这样铭铭就对"1"有了模糊的印象。有的时候，铭铭会趁我不注意抓"许多"糖急忙放进嘴里，看来铭铭也知道"许多"糖肯定比"1"块糖多。

铭铭快2岁的时候，我们又开始有意识地让孩子接触"数"。例如，别人问："铭铭几岁了？"我们就教给铭铭伸出一根手指说"1岁"。当铭铭2岁时，就教给他伸出2根手指，说"2岁"。尽管铭铭食指和中指伸出不灵活，其余的3根手指弯曲成环状也总做不好，但他还是尝试着摆出这种手势，我们也会帮助他将手指摆好。妈妈为此给他买了一块写字板，上面可以吸附带有1~5数字的磁铁。每天，小王和妈妈总有一个会对铭铭说："铭铭，你看1是不是像一根棍，2像浮水的小鸭子，3像铭铭的耳朵，4像一面小旗子，5像个钩子呢？"

铭铭2岁以后，开始利用玩具或者实物来学习数字。例如，在铭铭2岁1个月时，我们回北京过春节，朋友送了一个由数字0~9组成的一列木制火车玩具。铭铭非常喜欢将零散的各节车厢连接起来。姥爷就在旁边有意识地指导孩子在连接这些数字车厢时学习认数。当然，姥爷是按照数字顺序来进行连接，一边连接一边教他说出这个数字。连接几次后，铭铭很快就会用手指指着"火车车厢"一个一个地数："车头，1、2、3、4、5、6、7、8、9、0，车尾。"只要按照正常的顺序说，铭铭几乎每次都指对、说对，手口一致。姥爷高兴地给他鼓起掌来，不停地夸奖他："铭铭就是聪明，这么一会儿就跟姥爷学会了认数！"听得出来，我先生实际上也在为自己的"教育有方"表功呢！我在旁边不由得笑了："你让他自己连接车厢，连接好后让他继续再点着车厢说出数字来！"结果孩子嘴里说着"车头，1、2、3、4、5、6、7、8、9、0，车尾"，但是他连接的火车数字却与原来数字顺序大相径庭：车头，9、7、6、0、3、2、4、5、1、8，车尾。

我对着先生哈哈大笑起来："姥爷功劳不小呀！铭铭这会儿都学会认数了！"先生沮丧地说："怎么会是这样呢？他前几次不是说得都对吗？"

"看着！我再问问铭铭。"我边对先生说，边在铭铭刚刚连接好的火车上偷偷拿掉一个"6"字。

"铭铭，再给姥姥指着认一遍！"我对铭铭说。

"车头，1、2、3、4、5、6、7、8、9、0，车尾。完了，姥姥。"铭铭很快指着数完了。

先生吃惊的表情不言而喻。

紧接着，我和铭铭按照数字的顺序重新将车厢连接起来，让铭铭再指着数一遍。

"车头，1、2、3……"我打断了铭铭的数数，递给他一个剥好皮的小香蕉吃，然后用眼色示意先生。

"铭铭，接着往下数，还没有数完呢！"先生会意地在旁边督促铭铭继续数下去。

"车头，1、2……"铭铭又从头开始数起来。

"不对，应该接着4数呀！"先生打断了铭铭的数数，提醒他。

"车头，1、2、3、4、5、6、7、8、9、0，车尾。"铭铭可不管姥爷的提醒，自顾自地又从头数了一遍。

先生这时又拿出了几个南丰蜜橘来："铭铭，数数这是几个？"

"4、5、1、2……"铭铭指着蜜橘数着。我发现铭铭不但口乱数，而且手还乱点。

"铭铭，一共几个呀？"先生又追问他。

"1个——"铭铭拉长了声音，大声地回答，然后急忙拿了一个蜜橘跑到厨房剥开皮去吃了。

先生无可奈何地摇摇头，脸上露出了失望的表情。

"嘿，什么意思？对孩子失望？实际上，孩子现在只是在背数，就像背诵儿歌一样，还不懂得数的实际意义，这是这个年龄段的特点。"我向先生解释道。

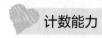 **计数能力**

孩子计数能力的发展要经历口头数数—点物计数—说出总数—按数取物—数

的分解和组合的过程。

3岁以前的孩子先学习口头数数，就像说顺口溜、儿歌一样，从1数到10，有的孩子可以数到20。口头数数是一种机械的记忆和单纯的语言运动，但对数的实际意义并不理解。需要提请家长注意的是，他们不会从中间任意一个数开始数，只会从"1"开始按顺序去数，如果遇到干扰就不会数了，更不会倒着数，还经常出现脱掉数字或者循环重复数字的现象。

至于点物计数对于3岁以前的孩子就更为困难了，像铭铭虽然口头可以从1数到10，但是有时手指乱点，或者手指虽然点对了，但是口却在乱数，总之不能一一对应，会出现手口不一致的现象，更不可能说出总数来。说出总数要求孩子把数过的实物作为一个总体来认识，能够理解数到最后一个物体，它所对应的数词就表示这一组物体的总数。能够说出总数，这是计数能力发展的关键，它表明幼儿能运用和理解数的实际意义。对于按数取物，即按数目取出相应的物体，这是对数概念的实际运用，3岁以上的孩子只能按数取出3～4个实物来。

在训练孩子计数能力的时候，需要注意以下的几个方面。

（1）提供给孩子点数的实物大小要合适。过小的实物往往会影响孩子计数的正确性。

（2）实物摆放的是否有规则也影响孩子点数的正确性。摆放有规则，孩子点数正确性就高一些。

（3）计数时采取的不同活动方式也会影响计数的正确性。例如，我们采取3种方式让孩子练习计数：①在桌面上摆好一行实物，让孩子用手指拨动一个实物，口头就计一个数，依次计数完；②让孩子用手指一个一个地依次点数；③让孩子从容器中一边取一个实物放在桌上一边计数。结果表明，②的计数方式优于①和③的方式。这是因为与②方式相比，用①方式点数时幼儿较易产生混乱，而③方式手部活动多而繁，幼儿忙于从容器中取出实物，而忘记了计数的任务。

（4）通过视觉计数要优于通过听觉来计数。如果让孩子一边敲鼓一边计数，则计数的正确性就更差。这是因为孩子注意了敲鼓，而忘记了计数。

2岁2个月
指挥铭铭帮助大人做家务

铭铭已经2岁多了，正是对外界事物感到好奇并喜欢探索的阶段，而且由于自我意识不断增强，他还特别愿意参与家务工作，不管大人在干什么，他准会凑上去掺和掺和。什么事情只要让他沾手，准保是帮倒忙，弄得大人不知道是看着他好还是继续做家务。

我们家的厨房就是铭铭最爱去的地方，只要他进了厨房，就是"鬼子进村了"。凡是他走过的地方，都会"雁过拔毛"或"鸡犬不留"。不管是什么物件，他都要动一动，甚至被他摔到地上稀里哗啦地听响声。至于家用电器，他也不管是冰箱、微波炉、烤箱还是燃气灶，只要是能够到的，就没有他不动的。你要洗菜他就与你抢盆；你要点火做饭，他就要开燃气灶；你刚准备扫地，他虽把扫帚、簸箕给拿来了，但却将你归拢到一起的垃圾又都铺散开。虽然有的时候铭铭模仿大人的动作还挺像那么回事，但是险情也时有发生，让人的一颗心总是悬在半空。

做家务的阿姨只要一休息，我就不得不又照看他又做饭，忙得不亦乐乎！于是，我只好暂时安置他，让他看一会儿电视，或者给他两本书看，并时不时地去厅里扫视一下他，唯恐他又惹出什么事来。现在，他做坏事往往都是不出声的，所以惹出祸来就已经晚了。

怎么办呢？活泼好动是这个阶段孩子的特点，模仿大人做家务也是孩子的一种学习方式。我想与其由他捣乱，还不如指挥着他帮助大人干一些力所能及的家务劳动。家务劳动不但可以引导孩子在劳动中训练思维，发现问题并找出解决问题的好办法，而且会使孩子获得很多生活常识。尤其这个阶段的孩子正处于对细微事物感兴趣的敏感期阶段，所以不妨通过做家务劳动，让孩子去关注生活中的各种细节问题，学会如何完美地完成大人交给的任务。同时，做家务还可以培养孩子的责任感和主人翁的态度，让孩子学会关心别人、照顾和帮助别人，这对于提高孩子的情感智力大有好处。而且只有通过家务劳动才能让孩子体会到我们的生活是有滋有味、多姿多彩的，使他更加热爱生活，更加珍重自己的人生。

做家务劳动先从学会生活自理开始。每天早晨起床时，我让铭铭学会脱睡裤，因为脱睡裤的动作比较简单。脱睡衣对于现在的铭铭来说还比较困难，他一时掌握不了，仍由我来帮助他脱。鼓励铭铭自己穿上外出的裤子（都是松紧带的），铭铭如果顺利完成，我就马上给予表扬："铭铭自己可以脱裤子和穿裤子了，真像一个大哥哥了，姥姥觉得铭铭这一点做得很不错。明天我们再来一次好不好呀？铭铭如果自己学会穿衣服，姥姥就轻松多了，对不对？"铭铭听后高兴得小脸笑开了花，挺挺肚子很自信，似乎自己真的是大哥哥了。之后，铭铭又逐渐学会了穿鞋，穿上衣。

吃饭前让铭铭摆筷子也是一个不错的办法。开始，铭铭是先摆筷子架。他从厨房饭橱的抽屉里拿来一个筷子架，嘴里还念叨着"这是姥姥的"，然后又跑回厨房再拿来一个筷子架，"这是爸爸的，还有妈妈和铭铭的呢！"说着又要往厨房跑。我知道他这是又要拿筷子架去，于是我叫住他：

"铭铭，还有谁没有筷子架呀？"

"铭铭和妈妈还没有筷子架。"铭铭回答道。

"你和妈妈要几个筷子架呀？"我接着又问。

"拿1个、拿1个，2个。"铭铭很快就答对了。

"铭铭这次要拿几个筷子架呀？"我问。

"拿2个。"铭铭又飞快地回答道。

"太棒了！回答得真对！这次跑一趟拿2个就可以了。我们吃饭的人有姥姥、爸爸、妈妈和铭铭，一共4个人，每个人1个筷子架，4个人4个筷子架，你去厨房一次拿4个筷子架就对了，省得你跑好几趟，对不对呀？"铭铭想了想，可能觉得这样做确实是对的，所以以后铭铭摆筷子架就再也没有跑过4趟厨房了。

随后就是摆筷子，铭铭还是从厨房只拿一双筷子，摆好后就又往厨房跑。于是，我又教他："姥姥用2根筷子，爸爸用2根筷子，妈妈用2根筷子，一共是几根筷子？"铭铭疑惑地看着我不说话了。我一想，自己又在乱跟孩子说话，这么大的孩子哪能做加法呢？于是，我和铭铭进了厨房，让铭铭从筷子抽屉中给爸爸取出2根筷子，然后再给妈妈取出2根筷子，让铭铭点一点一共是几根筷子。这时，铭铭只要手口一致按物点数就会出错，因为这个阶段的孩子还不会按物点数。但奇怪的是，以后铭铭虽然总数错了数，可拿筷子的数却从来没有错过。通过观察我发现，原来铭铭在厨房筷子抽屉前是这样拿筷子和筷子架的：他自言自语"这是姥姥的"，随手就拿出一个筷子架、一双筷子；然后又说"这是爸爸的"，便又拿出一个筷子架和一双筷子；再说"这是妈妈的"……最后，他给自己拿出一个勺和一个叉子，并把这些物品都放在他的塑料盘子里拿到饭桌上，再一一摆好。

看看，是不是孩子在家务劳动中学会了思考问题、解决问题，并掌握了解决问题的办法了！同时，铭铭也将我们认为复杂的、这么大的孩子难以理解的逻辑思维转化为形象思维了呢！

另外，我家包饺子总让铭铭将饺子剂按成圆形，然后我再擀成饺子皮。蒸馒头时，给他一块栗子大小的面团，让他双手对揉做成一个球状，当成一个小馒头。馒头蒸熟后，铭铭特别乐意吃自己做的小馒头。收拾屋子时，有意识地让他把一些物品放回原处、将废纸屑和废弃物扔到垃圾筐里、将自己脱下的衣服放到固定的位置、将鞋子脱下后摆放整齐。家里人去超市买东西一般都带着他去，因为超市是孩子学习分类和组合知识的最好场所，可以让孩子认识更多的东西，丰富他的见识。从购物车中往汽车上搬物品是铭铭最爱干的，从汽车往家搬东西也是铭铭最爱干的。这个孩子身大力不亏，双手拿着一箱某某品牌的奶就搬进了家门，急得我不由得惊呼："宝贝！可别抻了胳膊。"铭铭却自豪地对我说："姥姥，我棒吧？"

2岁2个月
与爷爷踢足球

爷爷是铭铭最喜爱的长辈之一。只要爷爷来看他，铭铭就异常高兴，表示要和爷爷一起玩。因为有时候女婿工作忙，顾不上和他一起做大运动的游戏，对于活泼好动的铭铭来说，爷爷就变成最好的代替者。而且爷爷也特别愿意领着铭铭到处游玩，满足铭铭喜欢看一些他认为最新奇的、最好玩的东西的愿望和求知欲，并增长了孩子的见识。最近，亲家知道小王已经回家了，我一个人带着孩子很辛苦，所以隔一两天就过来一趟，与我一起带孩子，以减轻我的劳累。

铭铭的爷爷现在虽然退休了，但是与铭铭一起玩时比起年轻人丝毫不逊色，而且非常有耐心，所以铭铭特别喜欢爷爷与他一起玩。爷爷又是老上海人，对于上海的一些特色文化信息了解得非常多，这无形中又给铭铭增加了不少地域文化知识。

2岁以后，随着活动和认知能力的增长，肢体运动能力迅速发展，孩子能够自由地走或跑。随着运动空间的扩大，铭铭喜欢上了球类运动，尤其是篮球和足球。这是因为姑姑给他买了一个印有"NBA"字样的篮球，我带他回北京时也给他买过一个足球，再加上姥爷喜欢看球赛，经常在家里看篮球赛和足球赛，因此引起了铭铭对球类运动的喜爱。

铭铭通过电视知道足球和篮球的玩法是不一样的，他认为篮球是拍着玩的、足球是踢着玩的。回到上海后，铭铭经常在屋里玩球。由于铭铭双手控制球的能力还很差，手眼不能很好地协调，基本上是第一次拍球后，第二次手就不能再拍到球，因为他还不能准确地判断篮球弹起来的高度以及方向，所以常常是手伸出来去够球，但是篮球却朝相反的方向飞走了。另外，他也不会掌握第一次拍球的力度。如果第一次拍球的力度大，篮球弹得很高他够不着；如果第一次拍球的力度小，篮球根本就弹不起来，球也就滚走了。铭铭之所以有这样的表现，是因为这个年龄段的孩子还不具备对空间活动物体的分析和判断能力，手眼协调能力也比较差，双手还不能掌控篮球。经常失败导致铭铭对篮球的兴趣相比足球就要差得多了。

踢足球就不一样了，球只要落地，铭铭就可以跑过去将球再踢出去，有时候他还能直接用脚接到飞过来的球。对于足球能够在自己双脚的控制之下被踢来踢去，铭铭特别有成就感，因此兴趣十足。但是，在家里踢球很容易碰坏家中的物品，再说也不容易施展"球技"。于是，爷爷来后提出让铭铭和他到楼下的院子里踢球，铭铭要求我也一同下去观看他的"高超球技"。应铭铭的"邀请"，我随着他们祖孙俩来到楼下的空场，并拿着相机，准备抓拍精彩瞬间。

铭铭一个人踢足球只能训练他下肢的力量和脚下掌控足球的技能，如果和爷爷一起踢足球，他还能学习合作与分享。2~3岁的孩子处于自我意识正在发展的阶段，对于物品的占有欲是非常强的，考虑问题只从自己的角度去想，一般不会考虑到别人。因此，学习合作与分享对于铭铭来说可是一个新课题。另外，3岁以前的孩子主要与父母交往，这种交往是在不平等的条件下进行的，孩子往往处于依赖和被照顾的地位，父母与孩子的关系是权威和服从的关系，缺乏同伴间的平等、合作、互惠的关系，这对于孩子适应将来的社会非常不利。因此，孩子2岁以后，家长要在家里有意识地培养其合作和分享的精神。

刚开始，爷爷在和铭铭一起踢球的时候，会有意识地将球踢到铭铭的脚前，便于他接住球，并顺利地踢出去。随着铭铭接球的技术有点儿熟练之后，为了加

合作就是指两个或两个以上的个体为了实现共同目标（共同利益）而自愿地结合在一起，通过互相之间的配合和协调（包括语言和行为）而实现共同的目标（共同利益），且个人利益也获得满足的一种社会交往活动。分享的含义是从心里愿意把自己的东西给他人。

强他下肢的力量和加大运动量，爷爷故意将球踢到需要铭铭跑几步才能够接到的地方。有的时候，爷爷还把球踢到铭铭即使跑得很快也不能接到的地方，不会过多给予铭铭照顾。铭铭由于不能很好地掌握踢球的力度，常常不是将球踢得"远走高飞"，就是一脚踢空，因此十分沮丧。在踢球的过程中，每当铭铭能够很好地接住球或者将足球很准确地踢给爷爷时，我和他爷爷都给予鼓掌进行表扬，这调动了铭铭踢球的积极性，所以铭铭踢球的兴趣越来越浓。此时正值初春，天气有时还是比较冷的，但是由于来回跑动，铭铭头上冒出了汗。铭铭在爷爷循循善诱的引导下，学会了如何与爷爷配合，初步感受到合作的成果，体验到合作的愉快。踢足球不但锻炼了孩子眼脚动作的协调，还有助于全身动作的协调和柔韧性，提高了孩子的反应能力和身体素质，以及空间认识能力和判断能力。爷爷自己也说，和孙子一起踢球仿佛自己也回到了童年。这种爷孙之间的天伦之乐真是人间最美好的享受。

铭铭和爷爷踢足球

2岁3个月
不要告诉姥姥

上午，阳光非常好，我带铭铭到附近的湖滨公园玩。回到家已经11点多了，铭铭进了家门就直奔厨房。我想玩了2个多小时，可能铭铭是又渴又累，去找阿姨要水喝了。于是，我不慌不忙地脱去外衣，准备进厨房看看。刚走近厨房，我就听到阿姨对铭铭说："赶快吃进嘴里，不要告诉姥姥！"

"不要告诉姥姥什么呀？"我一边推开厨房门一边问。只见铭铭紧闭着嘴巴，两腮鼓鼓的，一手拿着小碗，从厨房跑了出来。不等阿姨回答，我一把抓住铭铭，命令道："给姥姥张开嘴，让我看看你吃的是什么！"铭铭紧闭着嘴，摇着头，并急忙把一只手放在背后，贴在墙根上一动不动。我立马严肃地绷紧了脸，督促他张开嘴，这时铭铭才不情愿地张开了嘴。嗬，原来是满满一嘴粟米片！"把背后的那只手给我拿出来！"我又命令道。只见铭铭从背后慢腾腾地伸出手来，原来手中拿着的小碗里也放着一些粟米片。

"噢，原来吃的是粟米片！姥姥不是告诉你了吗，吃饭前不能吃零食。再说，粟米片是用来早晨泡奶吃的。现在吃这么多，中午饭你还能吃得下吗？不能再吃了！赶快给我喝水去！"说完，我拿着铭铭给我的小半碗粟米片进了厨房。

"你给铭铭吃了粟米片，还不让他告诉我，是不是？这可不对！"我笑着对阿姨说。

这个阿姨是给我们打扫卫生做家务的钟点工，从铭铭出生就在我家干活，我们之间的关系相处得非常不错，她也特别喜欢铭铭，甚至有时会娇惯铭铭。这次肯定是铭铭向她要粟米片（放的位置高，铭铭够不着），于是阿姨就给铭铭倒一些在碗里。但是，阿姨知道我对铭铭的饮食控制得比较严，不会让铭铭吃，所以不让铭铭告诉我。

"我知道你特别喜欢铭铭，总爱依随他，对他的要求从不拒绝，可是带孩子要有原则。我为什么说你刚才这样做不对呢？第一，眼看要吃饭了，如果铭铭现在吃那么多的粟米片，肯定会影响正餐。再说，光给孩子吃粮食，不吃菜，长久下去营养不均衡会影响他发育的，所以你看我一般都将零食安排在两顿正餐中间，而且零食只有水果和奶。第二，你让孩子瞒着我吃粟米片，如果这次孩子得逞尝到甜头，以后为了获得他想要的东西，他还会使用这个办法。更重要的是，这种不诚实的做法在他的心灵深处还会播下自私自利、损人利己的种子，令他逐渐养成不诚实的坏毛病。这么大的孩子现在还比较单纯、透明，不懂得欺骗大人，但是这样做的结果会使孩子懂得了欺骗，尝到了甜头，久而久之就变得不诚实了！不诚实的人今后无论走到何处都是不受欢迎的人，将来孩子怎么在社会上立足？你可能觉得我把事情说得严重了，但仔细想一想，我说的是不是有道理？孩子现在每时每刻都在学习身边的人，所以我们人人都是孩子学习的榜样。别看孩子人不大，其实那双小眼时时处处都在观摩着周围的人，并不断地向他所看到的、听到的人或事学习，不管是好的、坏的他都会照收不误！因此，在这些小节上咱们也不能疏忽呀！"

"嗐，我哪儿想那么多！我在农村时，有时给自己家里买些东西，为了不让公婆知道，也经常这样嘱咐孩子，让他不要告诉爷爷奶奶。看来以后还真的要注意了！"阿姨有点儿不好意思地说。

说起来，像铭铭今天遇到的事情，可能很多人都遇到过类似的问题。例如，像阿姨说的那样，给自己家买一些东西，怕公婆知道了不高兴引发家庭矛盾，就嘱咐孩子不要告诉爷爷奶奶；或者明明自己在家休息，当单位有事找自己时，就让孩子告诉打电话的人，说妈妈去医院看病了；等等。也许自己有十分充足的理由，但是对于不谙世故的孩子来说学到的却是不诚实的行为。

我们说的"诚实"是指孩子的言行与内心所想是一致的。说到诚实往往就要谈及谎言，诚实与撒谎是紧密相连的。这个时期的孩子处于直观动作思维阶段，主要借助对具体事物的直接感知和动作进行思维，思维活动脱离不了具体的动作，因此孩子不可能事先去精心编造谎言以达到自己的目的。他们面对事情的反应都是本能的、应急的、自我保护的反应。由于认知水平的限制，他们会说出一些与事实不符的话，但这不能说孩子不诚实或者说谎。

但是，从小对孩子进行诚实教育是必要的，它关系到孩子一生的发展。因此，在对孩子进行早期教育时也要贯穿诚实教育，尽量减少孩子谎言的发生。哲学家、教育家柏拉图认为，人"在幼小柔嫩的阶段，最容易接受陶冶，你要把他塑成什么形式，就能塑成什么形式"，并主张"先入为主，早年接受的见解总是根深蒂固不容易更改的"，"一个人从小所接受的教育把他往哪里引导，他后来就往哪里走"。

对幼儿进行诚实教育，要做到以下几点。

（1）通过阅读有关诚实内容的图书、绘本或者通过讲故事来进行正面引导。向孩子讲述什么是诚实和诚实的行为，给孩子灌输诚实品质的观念。通过相关的故事情节向孩子讲述，诚实的孩子是人人喜爱的孩子以及撒谎后的恶果。

（2）以身作则为孩子树立诚实的榜样。因为孩子事事处处会把家长作为诚实的楷模进行模仿，所以家长要通过正面示范来进一步强化孩子诚实的意识。另外，家长对孩子要有诚信，对孩子承诺的事情一定要兑现。

（3）诚实的前提是信任。当孩子撒谎时，家长应该抱有充分的信任态度，保护孩子的自尊心，孩子才能敢于说实话、承认错误。千万不要打骂、呵斥、讽刺挖苦，甚至在众人面前羞辱自己的孩子，这样做的结果只能让孩子变得越来越不诚实。

（4）注意环境的影响。俗话说，近墨者黑，近朱者赤。3岁以后，孩子开始向小伙伴学习。每个孩子都带有各自家庭教育的烙印，并在日常生活中显露出来。因此，孩子不可避免地会学到一些不诚实的言行。为此，家长需要密切关注孩子的言行，一旦其出现撒谎行为要及时消灭在萌芽中。

（5）需要正确区分孩子的谎言是无意识还是有意识的。年龄小、有意记忆力还比较弱、想象力和创造力丰富的孩子更容易把记忆不准确、想象中的或者希望的事当成现实中的事说出来，这不是有意识地撒谎。

孩子第一次撒谎往往是在1～3岁。孩子说的谎言通常是为了掩盖自己做了某一件可能会引起对方不愉快的事情，或者为了获得某件他喜欢的东西。例如，孩子打破了家中一个摆件，而这个摆件又是大人特别喜欢的物品，孩子出于无知、害怕或推脱责任而对大人说了谎。孩子出于让家长感到高兴，或者在弄坏东西怕家长批评，为了逃避惩罚而说谎时，家长不要训斥，也不要硬让孩子承认撒谎，应该告诉孩子只要把真实的情况说出来，家长是不会责备的，以后需要注意别再犯类似的错误，家长还是爱他的。

有的孩子去别人家中玩，顺手将别人家的玩具带回来，却告诉你这是阿姨送给他的。这个阶段的孩子还处于以自我为中心的阶段，常常会把幼儿园或他人的玩具归为己有，有时候会不自觉地拿别人或者幼儿园的东西，认为是自己的。对于这种情况，家长不要斥责、批评孩子撒谎，也不要硬给孩子扣上"偷"的字眼。家长要保护孩子的自尊心，不能在众人面前揭发他或羞辱他；告诉孩子，别人的东西不是自己的，不能随便拿别人的东西，除非别人同意；让孩子想一想，如果是他的玩具他会不会同意别人在他不知道的情况下拿走。等孩子明白了物权的概念，家长还要督促孩子将物品归还原处。

2岁3个月

铭铭会给我讲故事了

今天晚上临睡前，我按照惯例给铭铭讲故事。我半躺在他身边对他说："铭铭，今天给你讲什么故事呀？还是讲三只小猪的故事吧！"铭铭很喜欢听故事，只要妈妈开始讲故事了，铭铭就会马上坐到沙发上或者地毯上全神贯注地听着，还为跌宕起伏的故事情节紧张着急或开心大笑。最近几天，女儿给他讲得最多的是《三只小猪》和《狼和小羊》的故事。女儿讲的时候，我一般都在旁边听着，到了晚上，我就根据女儿讲的故事情节添枝加叶或者"篡改"一番后，又讲一遍。铭铭每次都认真地听，还不时打断我的"演讲"进行纠正。

"从前有一位猪妈妈，她有三个孩子，大的叫猪老大，二的叫猪老二，最小的叫猪老三。有一天猪妈妈说：'你们都长大了，不需要我照顾了，自己去独立生活吧！不过，眼看就要到冬天了，你们要先给自己盖一间坚固的房子准备过冬。'三只小猪离开家时可高兴了，因为他们长大了，可以自己生活了，不用妈妈再管教自己了。猪老大和猪老二高兴地到处疯玩。它们吃了睡，睡醒后继续玩。眼看天气一天天变冷了，猪老大想起了妈妈的话，可是来不及了，它只好急忙忙用纸板搭了一间屋子……"我故意说得与他妈妈讲得不同。

铭铭叫了起来："姥姥，您讲得不对，猪老大是用纸糊了一间屋子，不是用纸板搭的屋子。"

"噢，是姥姥记错了。对对对！猪老大是用纸糊了一间屋子。猪老二也是光顾着玩，忘记了盖房子。等它想起来时也来不及了，它只好匆匆忙忙用木条搭了一间屋子……"我继续讲着。

169

这时，铭铭又打断了我的话："姥姥，您又讲错了，不是木条，猪老二应该是用稻草盖了一间屋子。姥姥，您怎么今天总讲错？"

"那应该怎么讲？我已经记不起来了。要不，你接着讲给我听听！"我故意激他。

"猪老三很——勤劳，他听了妈妈的话，离开家就用石头——不，是砖、水泥——水泥和木头砌了一间——一间——屋子。冬天来了，西北风呜——呜——地吹着，"只见铭铭断断续续地讲着，两腮一鼓一鼓地向外吹着气，学着他妈妈的表情模仿着西北风吹的声音，"呜——呜——，大风将猪老大纸糊的屋子吹破了。姥姥，您知道吗？纸片被吹得到处飞——飞——"

"妈妈说的是漫天飞舞。"我及时将这句成语告诉铭铭，然后继续静心听他讲。

"对，妈妈说的是漫天飞舞！猪老大冻得全身直打哆嗦，急忙去找——去找——猪、猪、猪老——"铭铭急着想讲下去，于是有些结巴了。我急忙插话："铭铭不要着急，慢慢讲，是不是找猪老二呀？你讲得很不错，姥姥正用心听着哪！"铭铭看到我这样表扬他，于是又信心十足地讲下去了："对，是猪老二。到猪老二家一看，稻草盖的房子也被吹塌了，猪老二正在大风中哭呢。于是，猪老大和猪老二一起去找猪老三。猪老三——嗯——嗯——"铭铭这时又打起了磕巴，不知道他是忘了，还是着急没有表达出来，我赶紧提醒："猪老大和猪老二是不是急忙敲猪老三家的大门？"

"是！"铭铭回答。

"猪老三是不是在屋里问'谁呀'？"我又接着提醒铭铭。

"是的，猪老大和猪老二不好意思地说：'是我们呀！'"铭铭绘声绘色地说着。

"猪老三一听是猪老大和猪老二的声音，马上就给他们打开了大门，让他们进去了！铭铭记住，如果有人要是敲咱家的大门，一定要听出是自己家人才能开门啊！"我利用这个机会对铭铭进行安全教育。接着我又问："猪老三正在干什么呢？"

"猪老三打开门让他们进屋了。猪老三正在大锅里煮着菜粥呢！姥姥，您知道吗？是热粥，吃了身体可以暖和！"铭铭给我解释道，"猪老三说，我们一起喝粥吧！你们暖和暖和！猪老大和猪老二不好意思地小声说：'我们的房子被大风吹塌了，没有地方住了。'猪老三马上说：'我的房子大，我们一起住吧！'"铭铭不时变换着声音，模仿猪老大和猪老二的语气。

"铭铭不简单，会说'马上'这个词了。"我又及时地表扬了他。紧接着，我又问了一句："以后它们三只小猪怎么样了？"

"它们就快快乐乐生活在一起了。"铭铭飞快地回答着。

"铭铭，你说猪老大和猪老二主要的事情不干，是不是太贪玩了？你以后学它们吗？"每次故事讲完了我都要问铭铭几个问题。

"是的，它们太贪玩了，我可不学它们。"铭铭回答道。

"猪老三好不好？"我又问。

"猪老三好！它砌的房屋结实。"

"猪老三还有哪点好？"我又追问了一句。

"猪老三煮的粥让大家吃，猪老三的房子让大家住。"铭铭回答道。

"可是我觉得前几天你拿邻居家小弟弟的玩具玩，你的玩具却不给小弟弟玩，有些不公平吧！"我注意到铭铭不好意思地低下了头，"铭铭，以后可不要这样了，我们要学猪老三，对不对呀？"

"对的！"铭铭肯定地点了点头。

"好了，铭铭睡觉吧！晚安！"我亲了亲铭铭，关上了灯，离开了他的屋子。

铭铭从小就天天听故事。不会说话时，他边看画边感受言语；当他七八个月开始理解语言时，我们就买简单的、只有四五页的书给他念，并指着书中的画面给铭铭看；当铭铭会说话了，我们就将阅读和讲故事结合在一起，并且在讲述的过程中不断提出问题，促进他的思维活动。

读书、讲故事的好处特别多，可以增长孩子的词汇量、拓宽知识面、提高领悟能力、丰富想象力和生活经验等，不但可以提高孩子智力水平，而且对性格的塑造、兴趣爱好的养成、情感的丰富、情操的陶冶都具有潜移默化的影响。

根据这个阶段孩子心理发育的特点，绘本或故事的选择需要注意以下几点。

　　（1）所阅读的绘本和讲故事的内容一定要符合这个年龄段孩子接受的程度，这样孩子才能喜欢听。例如，对幼儿阶段的孩子可以利用他熟悉的可爱小动物、年龄相仿的孩子为主人公，绘本和故事的情节也多选在他身边可能看到的、听到的以及熟悉的事情来加以提炼，这样孩子才能因理解并有兴趣而喜欢听。

　　（2）故事或者绘本内容必须短小精悍，能够在10～15分钟内讲完。因为这个时期的孩子有意注意的时间比较短，一般为10～20分钟，时间长了孩子就有可能因注意力分散而达不到预期的效果。

　　为了达到良好的效果，家长必须做到以下几点。

　　（1）幼儿期的孩子发育的特点就是喜欢按程序办事。如果家长承诺睡觉前给孩子讲故事或者读书，家长就必须遵守，不能破坏，否则就不能养成孩子喜欢阅读的好习惯。

　　（2）同一个故事或者同一本书，孩子往往要你反复念、反复讲，而从来不厌烦。这是幼儿期孩子心理发育的一个特点。只有通过这些重复的行为，孩子才能记住故事中的情节、优美的词句，提高了语言能力，锻炼了记忆力。通过不断加强对故事情节的理解，孩子懂得了相关的道理，在潜移默化的教育中提高了自身的道德水准。

　　（3）无论是阅读还是讲故事，家长都应做到绘声绘色并且借助肢体语言，这样才能引起孩子的兴趣，孩子有意注意的时间才能长。讲述时可以使用一些书面语言或者成语，即使孩子暂时还不懂，随着反复阅读或讲故事，孩子就会逐渐理解并学会使用。

　　（4）在阅读和讲故事的过程中，家长需要不断通过提问加强孩子的记忆，并利用绘本或者故事进行推理训练，激发孩子的想象力和不断的思考，促进孩子智力水平的提高。

　　（5）鼓励孩子讲述自己听过的故事。这样做不但可以提高孩子的记忆力和理解力，而且通过讲故事，孩子的注意力可以得到高度集中，并学会如何组织语言、如何使思维有条理、如何使用学会的艺术语言去表达故事情节等。从中，孩子获得了自信和成功感。

（6）在孩子讲故事时，家长需要耐心聆听、不要轻易打断孩子的讲述或者急于纠正错误，这些都不利于培养孩子思维的连贯性，还会打击孩子讲故事的积极性，容易造成孩子不再喜欢讲故事。允许孩子将听过的故事进行改编，这样有利于孩子创新思维的发展。

2岁3个月
在游戏中提升孩子的智力

 游戏与智力

苏联教育家克鲁普斯卡娅说："对孩子来说，游戏是学习，游戏是劳动，游戏是重要的教育形式。"我国著名的教育界泰斗陈鹤琴先生说："小孩子生来是好动的，是以游戏为生命的。"从中可以看出，游戏对于孩子是多么重要，是他们最基本、最喜爱的活动。孩子是通过游戏来认识世界的，并且通过游戏活动可以促进智力的发展。

每个家长都很注重孩子的智力发展，可智力究竟是什么？一般认为，智力是学习、认知的能力，是适应新环境的能力，并使个体和环境取得平衡。智力由5种因素构成，即注意力、记忆力、观察力、思维力和想象力。一个孩子智力发展得如何，除了先天遗传因素为其生物前提、营养为物质基础外，与早期的生活经验、所接受的教育、社会实践以及个人的主观努力是分不开的。多元智能理论提出者、美国哈佛大学教授霍华德·加德纳认为，智力是中枢神经系统的一种潜在的发展能力，这种潜能不能用肉眼看到或用某种特定的标准测量出，且在特定文化的环境和教育下可能会被激活，也可能不会被激活。因此，对孩子早期进行相关的智力开发也是养育过程中不可缺少的部分。

 智力的5种因素

注意是学习的先决条件。2岁多的孩子主要是无意注意占优势，有意注意逐

174

渐发展。由于注意的广度、稳定性、注意的分配以及注意转移的发展水平决定了孩子的学习效果，所以家长需要提供良好的学习或游戏的环境，让孩子做他感兴趣的事情，并鼓励和引导孩子聚精会神，多做需要集中注意力的事情。

记忆力是智慧的基础和仓库，记忆按时间划分可以分为瞬间记忆、短时记忆和长时记忆。一切知识的获得都是记忆在起作用。2岁左右的孩子以无意识记忆（无目的、无记忆方法）为主，多是短时记忆；对鲜明、生动、有趣、形象直观的事物，生动形象的词汇，有强烈情绪体验的事物，多种感官参与的事物等容易记忆，也容易保存下来；记忆的准确性差，带有很大的随意性，容易遗忘；愉快的情绪下的记忆能收到好的效果。

大约从2岁起，孩子就具备了初步的观察能力，但还不能进行有组织和有目的的观察。随着年龄增长，观察从无意性逐渐向有意性发展和加强。此时，孩子观察事物的时间比较短，并且受情绪、兴趣和环境影响，容易转移观察对象。家长应该从小培养孩子观察的兴趣，建立良好的观察习惯，帮助孩子确立观察的目的，鼓励孩子使用语言工具来表达自己的观察。孩子的观察如果受到系统的训练和培养，就会逐渐形成稳定、经常的个性品质。

思维力是智能的核心，孩子智力水平的高低在一定程度上直接取决于思维发展水平。家长必须清楚，在信息大爆炸的时代，知识可以从不同的渠道得到，而一个人的思维方法却要靠家长的启蒙教育、长期的训练以及生活经验的积累来获得。2岁左右，思维开始形成，但这种思维是低水平思维，概括水平低，更多的是依赖感知和动作，所以家长要做的是激发孩子思维的萌芽产生，提供各种直接感知和动手操作的机会，促进思维的发展。

想象力是智慧的翅膀和创新的前提。1岁半～2岁，孩子才出现想象的萌芽；2岁以后随着语言的发生，孩子的想象力迅速地发展起来，但是在5岁之前还是以无意想象为主，想象内容简单贫乏，只依靠感知和动作，和记忆的界限不明显，想象的内容具有特殊的夸大性的特点。游戏和玩具是孩子展开想象的材料和工具，因此家长要创造机会带孩子去游玩和参观，增长孩子的见识，为其以后想象力的发展准备感性材料和知识，并在日常生活和游戏中注意激发孩子的想象力。

针对2岁多的孩子智力发展的特点，选择相应的智力游戏是非常重要的。

2岁多的孩子独立玩游戏的能力很差，往往会求助于家人，很乐意让家人与他一起玩。铭铭也不例外，因此每天我们都必须抽出一定的时间与铭铭一起玩一些能够引起他兴趣的智力游戏。他的爸爸妈妈只要有时间肯定会与铭铭一起玩一些益智游戏，例如看图找不同、找错误、走迷宫、猜影子、配对和进行分类（归类）等。在游戏开始时，我们将游戏的规则向铭铭讲清楚，采取启发式引导，充分调动铭铭的兴趣。同时，我们还注意在游戏过程中充分调动他的主动性、积极性和创造性。当铭铭遇到困难时，女儿女婿会进行启发和引导，而不是越俎代庖或横加指责。对于铭铭经过努力做对了的时候，我们都是给予表扬，对于实在做不对的，我们也不苛求孩子，而是给他讲解一遍，以后注意再找类似的益智游戏让他去做。所以，铭铭特别喜欢玩这些益智游戏，在寓教于乐的玩耍中提升了智力水平。

我喜欢逛书市，无论是上海还是北京，只要碰上有书市的时候，就经常去书市替自己和铭铭挑选一些合适的书籍。给铭铭用来开发智力的一些书籍就是我从书市上买来的，例如，白山出版社的《哈佛小课堂（1～3岁）》《哈佛小课堂（2～4岁）》，二十一世纪出版社的"幼儿智力丛书"《2岁闯关》以及女儿朋友送的美国幼儿园的幼儿教育教材《BIG Preschool》等。

女儿女婿不在家时，我经常拿出这些书籍，按照书中的内容开始和铭铭一起做游戏。

走迷宫是铭铭最喜欢的，也是他最痴迷的一种游戏，因为这是一项充满了无限乐趣和探索精神的活动。通过自己眼看、手拿铅笔画线和动脑筋思考可以训练孩子的注意力、观察力、视觉广度和方向感，另外手拿铅笔可以学习控制笔的走向和用笔的力度等。当孩子通过思考成功地从迷宫里走出来时，孩子收获了许多，如建立了起点和终点的概念。家长还要看看孩子完成一次走迷宫所用的时间是多少；走到岔口处是不是犹豫和反复出现折返现象；如果握笔画线的话，是不是碰到两侧的界限了；等等。当然，不管时间长短、是否碰界我都给予铭铭表扬，当孩子走到岔口处，犹豫和折返时，我还会给予鼓励，并引导孩子再想一想是否还有另一条出路。这样，铭铭反复观察、纵观全局、着眼局部、不断进行思考，最终总会做出正确的判断来。只要孩子能够坚持从迷宫中走出来，我都给予表扬，让孩子充分享受胜利带来的喜悦进而充满了自信，使他乐于去挑战难度更大的迷宫。

刚开始时，我没有让铭铭直接握笔在图上画走出迷宫的线路，而是先让他用手指去画，当孩子画对后，再让他用笔画出线路。这时，孩子可以从中学习画直线、曲线、折线和何种形状的线路。当铭铭看到自己的"杰作"时，一种成功后的自豪感顿时洋溢在脸上，这个过程也训练了孩子运笔的能力。

"配对""找影子""找不同"也是铭铭特别喜欢的一种益智游戏。这些游戏可以训练铭铭的观察力，将书中不同的物品进行比较，按物体的外形、颜色、大小等特点进行比对，然后做出判断来。例如，"找不同"需要孩子通过观察和比较能够及时发现某种物品区别于其他物品的特征来，这样才能找出不同物体的不同点；"找影子"需要通过仔细观察，才能找出相同外形的实物和其影子来。

"找错误"则与孩子的观察力、生活经验的积累以及认知水平的高低有关。这与家长平时的训练有密切的关系。

借助推理进行思考的益智游戏也是我们经常给铭铭进行训练的。这个阶段的孩子是直观动作思维，思考问题必须在动作中进行。

孩子方位知觉（上下、里外、前后）和空间知觉（天上、地上、水里）训练，也是我与铭铭玩益智游戏的内容之一。

激发孩子的想象力是我在和铭铭进行游戏时必会进行的一项。2岁孩子的想象力还处于萌芽状态，为了激发铭铭的想象力，我找到一些图画，让铭铭展开联想、进行思考。

把食物和用品分开（练习分类）
选自白山出版社《哈佛小课堂》

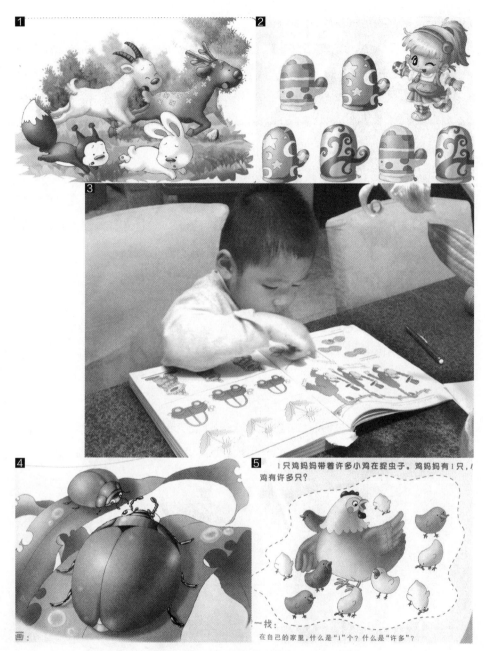

1 发生了什么（训练想象力） 2 配对训练 3 铭铭在玩"找不同" 4 比较大小
5 比较"1"与"许多"

1、2、4、5图片选自白山出版社《哈佛小课堂》

1 谁需要雨伞（训练认知） 2 找错误（训练观察力、认知能力和判断能力） 3 铭铭在玩走迷宫

4 谁钓上了鱼（训练观察力和推理能力） 5 找影子（训练观察力和判断能力）

1、2、4、5图片选自白山出版社《哈佛小课堂》

1 找错误　2 谁和谁长得一样呢　3 上下楼（训练空间判断能力）

4 以局部找整体（训练联想能力）

1、2图片选自美国幼儿园教材《BIG Preschool》

3、4图片选自白山出版社《哈佛小课堂》

怎样选择育儿书籍

目前，我国育儿书籍市场比较混乱，市场上充满不同名目的各类早教书籍、育儿书籍，其内容不乏有为其早教机构宣传的超前教育、神童教育，甚至有让人摸不着头脑的一些伪科学的教育等，鱼龙混杂，让家长无从选择。据一些出版社的编辑说，有的育儿新书上架一周就会下架，因为后续的新书又要上架，其中有很多是粗制滥造、互相抄袭甚至由枪手来完成的书籍，由此可见书籍的质量如何了。而且一些畅销的图书并不见得是高质量的图书，往往名不副实，仅因市场宣传和炒作得好。

一些早教（或育儿）的学说或书籍中的观念和内容违背了儿童生理、心理发展的特点，也不符合人类大脑发育的规律。我国目前的教育制度还是以应试教育为主，一时难以改变这种状况。对于学前儿童的教育，尤其是0~3岁的教育，我国师范院校设置的课程中还是一个空缺。虽然有志之士近年来相继引入了蒙氏教育，华德福教育，日本井深大、七田真等教育观念，但是这些理论在一些人的操作下已经变了味，甚至被篡改得面目皆非。十多年前，某些人又抛出了"起跑线"的概念，于是一些家长为了不让自己的孩子输在起跑线上，又开始了拼命地追跑，所消耗的不仅仅是金钱，更主要的是在错误观念引导下孩子失去的而又不能挽回的年华，甚至赔上了孩子的一生。

那么，如何正确选择育儿书籍呢？家长先要厘清几个观念。

（1）任何育儿书籍所阐述的理论必须顺应人类大脑发育的自然规律，凡是违背它的就是不科学的，不能运用到自己孩子身上去充当试验品。

（2）儿童健康成长需要的是全面综合的素质培养，即智力开发、科学喂养、身体素质、心理素质和道德品质的培养，不能偏废某一项，应该并驾齐驱。

（3）孩子每个阶段的发展是有次序的且不可逾越。每个儿童都会以同样的顺序，由低向高地经历发展的每个敏感阶段，因此教育既不能超前也不能滞后。

（4）"起跑线"的概念是不科学的概念。在人生的道路上任何时候起跑都不算晚，而且起跑早的不一定第一个到达终点，起跑晚、大器晚成的大有人在。抢跑是违反规则，往往导致事与愿违。只有脚踏实地按规则迈好每一步才是最真实可靠的。

（5）育儿书籍最好选历史较久的、知名出版社的作品，因为这些出版社经验丰富、学术严谨，不会胡乱炒作而坏了自己的名声。作者最好是业内著名的学者，如营养界、教育界、医学界的著名学者或专家，而不是靠炒作出名甚至在业内没有固定工作的人。

（6）天底下没有完全一样的两个孩子，所以也不可能百分百复制别人的育儿经验，他人的育儿经验只能作为参考或借鉴。

（上文是应邀给《完美妈咪》的原始稿件）

2岁3个月
跟爷爷学习使用工具

前些日子，我的一位忘年交朋友给铭铭送来一套玩具——小工具箱。工具箱中的工具颜色鲜艳悦目、造型逼真可爱，其中包括锛、凿、小榔头、电锯、钳子、螺丝刀、扳手、刨子、螺钉、螺母和有着各种镂空小孔的工作台等，铭铭特别喜欢。于是，在铭铭的爷爷来看他的时候，铭铭向爷爷显摆了这套玩具。

亲家公是一个脾气十分温和且有耐心的人，"文化大革命"时期曾响应号召"到祖国最需要的地方"经受锻炼，所以他精通各种工具。同时，他本人也是一个特别爱动手的人，很多东西经过他的处理都会"起死回生"。所以，女儿家使用的物件坏了，往往都是爷爷来家的时候帮助修理好的。这次，爱孙心切的爷爷自然又充当起教授铭铭使用工具的老师了。

2岁多的孩子正是对外界的一切充满好奇、乐于探索并喜欢通过模仿来进行学习的时期。爷爷手把手地教给铭铭如何将螺钉插在工作台上的圆孔里，然后使用螺丝刀顺时针用力旋转，就会将螺钉牢牢地固定在工作台上。铭铭学会了将螺钉固定在工作台上后，爷爷又开始教铭铭怎样将螺母套在螺钉上，然后顺时针用力旋转扳手将螺母和螺钉一起固定在工作台上。铭铭看到自己和爷爷一起努力完成的作品十分自豪，高兴地喊道："姥姥，您快来看看，我会钉螺钉了！"我从屋里走到客厅，拿起工作台看看，用手活动了一下螺钉，还真牢固，于是假装带有疑问的态度说："真不错！是你一个人完成的吗？"铭铭马上说："是爷爷把着我的手教给我的。""哦，不过你要是不用爷爷帮助，自己能够将螺钉铆上，你就更棒了！"我采用了激将法。"铭铭行的！"铭铭不假思索地回答。

说着，铭铭自己又将一个螺钉插进一个工作台的小孔里，但由于双手拿着螺丝刀逆时针旋转，所以螺钉怎么也不能铆在工作台上。于是，爷爷在旁边提醒："你使用螺丝刀的方向不对，想想看应该往哪个方向使劲？"铭铭双手按着螺丝刀又朝顺时针方向开始用力旋转，不一会儿就顺利地将螺钉铆在工作台上。然后，爷爷又指导着铭铭如何将螺母先扣在螺钉上，然后使用扳手将螺母铆在螺钉上。别看孩子小，这些动作在爷爷的指导下还真顺利地完成了。虽然动作有时是双手配合完成的，但是如何使劲、往哪个方向使劲还真掌握得不错。随后，铭铭又跟爷爷学会了使用"电锯"。

　　人与其他哺乳动物的根本区别之一就是制造和使用生产工具。这些工具是人类为了自身的生存在与大自然相处过程中发明和创造出的，与人类的生活和工作息息相关。让孩子认识生活中常见的各种工具，学会简单的使用方法，可以提高孩子的认知水平，丰富孩子的生活经验。同时，这也锻炼了孩子的动手能力，使孩子手的动作更加灵巧。玩的过程中，孩子也学会了如何克服困难，完成任务，

铭铭在拧螺母

提高了解决问题的能力，也享受到成功的乐趣。学习使用工具的过程还满足了孩子好模仿的个性。在玩的过程中，家长要适时鼓励孩子不断地积累经验，学会科学地使用手中的工具，引起孩子对探索和认识的兴趣，使这一学习转变成孩子当前的需要。在这种宽松的氛围中，孩子全神贯注、愉快地去探索和实践，形成多元的认知方式，有利于他们自觉、自制等意志品质的培养。

随后，我们又给铭铭买了一套可爱的厨房用品玩具。玩具"麻雀虽小五脏俱全"，其中有逼真的电磁炉、水槽、烤箱、小刀、小锅、计时器、小擀面杖、小炒菜铲、烧菜勺，还有小碗、小盘、洗菜盆、调料瓶等，样样俱全。另外，玩具还配有用塑料做成的各种蔬菜和水果，如整只鸡、鸡蛋、葱头、西红柿、彩椒、草莓等，每种蔬菜和水果都是纵向分成两半，中间用尼龙扣粘在一起。还是爷爷教会了铭铭使用这套玩具。当铭铭扭动电磁炉的开关，将小锅放在上面时，电磁炉发出了嘶啦啦的声音，仿佛是锅里的水已经沸腾了，计时器还不时地响起来，仿佛真是在厨房里做饭一样。

铭铭对这套玩具更是喜爱得不得了，因为这套玩具不但满足了铭铭的好奇心，更主要的是他能够与别人一起玩过家家。这样与人有交往，还初步学习了合作，使玩具玩起来更有意思。在玩的过程中，这套玩具的玩法是多种多样、丰富多彩的，铭铭百玩不厌、兴趣盎然，想象力和创造力在活动中均得以发展。

"姥姥，您今天想吃什么？"铭铭站在厨房玩具柜前兴奋地问我。

"姥姥想吃鸡蛋炒西红柿和烤鸡，还要一个水果沙拉！"我对铭铭说。

"好的！"铭铭愉快地回答道，然后穿上小围裙。

铭铭先用小盆将西红柿"洗了洗"，然后拿出小案板用小刀"切开"西红柿（其实就是分开西红柿中间的尼龙扣），又将鸡蛋"切开"，最后放进盘里就让我吃。

"不对呀！你还没有炒呢！我吃生鸡蛋和西红柿呀？"我提醒铭铭。

"忘了！"铭铭迅速打开电磁炉，将小锅放在电磁炉上。铭铭假装倒上油，立刻锅就响起了嘶啦啦的声音。

"铭铭，赶紧倒菜呀，不然油就冒烟了。"我提醒着铭铭。于是，铭铭假模假样地将西红柿和鸡蛋倒在锅里，用小铲子翻腾了几下就倒到盆子里。

"姥姥，西红柿炒鸡蛋已经熟了，你吃吧！"

我假装吃了起来，"铭铭做得真好吃！可是，姥姥还要吃烤鸡呀！"

"姥姥，就烤！"铭铭打开烤箱门，将鸡放进了烤箱。我提醒他开启计时器，烤箱里的灯立刻亮了。不一会儿，计时器响了，铭铭马上拿出"烤鸡"，放进盘里送给我。我将鸡一分两半，说："姥姥吃半只，铭铭吃半只！"我将半只鸡放到另一个盘里，送给铭铭。铭铭也假装吃了起来。

"铭铭，刚才我还要吃水果沙拉呢！"我又对铭铭说。

"姥姥，吃得太多要拉肚子的！"我没有想到小小年纪的他，竟然说出这样的警示语来。可能是我平常总这样对他说，所以他记住了。

"我还是喜欢吃水果沙拉！"我坚持说。结果，铭铭将草莓掰开两半放在盆里端来了。

"不对，水果要洗干净的，否则吃不干净的水果真的要拉肚子了。你没有给我洗草莓，也没有给我倒沙拉酱，我不吃！"铭铭又重新洗了草莓，用调料瓶假装倒了一下，又用小勺假装拌了一下，才给我端来。

"吃得太舒服了，很好吃！谢谢大厨师铭铭！"我说。

"姥姥，我挺棒的吧？"铭铭自豪地说。

"确实做得不错！你挺棒的。"说着我对他竖起了大拇指。

"以后，还要请铭铭给姥姥做饭吃。谢谢你呀！不过，要是先把鸡放进烤箱中，然后再做西红柿炒鸡蛋，我就可以同时又吃菜又吃烤鸡了！"我对铭铭说。

在玩的过程中，铭铭将做饭的步骤演示得相当不错，使用工具也很得当。随着年龄的增长，当有小朋友来家玩，他总是招呼小朋友和他一起玩这套玩具。至于他们玩时是否洗菜，是不是学会了统筹好时间，就不得而知了。不过，孩子学会了使用厨具，还充分动脑筋发明创造，模仿大人用橡皮泥压面条和烙小饼子吃。铭铭初步学习了如何与小朋友通过玩过家家进行合作，虽然在玩的过程中也有争执和肢体冲突，但兴趣还是吸引他们玩到一起，并且玩得有滋有味。他们享受着玩厨房玩具和想象中的家庭生活的乐趣。

2岁3个月
对铭铭性教育的启蒙

铭铭每天洗完澡后都喜欢全身一丝不挂地在床上打滚，甚至光着小屁股站在床上跳跃，震得我的床屉嘎嘎作响。似乎这个样子就是一种解放，全身才能获得最大的自由，能量也获得最大的释放。

"铭铭，不要再跳了！赶快穿上内裤和内衣，露着'小鸡鸡'可是不好看！"我嘱咐着铭铭。

"姥姥，我看见邻居家妹妹坐在马桶上用屁股尿尿，我为什么要站着用'小鸡鸡'尿尿呀？"

"因为你是男孩子，男孩子有'小鸡鸡'，就可以站着尿尿；女孩子没有，当然要坐着尿尿呀！"我回答道。

铭铭听完我的回答没有说话，我又接着说："男孩子就要穿男孩子的衣服，像什么衬衣、T恤和裤子呀，剃短头发；女孩子就可以穿很花的衣服，留长头发或者梳小辫子，夏天还可以穿裙子。男孩子就不能穿裙子了。

"男孩子最喜欢汽车了！也喜欢蝙蝠侠！你喜欢汽车、机器人还是布娃娃？像芭比娃娃？"

"姥姥我是男孩子，"铭铭挺了挺身子，"我最喜欢汽车了，也喜欢机器人和蝙蝠侠，但是我不喜欢布娃娃。"

"哦！是的，很多男孩子都喜欢汽车和机器人。女孩子就是喜欢布娃娃，尤其是喜欢芭比娃娃，喜欢给娃娃换衣服、梳头发。"我肯定了铭铭的回答。这时，铭铭虽然穿上上衣，可是依旧光着小屁股在床上继续蹦跳着，不愿意穿上内裤。

"铭铭，现在必须穿上内裤了，再不穿上内裤让别人看见你的'小鸡鸡'可不好！铭铭穿背心和内裤的地方是不允许外人看、外人摸的！只能让家人和医生看见，这是你的隐私呀！像姥姥、妈妈、爸爸、爷爷、奶奶……反正是咱们家的人才能看见，别人是不能让看和摸的，知道吗？另外，自己也不能瞎摸呀！"我看见铭铭点点头。

"那就赶紧穿上内裤吧！万一别人进来，露出隐私，铭铭的脸面可不好看！"我及时添上一句。于是，铭铭赶紧穿上内裤。

铭铭从出生就一直穿合裆裤，从来没有裸露过小屁股。去掉纸尿裤自己能够控制尿和大便后，他就一直穿着内裤，每天换洗内衣、内裤，并且养成了小便后使用消毒纸巾擦干净余留尿液、大便后都要清洗小屁股的习惯，所以铭铭从来没有发生过尿道口感染，肛门处也清清爽爽的。他还养成穿内衣、内裤，睡觉时必须换睡衣、睡裤的习惯。

"姥姥，什么是隐私？"铭铭问我。

"隐私就是不想让别人知道的、只属于你自己的秘密。'小鸡鸡'就是你的秘密，就是你的隐私。凡是背心和内裤遮盖的部分都是你的隐私，就不应该让别人看见和触摸。"

接着我又说："铭铭，你也不应该看和摸其他小朋友的'小鸡鸡'，因为这是别的小朋友的隐私呀！尤其是女孩子的小屁屁更不能看，也不能去摸，知道吗？"铭铭似懂非懂地点点头。

"如果有人要摸你的'小鸡鸡'的话，不能让他摸，还要告诉姥姥、爸爸和妈妈！记住了吗？"铭铭又点点头。

"男孩子不能像小女孩一样喜欢哭哭啼啼的。男孩子就应该像军人一样非常勇敢、胆大，像蝙蝠侠一样爱帮助人，要像大哥哥一样保护小妹妹和小弟弟。不过，铭铭有的时候胆小，看动画片中的坏人或一些奇特的动物时，经常爱用手蒙住双眼或者躲在沙发后面不敢看，有点儿不像男子汉！"我又及时地指出了铭铭的一些问题。虽然铭铭的一些恐惧来自情绪发展的必然过程，但是我觉得有一些过了，所以必须就铭铭的胆量，及时鼓励和提醒他注意。

对孩子进行性教育启蒙和培养自我保护意识是很重要的，也是必须进行的。

1岁以后，就要逐渐让孩子认识自己的性别，并且进入相应性别的角色中去。2～3岁的孩子开始注意男女身体上的差别，过了3岁，孩子就已经认识男女的差别，并且对异性有着特殊的喜爱心理，这就是心理学上的"性蕾期"，是性心理发育的萌芽。这时，男孩和女孩会玩"过家家"，扮演"爸爸和妈妈"，一起睡觉，有了自己的"小孩"，心里已逐渐建立男女性别的差别和男女相配的想法。在性蕾期的孩子，除了照样喜欢父母双亲之外，男孩特别喜欢与母亲接近，而女孩喜欢向父亲撒娇，想获得父亲的偏爱。父母也跟着作出反应，祖护和偏爱异性子女。这是孩子性心理发育的必然阶段。家长要将性别意识在日常生活中灌输给孩子，告诉男孩应该学会坚强勇敢，女孩应该学会温柔贤淑。绝不能男孩女样或女孩男样。这种做法十分有害，容易使孩子混淆了自己的性别。如果已经出现这种情况，则必须给予扭转，给孩子正常的性别教育，让孩子的性心理健康地成长。

　　有些家庭，尤其是单亲家庭，使孩子缺乏与同性接触的机会，特别是失去了向年岁大的同性模仿的机会，会妨碍孩子性心理的发育。有的男孩像女孩一样喜欢花衣裙，说话和举止也和女孩一样；女孩则像野小子一样登梯爬高，说话愣头愣脑。这些孩子都没有按照自己的生理性别发展性心理，将来结交异性时，就会发生潜在性的问题。这种现象实际上就是在性蕾期埋下的隐患造成的。成人后，这样的人对男女关系的交往缺乏信心，恐惧害怕，不敢问津异性关系，严重时会导致性心理变态、同性恋、异性癖，造成家庭不和等问题。

　　孩子是什么性别就是什么性别。如果是男孩，就应该培养男孩的阳刚之气；如果是女孩，就要培养女孩的文静贤淑。同时，家长也要培养孩子保护自己性别的意识，告诉孩子：背心和内裤遮盖的地方就是自己的隐私；不能当着外人暴露和抚摸自己的隐私部位；也不可以触摸别人隐私部位；更不允许别人触摸自己身体的隐私部位；别人如果强行触摸要大声叫喊，并告诉家长。

英国儿童十大宣言

1.平安成长比成功更重要；

2.背心、裤衩覆盖的地方不许别人摸；

3.生命第一，财产第二；

4.小秘密要告诉妈妈；

5.不喝陌生人的饮料，不吃陌生人的糖果；

6.不与陌生人说话；

7.遇到危险可以打破玻璃，破坏家具；

8.遇到危险可以自己先跑；

9.不保守坏人的秘密；

10.坏人可以骗。

我国教育部于2012年颁发了《3～6岁儿童学习与发展指南》，其中的"目标3：具备基本的安全知识和自我保护能力"也提出教育建议："告诉幼儿不允许别人触摸自己的隐私部位"。

2岁4个月
和爸爸妈妈一起去摘草莓真高兴（沙莎日记）

在大城市生活的孩子总是少些对自然的认识。记得我最早了解庄稼作物，还是妈妈在农村县医院的时候。那时的假期，我总要到妈妈那里，跟着那些老乡还有体校的孩子去看麦田。四周是漫山遍野的柿子树和板栗树，十分有趣。

这周，我的同事讲青浦大棚里的草莓熟了，可以带小朋友们一起去采摘，再吃点儿农家饭。我和Harry立马就报了名！

周六，春天的阳光很好。铭铭非常开心，因为他最爱草莓了。对他来说，能知道草莓种在哪里，并亲手摘草莓回家，实在太棒了！

铭铭和爸爸妈妈去摘草莓

我们带上水和一点儿水果，就向青浦开拔，不到10点就到了农场。纵横的农田小径，袅袅的炊烟，汪汪叫的小柴狗……铭铭对眼前的一切都感到新奇。也顾不得认识身边小朋友，他就赶忙跟着前面的农民叔叔，沿着弯弯的小土路，往大棚那里赶。当然，他也不忘紧紧抓着刚刚发的一个小竹篮，铭铭还是很有责任感的！

　　大棚里的温度很高，里面就像盛夏一样闷热。地上藤蔓绿油油的，红红的草莓调皮地躲在层层叠叠的叶子下面，大大小小，也不太规则。铭铭兴奋极了，一屁股就坐了下来。我立马就有点儿后悔，这不是在野外吗，我为什么贪漂亮要给铭铭穿白色裤子呢？铭铭马上动手，把那些捉迷藏的草莓给揪出来，但他大小不拘，还会把叶子和藤也抓出来。我蹲下来，让铭铭观察，小的草莓还要继续长大，先挑那些大的、成熟的来摘，另外叶子不能一起带下来，因为草莓要靠叶茎吸收水分和阳光，"做出有营养的食物"。

　　这段时间，铭铭最喜欢我读给他的《神奇校车》，里面有个故事就是讲的光与植物。我其实不太确定他能听懂，但是他对自然知识非常向往，而且觉得看《神奇校车》和《简单的科学》是件很酷的事情。这时，他一下子想了起来，跟我说："《神奇校车》有的，妈妈我记得。叶子很有用的，我会小心。"

　　小篮子很快塞满了，铭铭兴奋地挥手给爸爸看，不小心摇晃掉了一些，还得再补上！他很快就搞了个汗流浃背，当然白裤子早已经成了花裤子，有草莓红、叶子绿、泥巴黄……我们都乐得直不起腰。铭铭把小篮子里的草莓小心地摆在塑料密封盒里，因为他还要给姥姥看他的胜利果实。后来，我们又选摘了一点儿新鲜草莓，带给太爷爷太奶奶吃！

　　在水果作物丰收的季节，我们全家还去马陆摘过葡萄，在京郊延庆采过玉米，在富春捡过柚子……铭铭每次都非常开心，他知道收获是件多么快乐的事情，而且还能把最好、最新鲜的食物分享给长辈！

2岁4个月
让孩子正确认识自我

这天，女婿带着铭铭玩建构游戏，就是搭建轨道让小火车轧着轨道跑起来。

这种塑料轨道是通过两侧不同的阴阳榫头进行衔接的，要求孩子必须双手准确地将两根轨道按照能够对接的阴阳榫头衔接起来。而且轨道片除了直的以外，还有一些不同弯曲的弧度轨道片。轨道的架设要按照自己设想的架构将各种不相同的轨道衔接起来。

说实在的，2岁多的孩子玩这种建构游戏有些过早了，也就是说这种玩具不太适宜2岁多的孩子玩，因为这个阶段的孩子双手的精细动作发展得还比较薄弱，其思维也不够灵活，而且想象能力比较差。但是，铭铭非常喜欢爸爸搭建成的轨道上跑着的火车，尤其是爸爸搭建的轨道弯曲交叉，火车还需要爬桥、过隧道、搬道岔，才能抵达目的地，这更让铭铭兴趣十足，总是缠着爸爸和他一起搭建轨道。于是，女婿就指导铭铭搭建最简单的环形轨道。

在爸爸的参与帮助下，铭铭前几节轨道对接的还不错。这时，女婿让铭铭独立对接一节轨道，他只是在旁边看着。我看到铭铭左右手各拿一节轨道对接。他先是把同样榫头的轨道对接，这自然是接不上了。铭铭反复地拼接，女婿看不过去了，伸出手来想帮他一下，可是铭铭却抓住两节轨道不松手，而且还把身子背向他爸爸，显然是不希望爸爸帮助他，要自己独立完成。

就这样，孩子坚持了很长时间继续对接这两节轨道。我注意到他爸爸在旁边看得十分着急，一直想帮助他，可是铭铭就是不肯，还是坚持自己继续做。这时，女婿着急地说："你怎么这么……"我已经听出女婿的话外之音，他是想说

"你怎么这么笨"。我急忙打断女婿的话:"你看铭铭做得多专心呀!"不一会儿,他把其中一节轨道反转过来,这样不同的榫头得以对接起来。

随后,铭铭继续将其他轨道对接起来。我发现孩子手里拿到两节轨道片后都是先看一下榫头,然后将不同的榫头对接起来。这样很快就建好了一个椭圆形的轨道。铭铭将火车头后面挂上两节车厢,并开启了火车头上的开关,准确地将3节车厢放到轨道上,火车行驶起来了。铭铭别提多美了,自豪地对我说:"姥姥,我搭得不错吧!我是不是很棒?""当然!我和你爸爸看到铭铭自己能够搭成轨道特别高兴,你真棒!"我称赞道。女婿也十分肯定地说:"铭铭做得真不错,搭得确实很棒!爸爸为你骄傲!"

事后,我对女婿说:"对孩子说话要注意分寸,因为这么大的孩子还不能正确地认识自己,他会把大人对自己的评价作为自己对自己的评价。如果你说他笨,他就认为自己笨,造成孩子缺乏自信不能正确认识自己,进而也不会再努力去做。这对于孩子的成长非常不利,因此要积极地鼓励孩子,增长他的自信心。你看看铭铭在搭建轨道的过程中注意力多么集中,而且一直想办法坚持将轨道拼接对,说明孩子坚持性方面表现得不错。铭铭通过自己反复的尝试,终于找到解决问题的办法,这就是孩子思维的一大进步。"

自我意识

自我意识是人类特有的意识,是作为主体的自我关于自己以及自己与他人关系的认识。自我意识在个体社会性发展中处于中心地位,其形成和发展影响着社会性其他方面的形成和发展。自我意识包括自我感觉、自我认知、自我评价、自我监控、自我调节,以及自尊心、自信心、自制力、独立性等。

孩子出生时没有自我意识。5~8个月的孩子还没有认识到自己与他人的区别,不知道自己是独立于他人而存在的。因此,小婴儿不知道自己身体的存在,在吃自己的手、啃自己的脚丫时,完全是把它们当成玩具来玩。

随着自我意识的发展,9~12个月的孩子开始学习认识自己的身体和身体的有关部位,如"宝宝的手""宝宝的脚""宝宝的鼻子"等,但是仍然把自己的手和脚看作是他人的,还没有意识到这些是自己身体的一部分。经过训练的孩子知道自己的名字，并且知道叫这个名字就是叫自己，是与别人有区别的。

接近1岁时，孩子初步认识到镜子中的自己。1岁以后，孩子开始有了自我意识，如能自己走过去用手拿起他喜欢的小鼓并能敲响它，或者拿起皮球扔出去。从中孩子认识了自己跟事物的关系，认识了自己的存在和感受到自己的力量，意识到自己可以自由地支配自己的身体。孩子已会把自己与他人区别开来。这些都是幼儿最初级的自我意识表现。

孩子到了1岁半～2岁时具备了使用语言标志自我的能力，并且具有了用适当的人称代词称呼自己的能力。铭铭是在1岁9个月以后开始学会使用"我"指代自己，直到2岁才学会使用"你"人称代词。掌握人称代词是一个困难的过程，因为人称代词有明显的相对性，只有已经意识到自己的独立特征，能从相片中认识自己，才会用"我"来标定自己，而不是自己的名字。这时，孩子的自我意识又发展到一个新阶段。

当宝宝开始掌握"我"这个词的时候，在自我意识的形成上是一个质的变化，孩子的独立性开始增长起来，在做任何事情时常常会说："我自己来！"这时候，孩子不再把自己当作一个客体来认识，而是真正把自己当作了一个主体，这种自我认知能力是与外界相互作用时产生的。

自我意识的培养

常言道，人贵有自知之明。但是，2岁左右的孩子往往不能自知，自我评价能力还很差，不能正确认识自我，往往只是以成人的评价作为自己对自己的评价，所以就谈不上"自知之明"了。如"妈妈说我是个乖宝宝，我是一个乖宝宝"和"爸爸说我笨，我是个笨孩子"都是套用大人对自己的评价，而且还是他最亲近的父母的评价。

因此，家长应该培养幼儿积极的自我意识。在游戏或日常生活中，要善于发现孩子的优点，在教育方式上要多鼓励、支持，少批评，正面引导孩子，用积极的语言来评价孩子，而不能使用伤害孩子自尊心的话语和动作。同时，家长要创造良好的环境，帮助孩子正确认识和了解自己，促使孩子对自己充满自信心，且对自己有一种全新的认识。在教育过程中，引导孩子学会如何自我控制和规范自己的行为，让孩子认识到自己的优点很多，但是也有一些缺点，只要努力改正自己的缺点，就是一个大家都喜欢的好孩子。让幼儿在鼓励中健康成长，从而对自己形成积极健康的自我评价。

附

我教儿子玩轨道火车（铭铭爸爸撰写）

在铭铭1岁多的时候，我给他买了一套Tomy的轨道小火车。虽然买的时候就知道儿子还太小，无法独立完成拼接，但是我想可以自己先玩啊！我小时候可没有这样好玩的玩具，也算弥补一下童年的遗憾吧！

东西搬回家后，铭铭看到包装盒上印着各式各样的搭建完的轨道模型，有的甚至是立体的，别提多高兴了，马上就忙碌起来。但是，全家人（包括铭铭）很快就发现，这套玩具对1岁多的小孩来讲太超前了。火车轨道的每一节都有阴阳榫头，需要互相拼接，并且在搭建前需要有一个总体的构想，然后才能动手。这对于处于直观动作思维阶段的孩子来说是十分困难的。而且孩子的精细动作也是随着年龄的增长逐步完善的。1岁多的铭铭既不能将轨道连起来，也没有空间概念，根本就搭不出个东西来。看来真的只能我自己先玩了。

于是，我就按照说明书上的图片自己动手搭建起来。铭铭在我搭轨道的时候，一直都很想参与其中，因此我就拿了几节轨道让他在一边玩。虽然拼不起来，但是这对手的精细动作的培养应该是挺有好处的。很快，一个有直道、弯道、岔道、高架桥和隧道的立体轨道模型就搭好了。小家伙兴奋极了，拿着电动小火车放在轨道上就开始玩了起来。

Tomy的火车和轨道做得非常精细，火车由车头和两节车厢组成，在轨道上开着还真像回事，还能通过拨动轨道上的道闸来改变火车运行的线路。在铭铭看小火车行驶的时候，我就趁机给他介绍，拨动道闸这个动作与火车运行轨迹之间的因果关系，并鼓励他自己试试。慢慢地，小家伙就能够根据我的指令来操作轨道，控制火车的运行路线了。

在每次游戏完毕，需要拆轨道的时候，我总让铭铭动手实践。由于Tomy制造轨道和各类路基使用的模具比较精密，因此这些轨道和路基接插后的接缝非常细密，使拆轨道这件对成年人来说平淡无奇的事情，变得对培养小朋友手指的精细动作十分有帮助。我基本上每星期都和铭铭玩一次这样的轨道搭建游戏。

等铭铭长到2岁左右的时候，他已经能够比较熟练地将轨道与轨道、轨道与路基、路基与路基之间连接起来了，但是搭出来的轨道歪歪扭扭，连不成一个完整的闭环系统，因此火车开着、开着就出轨了。这一阶段我开始有意识地培养铭铭的推理能力和空间想象能力。比如，我拿着6段弯轨（每个都是1/6的圆）给铭铭演示，如果每段轨道都是按照同一个方向（比如向左弯或者向右弯）拼接起来的话，就能连成一个完整的圆；如果有任何一根改变方向，就搭不出圆轨了。在铭铭熟练掌握圆轨的搭建方法后，我又开始启发他将圆轨中的一段弯轨换成一段分叉轨[1]，然后将另一段弯轨再换成一个分叉轨，再慢慢延伸出去，搭出一个更加复杂的轨道系统。铭铭很高兴看到轨道能够有这些变化，我也鼓励他自己动手参与。但是，小朋友的想象能力毕竟有限，如果完全让他从头开始自己搭，小家伙往往搭着搭着就"迷路"了。这时候，我就得参与启发他的思维，并让他多"试错"。比如，先拿一个直道搭搭看，如果不行再换个弯道，向左弯不行就试试看向右弯。慢慢的，铭铭逐步从玩搭建轨道的过程中学会了分析事物之间的内在关系，丰富了空间想象能力。

有一件我感到特别有意思的事情在这儿给大家分享一下。在铭铭大约3岁半的时候，有一次玩轨道小火车，由于那天搭的整个轨道系统是由一个大的长圆形的轨道和一个小的圆形轨道组成的，所以看上去像一个"8"字（"8"的下半段比较胖）。长圆的一部分直轨和小圆的一部分弯轨是共用的2个Y形分叉轨，通过拨动道闸就能够控制火车在长圆、在小圆或在长圆和小圆上行驶。

玩了一会儿以后，我忽然想到了一个问题，就问铭铭："铭铭，你看这个轨道上哪一段轨道有可能会先坏啊？"我觉得这个问题对3岁的小孩挺难的，也没指望他真能回答出来。铭铭很认真地看着轨道上运行的小火车，

---

1 分叉轨看上去像英文字母"Y"，分叉的两个头一个是直轨，一个是弯轨，在分叉点有一个拨岔道闸。

又试着拨动道闸来改变小火车的运行轨迹。看了几分钟以后，铭铭指着那2段Y形的分叉轨告诉我说："这2段。"我非常高兴，问他为什么。铭铭说："这2段，火车每次都会开过，所以可能会先坏。""真是个聪明的小朋友！"我高兴地表扬了铭铭。

现在回想起来，这套轨道小火车可能是我们给铭铭买过的"性价比"最高的玩具了，前前后后已经玩了快4年。在铭铭成长的各个阶段，我们都能赋予它不同的角色和功能，而且铭铭至今对轨道小火车很感兴趣，还时不时地搬出来玩。看来在未来几年内，它还能够陪伴铭铭快乐地学习、成长。

铭铭自己搭好轨道

2岁5个月

铭铭搀起摔倒的小弟弟，帮助掸土并且安慰他

　　小王在我的要求下放下自己的事，又来到上海帮我带铭铭。铭铭与她很亲，小王更是视铭铭为自家的孩子，两个人整天形影不离。每天上午，小王都带他去家附近的公园玩。因为能与周围的小朋友一起玩耍，铭铭十分愉快。

　　铭铭现在又长高了不少，虽然我们将原来的三轮车已经换成了一辆朋友送的小自行车（后轮带着两个侧轮的自行车），但这辆车现在对他来说也显得很小了。当与小朋友骑着自行车赛车时，他的小自行车显然不及其他小朋友的自行车快。对此，铭铭显得特别不高兴，再也不愿意与小朋友一起骑自行车了。

　　回家后，小王将这种情况向我讲了，我想这个孩子太争强好胜了，不过也确实应该给孩子换换车了。这倒不是为了满足孩子"争第一"的思想（当然争第一也不是什么坏事），主要是考虑到铭铭蹬车时双腿都伸不开，不利于孩子的下肢发育，也不利于平衡感和本体感的发展。于是，我告诉女儿和女婿，休息时去给孩子买一辆带侧轮的自行车，一定要坚固结实，车座高矮要适合铭铭（孩子坐在车座上能双脚尖够着地）。

　　女儿、女婿在星期天带着铭铭去商店将车买了回来，而且还在自行车上装了一个车铃。同时，因为车高了考虑到安全，他们还买来了头盔、一整套护具。当天，铭铭就骑着新车到小区的院子里兜了一圈。回来后，铭铭那叫一个爽！他笑得满脸像开了花一样，直到回到家里还抚摸着自行车不肯撒车把。铭铭告诉我说："姥姥，今天我真高兴！我买了新的自行车。我要和小朋友们去比赛！我要得第一！"

铭铭骑上新自行车
是不是很威风
（唐人摄影）

　　第二天，小王和铭铭又去公园找小朋友一起赛自行车。因为铭铭换了一辆新车，新车的车轮直径大，飞轮也大，自然获得了第一。小王回来告诉我，铭铭当时特别自豪。几个小男孩凑在一起，似乎有着使不完的劲！他们比了一圈又一圈，直到满脸的汗水顺着脸颊流下来，也不肯休息一下。好不容易小王和其他的家长才把孩子劝下车来，让他们休息一会儿。

　　小王让铭铭坐在她身边休息，还给他水瓶让他喝着水，并拿出毛巾替他擦汗。这时，铭铭和小王看见远处一个小男孩跑着跑着跌倒了。可能确实是摔痛了，孩子躺在地上大哭不肯起来。由于看不见这个孩子的家长过来，于是铭铭和小王就跑过去，准备帮助他。

铭铭跑得很快。只见他跑到小男孩跟前，挽起小男孩，不停地替小男孩拍打着身上的土，并且不断地安慰道："小弟弟别哭！是不是摔痛了？我给你吹吹就不痛了！"不等小男孩回答，铭铭一边用拍打完土的脏手替小弟弟擦眼泪，一边蹲下来用嘴吹吹小弟弟的腿。就这样，铭铭对小弟弟又是拍土、又是抹眼泪、又是吹气。小男孩的脸顿时让铭铭抹成了小花脸。小王急忙拿出面巾纸给小男孩擦脸，并且喊道："这是谁家的孩子？"孩子这时止住了哭声，孩子的妈妈急匆匆跑过来，说："嗐！我让这孩子坐在原地不动，我去送一个朋友上汽车，汽车站就在旁边。谁知道这个孩子追过来了。谢谢你们！谢谢小朋友的帮助啊！真懂事的孩子！"说着还用手拍拍铭铭的脸。铭铭听到阿姨的感谢语十分高兴。当小王向我叙述这件事时，铭铭在一旁还自豪地点点头。

"小弟弟可能摔痛了，趴在地上起不来了。我拉着他让他站起来，给他吹吹，他就不痛了。"铭铭回答道。

"铭铭做得很好！你能帮助小弟弟，姥姥为你高兴！铭铭真的懂事了！"我由衷地赞赏起铭铭来，亲昵地摸了摸他的面颊。

共情能力

铭铭帮助小弟弟的举动是一种共情能力的反应。共情能力指的是一种能设身处地体验他人处境，从而达到感受和理解他人情感的能力。简单地说，这就是换位思考能力，即站在别人的立场上去考虑问题，也就是我们常说的，设身处地地为他人着想。孩子的共情能力是必须培养的基本道德规范。

铭铭的举动说明他初步萌发了共情能力，但还需要家长不断进行强化，让共情能力作为情商培养的一个内容贯彻到生活中的点点滴滴中。

婴幼儿阶段的孩子多是以自我为中心，考虑一切事情都是从"我"的角度去思考，认为世界上的一切事物都是围绕着自己而发生和发展的。随着孩子的成长，他应该逐渐摆脱自我为中心，学会关心周围的人和事。

我国不少独生子女由于自小所受到的来自家长和社会各方面的关注、照顾与呵护太多，人们又往往忽略了情感上的培养，导致这样的孩子长大以后仍然以自我为中心，缺乏人际交往中最重要的互相帮助和关心他人的能力。他只关心自己的需要和愿望，受自己需要和愿望的支配，而对他人的需要和感受甚至他人的存在都缺乏起码的敏感。这样的孩子将无法融入到未来的社会中去。即使现在与小朋友们一起玩时，他也是一个不受欢迎的人。

共情能力的培养

家长要从小培养孩子，不但要使他了解自己的情绪、情感和自己的需求，也要关心和了解他人的情绪和情感，这样才能够体察别人的需求。要让孩子学会设身处地地为别人着想，看到别人有困难喜欢帮助别人，这样才能进一步学会尊重他人、关心他人，而自己也会获得别人的尊重和帮助，也能从帮助别人的过程中获得快乐。

对于2岁以后的孩子，如果家长培养得当，孩子就能够把自己放在他人的位置上去发现问题，并能用自己的猜测和理解来表达他人的需求和愿望。这是一种"情感共鸣"，是高级的情感基础，是共情能力的表现。

当婴幼儿处于一个陌生的或不了解的环境中时，他们往往从大人的举止中寻求答案，然后来决定自己的行动。如果他从大人的面孔、言语或举止中获得了积极的信息，他就会采取积极的行动；如果他从大人的面孔、言语或举止中获得了消极的信息，孩子就会产生焦虑、恐惧、冷漠的态度和行为。如果父母对别人的困难和需要的帮助表现得十分热心，孩子学到的就是无私地帮助别人的优秀品质；如果父母对别人的困难和需求表现出忽视、冷漠和拒绝的话，孩子学到的就是自私和冷酷的品质。因此，家长应该遵循"己所不欲，勿施于人""老吾老以及人之老，幼吾幼以及人之幼"的古训，铸就孩子的健全人格，培养他们与他人共情的能力，帮助孩子认识和学会共情的正确手段。

共情是优秀孩子必须具备的最重要的一种品质。尽管铭铭身上显示了共情的萌芽，但真正的共情必须从生活经历中习得。这是一种会令世界变得更美好的能力，我们要持续努力去培养孩子。

2岁5个月

喂鸽子——和小动物亲密接触

上海人民广场修建得十分漂亮，四周种植了大量的香樟、雪松、白玉兰及其他常绿灌木，是上海最大的园林广场。广场的中央是320平方米的圆形喷水池。这是国内首创的大型音乐旱喷泉，红、黄、蓝三色玻璃台阶组成彩色光环，创造出美丽壮观、富有吸引力的新景观。在1995年10月1日，3000羽和平鸽（都是经过检疫的鸽子）散放于人民广场与游客见面，更为广场增添了和平安祥的气息。每天清晨，不少上海市民会到这里进行晨练，也有络绎不绝的游人到这儿游览。

小王经常带着铭铭到人民广场游玩。铭铭也特别喜欢到这个地方来玩，因为在这里可以喂鸽子。每次小王带铭铭过来都给铭铭买一包喂鸽子的玉米粒。铭铭喜欢将玉米粒放在手心上去吸引鸽子飞过来，或者他走过去让鸽子在他手心中啄食，与鸽子亲密接触。在他看来，这可是一件特别刺激、好玩的事情。

喂鸽子还训练了铭铭的胆量。初次来到人民广场，他很害怕鸽子走近他，更不敢让鸽子在他手心中啄食。随着一次次来这里游玩，铭铭看见其他小朋友怎么喂食鸽子，探索的兴趣和好奇心促使铭铭去模仿。当铭铭第一次战战兢兢伸出自己的手让鸽子啄食时，铭铭紧张得闭上眼睛不敢看鸽子。当鸽子吃完他手中的玉米粒走开后，铭铭才睁开眼。这时可能他感觉到鸽子在他手心中啄食不但不可怕，而且还有一种痒的感觉，十分刺激，于是他对小王阿姨说："真好玩！一点儿也不疼！我还要喂！"说着，他又从小王手里拿来几个玉米粒，张

203

铭铭在喂鸽子

开手蹲在地上等待鸽子来啄食。这次，铭铭可没有闭上眼睛，而是眼睁睁地看着鸽子吃完手中的玉米粒。有了前两次后便一发不可收拾，铭铭很快就将一袋玉米粒喂完了。

　　当小王准备拉着他回家时，铭铭大哭不愿意回家，非让小王再买玉米粒继续喂鸽子。小王对铭铭说："姥姥在家里等着我们呢，不回家姥姥该着急了。再说，鸽子也不能吃得太多了，吃多了鸽子会生病去医院的。你愿意让鸽子撑坏肚子生病吗？"铭铭摇摇头。就这样，铭铭不情愿地跟着小王回家了。铭铭回家后立刻洗了澡，并将全身的衣服换掉了，以防万一被鸽子传染上疾病。

　　铭铭很喜欢小动物。在铭铭1岁多的时候，我曾经为他买过小乌龟和金鱼。小金鱼因为换水不当死掉了。小乌龟喜欢到处乱爬，只要有人碰到它，它就将头和四肢缩到硬壳里。铭铭常常不知深浅地拿起小乌龟摔在地上或者东藏西塞。他可不管小乌龟饿不饿、疼不疼、死不死，因为铭铭还不懂得生命的意义，一切还是以自我为中心。他认为小乌龟就是玩具，而不把它当成一个有生命的小动物，因此就谈不上同情心了。

终于有一天，乌龟找不到了。我们很着急，怕乌龟几天不吃食会饿死。几天后，因为移动沙发，我们才在沙发底下的一个犄角旮旯里发现它。考虑到亲密接触小乌龟与感染沙门菌间存在着很大关联，且儿童比成人更容易感染，通常还会出现更多的并发症，同时也为了不让小乌龟由于我们不会饲养和不知轻重的铭铭摔坏而夭折，我和女儿女婿商量把小乌龟送给善于饲养小动物的太爷爷。为此，铭铭还哭了鼻子。别看他不珍惜小乌龟，可是给太爷爷他却不干。

现在，铭铭快2岁6个月了，已经开始有了同情心。考虑到接触小动物可以培养孩子的同情心和责任心，自打送走小乌龟以后，家里人常常跟铭铭讲动物的故事，给他看一些有关动物的童话绘本和动画片，其中人性化的语言让铭铭懂得了不少的道理。我们还向他灌输，动物是我们的朋友，我们要爱护它们，尤其是小动物比较弱小，需要人们照顾，就像铭铭需要阿姨和爸爸、妈妈、姥姥照顾一样。孩子听后开始慢慢理解别人的痛苦和需求，因此很容易产生爱心和同情心。铭铭这个年龄段的孩子，考虑问题往往都是以自我为中心，所以去人民广场喂鸽子，会使孩子逐渐摆脱自我中心，形成责任心。有了小动物的陪伴，孩子能够获得更多情感支持，更加快乐，增强安全感。

但是，孩子在接触小动物时，也要注意由小动物传染的一些疾病。孩子还小，身体的抵抗力差，而这些小动物身上可能带有一些致病的细菌和病毒，使孩子患病。

动物名称	引发疾病	传播途径	临床表现
鹦鹉	鹦鹉热	吸入被病鸟排泄的粪便污染的尘埃	· 流感性疾病，可能发展成严重的肺炎； · 可以合并胸腔积液、心肌炎、心内膜炎、心包炎以及脑膜炎。
狗、猫	狂犬病	被狗咬伤或被带有狂犬病病毒的唾液污染擦伤的皮肤黏膜	· 潜伏期比较长，最长的可达20年，容易被疏忽； · 病毒侵犯神经系统，预后极为严峻，病死率几乎100%。

动物名称	引发疾病	传播途径	临床表现
猫	猫抓病	被猫抓伤	· 引起发热、淋巴结肿大化脓，个别的可以合并脑炎或脑膜炎。
猫	弓形体病	食入被猫科动物的体液或粪便污染过的食物	· 孕妇怀孕初期感染会引起流产或胎儿畸形发生。 · 新生儿可以引起视力受损、肺炎、心肌炎、肝炎以及肾炎等。
小豚鼠	出血热	吸入或接触被鼠类的粪便污染的尘埃，或进食被污染的食物	· 引起高热，皮肤充血、出血，有的人可以引发鼻出血、咯血以及尿血等，进而产生休克或肾衰竭。

2岁5个月

摸摸看，猜猜里面有什么东西

　　为了进一步训练铭铭手的灵敏度，让手的感知觉分化度进一步提高，我利用废弃的牛奶包装盒做了一个训练的工具。我将包装盒的侧面用刀子挖了一个只能伸进铭铭一只手的圆孔，然后将包装盒四周用胶纸封起来，只留下一侧作为开口，便于往里面放一些物品。

　　这天，我在盒子里放进了一些铭铭平常使用的物品，其中有饭勺、叉子、小碗、小盘以及小汽车、积木块，然后拿到厅里的小桌子上。铭铭看到我拿的大盒子以为是什么新的玩具呢，很快就跑到我跟前，准备拿起来玩耍。当他拿起纸盒来，里面的物品哗啦哗啦地作响，他不知道这是什么新式的玩具，好奇心促使他想要打开看看究竟。遭到我拒绝后，他又企图通过留下的一侧开口的小缝中探视，但被我挡住了。

　　"铭铭现在不能打开，也不能偷看。姥姥和你一起做个游戏，你只能把手从这儿伸进去，"我指了指挖开的那个小圆孔，"你用手摸摸，猜猜里面放的是什么东西，告诉我！"只见铭铭迅速地将右手伸进了包装盒上的圆孔里，然后听见铭铭的手在里面搅动发出的声音。不一会儿，铭铭喊了起来："姥姥，我摸到一个饭勺！""不错！继续再摸摸还有什么？"我鼓励他继续再摸摸看。谁知道铭铭却企图将饭勺拿出来，但由于手握住的是饭勺柄的中部，饭勺横在圆孔里拿不出来。"想想看，怎么拿出来！"我鼓励铭铭想办法。于是铭铭反复地拿了几次，终于想起来要拿饭勺的勺端，让饭勺长柄顺着圆孔，这样才能轻松地拿出饭勺。然后，铭铭又将右手伸进包装箱里。我听到铭铭用手来回乱拉物件的声音。

不一会儿，他又喊道："姥姥，我又摸到一个叉子。"

"你怎么知道是叉子？不会又是一个饭勺吧？"我追问了一句。

铭铭肯定地说："是叉子，因为它和饭勺不一样，叉子扎我的手！"

"拿出来看看是不是饭叉子！"我对铭铭说。这次铭铭记住上次拿着饭勺柄中部出不了圆孔的教训，他拿住叉子端，将整个叉子顺着圆孔拿了出来。"姥姥，是不是叉子扎手，饭勺不扎手？"铭铭用手拿着叉子端向我比画着。

说完，铭铭又兴趣不减地向圆孔伸进手去。这回铭铭很快就又喊道："姥姥，我又拿到吃饭用的刀子了。这个刀子是扁扁的。"我明白铭铭说的扁扁的指的是饭刀用来切食物的一端。

"铭铭，你说得真对！你太让我高兴了，来姥姥再亲一个。"说着我在铭铭的头上亲了一口。

这套餐具是女儿和女婿去宜家家居给他买的，其中包含了饭勺、叉子、饭刀、盘子和小碗。这几种吃饭的工具每一套是一种颜色，饭勺、叉子和饭刀的长

铭铭通过触觉和知觉辨认出里面装的是什么

度、把柄宽窄几乎完全一样，所区别的是：叉子的把柄一端是秃圆头，另一端是分开的四个长齿；饭勺把柄的一端是分开的两个圆球，每个球上有一个圆形的凸起，像一对金鱼眼，另一端呈勺状；饭刀长柄的一端伸出一个较细的颈，颈上顶着一个像人头的"圆脸"，"圆脸"上刻画出一张裂开的"嘴"，另一端是压扁的刀子形状，刀刃一侧是很钝的锯齿状。让孩子用眼睛去分辨这几种工具当然没有问题，但是如果缺少了视觉的帮助，单纯用手去分辨，就要依靠平时孩子细心观察并且在头脑中保存下的关于这几种物品的印象，以及手的感知觉分化的水平了。

孩子出生后就有感知觉存在。人对于事物的认识就是从感知觉开始的。小儿语言形成之前认识世界主要依靠感知觉。记忆是在感知觉的基础上产生的。随后出现与记忆相联系的表象（就是事物保存在大脑中的印象），进一步发展为最简单的思维。3岁前孩子的思维特征之一就是离不开感知觉。

> 感觉主要是指视觉、听觉、味觉、嗅觉、触觉，以及对身体位置和机体状态变化的感觉等。知觉主要是指物体的形状知觉、大小知觉、空间知觉、时间知觉等。

世界上的各种物体都具有一定的属性，不同的属性决定了物体之间的区别，具体包括物体的形状、大小、颜色、软硬、重量、冷暖等。其中一些物体的属性必须通过感知觉的组合和协调活动来进行区分。随着孩子的生长发育以及接受的教育和训练，孩子的这种复杂的组合会有较大的发展。研究发现，1岁多的小儿会按照某个物体的一个明显特性来辨认物体，但是经过训练，随着孩子的发育，到了5~6岁他们可以通过寻找物体的多种特征来综合分析认识它，以及将它与其他的物体进行区别。这就是感知觉过程的概括化和系统化。2岁前的孩子多喜欢用手眼的触觉和视觉去感知物体，来认识各种物体，离开了眼睛单凭手的感知觉来认识和区别物体就比较困难。为了提高铭铭手的感知水平以及使他的感知觉进一步分化，我认为进行这样的训练还是十分有必要的。

随后，铭铭进一步猜对了小汽车、盘子、小碗和积木，但是积木还分辨不出是长方形，还是正方形、三角形或圆形。对此，我并不着急，因为该年龄段的孩子形状知觉的发展还不具备辨认这些几何形状。试验证明，当孩子视觉、触觉、动觉相结合时，对几何图形感知的效果较好。所以，我准备在以后的训练中加强铭铭用看和摸（就是让视觉和动觉参与）来认识和识别这些积木中的几何图形和几何体的能力。当他熟悉、并学会分辨这些图形后，以后单纯依靠手摸辨认、区分开这些几何体就会比较容易，但这需要等到孩子5岁以后。我们做家长的没有必要现在为孩子还不能区别这几种几何形状着急。

以下是几种知觉发展的关键期，供家长参考。

☐ 2～5岁是儿童形状知觉发展关键期；

☐ 2～3岁是儿童平面大小知觉发展关键期；

☐ 3～5岁是儿童体积大小知觉发展关键期；

☐ 2～3岁是儿童上下方位发展关键期；

☐ 3～4岁是儿童前后方位发展关键期；

☐ 5岁是儿童以自身为中心发展左右定位的关键期。

2岁5个月
如何看待孩子的破坏行为

随着精细动作的发育，孩子从八九个月开始喜欢反复往地上扔东西，到1岁开始学习撕纸。铭铭虽然也有一些破坏行为，但是表现得并不严重，倒是铭铭的弟弟恒恒在这个年龄段的破坏行为愈演愈烈。

恒恒是一个爱说又爱动的孩子，与哥哥的性格完全不一样，在家里没有一刻消停的时候，常常推着车跑得浑身大汗。他很早就学会了驾驭滑板车、扭扭车以及骑四轮的自行车，其动作灵活又准确，而且胆子十分大，似乎没有什么事情会使他胆怯。铭铭小时候看过的书保存得都很完好，轮到给恒恒阅读时几乎都被他撕得"尸骨不全"、支离破碎！恒恒也非常喜欢玩具汽车，但是没有见过他这种"喜欢"的方法：每辆汽车不是被他拆的车轮子不见了，就是车窗和反光镜被卸下；即使车轮子还存在，轮胎也不知道丢到何处去了。为此，我们全家大人不得不一次次及时做修理和保全工作，否则零件就有可能找不到了，玩具便会彻底毁坏。恒恒超喜欢的一些绘本已被他毁得没有修补的价值了，只好再重新买一本。大型的汽车或者推车他常举起来后，双手同时松开，这些大型玩具就重重地掉到地面。你可以想象这是多么"壮烈"场面，可我的小外孙恒恒只会仔细地注视着这一切，甚至有时还高兴地大叫。

我和女儿女婿为此伤透了脑筋。虽然有时也批评他，但是解决不了任何问题，恒恒还会继续破坏。于是，我仔细反省自己：其实作为家长我们都犯了一个错误，就是还没有理解孩子行为背后的生理和心理发育特点，因此常常对孩子的破坏行为做出不恰当的处理。

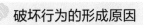 **破坏行为的形成原因**

2岁左右的孩子对世界的认知完全依赖他的动作，而且这时的孩子已经学会走、跑、跳。在精细动作方面，孩子虽然对人手的27种动作大部分已经掌握了，但是掌握得还不熟练，尤其是手腕、手指运动灵活程度和动手操作的灵敏度、操作过程中的手眼协调性以及动作范围的控制，即动作的准确性和灵巧性还很欠缺，需要进一步发育完善。因此，有的破坏行为发生是因为孩子的生理发育的局限，例如接、拿东西不准。孩子因为年龄小，其空间判断能力差、手眼协调能力欠缺或者力量不足，导致动作的准确性也差，所以才会失手打坏物品。

但是，孩子更多的破坏行为往往是强烈的好奇心驱使的，这是孩子一种探索和学习的方式，用以了解未知事物以及事物之间相互关系的一种行为。而且3岁前，孩子的思维是以直观动作思维为主导的阶段，即主要借助对具体事物的直接感知和动作进行思维。孩子对这个世界充满好奇，于是通过他的感知和动作来对这个世界进行探索和学习，其破坏行为就是这个阶段孩子探索和学习的一种方式。

另外，2岁左右的孩子正处在自主意识敏感期，天天都在证实自己的能力和认识环境与物体之间的关系，例如，他会想这个玩具掉在地上会是什么样的等，所以这些破坏行为都是在探索求知。

因此，发育的局限使孩子不会预想到这些物品经过自己粗鲁的动作所产生的后果，更不会想到这些后果给自己带来的是什么。当看到被孩子毁掉的价格昂贵的玩具时，家长常常会对孩子说："这么贵的玩具被你毁掉了，以后再不给你买了！"孩子对玩具的价值并不理解，也不理解金钱的意义，更不懂买的概念，所以对家长的教训一会儿就会抛到脑后，下次他仍然我行我素。

举个例子，在我们与孩子一起搭积木玩的时候，常常是你还没有来得及欣赏和给孩子讲解搭好的积木，他就已经用双手推到了。这会让你一时恼怒，但是孩子却哈哈大笑，一股胜利喜悦的情绪溢于言表，让你哭笑不得。为什么孩子会这样呢？这是因为孩子从他推倒积木的行动中感受到了自己的力量、成功和自信。反复的搭起和推倒又让孩子体验到因果关系，使其手眼协调能力进一步发展。

除此以外，有的破坏行为其实是一种延迟模仿的结果，孩子想模仿曾经看到的一些行为，但是由于认知水平和生理发育的局限所限，所以使这种模仿弄得像"东施效颦"。例如，孩子看到大人用马桶刷去洗马桶，孩子就会模仿大人拿着自己的奶瓶刷去刷洗马桶；看到司机手握方向盘，他会拆掉汽车的驾驶舱去握玩具汽车中的方向盘。

需要注意的是，也有的孩子由于缺少家长的陪伴，在他幼小的心灵里错误地认为，只有将妈妈喜欢的东西毁掉了，妈妈才会注意到我。

因此，家长应该去思考孩子破坏行为背后的积极意义和孩子从中获得了什么，以及孩子的破坏行为又向我们传达了他的什么情感。

 ## 破坏行为的应对

那么我们应该如何应对孩子的破坏行为呢？

（1）家长应该接纳孩子的破坏行为，明白这是孩子发育过程中的一种正常现象，有着提高孩子认知水平的积极意义。看清孩子的破坏行为中孕育着创新思维的萌芽，不能简单地制止或者严厉地惩罚，更要检查自己是否给予了孩子必要的关注和陪伴。

（2）不能对孩子的破坏行为一味迁就。在全家达成共识后，可以将一些贵重的物品和危险的物品收藏起来或者放在孩子够不到的地方。价格昂贵的玩具最好在家长的陪同下玩。在玩的过程中，家长不但要教会孩子玩的方法而且要鼓励孩子发挥想象，创新一些玩法。目前，在给孩子买玩具时，多选择一些可以拼插的玩具，而且要选择适应年龄段的、具有国家3C认证的玩具。

（3）对于孩子损坏的物品，无论谁在家都要带着孩子一起修复被损害的物品。如果是图书被撕坏，就找来透明胶带、胶棒、纸张和保险剪刀，带着孩子一起折纸、裁剪、粘合、修整。在修复的过程中，孩子也学会了使用这些修复的工具。当一本修整好的图书再次摆在孩子面前，一种成功的喜悦表情会洋溢在他的脸上。如果是玩具汽车被拆了零件，就带着他重新组装上。

（4）利用孩子的"泛灵心理"进行教育。瑞士著名心理学家皮亚杰指出，儿童时期的泛灵心理是指把所有事物都视为有生命和有意向的东西的一种倾向。

在幼儿心目中，一切东西都是有生命、有思想感情的活物。泛灵心理是幼儿在发展过程中出现的一种自然现象。利用幼儿泛灵心理对幼儿教育会起到意想不到的效果。家长应善于将玩具或者一些物品拟人化，以激发孩子的泛灵心理，促使孩子产生移情，进而形成同情心和爱心，使其爱护他人和物就像爱护自己一样。

当恒恒拆散一辆玩具汽车时，我告诉恒恒："你看，汽车被你摔坏了，它的车轮掉了。车轮子就是汽车的腿和脚。汽车没有了腿和脚，它也跑不起来了，而且会很痛的。以后汽车再也不愿意和你玩了，你高兴吗？"

恒恒很难过地说："我不高兴！"

"你以后不能再摔汽车了。我们赶紧把它修理好吧！修理好后好好抱抱它，告诉汽车我不会再摔你了。"恒恒听后感到很难过，和我一起将车轮子装上。上好轮胎后，恒恒抱着修好的汽车说："对不起，我不再摔你了！抱抱你！亲亲你！"看到恒恒稚嫩的脸上闪烁着爱的目光时，我也由衷地笑了。

2岁6个月
发现铭铭对汉字很敏感

由于一些育儿类杂志社经常向我约稿，所以家中不断收到各种育儿杂志。每每杂志寄来后，我都要认真地阅读。一些杂志还会随书赠送幼儿读物，像《父母必读》杂志的《阿毛好习惯》，《亲子》杂志的《宝宝画册》都让铭铭爱不释手。所以，一旦夹有幼儿读物的杂志来后，我都会将这些读物拿给铭铭看，因为他特别喜欢"阅读"。

铭铭平时特别活泼爱动，而且十分淘气，只要睡醒了一睁开眼睛，就没有一刻消停的时候。大人必须随时在他的身边，预防他因为淘气而发生意外。但是，只要让他看书（绘本），他就会立刻安静下来，并且全神贯注地"阅读"图书。不过，与其说他是阅读倒不如说是"看"。每次我们都是先让铭铭看书中的画面，让他理解书中画的是什么意思，然后让他简单地叙述一下他所理解的意思，最后大人再根据书中的文字念给他听，让他进一步理解这些画的含义。

铭铭最喜欢大人给他念书，也喜欢学书中的儿歌，像《宝宝画册》和《阿毛好习惯》里的儿歌铭铭几乎都学会了，念起来朗朗上口，让我听起来感到十分悦耳（真是应了老话，庄稼是人家的好，孩子是自己的好）。书中的故事铭铭还能绘声绘色地讲出来，讲的时候，他的面部表情也极为丰富。我心想，看来这个孩子的语言天赋不错，应该注意往这方面培养。

这些幼儿读物铭铭特别喜欢，自己反复去看。即使这些书大人已经给他念了无数遍，并且已经熟悉得不能再熟悉了，可是他每天还仍然缠着大人再给他念这些书。他从来不会感到厌烦，而且还十分认真地听你念书，就像读新书一样，这大概就是他这个年龄段的特点——喜欢重复。

有一天，我闲来无事，坐在铭铭的身边看报纸。铭铭也在翻看一本《宝宝画册》，这本画册的最后一页印有公交车、汽车、火车的画片，旁边还标注有汉字。因为铭铭喜欢车，所以他反复地看着这几种车的画面。他边看边自言自语地念道："火——车——，汽——车——，公——交——车——"我在旁边听着，心里想，莫不是这个孩子认识这几个字？还是胡乱念的？于是，我放下报纸，指着"车"字问他："这个字念什么？"铭铭回答道："车！"我又指着"火"字问他："这个字念什么？"铭铭回答道："姥姥，我认识，念'火'。"随后我又连续问了"公""交""汽"字，发现他全认识。随后，我又翻到认识颜色的那一页，其中画着红点的画面旁边写着"红"字，紫点的旁边写着"紫"字。我指这两个字问铭铭认识不认识，铭铭回答说认识，并给我指着念，而且都没念错。铭铭甚至还能分辨出0、1、2、3。2岁半的孩子能认识字了？这让我欣喜若狂！

铭铭真的对汉字很敏感？虽然我对此半信半疑，但他的表现还是引起了我的注意。在这之后发生的一件事情更加坚定了我的这种认识：铭铭进入了认汉字的敏感期。

我认识的一个阿姨是个文盲。这个还不到30岁的年轻人竟然一字不识，对此我感到十分惋惜。因此，我给她买了认字卡，让她跟着我学习认字。每天晚上，在她工作之余，我就教她认5～10个字。在一边的铭铭一会儿跑过来看看，一会儿又跑去玩。有一次，我拿着卡片问阿姨这是什么字时，还不等阿姨回答，铭铭在一边看见了马上说："姥姥，我知道这是'米'。""姥姥，这是'香'，这是'林'。"我吃惊地看着他说："你怎么会的？""你不是教阿姨的吗？我在一边学会的！"铭铭自豪地说。

这时，我想，现在教孩子认字是不是太早了？带着这个疑问，我在日后的生活中开始有意识地将与铭铭生活密切相关的汉字念给他听，但是并不刻意让他去记。与生活密切相关的这些汉字由于每天耳濡目染，他倒也认识了点儿。

铭铭的这些表现使我不由得想起了女儿小的时候。

我的女儿与我的侄子从小都是由我的母亲照管的，两个孩子相差1岁半。女儿语言发育得早，语言表达能力很强，乖巧听话，讨人喜欢；我的侄子语言发育得很晚，2岁才能说出单词来。他虽不出声，却暗地里经常办"坏事"。你叫他，他不答应，等你找到他时，却发现他正蔫蔫地做"破坏活动"——将家里的东西拆得乱七八糟，因此母亲每次惩罚的准是他。

大约女儿4岁时，我回到北京先参加北京市卫生局举办的为期一年的北京市西医脱产学习中医培训班，后又继续在北京市中医医院儿科进修了一年，因此有机会可以天天回家和女儿在一起。在一个休息天，我带女儿去文具店买笔记本，女儿蹲在柜台前，指着玻璃窗内的象棋子嘟囔着说："马——，炮——，帅——，车——"旁边的顾客和售货员都感到十分惊奇："这么大的孩子就认识这么多的字了！"原来先生和邻居下象棋时，她站在旁边看着就记住这几个棋子了。惊喜之余，我想可以试试教孩子认字。于是回到家里，我做了认字卡（可不是看图识字），准备每天下班回来教孩子认字半小时。女儿每次都非常认真地学，可是侄子无论怎么说也调动不起他的兴趣来，说什么也不学，只好由他自由活动了。

就这样，不到2年，女儿学完了小学3年级语文和算术的全部课程。侄子半年之后因为到了上学的年龄，只好回到父母执教的农村（我的哥嫂因家庭问题，大学毕业后被分配到河北一个小村镇执教）。后来，两个孩子在学业上表现得都很出色。女儿学习一直名列前茅，每次升学都被保送，最后进入美国哈佛商学院读MBA，现在已是世界著名的麦肯锡咨询公司的全球资深董事兼合伙人。侄子进入美国南方卫理公会大学商学院（美国前总统布什的夫人劳拉毕业的学校）读MBA，毕业后，在美国做金融工作，深得美国著名金融大亨Victor Niederhoffer的喜爱，Victor Niederhoffer在自己著的《Practical Speculation》一书里还盛赞了侄子的才能。

两个孩子一个偏向文科，一个偏向理科。一个语言能力强，文笔俊秀；一个逻辑思维好，在计算机和金融专业中游刃有余。他们学龄前虽然生活在同一个环境中，却已经表现出不同的智能优势，可见使用同一种方法教育是行不通的。所以，我一向认为对于孩子的教育应该是因人而异。孩子的先天禀赋是不同的，所以教育的目的、要求和方法也要有所不同，既不要盲目攀比，也不要期望过高、拔苗助长，而要因材施教。

当然，孩子的发展除了具有先天禀赋外，更大程度上是取决于他们的父母对孩子的敏感性和洞察力。具有较高敏感性和洞察力的父母，善于捕捉孩子特有的第一次，并且创造条件鼓励和诱导孩子反复练习，强化他们特有的"第一次"，以便加强相关的神经连接，使其成为一种永久的能力保留下来。这么做可以最大限度地发挥孩子的潜能，学习认字也不例外。

我从不刻意让孩子学习认字，更不会为孩子认字定目标和任务，也反对×岁前让孩子认识几千字、4～5岁的孩子就可以抱着一本《水浒传》看的所谓的"天才"教育。我从来都认为天才确实是有的，但只是凤毛麟角，而真正智力低下的孩子也只是极个别的。绝大多数孩子智力水平差别不大。但是，天底下没有相同的两片树叶，每个孩子都是不一样的，都具有不同的智能优势。现实生活中，一个人在某方面有缺陷，往往会在另一方面富有特殊能力。这就向我们的家长和教育工作者提出了一个严峻的问题：你了解你的教育对象吗？你是不是在因材施教、因人而异地进行早期教育？

我反对两种倾向：一是任孩子自由发展，家长不能敏感地洞察孩子的潜能闪现的第一次，让孩子只知道玩而不知道在人生的道路上还有学习的压力，这样做是对孩子成长的一种极不负责任的态度；另一种倾向就是对孩子的期望太高，拔苗助长，透支孩子的智能，剥夺孩子玩的权利，孩子沦为学习的机器，这样做的家长是在摧残孩子的一生。

人类的各种能力与行为都存在着发展关键期，在关键期内其行为可塑性最大，发展速度也特别快。如果在发展的关键期内进行科学系统的训练，可以收到事半功倍的效果。错过了相应的训练，会造成脑组织长期难以弥补的发育不良，外在表现则是人的能力和行为发展落后，对生命中的多种行为会产生显著的和不可逆转的后果。意大利教育家玛丽亚·蒙台梭利认为："幼儿智力发展每个阶段的出现都是有次序的和不可逾越的。每个儿童都会以同样的顺序，由低向高地跨越智力发展的每个敏感阶段。"在总的教育理念不变的情况下，对每个孩子采取的教育方法应各不相同，但只要是适合孩子的教育，对这个孩子来说就是最好的教育。

看来，我应该好好抓住铭铭认字的敏感期。目前，先让铭铭有意识地接触一些与他生活密切相关的汉字，到3岁以后再正式学认汉字。

以下是我发表在新浪亲子博客上有关小儿识字的文章。

孩子认汉字的最佳年龄

新浪育儿博客曾经开展了小儿早认字利与弊的辩论，应新浪育儿博客编辑的邀请我写了一篇相关的文章。当时，辩论似乎向一边倒，不管是一些专家还是博友都纷纷认为让孩子"早"识字不好，不利于孩子的发展，是揠苗助长。我无意参加这个辩论，因为这个问题一直是教育界（主要是学前教育界）争论不休的问题。至今，我还是坚持我的看法，进行这样的辩论必须设定前提：什么是"早"？"早"的时间定位标准是多少？是指出生后到1岁前，还是1~2岁，还是2~3岁，还是4~6岁？不同的年龄段的儿童在心理发展上是有很大的区别的，所以必须先把这个前提搞清楚，才能进行这个讨论。没有这个前提，一切辩论都是无意义的，因为孩子的各种行为都存在着关键期（即敏感期）现象，同样学习认汉字也有敏感期。

我提倡的是，根据脑科学的研究，家长或教育者应该具有敏感的洞察力发现孩子某种行为闪现的第一次，实际上这就是某种行为敏感期的开始。家长要及时地抓住它并创造各种机会不断地去强化它，促使这条神经通路保留并固定下来成为大脑永久建构的一部分，使孩子的潜能逐渐发展成为他的一种能力。这就是早教专家常常说的，"抓住了孩子发展的敏感期进行训练就会收到事半功倍的效果"。同时，需要提请家长注意的是：每个孩子同一种行为敏感期出现的时间都是不同的，而且同一个孩子在不同敏感期表现出的形式也是不一样的，即使处于同一个敏感期，不同的孩子表现的形式也不相同。正如我常说的，天底下没有相同的两片叶子，别人的经验不能完全复制在自己孩子身上，只能提供参考和借鉴，因此教育必须提倡个性化。

前一阶段，由少年儿童出版社举办的"学前儿童双语国际教育研讨会"上，来自京沪两地的教育专家认为，孩子学汉字的最佳年龄段为3~6岁，让孩子及早阅读对培养孩子学习兴趣有利而无害。并且，会上还提出，目前我国小学教育从学习汉语拼音开始（大约6周时间），然后看图读拼音识字不利于孩子思维的发展，而且由于识字晚、识字少，远远不能满足孩子智能的发展。与会专家认为，如果孩子在上学前认识约2000个字，就基本解决了孩子阅读的问题。日本东京有多所教幼儿识字的幼儿园，据他们从1967年开始的一项研究表明，5岁开始学部分汉字的孩子智商可达95，4岁时开始学的可达120，而3岁时开始学的可达130。

这种观点也符合蒙台梭利有关敏感期的早教观点。蒙台梭利认为，4岁以前是形象视觉发展的关键时期。汉字虽然是符号，但是它与一些外文字母大相径庭，单独的外文字母并没有任何含义，必须经过拼音才能形成词语，才能读懂含义。而中国汉字是由象形文字演变而来，具有形、象、义，其古人造字的形象都有与人们的日常生活、劳动操作、天文景观、大自然中的万物密切相关和相似的地方，而且一些文字各个部分的排列很容易让人产生一幅画的感觉。汉字很形象，如果将字拆开，每个部分可以表达一定的意思，而且与原来的字有着一定的联系。读出一个字就代表这个字的含义，而且还可以与不同的字配对组成不同含义的词语；有的字是由几个不同、但与这个字含义相关的字组成；所以，当孩子学习认汉字时，很容易与现实生活中的实物联系起来，并明白它的意思，而引起学习的兴趣，且更易记牢。例如，羊有两个犄角、一条尾巴，所以孩子在学习"羊"字时，就会看到字的上面有犄角一样的一点一撇的两个笔画和拖着的一条"尾巴"，这样孩子很容易就学会这个"羊"字了；一个"木"可以表示一根木头，如果两个"木"就可以组成树林的"林"字，再加上一个木就是更大的树林，即森林的"森"；"掰"字就是用两只手同时分开一件东西；"播"字可以组成广播、播放、播种、播音、转播、播散等词组，训练孩子的发散思维。

虽说汉字是汉语的基本符号，但它留在孩子的大脑中的是一幅画的表象。形象思维就是凭借表象来进行的，因此3岁以后随着记忆力的发展，为了启发孩子的形象思维，就要让孩子多看、多听、多说、多接触汉字。这对于即将进入形象思维的孩子来说，的确提高了他的认知水平、丰富了书面语言水平、发展了他的智力。

孩子3～6岁学习认汉字符合左右脑的发育规律。3～4岁是孩子从直观动作思维逐渐向形象思维过渡的时期，4～6岁是形象思维时期，思维已经从事物的外表向内部、从局部到全部进行判断和推理，从理解事物的个体发展到对事物关系的理解。

形象思维属于右脑的功能。右脑是没有语言中枢的哑脑，但是有接受音乐和具体形象、发散、直觉的思维中枢，主管人的鉴赏绘画，观赏自然风光，欣赏音乐、节奏、舞蹈的能力以及态度情感。右脑具有类别认识、图形认识、空间认识、绘画认识、形象认识等能力。对孩子来说，中国汉字就是一幅画、一张图，认字的过程就是鉴赏画的过程，所以3岁以后开始学习认字是符合孩子左右脑发育规律的。

通过认字还能培养孩子的细微观察力和思维力，因为一些汉字确实需要仔细观察才能认对，如报和极、这和过、地和他、大和太等，孩子必须通过"比较"找差别，经过思维才能认识准确。一些不同的字还能组成新的字，如"日"和"月"可以组成一个新字"明"，因为在月亮和太阳的交替照射下大地才能明亮；有意思的是，当天空各出现一次太阳和月亮后就是"明天"的开始。这种组字对于孩子来说，就像是游戏和猜谜语一样，可以激发孩子学习的兴趣。因此，认识汉字还有助于孩子的注意力、观察力、想象力、思维力和记忆力的发展。

而外文符号（包括汉语拼音）与数字一样同属逻辑思维范畴，它归属于左脑的功能。左脑有理解语言的语言中枢，主管人的说话、阅读、书写、计算、排列、分类、语言回忆和时间感觉。它可以进行有条不紊的条理化思维，即抽象思维，所以左脑是一个理性的脑，是工具，又叫学术脑。0～6岁是孩子右脑功能发展的时期，而逻辑思维是在孩子6岁以后才开始迅速发展的，所以我国语文教学有关拼音学习正是处于逻辑思维这个阶段。如果不能很好地利用3～6岁右脑发育的关键时期去学习汉字，就错过了这个良好的时机，等到上小学再开始通过拼音学认字，岂不是走了国人学习"外文"的道路？我们为什么不能将老祖宗留下来的东西直接利用而非要绕道而行呢？现有的小学学习方式局限了孩子阅读的发展，而阅读带给孩子的是知识的增长和眼界的开阔。我们都知道一个人的知识不能只依靠自己亲身经历的事情来获得，更多的知识是需要通过学习间接知识来充实的。如果孩子因为不认识字不能阅读的话，自然就失去了获得更多知识的机会。所以，一些早教专家包括美国前总统老布什先生的夫人芭芭拉在美国一直致力于推广早期培养儿童阅读的好习惯。古人说："书中自有黄金屋，书中自有颜如玉。"可见，古人对阅读也是情有独钟。

高尔基曾经说过："热爱书吧——这是知识的泉源！只有知识才是有用的，只有它才能够使我们在精神上成为坚强、忠诚和有理智的人，成为能够真正爱人类、尊重人类劳动、衷心地欣赏人类那不间断的伟大劳动所产生的美好果实的人。"

苏联钢铁战士奥斯特洛夫斯基也说："光阴给我们经验，读书给我们知识。"

附2   # 我是这样教外孙子认字的

我的外孙子铭铭4岁又6个月了，现在已经认识大约2500个字。每天只要我从楼下取来报纸，外孙子便成了与我们争夺报纸的"敌人"，这常常使得我不得不选择他"看完"报纸后的时间去捡"剩儿"。虽然他看报纸经常遇到不认识的字，但是通过认识的字上下串联起来的意思，再加上"猜"以及对我的询问（不管我有多忙，他都会固执地让我必须告诉他），大标题基本上认识得八九不离十。

首先，我要在这里声明，我的外孙子不是神童，而是十分好动和淘气的孩子。有时，他自由散漫得让我十分气恼：老师上课的时候，他会下位子到处游逛或与小朋友窃窃私语（他学习"窃"字时学会了"窃窃私语"这个成语）；当老师提问题要求小朋友举手回答时，他往往采取不等老师叫而抢先回答；睡午觉时，他又希望老师能够经常坐在他的身边陪着他。为此，我和他的父母与老师商量，希望老师与我们配合，要严格管教他，让他懂得遵守幼儿园规定的纪律，并在家里和外出时帮助他建立良好的行为准则，因为这个阶段正是给孩子建立良好的行为规矩的时期。

北京大学著名的婴儿心理学教授孟昭兰认为："一些心理学家认为，对婴儿进行识字训练有着对大脑留下记忆痕迹的作用。但是，父母应当本着亲切和蔼的态度和自然而然的原则去进行，使之变得具有游戏性质，绝不可强求。"

我是如何发现铭铭对认汉字有兴趣的呢？正如我在前文中讲述的，我是在教我家一个阿姨识字的过程中，无意间发现的。

人类出生时大脑还没有发育成熟，出生后需要继续发育逐渐成熟。父母的遗传基因为孩子搭建了大脑的基本框架，但是以后的生活经验决定了大脑最终的结构。孩子早期的经验，尤其是生命最初的3年所获得的经验将决定大脑的构造。他所经历的事物越有意义，越具有连贯性和趣味性，大脑就塑造得越精妙，孩子就越聪明。孩子每一个第一次出现，就是潜能的开始，以后每一次的体验或经历都会强化大脑内的神经连接，而每一个被强化的连接都有可能成为孩子大脑的永久构建部分，而潜能就会被激活成为孩子的一种特殊能力。正如美国哈佛大学霍华德·加德纳教授所说，智力是中枢神经系统的一种潜在的发展能力。这种潜能是不能用肉眼看到或用某种特定的标准测量出的，而且在特定文化的环境和教育下可能会被激活，也可能不会被激活。

我发现铭铭对认汉字有一种灵性，于是决定去强化它，所以收到了事半功倍的效果。

铭铭2岁回北京过春节时，我的朋友送给他一个数字火车玩具，铭铭喜欢得不得了，没有几天就在排列火车车厢的过程中认识了0、1、2、3这4个数字。阿拉伯数字是抽象的符号，铭铭并不理解数的概念，但是他能够在很短的时间记住（这是机械记忆）这些符号，并且能够准确地认识它们。这说明他感兴趣的东西还是能记得住的，只不过不理解就是了，但并不妨碍他将每节车厢按顺序排列起来（当然他还不懂得排序）。但是，对于汉字就不是这种情况了，铭铭2岁5个月通过看图认字已经将《亲子》杂志赠送的《宝宝画册》中的火车、公交车、汽车、救火车的几个字学会了，因为他对这几种车最感兴趣。

随后，我又将生活中他最亲的人和接触最多的称谓教给他，例如妈、爸、姥、奶、爷、姑、姨、叔、弟、妹、哥、姐等字，以及妈妈、爸爸和铭铭的名字、生活中接触的物品、身体各部分的名称等都用电脑做成识字卡片来教他认。由于这些字和生活情节紧密相连，所以铭铭到3岁时就认识了。

我又想，怎么样继续调动孩子对认汉字的兴趣呢？中国的汉字这么丰富，不像英文字母只有26个，那么应该选择什么样的字让他认，并引起他认字的兴趣呢？于是，我想到了通过阅读他最喜欢的绘本中的生字来让他学习认字。

有幸，我们从小就养成他爱看书的好习惯。铭铭最喜欢看书，平常也最喜欢让我们念书。别看他平时特别说好动，但有两件事情能够让他安静下来，一件是看书，另一件就是看动画片（当然每天限制他看的时间）。为此，我们给铭铭买的幼儿读物特别多，每隔一个月左右我都会上网去挑选和购买一些适合他的读物，现在他屋里的书架上已经由书籍代替了玩具，书几乎占据了一面墙。只要新书送到家，铭铭就迫不及待地拆包开始看起来。他最先是看画面，通过画面来理解书的内容，然后让我们给他读，当然读时需要抑扬顿挫、声情并茂，极富感情色彩。碰到铭铭不认识的生字就是我要打印下来教铭铭的。因为生字选自他最喜欢的书籍，并且书中的内容通过反复的阅读他已经熟知，因此再教他认字就相对比较容易了。当铭铭将一本书的生字全认识后，我再让铭铭给我念这本书。当铭铭全都顺畅地念下来时，鼓励和夸奖是绝对不能缺少的。对于铭铭来说，成就感油然而生，对自己认字更加充满信心。

另外，电视中的广告、街头巷尾的名称、公共汽车站名、公司的标牌都成了铭铭认字的场所。最近，我与幼儿园老师商量，让铭铭利用班级活动给小朋友来讲书。铭铭第一次讲的是《亲子》杂志赠送的《宝宝画册》中的《机器人的心房》。据他班主任钱老师讲，铭铭给小朋友念书绘声绘色、抑扬顿挫，十分投入，还会在念的过程中给小朋友讲解书中的含义，而且适当地就书中的内容提出一些问题让小朋友回答。当然，这些问题都是我们读这本书时曾经问过他的。铭铭讲完书后，小朋友都被这本书吸引住，纷纷要求看这本书。铭铭慷慨地答应将书留在班上的小图书馆（他们班老师要求每个孩子带一本书来，送到班上的图书馆，大家来互相借阅）里，让大家轮流看。

铭铭每次认字的时间多选择在早晨吃完奶后，时间长短不固定，一般每次认字只有10～20分钟，然后就是大便时间。所以，每天早晨，铭铭都是在6点20分～6点25分被叫醒（前一天晚上9点～9点半睡觉），等到7点30分开始吃早饭，8点送幼儿园。

在认字的时候，我通常会摆出10个字卡，由我先念每个字，在念字的过程中，我都要联系书中的内容，让他感到这个字并不陌生，然后再带着铭铭念这个字。碰到多音字，我都会将同一个字的不同读法讲给铭铭听。例如"差"，可以读成chāi，也可以读成chā。于是，我告诉铭铭："姥姥出差讲课去，差在这里就要念成chāi；如果出差错了，在这里就要念chā。"对于一些字的部首我也要给铭铭解释清楚，例如，最近铭铭学习了"撑"字，我就用手盖上旁边部首"扌"告诉铭铭去掉部首就是手掌的掌，撑在地上必须用手掌，所以撑字以手掌的掌字和"扌"组成。一般来说，只要涉及手的功能，这个字就多用"扌"做部首。这样，铭铭就能够更多地理解带有"扌"的字了。涉及脚的功能，字中可能就会出现足；涉及水的字，部首就可能是"氵"；涉及人的字，部首就有可能是"亻"；涉及土地的字，字中就可能出现土……就这样，铭铭在理解的基础上认识了更多的字。

对于新字，我要求铭铭给我组词。例如认"决"字时，铭铭告诉我可以组成"解决""决定""决心""坚决"。这样又促进了铭铭的发散思维，扩大了词汇量，同时发展了书面语言。对于一些可以组成成语的字，我也将相关的成语讲给他听。就像前面讲的窃窃私语，就是我在教铭铭认识"窃"时讲的。当时，铭铭问我什么是窃窃私语，我告诉他就是两个人小声说话不让别人听见的意思。随后我就演示了在铭铭耳边小声说话，告诉他这就叫"窃窃私语"。于是，铭铭又学会了应用"窃窃私语"这个成语。

我每次都做100多个字卡，也就是100多个生字。一般每页纸上印6个生字（电脑中407字号），打印后用裁纸刀裁成长方形字卡。第一天学习生字，第二天再复习一遍，直至铭铭熟练掌握了这几个生字后，再开始认新的生字。如此反复，当全部字卡认识完后，最后两天再将这100多个字卡全部复习一遍以巩固记忆。有时，因为我有事或者其他特殊原因也有停顿几天的情况，或者因铭铭不好好认字而延长时间的，不过基本上的规律是这样的。

由于铭铭认的字比较多，我已经记不得他认识哪些字，经常费力打出了他已经认识的字。因此，每次在电脑中做完字卡后，我都让铭铭再看一遍是不是有他认识的字（这也是帮铭铭再复习一遍）。记得有一次，我辛辛苦苦地做了200多个字卡，让铭铭看看是否有他认识的字。结果被铭铭一查，其中60多个字是他认识的。后来，我长了教训，凡是被铭铭查出认识的字，我不再删除，而是删字并保留格式，这样以后再写新字就省事多了。

对于字形相近的字，我尽量给他找出原来认识的字卡来进行对比，让铭铭通过观察找出不同。这样做加深了他对字的认识，不容易认错。

教铭铭认汉字的这一年多来，我体会到铭铭4岁时认字的速度明显加快，而且对生字的含义更容易接受了。

当然，每次铭铭认生字的注意力也不是完全集中的，经常将字卡摆成货车模样，还自言自语道："这是车厢，这是车头，这是车尾……"于是，我就事论事问："请问铭铭，车头念什么字，车厢念什么字，后备箱念什么字？"将认字当成一种游戏来进行。有时也会遇到铭铭手脚不老实，一会儿摸摸这儿，一会儿动动那儿，眼睛东看西瞧，因此我还要不断将铭铭的注意力拉回到认字上来，采用的办法就是记分奖励。

不过，我没有让铭铭学习写字。我认为孩子手指骨发育还不成熟，手指的功能需要继续完善，目前还不适于学习写字，不过铭铭现在进行连线和涂色已经完成得不错了。

孩子的教育需要循序渐进，需要在寓教于乐中进行。为孩子的一生打下坚实的基础是我的心愿，愿铭铭茁壮成长。我将女儿培养成哈佛生，真希望在我有生之年再帮助女儿培养出一个哈佛生！愿我的经验对大家育儿有帮助。

2岁6个月

这个小领袖做得不够有"范儿"

有一天，我在与一位忘年交的朋友聊天时讲到铭铭2岁半发生的一件事。她听了以后，哈哈大笑，说："铭铭真够有'范儿'，未来领袖的'范儿'。"我说："承蒙你夸奖，铭铭这个小领袖做得不够有'范儿'。"

近来网络语言很流行"范儿"这个词，只要你上网时不时就要冒出来。究竟什么叫"范儿"我原来不懂的。后来我上网查了一下，原来"范儿"最早表示京剧中唱念做打的要领或者方法，也就是京剧里的行话。后来，"范儿"又衍生出劲头、派头的意思，就是指在外貌、行为或是在某种风格中特别不错的意思，有点儿相近于"气质""有情调"的意思。现在，最新的解认为，"范儿"指引领时尚的、富有个性的和思想超前的。

究竟什么事让我的这位年轻的朋友这样说，我与你细细道来。

铭铭从小就喜欢汽车，究竟是天性，还是耳濡目染的熏陶形成的，谁也说不好。说来凑巧，女儿在麦肯锡咨询公司是汽车项目战略咨询的亚太区总负责人，自然对汽车了解甚多。女婿在另一家国际著名咨询公司工作时也是主管汽车项目。铭铭的太爷爷曾是一名老司机，再加上我平时也开车，因此家中谈论汽车的事情就多一些，见到的各种类型的车模也多一些，使铭铭有关汽车的知识比一般的孩子多很多。

正因为铭铭有这个爱好，所以家人比较偏爱给他买汽车玩具和有关汽车的书籍。但是，我家铭铭可不满足这些，经常让家里的大人带着他去汽车店去看真汽车。因此，只要在国内马路上跑的汽车几乎没有他不认识的。凡是到我们小区的司机，都知道小区里有一个2岁的孩子认识所有牌子的汽车。碰到铭铭到楼下玩，司机和保安看见他就逗他，指着小区的汽车问他是什么车，铭铭没有一次答错的。

正因为铭铭喜欢车，恰巧在我家周围又有不少车行，所以大人带着铭铭走遍了周围的车行。在上海新天地旁边有一个卖宝马车的车行。铭铭爷爷经常带着他去那里玩。铭铭看到车行里摆着崭新的宝马车高兴得不得了，他会非常仔细地观察整个汽车的外形，甚至趴下身子去看汽车底部，好像是个行家里手在审视这辆车一样。那份如痴如狂的样子，惹得车行的营业员阿姨和叔叔对他喜爱得不得了，非要留下他与他们一起"上班"。

有一天，爷爷告诉我，他们去宝马车行看汽车，正好碰到一位顾客在提车。那位顾客仔细地检查汽车的各个部分，铭铭也在人家屁股后面转来转去，还时不时地发表一些自己的"见解"。看着这个孩子小大人般的表现，说话奶声奶气的样子，嘴里还不时蹦出一个个专业术语，这位顾客大笑起来，热情地邀请铭铭坐在驾驶座上。铭铭那个自豪劲呀！当爷爷跟我叙述的时候，我的脑海里立刻就呈现出铭铭双手握住方向盘欣喜若狂的样子。

提起铭铭迷恋车的例子，举不胜举。每天，小王阿姨都必须带着铭铭去公园骑自行车玩，因为那里有不少与铭铭年龄相仿的孩子也在玩，除此以外，更主要的是公园旁还有一个保时捷车的车行。每天，他都要进去看看，还"请"小王阿姨在外给他看着自行车。铭铭自己进了车行后，煞有介事地弯下腰来，看着汽车底盘问："阿姨！这是几个缸的？哦，这是两个排气管的！"小大人的口吻同样也惹得这里的叔叔阿姨都喜欢他，还打开车门让他上去坐坐，美得他不得了。

后来，一连几天，我发现铭铭不再去这个车行了，而且路过这个车行时还蔫乎乎地不说话，甚至连头都不肯扭向车行。这是怎么回事？我很疑惑，于是问铭铭："铭铭，为什么不去车行了？"铭铭低着头不说话。"铭铭，你不是很喜欢看保时捷汽车吗？现在车行里新摆了一辆崭新的黄色跑车，咱们去看看！"我拉着铭铭就要推门进去，这时铭铭死死地拉着我的手不让我进去。我扭头看见小王正在冲着我笑，我想肯定有缘故，于是回到家里让小王把事情的前因后果讲给我听。

前几天，铭铭和一大群孩子一起比赛骑自行车。骑了几圈之后，他们头上都冒出了汗，于是几个孩子下了车，坐在距车行不远的椅子上。一群孩子看着车行里的汽车都露出了艳羡和新奇的目光，这时铭铭骄傲地说："这是保时捷跑车，可漂亮了！我还坐过呢！你们愿意进去看吗？我每天都进去看！"孩子们哪有不愿意看的！铭铭这一号召，孩子们全都响应，但是谁也不敢进去。于是，铭铭又自告奋勇说："我带你们进去，不用害怕！"说着铭铭昂着头走在前面，后面跟着一大群孩子浩浩荡荡来到了车行门口。只见铭铭拉开大门，并站在旁边把住大门，招呼着这帮孩子进去，就像进自己家门似的，俨然一副小领袖的样子。等大家都进去了，他也跟随着进去了。你可以想象出，这么一大群孩子涌进装饰得非常时尚且安静、漂亮的车行里，每个孩子再伸出小脏手去触摸擦得可以照出人影的汽车时，营业员会是什么态度了。结果自然是全部被轰了出来，而且认识他的营业员叔叔还黑着脸训斥了铭铭，告诉他如果再带这帮孩子进来的话，以后就不要再来了。铭铭的自尊心在孩子们面前严重受挫，为此他蔫了好几天，不敢再去这个车行。

听完小王的叙述，我心里倒是挺高兴的，为铭铭这么小就对这么多的孩子具有一定的号召力而感到高兴。这说明铭铭能体察孩子们的需求并且能够及时号召大家跟着他去干，去满足孩子们的心愿，初显了孩子头儿的风采。虽然铭铭这么做是不对的，但关键是我们只要引导好他，他还是可以成为一个出色的领头人的。

这使我联想起最近刚看过的新书《出人头地从小开始：培养孩子领导力的秘密》。作者申烷善毕业于美国大学产业工学专业，并获得了专业博士学位。他一直致力于产品品质改革和经营领导能力的咨询和教育工作。他在序言中写道："我只是想向大家证明，我们所羡慕的领导者也跟我们一样，他们的人生也是从啼哭和流鼻涕开始的。虽然多少有点儿差异，但是我们和他们都是从同一片海域出发开始航行的。态度决定我们的人生。出发地虽然相同，但是我们生存的方式却不同。有的人通过学习取得成功；也有的人早早地走向社会，通过努力取得成功。开始的时候，我们都是相同的起点，可是结果会在突然的一天变得不一样。不是学习好坏的问题，而是我们选择以什么样的态度来生存的问题。态度决定一切，我们必须为自己的人生负责任。"此书在内容简介中说："每个孩子身上都具有领导力，只是在于我们是否激发和培养。所有成功的领导者，无一不是从小就受到领导力的熏陶和训练。无论是哪个领域的领导者，他们都具有独特的领导能力。掌握自己、领导自己，不盲目地跟随别人的脚步，锻炼自己的能力，完成自己制订的目标，成为领导别人做事的人。"

于是，我对铭铭说："铭铭，真不简单，还能带领这么多小朋友去参观保时捷汽车。姥姥认为你做得不错，因为你领着他们进到车行满足了他们想看车的愿望。不过，保时捷车行是不能让这么多孩子同时进去的，必须要有大人领着才行，否则的话你们会影响人家卖汽车的。另外，进去之前，你应该先告诉小朋友不能用手去摸人家的汽车，只能站在旁边看，许看不许摸！小王阿姨带你进去的时候，是不是也不让你摸汽车呀？"铭铭使劲地点点头。"以后你还可以招呼小朋友一起去捡落在地上的树叶和废纸扔到垃圾桶里，公园里的叔叔一定会非常欢迎你们的，对不对呀？"铭铭又一次点点头。"保时捷车行的叔叔阿姨轰赶你们出去是对的，因为你们不是买车的人，其实站在外面看新车是一样的。铭铭是不是觉得让叔叔批评很没有面子？没有关系，我让爸爸带着你进去看新车，再让你爸爸问他们几个有关汽车的问题，他们肯定会欢迎你的！记住，见了车行的叔叔阿姨一定要先问叔叔阿姨好！告诉叔叔阿姨以后和小朋友就站在玻璃窗外面看车，想进来时就让大人领着。"我亲切地用手轻轻拍了拍铭铭的脑袋。我和铭铭都笑了。

2岁6个月

带铭铭去游泳池戏水

不少朋友告诉我，应该早日带铭铭去学习游泳，因为掌握了游泳技巧，会成为他终身受用的生存本领。在幼儿期学会游泳好处很多，可以促进全身的新陈代谢、增大肺活量，同时锻炼四肢和心脏肌肉，促进关节和韧带的发育。游泳还可以促进全身动作的协调，使大脑对外界环境的反应更加机敏灵活，体型更加健美。长期游泳的孩子还能增强对疾病的抵抗能力，因为长期游泳，幼儿适应了冷水的刺激，身体对于外界温度变化的调节能力相应提高，对于突变性气温能较快地适应。

我也认为孩子早学游泳好，但是我还是坚持4岁以下的孩子学习游泳并不合适。因为4岁前的孩子对于"深水"有一种惧怕的心理，如果给孩子进行游泳训练，尤其是训练在水中屏气会加深他对水的恐怖感，造成心理的伤害，这可是得不偿失的事！为此，我不赞成2岁多的铭铭去学习游泳。

不过，为了让铭铭以后不惧怕水，喜欢上水，我决定利用夏天天气炎热的时候带铭铭到小区的游泳池去戏水。所谓的戏水就是让铭铭穿上游泳衣，腋下套上游泳圈在游泳池里划动双臂，下肢自由地摆动，让他尽情玩耍。这样做既可以消夏，又锻炼了身体，并逐渐增加铭铭对水的亲密感，使他以后不再惧怕水，为5岁以后学习游泳打下一个好的基础。

美国的小儿科研究人员认为，小于5岁的儿童原则上都不适于学习游泳，原因是水中的低重力环境不利于孩子骨骼的成长。同时，幼儿的神经系统尚未完善，学习游泳不安全。因为人类在后天形成了对水的惧怕心理，一到水里就惊慌失措，拼命挣扎，容易吞水吐气而沉底。另外，游泳的高强度训练也容易损伤幼儿的身体。最近，我看到一篇文章，其中一段是这样写的："据统计，目前已有500万～1000万名美国幼儿及学龄前儿童接受过某种形式的水上课程训练，但据课程的组织者称，3岁左右儿童的游泳课程是为了让他们早日开始与水打交道而设的，并不教授特别的技能。"

我们小区是室内游泳池，水只有1.2米深。小区住户比较少，而且水质每次监测都合格，水温大约保持在26℃以上，这样最大限度地防止了不洁水和水温过低给孩子造成的伤害。由于游泳的人少，家长不用担心因孩子尽情地在水中戏耍而给别人带来不便。这样，孩子在玩水的过程中逐渐熟悉了水性，产生了兴趣，以后更乐意参与和学习游泳。

我和小王在家中给铭铭换上了游泳衣，并且给他斜挎上游泳圈。小王在一旁夸奖着："穿上游泳衣的铭铭可是太帅了！再背上游泳圈就更帅了。一会儿到游泳池，大家一定会问，这个孩子是谁家的，这么帅？"经过小王的一番夸奖，铭铭急忙跑去照镜子，一边照一边还自我赞美道："铭铭家的孩子真是很帅，铭铭要去游泳了！"说完，我们给铭铭穿上外衣，一行三人就雄赳赳、气昂昂地奔向了游泳馆。进了更衣室，小王帮助铭铭很快脱下外衣，就领他去了游泳池。我在更衣室换完衣服后也急忙去了游泳池。只见铭铭正站在游泳池边上看着池中的水发呆呢！小王正在和他说着什么。

"铭铭，和姥姥一起到水里玩！"我对铭铭说。

"不去！我怕！"说着，不顾小王拉扯，他急忙向后面的躺椅跑去，躺在躺椅上就是不起来，活像一个坐地炮。就这样，我们僵持了一会儿。我想说服动员这一招大概不起效了，于是决定自己先下水游一会儿，让他看着引起兴趣，估计他就有可能下水了。一般，我下水游1000米就上来，这次为了铭铭只好不游了，在水里给铭铭做示范，告诉他下水并不可怕。尽管我费尽口舌，可是他站在游泳池边看着我就是纹丝不动。没有办法，我只好一个人先游着，小王在上边照顾着他。

不一会儿，小区的一个女孩与她妈妈来游泳了。看来女孩与铭铭年龄相仿，只见小女孩来到游泳池边，套好游泳圈顺着池边的梯子自己就下来了。她和妈妈在水里嬉戏，女孩不停地用双手划动去追赶被妈妈扔远的漂浮鸭子玩具，笑声在室内回荡着。我看见铭铭羡慕的眼光正注视着小女孩。我问女孩的妈妈孩子多大了，她妈妈回答后，我立刻对铭铭说："看看！小姐姐多勇敢，才比你大3个月，人家在水里玩得多高兴呀！快下来和小姐姐一起玩！"然后，我假装开始和小姐姐玩。这时，我看见铭铭似乎有些心动，尤其是看到我与小女孩玩，可能是嫉妒心理又在作怪，于是在小王的劝说下，他终于套着游泳圈小心翼翼地迈向泳池的梯子。我在下面接着铭铭，铭铭终于下了水。

刚一进水时，铭铭十分紧张，四肢不敢动一下，像一根漂浮在水面上的木头，任凭别人通过拍击水花促使铭铭随着游泳圈转动而移动位置。我故意打击水花到铭铭的脸上，铭铭吓得高举双臂进行阻挡，并高声大叫："姥姥，不要！姥姥，不要！"这时，旁边的小姐姐大声对铭铭说："我就不怕！我喜欢打水仗！"说着就和她妈妈互相打起了水仗，女孩还哈哈大笑。看到小姐姐的表现，铭铭似乎也壮大了胆子，不甘落后，开始学着小姐姐的样子往我身上撩水。小王在上面也不断地鼓励他："我好羡慕铭铭呀！我也不敢下水游泳，还是铭铭勇敢呀！"就这样，铭铭开始小心翼翼地在水中舞动双手，学着小姐姐的样子在水里游动。因为双手用力不均，所以他只在原地旋转。于是，我告诉他如何用手划水，小腿如何摆动。有小姐姐在旁边做榜样，不一会儿，铭铭已经能够用他的双手不停地划水，小腿和脚配合手的动作来回摆动，带着游泳圈向前划去。铭铭开始有了成就感，引起了玩水的兴趣，恐惧感似乎也消失了不少。

慢慢地，铭铭在水里的动作越来越开放，开始进入"自由王国"状态。1小时过去了，铭铭和小姐姐玩兴正浓，他们两个比赛看谁游得最快并拿到远处水上漂浮的玩具鸭子和小船。我呼唤铭铭上岸，准备洗澡回家，谁知道他一百个不愿意，竟然划得远远的，不让我够着他。在劝说之下，好不容易铭铭才爬上岸来。铭铭初次和游泳池的亲密接触就这样结束了。有了开头，铭铭尝到玩水的甜头，到游泳池中游泳成了铭铭以后生活中最有意思的活动之一，所以隔一两天我和小王就带着铭铭去游泳池玩。

不过，带孩子去游泳池，最好选择夏天，水温不要太凉，这样孩子比较容易适应。如果是露天游泳池还要注意防止皮肤晒伤。不要在孩子饥饿时让他入水池，也不要在入水池前给孩子吃东西。入水池时，给孩子戴上游泳帽、游泳眼镜以保护游泳池的清洁和孩子的眼睛。下水前，家长要按摩孩子的全身皮肤和肌肉，做好热身活动，不要在孩子感冒或者大汗淋淋时入水池。如果孩子患感冒，应该在感冒愈后1～2周再去泳池，以预防感冒的并发症——隐匿的心肌炎而造成意外。

2岁6个月

铭铭很"小气"

　　我在前面讲了，小王很喜欢带着铭铭去周围的几个公园玩，因为那儿有许多与铭铭年龄相仿的小朋友。孩子凑在一起玩耍有助于培养孩子社会交往的能力，同时也有助于孩子合作能力的发展，学会一些交往的技巧。最近铭铭特别喜欢去公园玩，原因有二：一是显摆自己的新车，二是要与其他小朋友比赛看谁骑得快。

　　原来铭铭骑的自行车比较矮小，与其他小朋友比赛时他常常落后。争强好胜的他觉得很没有面子，于是小王就向其他小朋友借车让他骑，过一过骑快车的瘾。小朋友爽快地答应了。铭铭骑上车后感到十分愉快。小王不失时机地告诉铭铭要感谢借给他车的小朋友。

　　我们给铭铭买了新自行车后，铭铭要去公园向其他小朋友显摆一下，他也有了一辆新车，而且是一辆十分"酷"而"大"的新车。同时，他也要与曾经骑车快的小朋友再比试一下。比试的结果自然是他拔头筹。因为铭铭的自行车车轮的直径大、飞轮大，所以他骑起来遥遥领先。

　　他跟小朋友比了一圈又一圈，直到骑得满头大汗才下车来休息一下。这时，上次借给他车的小朋友看见铭铭的新车十分羡慕，很想骑上去玩一玩，于是提出："铭铭，我骑一下你的车好不好？"这个孩子比铭铭大1岁半，孩子眼睛里流露出十分渴望的表情。铭铭不说话，就是死把着车不放，于是那个孩子的爷爷也对铭铭说："借给彤彤骑一下，上次他不是还借给你了吗？"小王也劝铭铭把自行车借给彤彤骑一会儿，可是铭铭不说话，还是死把着车把不松手。彤彤的爷爷说："真小气！以后我们彤彤不和你玩了。"说完，拉着彤彤对其他小朋友说："大家不要和铭铭玩了，他太小气！"于是其他几个小朋友也跟着走了。彤彤爷爷临走时还抛下一句话："这个孩子这样小气，家长肯定也小气！"小王在旁边听到了，不高兴地分辨道："铭铭的家长可不小气，不要因为孩子就牵涉到人家的家长！"

没有小朋友和铭铭玩，铭铭也感到十分没趣，只好和小王回家了。遭到冷落的铭铭，回到家里悻悻地说："我不和彤彤玩了，彤彤不好！"以后几天出去他都不带自行车，见到彤彤的爷爷也不叫爷爷了。

经过几天，我看到铭铭不去公园了，感到很奇怪，就问小王原因。小王将之前发生的事告诉我，并且说："当初我没把这件事告诉您，是怕您生气，因为彤彤爷爷最后甩出来的话很难听，没水平！"

"嗨，不能这么说！难怪人家有这样的认识，一般人都会这样想的。本来孩子的表现也确实够差劲的。当然，就铭铭的年龄来说，有这种思想不足为奇，因为他还处于以自我为中心的意识中，小气是这个年龄段自我意识的本能体现。孩子对心目中一切物品常理解为都是我的，不会考虑到别人，更不能感受到别人的需要，常常是'我的书''我的玩具''我的自行车'等。而且咱们家就这么一个孩子，很多事情都是围绕着他一个人转，大人给予他更多的关爱和照顾，自然更加重了这种自我意识。这件事也提醒了我们，现在不但要给孩子进行物权教育、还要帮助孩子学会如何分享、在平等公平的条件下让孩子学会怎么与别人合作，并教会孩子一些社会交往的技巧。"

晚上，我与女儿、女婿谈论这件事情，他们很认同我的想法，对铭铭"小气"的教育取得了一致的意见，随后我们就付之行动。

睡觉前，我对铭铭说："铭铭，为什么去公园彤彤不和你玩了？"

铭铭低着头小声地说："因为我不让彤彤骑我的新自行车。"

"哦！你骑过他的自行车吗？"我又进一步追问他。

"骑过！"铭铭又小声地说。

"你要骑人家的自行车，彤彤很大方地借给了你，为什么你的自行车就不允许别人骑呢？"我又问他。

"我的是新车，彤彤的是破车，我不乐意……"铭铭支支吾吾地回答。

"这就不对了。自行车确实是你的，但是它是爸爸妈妈花钱买来送给你的，爸爸妈妈很乐意和你一起分享有自行车的快乐。彤彤既然把自己的自行车让你骑了，说明彤彤做得不错，懂得分享。破自行车怎么啦，再破那也是彤彤心爱的东西。他把自己心爱的自行车让你骑，你怎么就不能呢？你和彤彤交换着玩不是很好吗！这样下去别的小朋友就不愿意和你玩了。是不是现在彤彤和小朋友都不愿意和你玩了？"我问铭铭。

"是的！"铭铭低下了头。

"你很孤单？没有关系，明天你和彤彤交换骑10分钟。你可以告诉彤彤：'这是我最心爱的车，千万不要碰坏了，骑的时候要小心哦！'彤彤就会小心的。这样小朋友以后才愿意和你玩，对不对？你说这样做可以吗？"铭铭点点头，不过看得出来，他还是有些不情愿。

第二天，小王带着骑自行车的铭铭来到公园。小王主动招呼彤彤和其他的小朋友。小王对彤彤说："彤彤，铭铭答应你骑他的自行车了，你们交换骑一会儿，不过只交换骑10分钟呀！注意不要把铭铭的新自行车摔了，铭铭会心疼的，铭铭也不要把彤彤的车摔了，彤彤也会心疼的，好不好？"两个孩子都点点头。铭铭把自己的自行车给了彤彤，自己骑上了彤彤的车。10分钟后，小王立刻让他们再换回自己的自行车。这样既满足了彤彤想骑铭铭车的愿望，又使铭铭和这些孩子高兴地玩在一起。铭铭自豪地对彤彤说："还是我的自行车快吧？"彤彤回答道："你的是新车，当然比我的快了，不过我的自行车也很好。"

为了给孩子创造人际交往的机会，女儿女婿每个周末总选择一天不是带着铭铭到别人家去找小朋友玩，就是约朋友们带着孩子到我们家来玩。到别人家去玩必然要给朋友家的孩子送礼物，女儿往往会带着铭铭一起去商店为别的孩子选礼物。事前，女儿都给铭铭讲清楚："这是给某某小哥哥（小姐姐）选择礼物，由铭铭亲自来挑，只要是铭铭喜欢的，小哥哥（小姐姐）肯定会喜欢。到了叔叔阿姨家，由铭铭自己送给小哥哥（小姐姐）礼物，他们会特别感谢你的，因为是你带去的礼物，他们会更乐意与你玩。"同样人家带孩子到家中玩，也会给铭铭带礼物，铭铭收到这些礼物特别高兴。女儿女婿又及时对铭铭说："你看看小哥哥多大方呀，他把他最喜欢的新玩具（书）送给你了，要谢谢小哥哥。快把小哥哥领到你的屋里去，铭铭也应该拿出你的玩具与小哥哥一起玩！"这个时候，铭铭都会很大方地领着小朋友一起到他的房间去玩他的玩具。孩子们在玩的时候，我和阿姨会准备一些加餐给孩子们吃。这些食物都是平常为铭铭准备的、他最喜欢吃的食物，如煮红果酪、水果奶昔、自家做的果料面包、酸奶等。拿为他准备的、他喜欢吃的食品一份份分装在小盘或小碗里，然后摆在餐桌上让孩子们过来一起分享，铭铭表现得还是不错的，因为他到别人家同样也分享了小朋友的食品。

因此，要想让孩子学会分享和合作，其前提必须是公平、平等的。

2岁6个月
为了减轻分离焦虑，铭铭开始上幼儿园的亲子班

按照国家有关规定，小班的孩子入园的年龄应满3周岁，因为这个时期的孩子生理和心理上都适合入园。我一直主张孩子3岁入园比较合适。过早送孩子入园很容易让孩子产生严重的分离焦虑情绪。

对母亲（或抚养者）的健康的依恋关系是婴幼儿社会性行为和社会性交往发展的重要基础。3～6个月的孩子开始对不同人的反应有了区别，对母亲（抚养人）更为偏爱。6个月～2岁是婴幼儿特殊的情感联结阶段，对母亲（抚养人）有特别亲切的情感。当和母亲（抚养人）在一起时，他会特别高兴，而且感到安全，能够安心地探索周围的环境。当母亲（抚养人）离开时，他会哭闹不止。婴幼儿表现出了明显的专门依恋母亲（抚养者）的情感联结，所以这个阶段是引导早期依恋发展的最好时期。

孩子2岁以后，开始逐步与同伴进行交往，但是仍然脱离不了父母或抚养者。如果孩子不到3岁就送幼儿园，幼儿园的一切对于孩子来说都是陌生的、生疏的。他的认知水平还不能理解他和依恋的对象是暂时的分离这一事实，因此觉得不安全，产生焦虑不安或恐惧的情绪。这些消极的情绪影响着孩子的行为：孩子会反抗、哭闹、愤怒，继而失望。虽然孩子以后可能接受了这个现实，但孩子容易产生严重的心理负担。如果幼儿园的老师再关照得不好，这段经历很可能对孩子的个性发展产生持久的不良后果，也对孩子今后建立良好的人际关系，进入高层次的情感发展产生不良的影响。

另外，2岁多的孩子各项基本生活能力比较差，不能很好地照顾自己。有的

孩子还不能自己吃饭，和大孩子在一起做任何事由于能力有限总是落后一步，孩子容易产生自卑心理。另外，孩子总是处于被别人照顾的环境中，这样发展下去也不利于孩子的成长。

但是，现在一般幼儿园入托的时间多是每年的9月1日，由于铭铭的生日是12月29日，我们不可能再等到来年的9月1日，那时对于快4岁的铭铭来说可能就太晚了，会失去与同龄小朋友进行交往、学习和锻炼各方面能力的机会。我对女儿说，如果能找一个幼儿园是亲子班和托班都有的就好了，这样就会减轻铭铭的分离焦虑问题。

经过多方打听，我们听说上海市中福会托儿所开设了"亲子苑"和"托班"，为孩子顺利过渡到正式入园奠定好基础，有助于解决孩子的分离焦虑的问题。上过幼儿园亲子班的孩子，因为熟悉路线、熟悉环境、熟悉老师和与其他小朋友一起长时间愉快地玩耍，会减轻孩子很大程度的不安全感，减轻分离焦虑的产生。

因为亲子班需要有家人陪伴，所以刚开始是女儿和小王陪着孩子去的。回到家里，女儿和小王异口同声地说这个亲子苑办得非常好，铭铭在那儿玩得也很开心。我半信半疑的，心想，我见过的亲子班多了，一个幼儿园办的亲子苑能有那么好？说不定是一个把幼儿园教育搬到0～3岁阶段的超前教育的典型呢！她们不是用专业眼光去看的。俗话说，外行看热闹，内行看门道，赶明儿我去看个究竟。

当听说我和小王要带他去幼儿园的亲子班时，铭铭特别高兴。女婿开车送我们，因为幼儿园在他上班去的路上。当我打开汽车门时，铭铭自己很快就爬上汽车，然后坐在自己的汽车座椅上，熟练地戴上安全带。一路上，铭铭目不转睛地看着大街的风景。各种牌子的汽车更是铭铭主要的注意对象，他一边看着一边津津有味地叨念着汽车名字。很快，我们就到了幼儿园。下了汽车，我们看到幼儿园的外墙栏杆上挂着宋庆龄女士当年和孩子们在一起玩耍的照片，她慈祥和蔼的面孔令人肃然起敬。

这个幼儿园不大，但是在上海浦西这个拥挤的地方有这么大的场所已经很不简单了。幼儿园每个地方设计得都很精致。楼前的大片草地像一片绿茸茸的盖毯，草地上高高竖起的旗杆上飘扬着五星红旗。幼儿园围墙内和绿地周围是分别挂着树名的各种灌木和乔木（有助于孩子认识这些树木），树木内侧放置了孩子户外活动的各种大型体育器械。

铭铭进了幼儿园向亲子苑飞快地跑去。亲子苑的大门毫不起眼、太普通了，不像我见到的一些早教机构把门面装潢得十分高贵华丽，吸引眼球。铭铭先找到放自己鞋的鞋柜（柜上贴着一个苹果的画），然后坐在柜子上自己脱下鞋，将鞋放进他的柜格里。我们也脱掉自己的鞋放好，随着铭铭来到亲子苑的游戏室。

哇！一进2楼的活动室顿时感到别有洞天：150多平方米的房间宽敞明亮，房间被各种游戏玩具分割成不同的游戏角落，有娃娃家、爬坡、迷宫、涂鸦区、私密角、阅读区、沙水区、海洋球……构成了一个五彩斑斓的幼儿乐园。这里还有摆放鲜花的矮窗以及小尺寸的家具——漂亮的窗帘、小书桌和小橱柜等。这个小橱柜很容易开启，里面摆满了各式各样的物品。这些物品大概包括五大部分：日常生活的教具、感知的教具、数学教具、语言教具和自然人文科学教具（天文、地理、人文、历史、科学、艺术等项目）。每一个部分都是环环相扣、密不可分的，孩子可以随意取用。一切都显得那么真实、自然、有美感。

小陈老师和另一位不知姓名的老师看到铭铭走进来，面带笑容地和他打了招呼，还亲切地拍了拍铭铭的头，一下子就拉近了铭铭和老师的距离。铭铭也向老师问了好，然后就轻车熟路地奔上售货区拿了一个篮子，随后往篮子里装上一根黄瓜，还像模像样地在超市的秤盘上称了称，就又去走迷宫了。铭铭在各个游戏区中不间断地玩着，兴趣始终很足，没有一刻停歇的时候，而且玩起来也不看我和小王，丝毫不在乎我们在不在。

我坐在教室边上为家长准备的椅子上进行观看。我看到这儿的老师并不像一般亲子班那样将家长和孩子围在她的周围，老师讲或者做示范动作，家长和孩子听，去模仿老师的动作。在这里，孩子根据自己的兴趣去选择自己喜欢的游戏和玩具。当孩子遇到难题时，老师才用启发的方式，引导孩子自己解决问题。老师在这里只是协助和引导，就像是一个观察者、示范者和协助者。孩子是这里的主人，老师所做的就是为幼儿准备环境，确保孩子有自由活动的机会，同时为孩子提供适合的、有秩序的教具，协助孩子工作，示范与说明教具的使用方法和活动展开的方式。这完全像蒙台梭利的教育方法。后来我听说，中福会托儿所的所长陈磊老师是一位教学能力和成绩十分突出的思考型、专家型、研究型的管理者。

她曾于1996年赴加拿大西蒙台梭利进修学院进修半年，系统学习蒙台梭利教学法，怪不得亲子苑的理念这样科学。

蒙台梭利教育理论的宗旨是"以儿童为中心""孩子有绝对的自主权，让他们自己决定玩什么、学什么"。根据孩子自身天然的特点及成长需求，在自由与快乐的学习环境中，培养孩子自觉主动的学习和探索精神，以开发孩子的智慧，挖掘孩子的潜能，激发孩子的内在动力，达到身体、意志、思想的独立，以及人格、心理和精神的完善。孩子在中福会托儿所享受充分的自由，每个孩子在这儿都有自由活动的机会。孩子是这里的主人，有着最大的自由，孩子也感受到最大的快乐。虽然给孩子足够的自由，但是这种自由并不是放任，孩子还必须遵守纪律，学会遵守秩序，成为一个自律的人。

最后的二十几分钟是托儿所积极倡导的、有父母参与的、亲子互动式的家苑共育模式，如亲子游戏、户外运动等适合低幼年龄特点的有父母参与的系列活动。有的时候，孩子们坐在画有代表自己的水果的地方，铭铭就坐在画有苹果的地方，然后小陈老师给孩子们念歌谣、讲故事，再带领孩子们一起做操和跳舞，孩子们跟着老师愉快地跳着、唱着；有的时候，是去参加户外活动，像吹泡泡等。一堂课就在孩子们快乐的笑声中结束了，但是铭铭还意犹未尽不想离开。

一般情况下，孩子们是各玩各的，偶尔会互相对看一下，但是却没有合作的意向，这是这个年龄段社会性发展的特点。

课堂活动期间，亲子苑还给孩子们供应自制的汤水。因为我们去亲子苑的季节是上海的夏天，所以汤水都具有消暑清热的功能，铭铭非常爱喝。下课后，家长带着自家孩子来到1楼就餐室，孩子们开始吃午饭。饭菜的品种很多，起码有2～3种以上的蔬菜、切成米粒大小的畜肉或禽肉丁混在蔬菜或汤里，主食是较软的米饭或者小馒头。饭菜颜色搭配得鲜艳多彩，很能引起孩子的食欲。饭后还有少许水果。保证孩子营养的丰富餐点是这个幼儿园的特色之一。铭铭吃完饭后，我们带着他就回家了。后来，小王告诉我3楼还有一个偌大的教室，放着一些大型的室内游乐器材，孩子们可以到上面去玩。铭铭特别喜欢去，因为上面可以开"汽车"。

晚上，我对下班回来的女儿说，这个幼儿园确实像你们说的，真是不错！教育的理念既先进又科学，怪不得铭铭喜欢去呢！

我很庆幸铭铭上了这个幼儿园。

中福会托儿所是由宋庆龄女士在1950年亲自创办的，如今已经发展成一所教育理念先进、教学科研并重、内外交流广泛、托幼一体的上海市唯一的现代化示范托儿所。2004年，中福会托儿所整合了现有的优质资源，选择学前教育最具发展潜力的新亮点，开设亲子苑。该项目使原有的2～6岁的办学规模继续向下延伸至0岁，实现了全程化的早期教育体系，扩大了早期教育向家庭延伸的指导网络，在服务中体现了中福会托儿所的办学思想和教育理念。该所遵循宋庆龄"让小树苗健康成长"的教育期许，形成了以营养为特色、以保健为基础，身心并举的健康教育模式。其曾多次荣获全国少年儿童教育先进集体、上海市文明单位、上海市健康单位示范点、上海市三八红旗集体、上海市爱国卫生先进单位等荣誉称号，并通过了ISO 9001国际质量管理体系的论证。

亲子苑迎面墙上的标语

1 小王带着铭铭高高兴兴地去上亲子苑　2 这个地方很好玩　3 铭铭拿着"摄像机"准备给小朋友"录像"

4 在亲子苑走迷宫　5 去超市买蔬菜和水果　6 淘气的铭铭临回家前也不忘去爬攀登架

1 拿着"方向盘"听老师讲解　2 跟着老师学"开车"　3 跟着老师学着做动作

4 小朋友们手拉手　5 亲子苑的毕业典礼

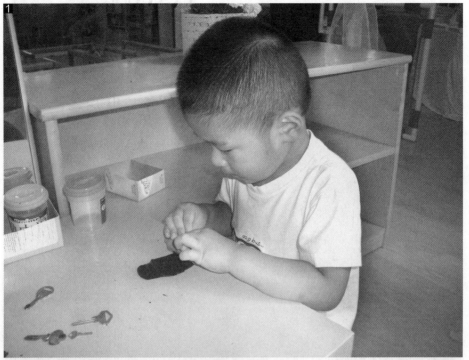

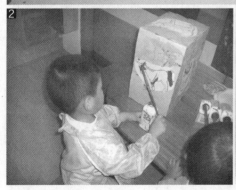

1 铭铭在"工作"

2 铭铭在涂鸦

3 准备"午餐"

4 学会自己穿鞋

5 亲子苑毕业前参观哥哥、姐姐的班级，熟悉这里的环境

6 吃完饭将用过的饭碗放到指定的地点去

7 在亲子苑开车的铭铭多神气

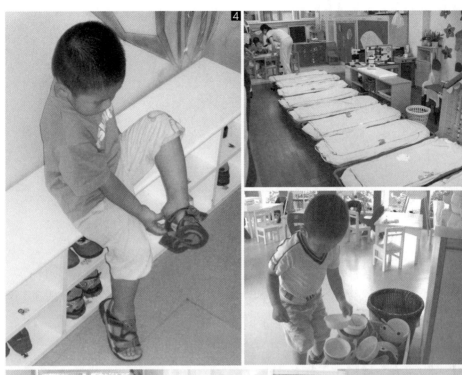

2岁6个月

蹲下来和孩子说话

　　铭铭1岁以后，我们就逐渐训练他自己吃饭，到2岁时他独立吃饭的能力就已经很好了。虽然每次吃饭他都会将饭菜的残渣遗撒满地，自己的脸上也沾满了饭粒，但是终究是他自己在吃饭，我们还是一直鼓励的。但是，到了2岁以后，铭铭开始不愿意自己吃饭，表现出来的就是吃饭磨磨蹭蹭，一边吃饭一边玩，吃一顿饭可以用上1小时。急脾气的小王在旁边看着不耐烦了，只好去喂他，这也正和他的心思。为此，我们全家人大伤脑筋。我们曾经使用过很多的方法，可是奏效不大。平时，女儿和女婿看到铭铭吃饭的表现总是说："他不吃算了，饿他一顿，下一顿他就好好吃了。"可是到了下一顿，铭铭还是"外甥打灯笼——照舅（旧）"。

　　这一天铭铭又故技重演。亲子苑上完课后，铭铭与小王一起来到亲子苑的食堂吃饭。绿色的青蛙碗里有菜有饭，菜色鲜艳惹人注目，还有做得有滋有味的汤水。铭铭刚开始还自己吃着饭菜，不过磨磨蹭蹭。眼看着时间就这样一分一秒过去了，他还在不慌不忙地东张西望。当看到窗外的汽车时，铭铭更是忘记了自己正在吃饭，嘴里含着一口饭，偶尔才动一下嘴，但就是不往下咽，右侧的面颊被食物撑得鼓鼓囊囊的，像是长出来的一个大包。

　　眼看着其他的小朋友已经吃完饭相继随着家长离去了（不过绝大多数都是家长喂的饭），可是铭铭就是不着急。小王在一边火急火燎，不停地督促着，真是皇帝不急太监急。急脾气的小王没有办法了，只能使出最后一招——喂。

好不容易喂完了饭，铭铭将自己用过的饭碗放到指定的地点。这时，负责生活的糜老师走到铭铭跟前，蹲下来与铭铭脸对着脸，直视着铭铭，慈祥地小声地问道："为什么要让阿姨喂饭？吃饭磨磨蹭蹭好不好呀？"铭铭支支吾吾地不说话。于是，糜老师又和蔼地告诉铭铭2岁半的孩子应该自己吃饭，如果再让大人喂饭就像小宝宝一样了，不再像要上幼儿园的大哥哥了。糜老师利用铭铭最想做大哥哥的心理来引导他。之后，糜老师又拿出一个小碗，里面盛上几块水果，又叉了一个小饭叉，看看铭铭会不会自己吃。铭铭很痛快地拿着小碗和饭叉自己吃起了水果，而且吃得很快，吃完后用纸巾擦擦嘴，将这套餐具放到餐具收集的地点。糜老师及时夸奖了铭铭，说他做得好，能够独立吃饭，而且吃饭也没有磨蹭，确实像一个大哥哥了。铭铭听到糜老师的夸奖后高兴极了，愉快地向糜老师道了声"再见"，离开了亲子苑。

　　当小王回来向我叙述这件事时，我感慨万分，也不禁为自己的教育方法感到汗颜。我对小王讲，我们从来不注意这些细节，因为在我们的潜意识中一直认为我们是大人，我们是教育者，是我们在给孩子进行教育，是我们领着他走上人生的道路。因此，平素对孩子进行教育或沟通时，总是居高临下去审视孩子所做的一切。对于孩子所发生的一切言行，由于是站在大人的立场去看、去评价、去发号施令，把自己的主观愿望强制施加给孩子，从来没有考虑到孩子在想什么。而且我们总是要求孩子对家长的话言听计从，不管对错与否。其原因是我们的头脑中总是摆脱不了教育者的尊严。正因为认为孩子是"被"我们进行教育的，所以常常摆出一副教育者的姿态去和孩子谈话，没有顾及到孩子的尊严，人为地制造了与孩子之间的隔阂，让孩子产生了敬畏的感觉。换位思考一下，如果我是一个孩子，总是抬着头仰视着家长来听大人的教训，心里会是什么滋味。我想，不外乎两种表现：一种认为自己是低人一等的，因此产生卑微的心态，表现出的是唯唯诺诺、毫无主见；另一种就是不服气，继而奋起反抗，表现出一种叛逆的行为。

　　虽然我们都非常疼爱铭铭，也注意倾听孩子的言谈，但由于我们一直认为铭铭是"被"我爱的，而完全没有想到他是一个独立的人，同我们一样有着自己的尊严，所以我们的教育结果往往事与愿违。美国精神病学家威廉·哥德法勃说得

1无奈何的小王只得喂饭　2糜老师蹲下来关切地询问铭铭为什么不自己吃饭
3经过糜老师的教育，铭铭开始自己吃水果

好："教育孩子最重要的是要把孩子当成与自己人格平等的人，给他们以无限的关爱。"

作为一名优秀的幼儿教师，糜老师的举止行为处处体现了对孩子的尊重。蹲下来与孩子在同一个高度上谈话，拉近了自己与孩子的距离；与孩子脸对脸、目光对视着谈话，体现了对孩子的尊重。蹲下来也向孩子传递了老师对他出现的一些问题的认真态度和对他的关爱，孩子也从老师的眼睛里看到了对他的信任。蹲下来，和颜悦色、轻声细语地耐心说服，而不是自上而下地发号施令，更不是大声呵斥，使得孩子更乐于接受老师的意见。糜老师采用这样的教育方式，能促使孩子意识到自己同成年人是平等的、是受到尊重的人，有利于孩子从小建立独立自尊的人格。采用这样的教育方式与孩子进行沟通，使孩子获得好的心情，更乐于接受老师的意见，这样才能达到帮助孩子认真对待自己的问题或缺点的目的，而不至于使孩子听而不闻或产生逆反心理。

我记得《健康时报》曾发表过的一篇文章谈到，教育孩子有十大戒律，家长应该牢记。

（1）不要把小孩子当成大人来要求，把大孩子当成小孩子来管束；

（2）不要把"听话"作为好孩子的唯一标准，给"调皮"贴上坏孩子的标签；

（3）不要为孩子包办一切，让孩子失去长大的机会；

（4）不要把父母的意志强加给孩子，让孩子学不会为自己的选择负责；

（5）不要强化孩子的缺点，拿自己孩子的弱点和别的孩子的优点比较；

（6）不要当众羞辱孩子，对孩子施以语言的暴力；

（7）不要对孩子百依百顺，让孩子受不得半点儿委屈；

（8）不要让课业负担充斥孩子的所有时间和空间，把考出高分当成孩子唯一的生活目标；

（9）不要捂上孩子的眼睛和嘴巴，让孩子这也不许看，那也不许说；

（10）不要捆上孩子的脚和手，让孩子这儿也不许去，那儿也不许摸。

第 **6** 章

31～36个月发育和养育重点

	发育概况	养育重点
大运动发育	· 学会控制身体 · 掌握平衡 · 增强下肢力量 · 全身动作更加协调灵活	· 鼓励孩子单脚站立，脚尖走路，双脚原地向上跳跃或跳远，从台阶向下跳（注意保护孩子的安全）； · 下楼梯时，使用双脚轮换交替下楼。
精细动作发育	· 开始画一些有形的画	· 大人画一些简单的画，发挥孩子的想象，问孩子画的像什么； · 在一幅画中少画一部分，启发孩子发现并且做补充。
生活自理能力	· 养成良好的卫生习惯	· 逐渐学会穿衣服、扣纽扣； · 饭前便后自己洗手、学会使用牙膏、自己能够正确刷牙等。
认知发展	· 学会意思相反的一对概念 · 能够初步理解方位的含义 · 开始学习0～5这几个数字 · 会说自己和他人的姓名 · 理解"你""他"等人称代词的意义 · 认识性别，能够准确说男和女	· 鼓励孩子利用身边接触的实物学会比较和分辨长与短、冷与热、黑与白、高与矮、多与少等； · 在生活实践中，家长有意识地教给孩子分辨和掌握上下、左右、里外、前后等基本方位概念； · 将近3岁时，家长应该利用实物让孩子进行5以内数量的比较，例如，"1个"和"3个"比较； · 能手口一致地点数5个以内的物体，并能说出总数； · 能按数取物； · 逐渐理解0～5这几个数字的意义； · 能用数词描述事物或动作，如"我有4本图书"； · 能用姓名来称呼自己、家人和小朋友； · 会在实际生活中理解运用"你""他"等人称代词； · 通过周围所接触的人教会孩子辨别性别，进而让他明确自己的性别。

	发育概况	养育重点
语言发育	·掌握比较复杂的句子	·创造机会鼓励孩子清楚地表达自己，并及时给予表扬，使之充满信心，更乐于与人交流。
情绪、情感发育	·出现羞愧感、自豪感和道德感萌芽	·利用身边发生的事为孩子建立起正确的道德观； ·孩子做对的事要及时给予表扬，做错的事要及时给以批评。
社会性发展	·能使用礼貌用语 ·学会遵守规矩	·教会孩子礼貌称呼别人，初步学习社会交往的技巧； ·在日常生活中，家长要给孩子建立正确的行为准则，告诉孩子什么是好的行为，什么行为是爸爸妈妈和别人不喜欢的行为； ·家里家外都要给孩子定出规矩，有规矩就必须遵守，而且家里的大人首先要做出榜样。

2岁7个月

通过绘本中的情节训练孩子进行推理和概括

"姥姥，早晨好！"铭铭推开我的屋门大声叫着。

每天早晨，铭铭都要到我的屋里来"学习"，因为阿姨要去厨房为他准备早饭。

"铭铭，你好！早晨到我屋里来干什么？"

"问姥姥好！我来学习了！"铭铭说着就要往我的床上爬。

"你还没有拿书来呢。你喜欢看什么书，姥姥就给你讲什么书！"我一向主张孩子喜欢看的书才是我要给他讲的书，否则孩子对你选择的书不感兴趣，就不会认真听你讲解了，那岂不是白费工夫。一般，我们给孩子买的都是符合他的年龄段理解能力的书。

"姥姥，您等着，我马上就回我的屋里去拿！"铭铭一边说着一边开门跑回自己屋里。他很快就拿来3本：《消防站的一天》《警察局的一天》《飞机场的一天》。

这3本书都是美国童书作家理查德·斯凯瑞的作品。书中，作家以善良可爱的小动物形象来模拟人类的行为，向孩子展示人们日常生活中的种种常识。故事中的内容是孩子经常接触的熟悉的事情，孩子感到很亲切，也容易理解，因此深受小朋友的喜欢。

"铭铭，你让姥姥给你讲哪一本？"

"姥姥，就这一本吧！"铭铭把《警察局的一天》拿给我。

说着，铭铭就爬上我的床，坐到我的身边，一边看着书一边听我念书和讲解。我年轻的时候曾是文艺骨干，对于朗诵和表演还是有一套的。为了让铭铭更好地理解书中人物的情绪表情和语言，我看着书本模拟书中的人物，极富感情且抑扬顿挫地念起来。我一边指着书里的图画，一边给铭铭讲解。铭铭十分专注地听着，还不断地插嘴问一些问题。

这本书描写的是一只名叫墨菲的狗警官的一天。墨菲警官是一个充满爱心的爸爸。星期天太太要外出，墨菲警官只好带着自己的女儿布里奇去警察局替别人的班。在替班的过程中，墨菲履行了一个警察的职责，帮助忙忙碌碌镇的居民做了很多好事，赢得了布里奇同学的羡慕和赞扬："有个当警察的爸爸真神气！"布里奇也骄傲地说："我爸爸的工作是最棒的！"她为有这样的爸爸感到十分自豪。

 重复练习与意志力

其实，这本书铭铭已经看过许多遍了，但是他仍然喜欢你给他重复地念和讲解。对于孩子这样的行为，专家认为是儿童的一种自然而然的训练活动，蒙台梭利将它称为"重复练习"现象，并认为儿童重复做事是为了意志力的形成。意志力来源于选择有智力目的的活动，其形成需要一个很漫长的过程，要经历专注、兴趣、意志、顺从四个环节。儿童的意志力并非成人所理解的那样，可以通过后天强化训练出来。实际上，儿童的意志力形成是一个天然形成的过程，也是一种天赋的本能，它是儿童自然成长的法则。蒙台梭利还认为，在意志力形成的四个环节中，其中最常见也是首要的阶段便是经历专注，即婴幼儿时期的"重复练习"。因此，对于铭铭的这种行为我十分理解。

我不记得在哪里看到的一篇文章，那篇文章的作者说："在可以自主阅读之前，几乎每个孩子都经历过重复听故事的阶段。重复听故事能使儿童逐渐掌握故事中的词句，使一些好词好句在记忆中得到反复强化，并积累一定的语言经验，从而使孩子在自编故事时，把那些储存在脑海中的语词语句，迁移运用到新的故事情景中。所以，让孩子重复听故事，不但令孩子获得了有关知识信息，学习了一些语词语句，懂得了相关的道理，此外更重要的一点是为孩子提供了创造性言语表达的素材，开发了孩子的语言潜能。"

读完了书，我问铭铭："墨菲警官是不是很棒呀？"

"是的！"铭铭回答。

"他棒在哪里呀？"我又接着问。

"嗯——嗯——"铭铭支支吾吾的，因为这个阶段的孩子还不会进行概括总结。

"布里奇和小屁孩儿（布里奇的同学）说墨菲警官棒的！"铭铭总算找到一个理由。

"你不能听他们怎么说的，你自己说说为什么墨菲警官很棒！"我对铭铭说，并开始启发铭铭，"想想，墨菲警官带着布里奇骑着摩托车去警察局的路上碰到了什么情况？"

"碰到马路上红绿灯坏了，各种车辆堵成了一团。"铭铭受到启发，马上回答出来。

"怎么办呢？"我又紧接着问他。

"墨菲警官赶紧站在马路上指挥起车辆啦！"

"布里奇在哪里呀？"我接着问。

"墨菲警官让布里奇坐在路边的椅子上了。"

"哦！布里奇很难过吧？一个人多可怜呀！"我故意拉长音调做出难过的表情。

"才不难过呢！咖啡店的浣熊先生还给布里奇送来了点心！"铭铭一边说着一边不由得舔舔自己的嘴唇。

"哦，浣熊先生还说了什么话呀？"我继续问。

"他说，墨菲警官的工作非常——非常——重要。"铭铭回答。

"为什么呢？"

"姥姥，你这个人也真是的，你怎么老是问我，我已经烦了！"铭铭已经明显不愿意回答我的问题了，把"您"也换成了"你"。

"哼！姥姥也不高兴了，对姥姥不尊重——不说您！你不知道也好，我找小张阿姨家的小哥哥回答，他肯定回答得比你好！"我也假装生气往外走。

"姥姥，您不要生气，我是爱您的！"铭铭一看我真的"生气"了，马上认错，小嘴甜甜地说道，而且还用小手轻轻拂拂我的前胸。

"我知道，要不忙忙碌碌镇就会乱得不得了了。"紧接着，铭铭快速地回答出来。我知道他是怕别人回答得比他好，这个孩子太要强了。

"看！回答得多好呀！幼儿园的小朋友都是这样回答问题的。"因为铭铭很喜欢他要去的幼儿园，也向往幼儿园的生活。抓住他的心理活动，我赶紧鼓励他。

"铭铭，就是因为墨菲警官帮助忙忙碌碌镇的人们做了许多好事，所以他才是很棒的！你说墨菲警官是不是很棒呀？"我又进一步追问铭铭。

"是的，很棒。"铭铭肯定地回答。

"那铭铭再给我说说，墨菲警官还做了哪些事情，让布里奇自豪地对小屁孩儿说'我爸爸的工作是最棒的'？"我又紧接着问。

也许是我的夸奖，也许是铭铭确实很感兴趣，铭铭开始兴奋地说了起来："墨菲警官还帮助大河马赶走了浴室里的'鬼'。姥姥什么是'鬼'呀？"说着说着铭铭就转移了话题。

"鬼呀，就是看不见的坏人。"我用孩子能够理解的语言答复他。

"鬼为什么看不见呀？"铭铭又刨根问底道。

"因为鬼藏起来了。"

"他为什么藏起来呀？"铭铭又问我。看来这个孩子还真是在动脑筋想呢。

"他做了坏事，怕警察抓他呀！"

"哦——"铭铭拉长了声音，似乎明白了。

"姥姥，警察抓得着他吗？"铭铭又急切地问道。

"当然啦！警察可神通了，肯定会抓住他的！不过，大河马家是真的闹鬼了吗？"我怕铭铭的思路离我的问题太远，赶紧把问题拉了回来，"铭铭说呀！"

"不是的，是他家卫生间马桶的水箱坏了！"铭铭心不在焉地回答。

"墨菲警官还做了哪些好事？"铭铭半天不说话，眼睛直直地盯着前方。

"我知道，铭铭肯定是在想警察怎么把鬼抓到的！"我替铭铭解释说。

"是的。"铭铭点点头。

"警察不但勇敢而且还很聪明，很多办法都是从书中学到的，你只要好好学习，以后能自己看书学习，你的办法也会很多的。你看墨菲警官是不是办法很多呀？他帮助小猪找到了妈妈，帮助野猪格兰努先生找回车钥匙，还破获了一起盗窃案——帮助老猪弗兰伯先生找回了帽子。"我说。

"姥姥说得不对！三个流浪汉没有偷帽子，他们是捡到的，送到警察局来了。怎么能是'偷'呢？"看来小家伙已经明白"偷"是一个很不好的字眼，也明白了"偷"的含义。

"哦，姥姥年龄大了，有些记不住了。铭铭再想想墨菲警官做了哪些好事？"我假装真的记不住了。

"还把两个打架的孩子给拉开了。"铭铭说。

"打架对不对呀？"我抓住机会问他。

"不对，应该好好说话。"铭铭很快回答我。

"你打亮太郎对不对呀？"我问中了要害。

"不对！"铭铭不好意思地低下了头，说，"应该和亮太郎好好说，他不听，我去告诉他阿姨，看见他妈妈告诉他妈妈！"

"对的，那天他妈妈知道后，狠狠批评了亮太郎。不过亮太郎比你小半岁，你是大哥哥了，要让着他！可以吗？"我问铭铭。

"可以的！"铭铭痛快地答应着。

"墨菲警官还做了2件好事，我记得他的衣服好像湿了，还去了学校……"没等我说完，铭铭急急忙忙打断我的话："墨菲警官还跳进河里，救——救了开车掉进河里的糊涂老黑，所以衣服湿了；还到学——学——校——给——给——"铭铭说得太快，有些结巴了。

"不要着急，是不是给孩子上交通安全课？"我赶紧替他回答。

"对的！就是红灯停，绿灯行，过马路要走人行横道线！"铭铭不懂得什么交通安全课。但是他知道过马路要看红绿灯、要走人行横道线。"小鼹鼠过马路就不走人行横道线，很危险吧——"铭铭拉长了声音，富有表情地对我说。

"是很危险！"我肯定地回答，"铭铭会看红绿灯，过马路和大人牵着手，走人行横道线！铭铭，墨菲警官做了这么多好事，是不是真的很棒？"铭铭紧着点头。

"布里奇是不是认为有个当警察的爸爸真神气？"我又问。

铭铭非常认真地点点头，感叹道："墨菲警官真的很棒！我喜欢他！我也喜欢这本书！"

铭铭2岁7个月了，思维比以前有了很大的发展，在解决问题时已经不完全依赖行动和直观的对象，开始利用头脑存储的具体形象来进行思维。铭铭在2岁以后词汇量突飞猛进地增长，善于利用语言与人进行交流表达自己的需求，而且他会用越来越多的时间看书、要求大人给讲书，还就书里的内容"怎么啦""为什么"地问个不停。这说明铭铭已经不满足了解事物的表面现象，还想更进一步弄明白事物的原因、结果、内在关系以及事物之间的联系。铭铭超强的语言能力在他的思维活动中所起的作用也越来越大。

引导孩子做简单的判断与推理

今天在与铭铭一起读书的时候，我试着引导他进行简单的判断和推理。

0～3岁孩子的思维还处于直观动作思维阶段，其思维离不开自身对物体的直接感知，也离不开自身的实际行动。孩子这时的思维只能反映自己动作所触及的具体事物，依靠自己的动作进行思考，离开了动作就不会再思考，更不能计划自己下一步的动作，预见动作的后果。孩子对外界事物的反映只是简单的动作性和直觉性，因此思维具有表面性和狭隘性，还谈不上什么概念、判断和推理以及探索事物本质和内在的复杂关系。但是，2岁半以后，由于长久记忆的发展，更多的外界事物的形象作为信息存储在大脑中，随着孩子掌握大量的词汇，孩子开始不用凭借动作和直观来进行思维，而是利用语言符号或大脑中保存的信息，即心理学上的"表象"，来进行思维或展开对具体形象的联想。不过，这时孩子的思维还具有很大的局限性。

通过给铭铭讲解《警察局的一天》，虽然他做出了"自己"的判断，认为墨菲警官真的是很棒也很神气，但是问他为什么墨菲警官很棒、很神气，他却说不出来了。因此，铭铭的判断可能是凭自己的直觉，他的概括能力很差。自己非常喜爱墨菲警官，没有经过思考就说对方好，所以在判断和概括上具有很大的盲目性。当然，铭铭喜爱墨菲警官也与我在讲解书的内容时所流露出的语气、语调带有鲜明的、倾向性的感情色彩有一定的关系，影响了铭铭的直觉；也有可能是因为故事的结尾布里奇和小屁孩儿已经说出墨菲警官很棒和很神气，铭铭有着从众心理。

3岁左右的幼儿还不能按照事物本身的客观逻辑进行判断和推理，完全是按照自己的生活经验和个人情绪（包括社会情绪参照物影响）来进行的。所以，这种判断没有一般性原则，也不符合客观规律。但这是幼儿思维发展必然要走的过程，非常符合这个阶段幼儿思维的特点。因此，家长要有意识地对孩子进行简单的判断和推理训练，促进孩子思维的发展。

书中的内容是直观的、具体的、形象的。墨菲警官所遇到的事，在孩子的日常生活中都有可能碰到，因此孩子很容易理解。家长根据孩子的兴趣，掌握一定的技巧，循循善诱，并在墨菲警官做每件事情后都问一问孩子"他做的这件事好不好呀""如果不做会怎么样"，让孩子展开联想。当孩子做出正确回答后，要及时表扬孩子。通过家长正面引导，抽象的"正确"与"错误"的道德概念以生动具体的形象会深入到孩子的心中。家长及时的表扬，使孩子获得自信，让他更愿意集中注意力参与到讨论中。因为这个阶段的孩子好奇心强，他的思维很容易受到外界各种因素的干扰而"见异思迁"。

2岁7个月

看护阿姨的素质很重要

　　这天，女儿带着铭铭从外面回家，刚走到楼前的台阶上，铭铭就停下了脚步，站在大堂前看着开进来的出租车。因为铭铭最喜欢汽车，所以女儿就停下来等着他。这时，从车上下来了一对白人夫妇，铭铭指着这对夫妇很没礼貌地高声喊了一句："大老外！"不知道这对夫妇是否听懂了，只见他们笑了笑就进了楼。女儿回家来对我说："妈，铭铭跟谁学得这么没有礼貌？看到铭铭这样没有教养，当时我恨不得钻到地下去！"说完，女儿又教训铭铭："妈妈怎么教你和人打招呼的？你忘了吗？你跟谁学得说'大老外'？"铭铭理直气壮地说："×阿姨就是这样叫的！"

　　我家居住的小区是一个国际化社区，有些住户是外籍人士。作为小区的居民见面互相打招呼问好是很正常的事情，因此女儿就教铭铭说"Hello""Good-bye"等问候语与这些外国的叔叔阿姨打招呼。铭铭非常乐意使用学会的英语向遇见的外国邻居问好，所以铭铭甜甜的小嘴巴和礼貌的问候语深得小区邻居们的夸奖和喜爱。尤其是经常见面的一些叔叔和阿姨只要见到铭铭，就会主动用铭铭掌握的那几句问候语向铭铭打招呼。当铭铭用英语奶声奶气地回答后，这些叔叔或阿姨更是欢喜地抱起他来亲亲他的脸颊。铭铭因受到了表扬和鼓励，所以更加喜欢使用英语与人打招呼了。

　　×阿姨是代替小王来家里帮我照顾孩子的人。她是一位下岗职工，50岁左右，画着淡妆，打扮得比较入时。谈话时，她给我的感觉还比较得体（因为我很注重阿姨的素质），于是向她交代工作的内容、工资待遇以及每天补助乘坐公共汽车的费用。她表示很愿意从事这份工作，于是第二天她就上班了。

刚开始几天，我让她先在家里照看铭铭，以便她熟悉铭铭饮食起居的安排和需要注意的各个环节，所以那段时间还是以我带孩子为主，她做一些辅助工作。中午，铭铭在我的屋里睡觉，我让×阿姨在铭铭屋里休息。为了尽快让她担负起照看铭铭的工作，我建议她熟悉和学会操作放在铭铭屋的一些玩具，并且利用空闲的时间阅读我们给铭铭买的书籍，准备以后让她带着铭铭进行阅读和讲解。然后，我才带她熟悉小区和小区周围的环境，以后好让她带铭铭去室外活动。

这是一个刚入夏的季节，按常规上午我带着铭铭看书并且根据图书画面的内容给铭铭讲解完后，就带着×阿姨和铭铭下楼到小区的院子里玩。

外面清新的空气，是那么的沁人肺腑！明媚的阳光，是那么的舒畅和惬意！院子里绿茸茸的草地像是铺上一层厚厚的绒毯，"绿绒毯"上镶嵌着一簇簇盛开着的杜鹃花和一些我叫不出名来的鲜花，姹紫嫣红，百娇争艳。树上的小鸟飞来飞去，不时发出啾啾的叫声，小区秀丽的风光让人心旷神怡。在阳光下，孩子们正在互相追逐嬉戏。大人站在旁边看着孩子，互相交谈着。

铭铭一出楼门就看到楼上的小伙伴亮太郎和他的弟弟，于是飞跑过去和亮太郎打招呼玩了起来。尽管亮太郎不懂中国话，铭铭不懂日本话，但是并不影响他们之间的交流和玩耍。我急忙跟过去，向推着童车的年轻女士打招呼："你是亮太郎的妈妈吧？你好！"亮太郎妈妈就像日本电影里的妇女一样，双手放在双腿前面弯着腰，柔声细气地回答："是！你好！"这时，×阿姨在一旁对我说："呦！是小日本呀！"当时我一愣，还没有等我反应过来，亮太郎妈妈再一次弯着腰，谦和地说："是！"我脸一红，不好意思地说："对不起！我们要去延中绿地玩！铭铭快向阿姨和亮太郎说再见！"亮太郎妈妈又一次弯腰与我们道别。

"你怎么能这样说话！太不礼貌了！她们都听得懂中国话！而且小区很多外国人都会说中国话的。"我一边拉着铭铭的手向外走，一边批评着×阿姨。

"我不知道她听得懂中国话，还会说中国话。我只是随口一说，没什么意思。"×阿姨一脸无辜的表情辩解道。

我们刚走到大门口，从外面进来了一对年轻的白人夫妇。他们微笑着向铭铭招招手，说："Hello！"铭铭马上回答："Hello！"这时，×阿姨在一旁说话了："嗨！大老外！"气得我顿时哑口无言。幸亏这对白人夫妇听不懂中国话，他们微笑着进了楼里。

"你太不礼貌了，怎么能叫大老外！你不会说先生和女士呀！不会说就不要说话！"我十分恼怒地对她说。

"叫大老外有错吗？我们弄里的人都这样说！已经成习惯了！"×阿姨又是一脸无辜的样子。

看到她这个表现，我心里顿时感到十分不满，觉得她没有教养。

因为春天正是各种传染病流行的季节，尤其是手足口病疫情比较严重的时期，我千叮万嘱×阿姨，不要带铭铭去公共场合，大商场更是去不得！我建议她最好每天带铭铭去延中绿地，既可以享受日光浴和空气浴，还可以通过行走、上坡和下坡来锻炼身体。

一天，她带着铭铭玩回来后，我随口问×阿姨："去哪儿玩了？"×阿姨回答道："延中绿地！"

不一会儿，铭铭对我说："姥姥，我看见满地跑的小汽车啦！还有闪着红光能打响的手枪！"

"你在哪儿看到的？"我不经意地问道。

"霓虹广场！"铭铭说。

"你不是去延中绿地了吗？"我又问铭铭。

"没有！×阿姨带我去霓虹广场了。"铭铭一边玩着一边回答。

霓虹广场是上海市中心一座位处地下的儿童小商品市场，紧邻延中绿地。里面的小店铺星罗棋布，人口密度非常高，尤其到了双休日，更是摩肩接踵，熙熙攘攘，可想而知里面的空气质量有多么差，绝对是一个传染疾病的最佳场所。虽然我知道×阿姨是属于非常爱逛商店的人，但是怎么能够带着孩子去逛呢！今天我在家她还这样做，以后我要是外出工作孩子完全交给她，这让我怎么放心呀！但是，我没有立刻戳穿×阿姨的谎言，因为她毕竟也是50来岁的人了，还是要尊重她，给她留脸面。

一个月后，我以要带孩子回北京为由辞退了她。也许×阿姨至今也不知道我为什么要辞退她，因为她从来没有意识到她的这些言行是不对的。但是，她的这些不介意的行为小节，往往会被孩子模仿而形成种种不良的行为和习惯。虽然×阿姨能干也很肯干，也十分愿意做这份工作，但是这些"行为小节"尤其是说谎，会潜移默化地影响铭铭。虽然有的影响并不会马上在铭铭的身上显露出来，但是在铭铭的潜意识中会留下记忆的痕迹，一旦遇到适合的条件就会完全表现出来。没有想到，我的担心竟然在3个月后应验了。

孩子从9个月开始就出现了延迟模仿的行为。孩子有时不是直接模仿眼前的事物，而是在这个事物消失以后进行模仿。以后随着孩子的成长，延迟模仿出现的频率会越来越高。在条件适当的情况下，孩子就有可能重复看到的行为。所以，每个家长和看护者都必须规范自己的行为，必须时时刻刻想到自己的身份，明白自己是孩子的榜样和老师。正如苏联教育家马卡连柯说的那样："不要以为只有你们和儿童谈话的时候，才执行了教育儿童的工作。你们生活的每一瞬间，都教育着儿童，甚至是你们不在家里的时候。……你们如何穿衣服，如何与另外的人谈话，如何谈论其他的人；你们如何欢乐和不快，如何对待朋友和仇敌，如何笑，如何读报纸……所有这些对儿童都有很大的意义。"因此，选择保姆不但要求她具有责任心和爱心，同时还要求保姆具有良好的行为习惯。

不能说铭铭是"两面派"

　　铭铭还有3个月就要上幼儿园了，我又把已经回家的小王请了回来，因为这段时间我几乎每周都要外出讲课，难以长时间照料孩子，女儿女婿工作也非常忙，常常出差，而且试工的两个阿姨都不合适。没有办法，我硬着头皮又给小王打电话，邀请她来上海最后再帮我几个月。小王二话不说立刻答应了。于是，五一劳动节过后，小王将家中的事情安排妥当后又急匆匆地来到上海帮我带铭铭了。

　　每天上午，按照惯例，小王带着铭铭去附近的公园玩耍。这段时间有很多小朋友由家长或阿姨带着出来游玩，他们很喜欢凑在一起。铭铭最喜欢和比他大一些的小朋友一起玩，虽然谈不上玩一些"合作"的游戏，但是铭铭就像一个"跟屁虫"一样尾随着大哥哥一起玩（铭铭不喜欢与女孩子玩，可能觉得女孩子的玩法太文静），例如捡落地的树叶，拾小的树枝，追逐蝴蝶和落地跳跃的麻雀，一起去看大白鹅、鸭子、野雁游水嬉戏，铭铭玩得不亦乐乎！这时，有一位家长突然问铭铭："铭铭，你最爱谁呀？"铭铭看着游水的鸭子，不假思索地扭头回答："我爱爸爸、妈妈。"他看到旁边的小王，立刻跟上一句："我也爱阿姨。"一位家长笑着调侃了一句："耍滑头！两面派！"铭铭不明白这是什么意思，于是就问小王："阿姨！什么是耍滑头，两面派？"小王回答："我也不知道，回家问姥姥去。"当小王带着铭铭回家打开房门时，铭铭看见我立刻扑到我的怀里，急切地说："我爱姥姥！爸爸！妈妈！阿姨！"接着又问我什么是耍滑头、两面派，弄得我丈二和尚摸不着头脑。于是，小王就笑着将上面的事情叙述了一下，并且对铭铭说："你在外面可没有说爱姥姥。"我急忙说："铭铭当时没有说爱姥姥，是因为没有看见姥姥，对不对？"

"对的！因为我没有看到姥姥，就没有想起来！"铭铭接着又问我，"姥姥，什么是两面派？"

"哦！两面派就是当面对姥姥说爱姥姥，实际上并不是真心爱姥姥，这就是两面派，也耍小滑头。"

铭铭急着申辩道："我是真心爱姥姥、爱爸爸妈妈、爱阿姨的，我不是两面派，也不是耍滑头。"

"姥姥知道铭铭是真心的。好啦！快去看看桌子上送来的新书，这是姥姥从当当网上给你订的。"铭铭欢快地跑去看书了。

这时，我转过头来对小王说："那位家长问这个问题本身就不对，更不能当着孩子的面说什么两面派或耍滑头。2岁多的孩子还不会动这个心眼，更不会当人一面，背后一面。铭铭能够马上说出爱爸爸妈妈是内心情感的自然流露，说明他们亲子依恋关系建立得好。如果孩子不能自然地流露出爱爸爸妈妈的情感就麻烦了。家长这样谈论孩子，以后会让孩子对这个词更敏感。孩子目前虽然不懂这个词的意思，随着孩子的成长，会逐渐明白，诱导孩子去尝试利用这个词讨别人欢心。一旦尝试成功，孩子尝到甜头，就容易养成这个坏行为。所以，我认为，孩子学会两面派的行为，主要是大人教的。我说的'教'，不见得是有意识地去'教'孩子，也包含大人不正确的行为举止对孩子潜移默化的影响。"小王点点头，但仍显示出有些迷茫的表情。

于是，我又对小王进一步解释，这么大的孩子学习方式是模式化学习，他的一双小眼睛每天都在观察他所遇到的每一个人、每一件事，通过自己的生活经验来验证所有事情的对与否。实际上，这也是孩子学习的一个过程。他们能分辨出在家里谁是最有权威性的、谁没有，谁的话必须服从、谁的话可以不理。出现这种情况恐怕有以下的原因：

（1）父母在家中有绝对的权威，曾流露出忽视老人的言行或有不礼貌的行为，思维简单的孩子就认为老人的话可以不听。

（2）父母对孩子平时可能太严厉，甚至动用体罚的手段，使孩子产生了恐

268

惧的心理，所以对父母的命令言听计从。但是，内在的压力积累到一定程度必须要进行宣泄，他不敢向敬畏的父母宣泄，只好向娇惯他的祖父母宣泄。

（3）家长的矛盾化教育，让孩子感觉大人说一套做一套，使孩子在认知行为上产生困惑，引起孩子两面派的做法。

"我就碰上过这种情况，"小王说，"一些爷爷奶奶或外公外婆特别疼爱孙子（或外孙子）。当孩子去爷爷家，爷爷和奶奶有可能问孩子：'你喜欢爷爷还是喜欢奶奶？'到外公外婆家，外公外婆也爱问孩子：'你是喜欢外婆还是喜欢外公？'如果孩子说喜欢其中的一个人，另一个人马上就表现出不高兴，并且说：'哼，我算白疼你了，白眼狼！'经过几次，孩子就得到教训，只要谁不在，就马上说：'我最喜欢××（在场的一位）！'如果遇到两个人都在，孩子就不知道该如何回答了。"

我对小王说："的确，这个问题很难让孩子回答，即使大人回答这个问题也是要费一番心思的。如果孩子凭自己的感受说出喜欢其中的一个人，可能另一个人会不高兴，而且还会责备孩子，事实也是如此。如果让孩子违心地说也喜欢另一个人，实际上就是让孩子学习说假话，这样容易养成孩子说假话的习惯。孩子就会认为说假话不但不被批评而且还会得到表扬甚至奖励。这会在孩子幼小的心灵中埋下一颗不诚实的、耍滑头的种子。实际上，这么大的孩子不会全面理解大人的心思，也就是说孩子不会站在别人的立场上去考虑问题，他只是凭感性的认识去看问题和分析问题，家长在这个时候应该正确引导孩子。"

"那应该怎样做呢？"小王问。

"首先，家长不应该提出这个问题，因为这个问题往往会使大人和孩子都陷入尴尬。不过，孩子碰到这样的问题，也不要回避，关键是怎样引导孩子去回答这样的问题。例如，爷爷奶奶问：'爷爷奶奶里你喜欢谁呀？'其实孩子的判断往往是因为这个人经常满足自己的要求，他就喜欢谁。而另一个人可能是从另一个不被孩子发现的角度去关心孩子，孩子就可能不喜欢他。孩子的思维就是这样简单，这是婴幼儿时期思维特点所决定的，他们只看见表面的东西而看不到问题的实质和内在联系。这时，妈妈应该这样跟孩子说：'其实爷爷奶奶都喜欢宝宝，爷爷经常带着宝宝去公园玩，而且也喜欢给宝宝买玩具，和宝宝一起玩，宝宝当然喜欢爷爷了。但是，奶奶因为腿脚走路不方便，虽然不能带宝宝去外面玩，可是奶奶在家中给你做这么多的好吃的，让你一回家就吃上这么多的好吃的，你说奶奶好不好？宝宝是不是应该好好感谢奶奶？去亲亲奶奶！宝宝长大以后要好好孝顺爷爷奶奶。'通过引导孩子去发现别人的优点，也是提高孩子情商的一个好机会。这样处理的结果是孩子大人皆大欢喜，而且还让孩子学会全面看问题，提高了孩子的社交能力，给了孩子一个感恩教育的好机会。"

小王说："您说得太对了，我平时根本就没有想到过这些深远的道理。"

我继续说："因此，家长平时要注意自己的言行，处处、时时、事事提醒自己是一个教育者，应该表里如一、言行一致，给孩子树立楷模形象，同时也要掌握正确的教育方法，不能简单粗暴地对待孩子。家里人应该统一思想，对孩子的教育口径一致，不给孩子找到可乘之机。另外，家长也需要提高自己的素质，尊重他人尤其是孝敬老人，避免自己平时不经意的一句话或举动给孩子造成负面影响，造成孩子的双重人格，影响孩子一生。"

感恩教育先从学会说
"谢谢"开始

在某网站工作的朋友趁六一儿童节之际送给铭铭一些儿童读物。我把其中的《爱心树》读给铭铭听。开始，铭铭聚精会神地听着，渐渐地，表情似乎凝重起来。读完后，我看见铭铭的眼圈红了，好像有些难过的样子。

"铭铭，为什么难过呀？是不是很感动？"我问。

"姥姥，这棵大树真好，可是这个孩子不好！"铭铭说。

"为什么呀？"我又追问了一句。

"我、我也不知道……"铭铭面带羞涩吭吭哧哧地回答。

"是不是孩子向大树要得太多了？"我提醒到。

"是呀！什么都向大树要，大树把树叶、苹果、树枝都给了这个孩子，甚至连树干都——给——了孩子，让他用来——造船去航行……"铭铭断断续续地回答。他现在已经会使用连接词"甚至"了。

我紧接着提醒："大树还剩下了什么？"

铭铭赶紧回答："只剩下了一个光秃秃的树墩，树墩还尽量把身子挺高，让这个孩子坐在它的身上休息。"

"那大树感到怎么样呀？"我问。

"大树感到很快乐呀！"铭铭话头一转，"可是这个孩子不好！一点儿也不心疼大树！一点儿也不感谢大树！"铭铭又非常气愤地加上一句："哼！"看来铭铭对大树有好感，不喜欢书中的孩子，还懂得一点儿感恩呢。

"大树为什么感到快乐呀？"我有意识地追问一句。

"是因为大树把自己的树叶——苹果——树枝——树干，嗯——嗯——都给了孩子，它就感到快乐！而且还……还……"铭铭有些结巴，看来是不知道使用什么词合适了。我提醒道："还将自己仅剩下的……"我还没有说完，铭铭马上搭茬："树墩——让孩子坐上，它就感到快乐。"

"铭铭，大树多好呀！它把自己的一切都给了孩子，大树什么都没有了，只要孩子满足了，它就感到快乐，是不是？"我及时启发了铭铭的同理心，因为这个阶段的孩子还不会站在他人的立场上去体会他人的感情，这是培养铭铭情商很重要的一个方面。

"可是，这个孩子每次从大树那儿要了东西后，还不知道说声谢谢，你说这个孩子是不是表现得很差呀？铭铭会不会说谢谢呀？"我又问铭铭。

"我会说谢谢的！"铭铭自豪地挺着胸脯。

感恩是一个人不可缺少的品质

《爱心树》是美国著名绘本作家谢尔·希尔弗斯坦1964年的作品。这本书一出版就轰动了当时的文坛，至今我们读起来仍十分感动，觉得它具有深远的教育意义。这是一本画面很简单，字数也很少的绘本。书中的大树非常喜欢孩子，每当孩子到它这里嬉戏的时候，它为他遮风挡雨，任他在树上爬行、睡觉、拽着树枝荡秋千，只要孩子满足了它就感到十分高兴。孩子大了，没有钱，它就让孩子将树上的苹果摘下来去卖钱；孩子结婚需要房子，大树让他将所有的树枝全部砍下供他搭建屋子；当孩子想乘船旅游时，大树将自己的树干给了他，让他造船去远行；当孩子年老几乎走不动时，大树尽管已经一无所有，拿不出任何东西给孩子了，它还是将仅剩的、光秃秃的树墩供孩子坐下休息。书中的孩子贪婪无度，只知道索取不知道回报。只在有需求的时候，孩子才来找大树，尽管大树十分想念他。当孩子拿到了需求的东西后，他就会一去不复返，除非他再有新的要求。

这本书寓意深刻，对教育有一定的启示。中华民族是一个懂得感恩的民族。"饮水思源""知恩图报""滴水之恩，当涌泉相报""谁言寸草心，报得三春晖"等警世恒言教育了中华民族世世代代的人。我们对下一代进行感恩教育是必需的，而且绝对不能忽视，尤其是对于独生子女更为重要。3岁以下的孩子处于以自我为中心的意识里，如果在这个时期不对孩子进行感恩教育，发展下去，孩子就会认为父母、他人、社会对自己好是应该的，为自己做事情是天经地义，因此处处依赖父母不能独立，凡事都从"我"的角度去考虑，只知道索取不知道回报，更不可能承担责任或替别人着想，养成了养尊处优、唯我独尊的自私品格。常言道，鸦有反哺之义，羊有跪乳之恩，马无欺母之心。动物尚且感恩，何况我们作为万物之灵的人类呢！

我们要求孩子学会感恩，就是要求孩子对父母及所有的人、社会和大自然给自己带来的恩惠与方便从内心深处产生认可，并欲给予回报的一种认识、情怀和行为。感恩是每一个社会人都应该具有的基本道德准则，也是做人最基本的修养。正如著名哲学家、教育家约翰·洛克所说："感恩是精神上的一种宝藏，感恩是灵魂上的健康，没有感恩就没有真正的美德。"幼儿阶段是一个人性格习惯、品德形成的重要阶段，如果不加以正确引导，将会影响其健康人格的形成，甚至一生的发展。

感恩教育

教育孩子感恩，首先要教育孩子认识什么是"恩情"。亲人养育之恩，社会给予之恩，他人帮助之恩，老师教育之恩，领导提携之恩、知遇之恩，大自然所给予人类的一切恩惠，甚至在走路时让道、搀扶他人等行为，这一切都是恩情。明白了什么是恩情之后，就要进行"知恩"教育，要让孩子认识到别人为他付出的一切并非天经地义、理所应当，要从心里认可这是别人对自己的恩惠。在知恩之后，认识到这种恩情无论是精神方面或是物质方面给自己带来的方便和利益，从而发自内心产生一种真诚的、回报的欲望，并进一步将回报的欲望付之于报恩的行为。这种报恩行为不仅仅是物质上的，还包括情感方面的回报，即便是一声简单的"谢谢"都会让孩子懂得报恩。同时，还要教会孩子懂得关爱他人，包括不曾帮助过自己的陌生人，逐渐形成有恩必报、甘于奉献的美好情操和健康的人格。

其次，要教会孩子对施恩的人说"谢谢"。在日常生活中，我们特别注意对铭铭这方面的教育。孩子8个月学会肢体语言时，我们就教铭铭用双手抱拳摆成作揖状表示对别人感谢；学会说话后，就教铭铭说"谢谢"。当大人帮助他穿上衣服时，告诉孩子因为别人帮助你穿上衣服，你才不会受冷，所以应该感谢大人，并引导孩子及时说"谢谢"；当大人给他做好饭时，告诉孩子要感谢大人做好了饭菜，否则自己会饿肚子的，因此同样应该回报"谢谢"；当吃完饭将餐具送到厨房交给大人时，同样还要说"谢谢"，因为大人不但要为你做饭让你吃得饱饱的，而且还要为你刷洗、消毒餐具，保证你不生病；对于旁人开电梯门让自己先上、别人替你捡回了你丢失的玩具、他人关心你的健康见面问候你的时候、售货员当把货物拿到你的手中时等，所有对于别人给予自己的关爱，无论事大、事小都应该说句"谢谢"以示感激。

只要我们及时地播种下爱心的种子，它就会发芽、开花、结果。当家中有人身体小恙时，铭铭都会及时过去问哪儿不舒服，然后用小手在大人不舒服的地方不断地进行抚摸、轻轻地捶打并用小嘴时不时地对着患处吹气，因为在铭铭简单的思维中认为他只要对着吹气，大人就会减轻病痛。看到小朋友跌倒，他也会跑过去吃力地扶起他来，并且帮助他拍拍身上的土进行安慰。为此，我感到十分欣慰。

第三，选择一些有关感恩的绘本给孩子阅读，像《爱心树》，并且讲一些有关感恩的小故事给他听。让孩子从感恩的故事中获得教育和熏陶，进一步强化他的知恩、报恩的情感。

最后，要让幼儿学会感恩，家长必须是一个懂得感恩的人：孝敬父母、感恩公婆、关爱他人、乐于助人。父母的感恩美德是一笔巨大的财富，因为孩子能从家长日常生活的一点一滴、一言一行中潜移默化地学会知恩和感恩。相反，如果家长不懂得感恩，孩子也同样会变得自私自利。正如约翰·洛克在《教育漫话》中所写："我们幼小时所受的影响，哪怕极小极小，小到无法觉察出来，对日后都有极为深远的作用。这正如江河的源头一样，水性极柔，一丁点儿人力就可以使它的方向发生根本的改变。也正由于从源头上的一丁点儿引导，河流便有了不同的流向，最后流到十分遥远的地方。"

总之，感恩教育是一种浸透在我们日常生活中的教育，是一种"润物细无声"的教育，也是家长不可推卸的责任和义务。家长处处以身作则，适时地抓住教育的契机，对孩子进行相应的教育，并持之以恒，就会收到水到渠成的效果。

2岁8个月

学习使用筷子吃饭

筷子是我国绝大多数人使用的进餐工具。据说，筷子最早起源于中国，古代叫箸（箸者，助也，意思是帮助吃饭的工具），也叫筯，还叫梜。因为"箸"和"住"是谐音字，有停住、不吉利的意思，后来就用停住的反义字"快"加个竹字头，形成了现在筷子名称的由来。筷子从古代就流传至邻近国家，当今已成为东南亚、日本、韩国和朝鲜等多个地区的人民常用的饮食工具。

训练幼儿使用筷子，不但可以使孩子的精细动作更加灵敏，而且通过使用筷子还能刺激大脑，使孩子更加聪明。著名物理学家、诺贝尔物理学奖获得者李政道博士曾对一位日本记者说过："中华民族是个优秀民族，中国人早在春秋战国时期就使用筷子了。如此简单的两根东西，却高妙绝伦地运用了物理学上的杠杆原理。筷子是人类手指的延伸，手指能做的事它几乎都能做，而且不怕高温与寒冷，真是高明极了。西方人在17世纪前后才学会使用的刀叉，又怎能跟筷子相比呢?"人们在吃饭时使用筷子，能施展出钳夹、拨扒、挑拣、剪裁、合分等代替手指的全套功能。据科学测定，人们在使用筷子时，五根手指能很好地配合，而且带动手腕、手掌、胳膊和肩膀的20多个关节和50条肌肉的活动，并与脑神经相连，给大脑皮层一种有益的锻炼。

铭铭已经2岁8个月了，正是学习使用筷子的最佳年龄段。一般我们成人在使用筷子时，正确的使用方法是用右手拿着筷子，大拇指和食指捏住筷子的上端，中指垫在两根筷子中间起到杠杆支撑点的作用，另外两个手指自然弯曲托着一对筷子，并且两根筷子的末端一定要对齐，这样才能夹起东西来。但是，我们在训练铭铭时，并没有强求他按照正确使用筷子的方法来夹东西，只要他能用筷子夹起东西就可以了。我认为，随着孩子的成长，通过自己不断地摸索与实践，他就会掌握最省力、姿势最优美的拿筷子的方法，当然家长也要起到引导和表率的作用。

　　我给铭铭选择的是上端四方形，下端是圆形的竹制儿童筷子。先让铭铭用什么东西进行操作练习呢？想来想去，突然想起玉米花来，因为玉米花表面比较粗糙，用筷子来夹不容易滑脱，容易成功，用以增加铭铭学习的乐趣和继续学习的信心。于是，我和小王在桌子上的一个碗里放上一些玉米花，铭铭的任务就是将玉米花从这个碗夹到旁边放着的空碗里。我先做了一个示范动作，告诉铭铭应该怎么夹玉米花。紧接着，铭铭就开始"工作"了：只见铭铭左手拿着两根筷子，就冲着碗中的玉米花夹去，但是由于一根筷子长，一根筷子短，自然夹不起玉米花来。铭铭感到十分沮丧。于是，我告诉铭铭应该把两根筷子放到桌子上对齐，这样才容易夹到玉米花。铭铭拿着两根筷子竖着戳在桌子上，我帮助铭铭将两根筷子对齐，然后让铭铭去夹。只见铭铭小手使劲地抓住筷子的中下1/3处，虽然夹住了玉米花，但是却夹不起来，于是他用右手帮助左手用力才将玉米花夹起来放进空碗里。铭铭高兴极了，接着又跃跃欲试。这时，我告诉铭铭，应该将手放到筷子的中上端，这样就比较容易夹起来了。我把铭铭的小手往上挪了挪。这次铭铭很快就夹起一粒玉米花。感到乐趣的铭铭又开始夹下一粒玉米花了。当他看到两根筷子不一般齐时，还知道拿出来在桌面上戳齐了再去夹。结果空碗中的玉米花越来越多，铭铭使用筷子一次比一次更加熟练。就这样，铭铭翻来覆去地从一个碗夹玉米花到另一个碗，一直玩了20分钟才停止。随着以后铭铭使用筷子夹东西的成功率不断提高，我将玉米花改成了炒黄豆，圆圆的黄豆增加了夹东西的难度。虽然夹黄豆的速度比较慢，成功率比较低，但是铭铭还是很乐意去尝试。

　　后来我们将使用筷子的练习操作转变为"真枪实弹"的使用，开始让铭铭使用筷子吃饭。头一次是使用筷子吃饺子，因为这是铭铭最喜欢吃的食物，也比较容易获得成功。我们先将一个饺子分成两半，让铭铭夹着吃。虽然有的时候铭铭将饺子夹落在餐桌上，但是成功率还是很高的。遗憾的是，我给铭铭使用的是圆形的筷子，容易造成食物的滑脱。但是，由于是铭铭自己使用筷子吃饭，所以他特别感兴趣，一共吃了5个饺子还意犹未尽。我不敢让他再吃了，防止吃过量，引起消化不良。

随着铭铭使用筷子的频率增加，我又告诉铭铭不许拿着筷子敲打桌面和饭碗，也不许竖着插在饭里，更不允许挥舞着筷子与人说话。要从小养成孩子正确使用筷子的一些好习惯和进餐时的文明礼仪。

筷子的选择和使用应注意以下几点：

☐ 筷子的种类繁多，木质、竹质、不锈钢以及塑料筷。我建议家长给孩子选择筷子，最好选择纯天然四方形的毛竹筷子，无毒无害，不要上油漆或描彩画，越本色越好。

☐ 筷子不要长，最好选择儿童筷子。

☐ 筷子表面要光滑不要有毛刺，粗细以孩子能握住不吃力为好。

☐ 一定要做到专筷专用，尤其是孩子使用的筷子。

☐ 筷子使用后要仔细进行清洗，晾干后最好进行消毒，保证卫生安全。

铭铭2岁9个月学习使用筷子，不过这双筷子是女儿选的，有些不合适

☐ 筷子也要定时更换，因为用久了的筷子表面变得粗糙，容易导致污垢和细菌残留。

　　☐ 存放消毒好的筷子的工具也要做到干燥、通风、定时消毒。有数据显示，近50%的人体内存在导致胃病的幽门螺旋杆菌，而这种细菌大多是家庭传播，筷子就是重要的传播渠道之一。

　　这时，小王问我："铭铭会不会是左撇子？"因为铭铭有的时候使用右手拿筷子，有的时候却是使用左手，而且多数情况是使用左手。我笑着对小王说："从儿童的发育过程可以看到手的运动随大脑功能的发育而发展，手的使用也随大脑功能的一侧化而逐渐偏向一侧。7个月以前的婴儿没有利手的倾向，1岁以内婴儿用左、右手抓物的概率几乎均等。女婴右手率略高于男婴。随年龄的增长，右手率也逐渐增长，2～3岁激增至79.2%，以后则缓慢增长，到7岁时为85.1%。左手率随年龄增长相应下降，男孩下降速度较女孩快。儿童在7岁以前还会出现左利与右利之间的摆动。不用担心，即使铭铭是左撇子也不用刻意去纠正，长期使用左手更利于活化大脑右半球。不过，利手也受家庭成员的影响，我们家的人都是右利手，我估计铭铭也是右利手。"

2岁8个月
入园前的家长会和老师家访

为了让家长对中福会托儿所的教育理念、教师队伍以及托儿所给孩子们制订的每日作息时间等有更好的了解，幼儿园在开学前召开了一次家长会。因为女儿、女婿工作特别忙，只好由我这个姥姥代替他们参加了这次家长会。

这次会议由陈磊所长亲自主持。所长先分析了目前我国社会幼教的整体发展趋势、中福会托儿所的先进教育理念以及中福会托儿所的由来和成立以后的历史变迁。所长特别强调了中福会托儿所是一个早期教育全程化、健康教育特色化、教育视野国际化、师资队伍精品化的托儿所，目前是上海市唯一的示范托儿所。所内同时具备亲子苑、托儿所、幼儿园及国际班的多格局办学规模，现共设22个班级，招收0～6岁婴幼儿500多名，其中外籍幼儿占20%。

陈所长强调，虽然中福会托儿所身处上海非常繁华的市中心，在寸土寸金的上海市再扩大发展的空间很小，但是托儿所在尽可能的条件下最大限度地满足孩子开展各项活动，以及对户外活动和各种娱乐的要求；同时，努力提高教学软件的质量，即教师整体素质高、教学理念和内容要先进。托儿所的教师队伍中35岁以下的青年教师占80%，其中90%的教师达到硕士、本科学历，50%的保育员达到大专学历，55%的教师为幼教高级教师，其中1人为中学高级；100%的保育员拥有中级以上职称，其中70%为高级保育员。

对于家长最为关心的营养保健问题，所长也向我们介绍说，他们的保健队伍由专业化、技能强的人员组成，其中有高级营养师及本科学历的保健教师。营养员队伍由中级点心师、中级厨师和高级厨师组成，其中1人为高级技师。所长说，营养教育是健康教育不可分割的组成部分，中福会托儿所的"儿童营养"，不仅体现在为孩子们提供安全、优质、丰富的营养膳食，还体现在丰富多彩的营养教育上。因此，"营养知识丰富、营养行为文明、营养保健自主"是他们的健康教育的核心理念。真正做到让孩子们吃得科学、吃得合理、吃得美味、吃得健康。他们还针对不同体质的孩子，开展了食疗健身、食补强身、体弱儿和肥胖儿的饮食疗法，促进孩子们身心健康发展。可以说，科学合理的饮食配餐是托儿所一大特色。

随后，陈所长介绍了各个新班的班主任和宣布新生分班的名单。铭铭被分到托一班，班主任是钱兰华老师。这是一位2007年被上海市授予"上海市新长征突击手"荣誉称号的漂亮女老师。于是，这个班的家长们跟着钱老师来到孩子以后要生活、学习的教室。这是一个面向操场的一楼大教室。我们所有的家长围坐在钱老师的周围，先听她介绍了这个班的其他两位老师——吴老师和毕老师，然后又了解了孩子们的饮食、午睡以及课程的安排。对于如何解决孩子初入园时产生的紧张焦虑情绪的问题，我提出是不是可以让家长送完孩子后暂时多待一段时间，让孩子有一个逐渐熟悉这里，逐渐与家长分离，单独留在托儿所的过渡过程。钱老师笑着说，还是希望家长送完孩子后及时离开托儿所，相信他们会有一套办法让孩子很快度过这个时期的，因为他们每年都会遇到新生入园，有着丰富的应对措施和经验，请家长们放心。我心想，老师都说到这个份儿上了，我也就别再坚持自己的想法了，走着瞧吧！

过了两天，钱老师和吴老师上门进行家访。她们到家的时候已经是傍晚。8月的上海还是比较热的，只见她们汗渍渍的脸上，显露出了疲倦和劳累。看得出来，今天她们肯定已经走了好几家。铭铭见到两位老师羞涩地问了好后就急忙躲到一边去了。两位老师向我们了解了铭铭从小的成长情况、铭铭的性格特点及兴趣爱好，并初步了解了家庭环境以及我们对铭铭所采取的教育方式，并且针对我提出的一些问题一一做了解答。我对两位老师谈到，铭铭从小养成了良好的阅读习惯，他特别喜欢看书，而且特别喜欢汽车。这个孩子还喜欢当"大哥哥"、当"班长"，喜欢帮助人，但同时也调皮好动，自我控制能力较差。另外，铭铭在生活自理能力方面还有欠缺，虽然我们一直希望他能够早日生活自理，并且创造条件让他去做，但是他还是懒于动手。不是他不会做，而是不愿意自己去做。他感兴趣的事情做得很快，他不感兴趣的事情就会磨蹭，有时一顿饭能吃上1小时，为此我们十分着急。因此，我希望老师能够和我们一起巩固和发扬孩子的优点和长处，同时我们互相配合努力去纠正他的一些不良习惯，培养他良好的生活习惯，为他的一生打下一个良好的基础。

随后，我让铭铭带着老师去参观他的房间，向老师介绍摆放在他房间的各种玩具、书籍。两位老师在参观他房间的同时，还不时地提出一些问题，铭铭都愉快地做了解答。这一问一答的过程很自然地拉近了铭铭与老师的距离感。两位老师对他的房间不停地赞美，还对铭铭看了这么多的书籍，着实地夸奖了他一番，所以铭铭对两位老师的信任感油然而生。老师的家访在其乐融融的气氛中进行着，从表面上可以看得出，铭铭是很喜欢这两位老师的。两位老师在铭铭的欢声笑语中离去。当送完老师回到家里时，我们发现铭铭还沉浸在欢乐的情绪中。

老师的家访是一种面对面一对一的零距离接触，减少了我们家长和孩子对托儿所和教师的陌生感，增进了家所的感情连接，解除我们家长的心里顾虑。

真希望铭铭能够愉快地进入到托儿所学习，迈好人生的第一个转折点——从家庭到社会。

2岁9个月

愉快地理发

　　由于铭铭已经上托儿所了，我只能利用周末休息的日子预约一直为他理发的胡师傅到家中来给他理发。铭铭出生以来，我一直反对给孩子剃胎发。有的人认为剃胎毛可以刺激头皮长出浓密的头发来，因此习惯在孩子满月的时候剃胎发。有的家长还希望用剃刀将头皮的头发刮得干干净净的，甚至还将孩子的眉毛也一并剃掉。其实这样的做法不但对孩子没有任何好处，相反可能使婴儿头皮上肉眼看不到的毛孔受到损伤，尤其是用剃刀将头皮刮得亮光光的，还有可能伤害毛囊，反倒长不出头发来了。如果剃刀不干净或头部不清洁，细菌很容易经过肉眼看不见的创伤进入体内，引起皮肤炎症，甚至败血症。这样的情况我在做儿科医生时就碰到过几例，所以到孩子8个月时我们才给他第一次理发。

　　这次理发主要是为了让铭铭安全地度过炎热的夏天。因为他的头发浓密，如果出汗不畅很容易生痱子。考虑到去理发馆不但容易引起孩子的抗拒，而且这种公共场合也很容易交叉感染，因此我们决定请理发师傅到家来给他理发。第一次请来的女理发师动作虽然比较快，但是生硬，让铭铭感到十分不舒服，而且使用的电推子也不进行消毒，使用的围巾也不干净，不仅给铭铭留下了十分恐惧的印象，也给我留下了不好的印象。从那次以后，铭铭只要看见理发师傅给他围上围巾就开始号啕大哭，看见理发师傅拿出理发的推子来他不但哭闹，而且身子扭来扭去，十分抗拒。因此，给他理发也成了困扰我们的一个难题。

　　害怕理发是婴幼儿普遍存在的一个问题。孩子到了1岁以后，认生情绪发展到高峰，会更加恐惧去理发店。他们害怕理发店里陌生、嘈杂的环境和陌生的理

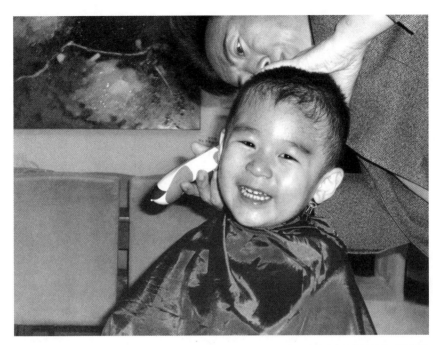

2岁9个月的铭铭快乐地理发

发员，反感外人摆弄他的头和头发，更害怕剃头时理发员使用的电推子在他头上推来推去，而且还发出嗡嗡作响的声音。为了不伤着孩子，家长往往会使劲地抱住孩子不让他动以协助理发员理发，但这样做会更加深孩子的恐惧感，进而会使他更加抗拒和哭闹。如果剪下来的头发楂子再刺激了孩子的皮肤、脸或眼睛，他更会哭闹不休。理发成了幼儿最恐惧的事情，如果家长再用理发来恐吓孩子，孩子就会更加抗拒理发。2岁以后的孩子自主意识不断地发展，对于理发的抗拒可能更加严重，这时大人再想束缚他，让他乖乖就范，恐怕难上加难。

　　我反对小孩子留怪异的发型，每次都要求理发师给铭铭理成小平头即可，这样又干净又利落，给人很阳光的感觉。铭铭是个男孩子，考虑到以后需要经常理发，因此必须解除他对理发的恐惧感。根据第一次给他理发的经验教训，我准备继续请理发师傅到家中给铭铭来理发。这样铭铭就不会因为理发环境陌生而产生恐惧感了。家里不但有他熟悉的环境，还有他熟悉的家人，即使哭闹，我们也可以用他平时最喜欢的玩具哄他。另外，为了预防交叉感染，我专门买了一块厚的尼龙绸为他做了一块围巾专供他使用。同时，我在网上的婴幼儿用品店为他选择了一个噪声小，可以充电的松下理发器和刷头发楂子的长毛软刷子。当这些物品买来后，我先让铭铭看一看、摸一摸，让他事前熟悉这些理发工具，并且开启理发器让他习惯这个理发器发出的声音，尽可能减少他对理发的恐惧感。随后，我将理发器用75%的酒精擦拭消毒后备用。

　　理发师傅上门后，为了减少头发楂子落到脖子里，我让理发师傅事先给他颈部围上一块长毛巾，然后再围上我给他做的理发围巾。小王抱着他坐在厅里的椅子上理发。一切用品都是铭铭平时熟悉的东西，只有理发的胡师傅是陌生的。但是，这位男理发师很有孩子缘，他一边满脸堆笑地夸奖他、逗他玩，一边手中操纵着理发器，使铭铭分散了对理发的注意，自然就减轻了警戒感。

　　这次铭铭没有抗拒理发，但是身子也总不老实地扭动着。不过，理发师傅的理发动作很熟练，看来是个婴幼儿理发的老手。他动作轻柔，不和孩子较劲，而且他理发都是依顺着孩子的动作。我们在旁边帮忙，只要看见有头发楂子落在脸上，我们都及时拿着发刷给刷干净，并且不断夸奖铭铭像大哥哥一样勇敢，而且很乖。因此，在我们的鼓励下，铭铭很快就理完了发。然后，我们清扫干净落在他身上和衣服上的头发楂子，拿来镜子让他看看自己是不是很精神。铭铭看到自己在镜子里的形象十分满意，我们及时说："如果不理发，你就不会是一个小帅哥了。"小王马上带他去洗澡和洗头去了，这样第二次理发很轻松就解决了。以后铭铭再理发，我们还是继续请胡师傅来帮忙。因为是熟悉的环境、熟悉的理发工具、熟悉的理发师以及理发师和蔼的态度，铭铭的理发再也不让我们犯难了。

今天正式去上幼儿园托班

铭铭今天要正式上幼儿园了。爸爸妈妈送他去幼儿园时，铭铭没有表现出什么异样来，反而像往常一样高高兴兴地随着爸爸妈妈一起来到汽车旁，自己爬上了汽车，坐在为他准备好的汽车座椅上。女婿为他系好了安全带，铭铭还让爸爸为他打开汽车上的CD播放机，他喜欢听周杰伦的《青花瓷》。这个小家伙不知什么原因竟然喜欢这首他听不懂的歌，是音调旋律优美？还是咿咿呀呀哼唱的形式让铭铭喜欢？说实在的，我真没觉得这首歌有多好听，但是孩子确实喜欢，有的时候大人还真搞不懂小孩子的心思，这可能就是代沟吧！

据女儿在工作单位打回电话汇报说，到了幼儿园，铭铭轻车熟道地带着爸爸妈妈进了大门，但还向亲子苑的方向走。妈妈提醒他现在已经是托班的大哥哥了，要去托一班找老师和小朋友去玩。于是，爸爸妈妈拉着铭铭的手，向托一班走去。

钱老师和吴老师正站在教室门口笑容满面地迎接着小朋友的到来。对于这两位和蔼可亲的老师，铭铭是不感到陌生的，因为钱老师和吴老师前几天曾到家里来做过家访，还和铭铭亲切地交谈过，并由铭铭带着老师参观了他的房间。毕老师正在屋里忙着给孩子准备早餐。铭铭看见布置得非常漂亮的教室，而且还有铭铭喜欢的汽车天地、厨房天地等游乐区，已经被深深地吸引住了。他又看到两个熟悉的小朋友，就跑去和他们一起在游乐区玩了。这两个小朋友都是女儿大学同学的孩子。为了解决孩子初上幼儿园容易产生分离焦虑的问题，她们几个同学经常组织孩子一起玩，所以这几个孩子并不生疏。当铭铭去找小朋友玩去时，爸爸妈妈告诉铭铭他们要上班了，让他留在这里好好玩，下午姥姥来接他。因为铭铭还没有上午、下午的时间概念，不明白这是多长时间，于是毫无顾虑地继续与小朋友玩，看起来似乎没有什么异常反应。钱老师和吴老师将自己的电话告诉了女儿和女婿，并说有什么不放心的可以在中午打电话或发短信来询问，她们会及时回答，若有什么特殊问题她们也会及时与家长沟通。女儿和女婿看到幼儿园做得十分周全，就各自放心地去上班了。

听得出来，女儿在叙述铭铭初上幼儿园的表现时心情很平静，似乎也没有什么焦虑的表现，可是对我来说就完全不是这回事了。看着铭铭愉快地去了幼儿园，我的心里特别不是滋味。是紧张焦虑，害怕孩子失去了自己的照顾在外受罪？还是因为朝夕相处的孩子从此离开自己，不再像小鸟一样整天依偎在我的身旁，要独立步入社会而感到不适应？总之，我的内心像打翻了的调味瓶，酸甜苦辣咸五味俱全。常言道，儿行千里母担忧。我们家的铭铭不但是他父母担忧，姥姥的担忧更有过之而无不及，因为铭铭是我的"心肝宝贝"呀！

本来我想，铭铭不在家我会轻松很多，可以坐下来安安静静地写东西了。谁知道铭铭离开家的这几小时里，我的心总也平静不下来。铭铭哭了没有？铭铭是不是喝水了？老师会不会及时提醒孩子喝水？铭铭会自己上幼儿园的厕所吗？他知不知道尿后用卫生纸擦干净残留的尿液？尿后自己主动洗手吗？他是不是自己吃的饭？吃得饱吗？是不是自己午睡的？老师有没有精力照顾这么多的孩子？孩子在幼儿园里开心吗？一系列问题像翻滚的波涛不断地涌现在我的脑海里，让我坐卧不安，心里没着没落的。就这样，我在家里什么事也没心思去干，一会儿走进铭铭的屋里，看着铭铭的玩具和书籍发呆，一会儿又回到自己的屋里坐在电脑前想修改自己写的文章，但是眼睛看着电脑，脑子里却想着铭铭。由于满脑子装的都是铭铭的事情，所以我坐了一会儿觉得什么也干不了，干脆又站了起来到厅里来回溜达。好不容易熬到下午2点，我就要去幼儿园。小王提醒我还不到时间，去了也不能进幼儿园，还要在外面等着，9月初的上海还是很热的。

中福会托儿所规定托班小朋友的家长在下午3点接孩子。尽管小王阻拦我，我还是坚持在2点15分钟的时候让小王与我一起去幼儿园了。由于我们提前20分钟就到了幼儿园，我只好站在周围建筑物的阴凉底下等待幼儿园开门。要说我们来得早，其实比我们来得早的家长比比皆是。看得出来，这些家长的心情和我一样，因为我在一旁听到家长的议论也都是关于担心孩子适不适应幼儿园集体生活的。我心里暗想，真是可怜天下父母心呀！现在还应该加上一句，真是可怜隔辈人心呀！

眼看还有5分钟的时间幼儿园就要开门了，我急切地向前走去，挤过人群站在大门前，只为早一些见到铭铭。这时大门打开了，我飞快地用近似跑的步伐来到铭铭班级的门前。从开着的窗户外，我看见铭铭的教室装扮得十分温馨、亲切、富有生活气息。正如女儿所述，教室还设计了一些具有生活情景的活动区域，各种玩具有序地摆放着供孩子玩耍。不难看出，老师们确实费了一番心思。

这时，我看见铭铭正眼巴巴地盯着门外面看，似乎也没有听老师在说什么。当铭铭眼光扫到我时，他突然瘪了瘪嘴，似乎要哭的意思。正巧钱老师打开了教室的大门，我赶紧进屋拉住铭铭，铭铭抱着我激动极了，就要掉下来的眼泪在眼窝里含着。说实在的，看到孩子这样的表情，我的眼泪也涌了出来，但是当着铭铭的面，强忍着没有掉下来。小王急忙抱起铭铭，铭铭抱着小王是又啃又亲。我转过身想向三位老师了解铭铭的情况，可是三位老师被家长团团围着，大家七嘴八舌问个不停。等一部分家长问完走后，我才得到机会问老师。三位老师详细地向我讲述了铭铭在幼儿园的表现，并一致说，今天入园的孩子大部分表现得不错，哭闹的极少。铭铭也表现得不错，没有哭，就是不自己吃饭，老师不喂，他就不吃，于是老师给他喂完了饭。他还不睡午觉，即使老师在旁边陪着也不睡，而且坚决不脱衣服，说不能只穿内裤睡觉。除此以外，铭铭其他方面还很不错。我向老师解释说："铭铭在家里睡觉时是脱掉外衣穿睡衣睡觉的。这个孩子死心眼，很固执，必须按照以往养成的习惯去做，可能这也是这个时期孩子的特点。我明天给铭铭带来睡衣，请老师在孩子睡觉前帮助给他换上。"老师们都爽快地答应了，于是我向老师交了接送牌，带着铭铭回家了。一路上铭铭说说笑笑，似乎一切都很平静，也没有表现出对幼儿园的恐惧或喜爱的表情。

回到家里，我们一个劲地当着铭铭的面，夸奖铭铭的教室太漂亮了，而且有那么多的玩具可以玩，我们都很羡慕。最棒的是有那么多的小朋友可以一起玩多高兴呀！我还告诉铭铭，钱老师、吴老师和毕老师特别喜爱铭铭，而且还夸奖铭铭在幼儿园里表现得像大哥哥一样，喜欢帮助别的小朋友，还帮助老师拿东西。铭铭笑得十分开心，看得出来他非常高兴，也很在意老师的夸奖。我心里还暗暗得意，看来铭铭会很顺利地渡过入园这道难关的。

晚上，女儿回到家里给我拿回了托儿所发放的两张印有小提示的告知单。

新生入园安全小提示

为了更好地做好校园安全工作，希望家长们配合我们做好以下这些：

一、尖器利器切莫带。为了您宝宝的安全，不要带一些小珠子、玩具刀、枪之类的尖器利器，以防止误伤宝宝们。

二、指甲记得定期剪。宝宝在玩耍时常常会有手部的动作，如果您宝宝的指甲过长过尖的话很容易伤到自己和其他宝宝，因此建议家长们定期为您的宝宝修剪指甲。

三、宝宝们在日常生活中难免会发生身体不适的情况，因此希望家长们在宝宝身体不适时能及时告知保健老师，方便老师们对宝宝进行有针对性的观察护理。如果您的宝宝体温超过37.5℃，建议在家中观察休息，体温正常后再入园。

新生入园温馨小贴士

日常用品：（1）午睡用的被子、垫被（最好做好姓名及学号标志）。（2）日常换洗的衣服（内裤1~2条，1套适合季节的替换衣裤）。

保健护理：（1）每日晨检不能忘。每天进班级之前，记得带您的宝宝到保健室进行晨检，这是为了了解您宝宝每日的身体情况，尤其是对一些常见传染病的排除，确保每位入园宝宝的健康。此外，您宝宝在饮食上或者保育上有什么特殊需要，也可以在晨检时告知保健老师以做特殊安排。（2）食物禁忌须告知。有些宝贝对于某种食物有过敏或者禁忌证，对此家长应该及时告知保健老师并在入园体检卡上注明。

看来这个托儿所做的工作还真细致，而且做到了实处。

铭铭所上的托班有22个孩子，按照年龄从小到大来排列学号，铭铭的学号是14号。中福会托儿所为了更好地解决刚入园的孩子产生分离焦虑情绪的问题，也为了更好地、细心地安抚孩子，通知家长学号11～22号的孩子按时入园，1～10号比较小的孩子推迟一周入园。铭铭是属于按时入园的一批。正因为这批孩子相对比较大，所以产生哭闹的比较少。而且由于孩子比较少，老师更有精力照顾孩子。等到一周后，这批孩子比较熟悉幼儿园的环境和老师了，老师就会分出精力去照顾下一批比较小的孩子。而且已经熟悉幼儿园的大一些的孩子还能带着比较小的孩子一起玩，更有助于比较小的孩子减少分离焦虑情绪的产生。

作为家长，当孩子入托时，我们担心孩子离不开大人，会产生分离焦虑的情绪。其实，家长产生的分离焦虑情绪比起孩子来一点儿也不少，甚至有的家长更甚之。有时，不是孩子离不开家长，而是家长离不开孩子。毕竟孩子在家的时候是家庭生活的重心，家长对孩子倾注了大量的心血和关爱，一旦失去了这个重心，家长的情感顿时失去了依托，就会出现像我在家里那样的担心和不安。实际上，这就是家长分离焦虑的具体表现，如果不注意控制自己这种不良的情绪，会严重地影响孩子的情绪。孩子是很敏感的，他们会从原来朝夕相处的大人的眼神、说话的口气和大人不断叮嘱的话语中觉察到幼儿园的"不安全"因素，加剧自己的分离焦虑情绪。

常言道，分离的痛苦是孩子成长的代价。孩子从家庭进入幼儿园，就是开始走向社会的一个新的里程碑，这是孩子在成长过程中必须要迈出的一步。家长明白这个道理后，就要"狠一点儿"，长痛不如短痛，要相信孩子会逐渐适应幼儿园生活的。具体来说，我给大家提几条建议。

（1）家长把孩子送到幼儿园后，向老师交代一下孩子有什么特殊的情况需要老师关注，然后立刻离开幼儿园。千万不要对孩子左叮嘱、右叮嘱，流露出不放心的情绪。更不能一步三回头，恋恋不舍，这样很容易将这种焦虑不安的情绪带给孩子，使孩子更加感到害怕和哭闹不止。

（2）多与孩子谈幼儿园美好的一面，从正面引导孩子通过回忆幼儿园的美好事物，逐渐喜欢上幼儿园。不要问孩子幼儿园吃得好不好、老师喜欢不喜欢、有没有小朋友欺负等问题。

（3）与老师及时沟通，了解孩子在幼儿园的具体情况，疏导孩子的不良情绪。对于孩子在幼儿园的每一点微小的进步，家长都要给予及时的表扬，帮助孩子逐渐喜欢上幼儿园。

（4）有可能的话，帮助孩子结识班上的几个小朋友，可以请他们到家里或者去他们家串门。这样孩子有了新伙伴，有助于克服初上幼儿园产生的孤单和寂寞的情绪，而且还有助于孩子社会交往能力的发展。

（5）切记平时教育孩子不要以送幼儿园、托儿所作为对孩子威胁和恐吓的手段，这样他会加深对托儿所、幼儿园的反感。

（6）必须坚持天天送孩子上幼儿园。家长的态度要坚决，即使孩子天天哭闹也不能动摇。不要用商量的口气对孩子说："明天我们去幼儿园好不好？"而是说："明天我们要去幼儿园。"也不要为了让孩子上幼儿园而对孩子进行许愿或者答应孩子的不合理要求。

（7）刚开始上幼儿园时，要及时接孩子，否则孩子看到别的小朋友都被家长一个个接走了，只剩下自己或几个小朋友，孩子会更加孤单、恐惧、失望。这必然会增加第二天再送孩子去幼儿园的难度。

（8）在家里要继续训练孩子独立吃饭、独立睡觉，教会孩子照顾自己的简单本领，这样孩子就不会因为自己什么都不会、比不上其他小朋友而产生自卑和恋家的情绪。

2岁9个月

入托一周后，铭铭哭闹着不去幼儿园

当我暗暗庆幸铭铭入托后没有出现哭闹的现象，自认为铭铭能够很顺利地通过分离焦虑期时，铭铭却在上幼儿园的第二周出现了问题。

星期一早晨我和小王送铭铭上幼儿园时，孩子没有表现出拒绝和不愿意的表情。当我们领着铭铭走近教室时，教室里传来一片震耳欲聋的哭声。哭声此起彼伏不停地搅动着孩子和家长的心。我一听，心想，糟了，铭铭很快就会被"传染"的！果不其然，当铭铭看到教室内一批新来的孩子都死死地抱着家长撕心裂肺般地痛哭时，铭铭也跟着哭了起来。他先是小声哭泣，到后来哭声音越来越大，也像其他小朋友一样紧紧地抱住我不松手。只见三位老师忙得不可开交，不停地抚慰着孩子。

这个情景就像我在医院工作时的一样，一个孩子打针时大哭，其他的孩子看到这个孩子哭，即使没有打针也会跟着一起大哭。这是1岁以后孩子移情能力发展的一种表现，因为3岁左右的孩子考虑问题还不能脱离"自我中心"的发展特点，还不能正确地识别、判断、体验他人的情感，很容易受外界环境的刺激或别人情绪的影响，所以他们的移情大多还保留在模仿阶段。

我看到个别家长也红着眼睛，几乎眼泪就要掉下来了，如此表现的家长再来安慰孩子效果肯定不好，反而更加重了孩子的哭闹。于是，我安慰着铭铭："不要哭了，大哥哥是不能哭的，要给弟弟妹妹做好榜样。跟你的好朋友小钰、鑫宝去玩，你看小钰和鑫宝都没有哭，而且还在玩汽车呢。"说着，我把铭铭交给老师，请老师费心照顾一下，并告诉铭铭："你中午睡醒一觉时，姥姥就会来接你！姥姥说话算数的。"说完，我拉着小王立刻转身走了。我知道如果这时我们再继续留下来安慰他，只能更加重孩子的哭闹，反而不利于铭铭迅速摆脱分离焦虑的情绪。虽说离开了幼儿园，听不到铭铭的哭声了，但是耳边却不时响着铭铭的哭声，铭铭今天的表现使我已经平静的心又开始翻腾起来。

下午，我和小王又早早地来到幼儿园接铭铭，因为我必须按时来接孩子，兑现对孩子的承诺。同时，这也是为了让孩子明白，留在幼儿园玩是暂时的，到时候家长还是会接他回家的。不要让孩子认为爸爸妈妈和姥姥不管他了，因为这时孩子的情绪很敏感。来到教室，铭铭看见我们，飞快地跑到我的身边，拉着我的手转身就要回家。我赶紧对铭铭说："你还没有向老师告别呢！快跟老师说再见！我们明天再来！"铭铭回头说了声老师再见，又要拉着我和小王的手要走。我让小王先带铭铭去院子里玩，我和老师交流一下孩子的情况。

这时，吴老师向我走过来，递给我一个塑料袋子并告诉我，铭铭尿裤子了，他们已经给孩子换上干净的裤子了。毕老师还将铭铭尿湿的裤子给洗干净，并送到锅炉房去烘干了，洗干净的裤子就放在袋子里让我带回家。看到三位老师及时地给铭铭换下尿湿的裤子，尤其是毕老师还将铭铭尿湿的裤子给洗干净并烘干了，让我心里非常感动。这本不该是幼儿园老师的事情，更何况还是一条沾满了尿液的裤子。平心而论，只有因为是自己家孩子，才能这样心甘情愿地去干，老师却二话不说地给干了，做家长的也不过如此。三位老师把这些孩子都当成自己的孩子一样去爱，我还有什么不放心的呢！

钱老师告诉我，铭铭自我走了以后，很快就不哭了。这次尿裤子可能是因为离开家长单独留在幼儿园，对这里的环境还是感到陌生和不习惯，毕竟在亲子苑上课时家长一直陪着，所以铭铭没有及时告诉老师自己要尿。今天吃饭在最后还是老师喂了几口，午觉也没有睡好，是因为一些新来的孩子哭闹影响的缘故。不过，他自己玩得还不错。钱老师又说，不要担心，很快孩子就会习惯这种生活了，因为这里有很多的玩伴和一些新鲜的事物，这是家里所没有的。3岁左右的孩子的心理发展需要玩伴，好奇心又促使孩子去探索，所以孩子会逐渐习惯幼儿园生活的。随着孩子逐渐熟悉幼儿园、老师和小伙伴们，以及幼儿园里有趣的活动，铭铭肯定会很快地度过分离焦虑期的。

铭铭尿裤子没有及时告诉老师，其实也是一种紧张焦虑的表现。有的孩子可能还会表现出尿频、尿急甚至15分钟就尿一次，但是并不伴有尿痛和尿色的改变。一位家长曾这样问我："为什么自己的孩子开始上幼儿园后就不能解出大便来，但是他的小内裤上却总是有粪迹。带孩子去医院检查，医生诊断结果是功能性便秘。既然是便秘，怎么又会不自觉地拉出少许便便来呢？"我告诉这位妈妈，这是因为孩子刚送幼儿园，周围的一切，包括幼儿园的环境、老师、小朋友、卫生间等对于孩子都是陌生的。这样的环境很容易使刚离开父母的孩子产生紧张焦虑的情绪。当孩子有了大便可能不敢向老师提出，或者害怕在不熟悉的卫生间大便，或者怕小朋友笑话，或者不习惯在幼儿园里规定的时间内大便，因此造成大便储留在直肠里，致使肠壁过度扩张，肠功能发生紊乱。孩子对扩张的肠壁丧失了感觉，难以形成有效的排便反射，导致失控的大便留在孩子的小内裤上。这些在内裤上的大便也可能是在结肠近端新形成的液体便，从远端结肠或直肠内堵塞的粪块周围或者缝隙间流出的。一般来说，失控的排便中95%伴有功能性便秘。因此，家长和老师应该帮助孩子尽快熟悉幼儿园环境，给予孩子必要的关怀，孩子心情舒畅了，陌生感消失了，排便的问题可能就会很好地解决。

尿裤子的情况铭铭发生了好几次，每次都是让老师给洗干净裤子送回来。说实在的，我真有些不好意思。现在，我一点儿都不担心铭铭的分离焦虑问题，有这样的老师去关心他、去爱他，我还有什么不放心的呢！我相信老师们自有办法尽快让铭铭走出分离焦虑的阴霾。我所应该做的就是支持和配合老师工作，及时与老师进行沟通。

中福会托儿所为了更好地架起家庭和托儿所沟通的桥梁，特意为每个孩子制订了一本叫《育海拾贝》的插页手册。这里面记载了孩子们每个月在托儿所中的表现，家长对孩子和老师的希望，该月活动的主题以及孩子这个阶段身心发育的特点，每个月唱的歌、念过的歌谣和讲过的故事，孩子在托儿所活动的照片和制作的作品。

手册的扉页是这样写的：

> 亲爱的秦绍铭：
> 在这本小册子里，
> 有你的欢笑；
> 有你的进步；
> 有你的创造；
> 有你的故事；
> 有你的一切一切……
> 这里记录了你成长的点点滴滴；
> 承载了老师无尽的爱意和祝福；
> 承载了父母深切的关怀和希望。
> 愿它能成为你人生中最美好的礼物！
>
> 托一班

下面是9月份老师在《育海拾贝》中写给家长的第一封信。

亲爱的秦绍铭家长：

您们好！

祝贺您的宝贝成为中国福利会托儿所的小朋友。在宋庆龄奶奶亲手创办的学校里生活、学习、游戏，他一定会有一个非常幸福快乐的童年。

9月，对进入幼儿园的宝宝来说，有着一种复杂的情感——爱并痛苦着。因为他们从家庭走进了幼儿园；从自由自在的家庭生活，走向有规律的集体生活；第一次长时间地离开亲人，和一群陌生的大人和小伙伴在一起。当他们从懵懵懂懂地对新环境的好奇中清醒时，一切好奇都变得难以接受了，不安全感和不适感必然产生。

为尽快消除幼儿的分离焦虑，我们采取了以下方法：

1.亲一亲、抱一抱。2～3岁的婴幼儿触觉较为敏感，肌肤的亲近是成人和低年龄孩子一种最直接有效的交流方式。当孩子早晨来园时，老师笑脸相迎，以妈妈般的态度亲一亲、抱一抱孩子，使他们得到身心满足。

2.尝一尝。准备一些孩子喜欢的食品，让他们在猜猜、看看、尝尝、说说中消除焦虑，体验快乐。

3.看一看。动画片是孩子们喜欢看的，《巧虎》等深深吸引了他们，使他们的不良情绪得到较快转移。

4.玩一玩。游戏是孩子最喜欢的活动，变魔术、手指游戏、吹泡泡、画一画、跳一跳等都深受孩子的欢迎。

5.写一写。为观察孩子的活动过程，我们设计了"一日生活观察记录表"，及时记录、观察幼儿的一日生活（大小便、进餐、午睡、游戏等），并且每天给家长公布这些表格。

从现在开始，您孩子的人生将会变得更加精彩，因为他在人生途中遇到了第一位老师、第一个朋友，第一次离开熟悉的家走向社会，第一次开始独立生活（当然，他会得到老师的帮助和精心照料），他会有新的发现、新的变化。

从入园的前两个星期看，铭铭是一个想象力、感情都非常丰富的孩子。

他经常沉浸在自己想象的角色里，玩得非常投入，也乐此不疲。他的情绪波动与其他的孩子有些不一样，开始在别人想念家人的时候他玩得很高兴，而一个星期后，当他失去新鲜感后，他开始哭着想家人了。但当老师陪伴他一起玩耍时，他又体验到游戏的快乐。有时，他会找到自己的相片安慰自己，尤其在睡觉的时候，手捧着自己的相片，睡得特别踏实。他经常用"老师我喜欢你"的话或搂着老师、抱着老师的动作，把老师逗得眯起眼笑。而且他喜欢帮老师做事，会帮老师拿篮子、会帮小朋友整理玩具，他可是以一个小班长的身份在严格要求自己呢。相信在未来的日子里，铭铭会带给我们更多的惊喜！十一长假过后，孩子们的情绪可能会有反复，希望那时继续得到您们的支持。

孩子在老师和家人的搀扶下，走向了小社会。孩子有变化了吗？请告知。您们对我们的工作有什么建议？请留言。

非常感谢！

托一班：钱老师　吴老师　毕老师

2008年9月

从这封来信中我们可以看出，老师们向我们分析了孩子入托后可能发生的情绪变化，她们为了消除孩子产生的分离焦虑情绪，采取了各项具体的措施。各项措施处处体现了她们对孩子的爱，而且比较符合3岁左右孩子心理发育的特点，做得很完美。信中处处渗透着对孩子的美好期望和像妈妈对自己孩子一样的深沉的爱。她们准确无误地指出了铭铭的长处和寄予的希望，让我们做家长的感到无比的亲切和甜蜜，同时也提醒我们家长长假过后孩子的情绪也可能会有反复，因此在假期里我们要配合托儿所做好孩子的工作。例如，遵守托儿所的作息制度，经常帮助孩子回忆托儿所度过的美好日子、可亲的老师、各种游戏、愉快的玩伴和玩具。让孩子渴望托儿所的生活，其情绪能更快地稳定下来，尽快度过入托后的紧张焦虑期。

《育海拾贝》还向我们介绍了孩子们学习的儿歌，展现了铭铭在托儿所活动的照片和铭铭入托后的第一幅作品。

这本《育海拾贝》已经被女儿女婿收藏起来了。女儿女婿说，当铭铭长大以后，他们要拿给他看。铭铭通过这本手册不但可以回忆自己幼年时代的美好时刻，而且还能看到在他人生成长的轨道上，尤其是从家庭进入到托儿所，即迈入社会准备独立生活的关键时刻，各位老师以及家长为他的成长付出的全部心血。让他更加懂得应该去感谢我们的社会和培育他的托儿所，感谢他的老师和爸爸妈妈为他所做的一切。

这本《育海拾贝》小册子是铭铭人生初期最好的纪念品！

《育海拾贝》记录了铭铭在托儿所的活动情况

我的作品

爸爸．妈妈．

08.9.11.铭铭.

　　这是我人生中第一幅作品——浆糊画。我们用棉签
将颜料"画到"手工纸的门里，再把门关起来。看，
拍拍打打一会儿变出了小虫、一会儿变出了蝴蝶、一
会儿变出了蛇……。这是我的想象、我的创造！

　　***孩子们在变的过程中发展了小肌肉动作，发展
了想象力和语言。

《育海拾贝》记录了铭铭的第一篇杰作

298

2岁10个月
入园后2个月内铭铭病了3次

铭铭从出生后极少患病，主要是因为我是儿科医生，保健工作做得比较好，平时也注意孩子的户外活动和寒冷训练，做到饮食多样化、膳食搭配合理，再加上预防接种完成得好，所以孩子身体很健康，发育指标都很正常。女儿的朋友看到铭铭健康的身体，都羡慕女儿有一个思想意识既前卫又能细心呵护孩子的医生妈妈。对此，我自己心里也暗暗得意，时不时地对女儿、女婿和先生自夸几句。

铭铭在入托后第二周早晨送他上托儿所时哭了几次，第三周铭铭已经喜欢上了托儿所，以后每天都是愉快地去托儿所，不再需要家长做"思想工作"了。谁知道，铭铭解决了入托的分离焦虑的问题后，近2个月却一连生3次病了。有一次，幼儿园老师打电话通知家长，说铭铭发热了，让家长去接孩子。当我赶到幼儿园时，铭铭头上戴着退热贴，正在医务室坐着呢。医生老师告诉我，铭铭已经退热了，并且喝了不少水。对于孩子入托后容易生病，我是早有心理准备的。凭借我多年儿科医生的经验，我一点儿也不感到惊慌和紧张，更何况治疗孩子的一般感冒对多年行医的我来说，是小事一桩。所以，我向医生老师道谢后，领着铭铭回家了。虽然铭铭回家经过我精心的护理，2天后退了热，但还有一些轻微的咳嗽和流涕。为了防止孩子之间交叉感染，也为了对别人家的孩子负责，我又观察了2天才送孩子去幼儿园。

我曾问过钱老师，天气逐渐转冷，22个孩子集中在一个房间里，他们是如何做好预防工作的。钱老师告诉我，除了晨检医务室的老师进行把关外，他们每天上午开窗通风半小时，下午接走孩子后紫外线灯管照射半小时。另外，孩子去户外活动，他们会及时给孩子穿上背心（托儿所要求家长在所里备一身干净的衣服和一件棉背心），活动期间发现孩子有不适时也会及时告知家长。托儿所做的已经无可挑剔了。

 ## 为什么孩子刚送幼儿园特别爱生病

孩子没有送幼儿园之前，家庭对孩子关怀备至，照顾得非常周到，而且家庭环境简单，接触疾病的机会少，所以孩子生病的机会少。这样的孩子就像我们说的是"温室中的鲜花"，不能经受风雨严寒。当孩子送去幼儿园后，幼儿园人多，孩子接触的环境复杂，每个人所携带的各种疾病的病原菌也多，其中包括隐性带菌者或带病毒者（即携带病菌或病毒但是自身不发病，例如手足口病、痢疾等），老师不可能全面细致地照顾全班每一个孩子。这时期的孩子因为免疫机制没有健全，抵抗力差，所以容易患病。

有的孩子因为到一个他不熟悉的环境，看不到自己的亲人，幼小的心灵会产生分离焦虑和不安全的情绪。这些负面情绪也促使孩子的抵抗力下降或者消化道功能紊乱。不熟悉的环境会促使孩子不敢在幼儿园大便和小便，常常出现憋着大便和尿的情况，所以孩子容易发生上呼吸道感染、通过呼吸道或消化道感染的传染病（未列入一类计划免疫程序的一些疾病）、便秘或者泌尿系统疾病。另外，孩子入园时也正是手足口病、肠炎、痢疾、风疹等流行的季节，所以孩子容易感染以上传染病。

 ## 减少孩子入园后生病的方法

其实，孩子生病家长应该泰然处之，做到"战略上藐视它，战术上重视它"。孩子每生一次病，就产生了对抗这种疾病的抗体。在机体和疾病的抗争中，孩子的免疫机能逐渐健全。长期在家里不送幼儿园的孩子虽然生病少了，但是免疫系统缺乏这方面的锻炼，体内缺乏相应的抗体，使孩子长大后不能有效地抵御外界的一些病菌和病毒。当孩子逐渐熟悉幼儿园的环境、熟悉老师和小朋友并适应了幼儿园的生活规律，分离焦虑逐渐减轻到消失，其便秘或因憋尿而诱发的消化系统疾患和尿道感染的情况就会改善。

现在的孩子都是独生子女，缺乏与社会接触、与他人接触的机会，在家里又是被众星捧月般精心地呵护着。这样的孩子在家中虽然与家长一起玩耍也很高兴和愉快，但是这种"合作"不是真正意义上的合作，是一种不平等的交往，孩子永远处于依赖、服从、受照顾的地位，因此孩子需要进入幼儿园的"小社会"进行社交方面的锻炼，也就是进行社会化的训练。孩子只有在和小朋友平等交往的过程中，才能学会和掌握合作、分享、移情、共情等社会交往的技巧和提高情商，为他今后融入社会打下良好的基础。不希望家长因孩子刚入园时哭闹严重，就长时间不送孩子去幼儿园。这样不但不利于减轻孩子分离焦虑情绪，反而将孩子不愿意去幼儿园的想法进一步强化，再次送幼儿园会使孩子的焦虑情绪加重。

为了减少孩子入园后生病的概率，建议家长做到以下几点。

（1）事先熟悉。如果有条件的话，建议家长在孩子入园前，先带孩子去熟悉幼儿园的环境和老师，最好能够参加幼儿园举办的亲子班活动。这样孩子入园时就不至于感到幼儿园的环境陌生，而产生比较严重的分离焦虑和不安全的情绪。

（2）做好准备。教会孩子正确洗手的步骤，养成孩子便后、饭前、外出回家后及时洗手的良好卫生习惯。训练孩子学会一些简单的自我服务的本领，例如，会穿脱简单的衣裤、会脱穿鞋。不要给孩子穿有过多配饰的衣服，要选择松紧带裤腰的裤子，男孩子不要选择前开口有拉链的裤子；不要给孩子穿前空、后空的凉鞋。在幼儿园预备一身干净的衣裤和内裤，以备孩子弄脏衣服后及时换掉。

（3）调整心态。孩子入园时，家长必须调整好自己的心态，因为往往家长的分离焦虑情绪比孩子还严重。家长当着孩子的面因为心疼孩子自己流泪，千叮咛万嘱咐，或者离开后又偷偷返回窥视，一旦被孩子发现后，会加重孩子焦虑不安的心情。入园初期接回孩子后，不要提一些容易引起他不愉快回忆的事情，例如，幼儿园好不好、老师对你好不好、吃得好不好、老师喜欢不喜欢你、小朋友有没有欺负你，或者当着孩子的面与他人谈论幼儿园的一些问题等，这样反而暗示孩子你是不安心的，孩子自然会更敏感，加重了不愿意去幼儿园的情绪。

另外，请家长还需注意，休息期间尽量不要在传染病流行的季节带孩子去公共场合，以免感染疾病。家长在周末应遵循幼儿园的作息制度和饮食规律，因为这个时期的孩子往往因搅乱了平时的生活规律和杂乱无章的饮食而容易生病，所以星期一、星期二也是医院儿科就诊患儿最多、最繁忙的时候。家长应该每天精心地观察自己的孩子，如果有任何不适，及时与老师进行沟通。如果孩子确实生病要及时领回家进行治疗与休养，待疾病痊愈后才能继续将孩子送到幼儿园，以免自己的孩子成为疾病传播的传染源。幼儿园也应该做好晨检，严格把关，注意孩子之间的交叉感染问题，及时做好疾病的监控、隔离工作。无论是幼儿园还是家长还要注意孩子的营养，尤其是家长更要注意孩子的饮食，弥补幼儿园饮食的营养不足。当然，也不能因一味强调清淡而忽略了孩子的营养全面、均衡、合理。要保证孩子三餐热量的分配合理，做到早餐热量占全天热量的30%，中餐占40%，晚餐占30%。

一般来说，孩子3岁以后随着免疫系统逐渐成熟，抵抗疾病的能力逐渐加强，孩子生病的概率就会减少了。

附 几种传染病的潜伏期、隔离期[1]

病名	潜伏期（日）			病人隔离期
	一般	最短	最长	
水痘	13～17	10	24	·隔离至全部皮疹干燥结痂为止。
麻疹	8～14	6	21	·皮疹出现后5日解除隔离。 ·合并肺炎者不少于发疹后10日。
风疹	14～21	5	25	·一般不需要隔离，必要时隔离至皮疹出现5日后为止。
流行性腮腺炎	14～21	8	30	·隔离至腺肿消失为止。
流行性感冒	1～2	数小时	4	·隔离至症状消失为止。
流行性乙型脑炎	6～8	4	21	·隔离至体温正常为止。
脊髓灰质炎	7～14	3	35	·发病4周后解除隔离。

病名	潜伏期（日）			病人隔离期
	一般	最短	最长	
甲型肝炎	14~42			• 一般发病后40日解除隔离。
白喉	2~5天	1	10	• 症状消失，鼻咽分泌物连续2次培养阴性，可解除隔离，但自治疗日起不少于7日。
百日咳	7~14	2	21	• 发病40日后或痉咳30日后解除隔离。
流行性脑膜炎	2~3	1	10	• 体温正常、鼻咽分泌物培养阴性后解除隔离。
杆菌痢疾	1~4	半天	8	• 症状消失，粪便培养连续2次阴性，或症状消失后1周解除隔离。
伤寒、副伤寒	10~14	3	30	• 体温正常，粪便培养连续2次阴性，或体温正常后2周，解除隔离。 • 炊事员、保育员暂时调离工作，继续观察2个月。

1　张思莱著：《张思莱育儿微访谈（健康分册）》，中国妇女出版社，2014年。

303

2岁10个月
妈妈带着学习剪纸和折纸
（沙莎日记）

　　自从铭铭学会了拼插玩具、走迷宫和连箭头图画之后，这些动手训练就成了他的最爱。他最烦的就是剪纸、折纸这种小手工，因为他总是学不会使用剪刀。按照姥姥给出的"工作重点"，铭铭快3岁了，必须要加强训练手的各种动作和逐渐学会使用各种工具，其中包括开始学习使用小剪刀剪纸和折纸。姥姥常说，我国著名儿童教育家陈鹤琴先生认为，"小孩子应有剪纸的机会"。因为剪纸和折纸不但能够训练孩子手的精细动作，让孩子双手的动作更加灵巧，同时剪纸还能让孩子静下心来，专心致志干好一件事。学会剪纸和折纸还是发展孩子想象力和创造性思维的一个好手段。

　　但是，每当我提出要做剪纸和折纸的手工时，铭铭总是不情愿地、可怜巴巴地看着我，"妈妈，我们不要剪纸了，还是搭工程车吧，好吗？"有时候，好不容易剪了两下他就垂头丧气地说："我搞得乱七八糟的，自己都不想看。妈妈，还是您来吧！"我明白，因为铭铭不会使用小剪刀，因此剪纸就像个小死穴，就是引不起他的兴趣来。兴趣是学习的内动力。如果引不起孩子的兴趣，他肯定也学不会使用剪刀，更别提剪和折出自己喜欢的作品来。因此，激发孩子使用剪刀的兴趣就十分重要了。

　　我怎么才能引出铭铭的兴趣呢？

　　（1）选好的练习书很重要。《创意剪贴》《创意折纸》就是这样一套好的学习书。这是一套在意大利博洛尼亚国际儿童书展获大奖的手工书，畅销全球十余年。我在上海书展上偶然发现了它们，如获至宝！我们做的第一个练习是铭

铭自己挑的《章鱼在跳舞》。他剪了几条直线，像是章鱼的触角，卷了卷、晃一晃，章鱼就像在跳舞。铭铭就给这只章鱼起了个名字"圆圆"。他说："妈妈，你知道吗，圆圆是世界上独一无二的章鱼。""为什么呢？""因为它最会和小鱼们跳舞、捉迷藏！"看来，剪纸必须让铭铭觉得好玩，能激发他的想象力，有白由发挥的空间，才能提高他的积极性。

（2）循序渐进，别怕挫折。初学剪纸的孩子一般会用安全剪刀，但安全剪刀是塑料的，很钝，孩子不容易掌握，有时连我都会跟它较劲，"怎么这么别扭呢"！所以，千万别要求小朋友一下就剪得特别棒，这是有一个学习、掌握的过程的。在学习的步骤上，我先让铭铭剪直线，再剪圆形，最后剪不规则的、弯弯曲曲的线条。这样，他的信心就会逐步增强。当然，剪、折、画、贴要尽量花样丰富，最好是一些卡通形象的画面能够引起孩子的兴趣来。尽量每一次能做出个小作品，孩子看到自己的作品后，成就感从内心深处油然而生，自然希望再做第二次。

（3）办个作品展览中心。我家客厅有两面墙是铭铭和爸爸的作品展示区。

铭铭爸爸热爱摄影，所以经常会挂出他的最新风景作品；铭铭每完成一幅好的剪贴或涂色，也会申请把它贴在铭铭专属的墙面上。看到自己一幅幅作品，铭铭常常向来访的叔叔阿姨、小伙伴们主动介绍自己的作品。当获得别人的称赞时，他会更加积极地去做下一个手工。就这样，铭铭开始喜欢上剪纸和折纸了。

2岁10个月

让孩子学会赞美和
欣赏别人

　　铭铭上幼儿园已经一个多月了。一天，我送铭铭去上幼儿园，在路上，我问铭铭："你是不是非常喜欢上幼儿园呀？"

　　铭铭回答道："对的！"

　　"为什么呢？"我追问了一句。

　　"因为幼儿园里有好多小朋友和我玩，还有钱老师、吴老师、毕老师。"

　　"你最喜欢哪位老师？"我故意又追问了一句。

　　"我都喜欢！钱老师唱的歌可好听了，吴老师教我说'小茶壶'的歌谣，特别好听！"说着他就在汽车里给我表演起来。只见铭铭一只胳膊弯曲着插在腰上，另一只胳膊向上伸直，摆出茶壶的模样，嘴里念着："我是小茶壶，这是柄，这是嘴，咕嘟、咕嘟，请您喝一杯。"他伸直的胳膊开始向下，摆出了茶壶倒茶水的姿势。

　　我看着铭铭奶声奶气的表演，不禁夸奖铭铭表演得好："铭铭表演得真好看，吴老师教给你们的歌谣真好听。那毕老师呢？"

　　铭铭说："我睡觉时，毕老师还陪着我呢！她们都爱我。"铭铭说话时流露出一种得意的表情。"姥姥，我告诉你，我们钱老师可漂亮了，穿的花衣服也漂亮！"

　　"是吗！那你就应该告诉钱老师呀，跟钱老师说'您真漂亮，您的花衣服也漂亮，我喜欢'，赞美赞美你们钱老师呀！钱老师听到你的夸奖一定会很高兴的。"我提醒铭铭说。

　　然后，我话锋一转道："睡觉时，毕老师为什么要陪着你？我早知道了，是因为你不愿意自己睡午觉，必须让老师陪着才行。这可不好，毕老师中午一点儿也休息不了，是很辛苦的。以后你要自己睡觉！你感谢毕老师了吗？"

"没！"铭铭小声回答道，"吴老师、钱老师也都陪过我。"

"那应该感谢她们所有人！以后你要自己午睡哦！你已经是大孩子了，不能总让老师陪着午睡。"我对铭铭说。

我和铭铭进了幼儿园，他在医务室门前洗了手之后，就要进医务室进行晨检。我马上拉住他嘱咐道："进门见了老师要问老师早，老师检查完要说谢谢老师，因为老师为你检查身体了。离开时要说老师再见！记住了吗？"我看见铭铭点点头。

不一会儿铭铭出来了，手里拿着一个小红牌，这是身体健康的标志。我又追问了一句："你问老师早了吗？谢谢老师了吗？跟老师说再见了吗？"还没等铭铭说话，屋里的医生老师回答了："全都说了，铭铭姥姥！"因为我给幼儿园的老师讲过课，所以医生老师都认识我。

铭铭欢蹦乱跳地朝着托一班跑去，一进教室门，看见穿着花衣服的钱老师，立刻说："钱老师，你的衣服真漂亮！我喜欢！"钱老师立刻笑着回答："真的吗？谢谢铭铭的赞美！我很高兴！"钱老师还郑重其事地立正对铭铭表示感谢。然后，铭铭将小红牌插进写有自己名字的透明小口袋里，将小口袋里的接送牌取出来交到我的手中（这是幼儿园的规定，下午接铭铭时必须拿着接送牌，老师只认牌子不认人）。

铭铭又奔向吴老师并扑到吴老师的怀里，亲切地抱住吴老师。吴老师高兴地拍拍铭铭的头。随后，铭铭又叫了一声"毕老师早"。毕老师因为忙着给孩子们准备早餐，笑着答应着抬眼看了看铭铭，又低头忙活起来。

我和铭铭的班主任钱老师说："铭铭在来幼儿园的路上一直说喜欢幼儿园，喜欢你们三位老师，说你们都爱他，还特别强调说你漂亮，穿的花衣服也漂亮。我鼓励他，应该感谢和赞美关心照顾你的老师，所以今天他和你们见面后就说了这些话。我认为从小教会孩子学会赞美和欣赏别人，对于提高孩子的情商大有好处。"钱老师十分认同我的看法，也谈到幼儿园也十分重视这方面的教育，让孩子学会欣赏和赞美别人，老师会在活动中时时刻刻将这一教育思想贯穿进去的。

 赞美和欣赏的作用

现在的孩子绝大多数是独生子女，受到家人的百般呵护和宠爱，因此常常想到的是别人对自己的照顾，考虑一切问题都是从自己的角度出发，很少想到别人。尤其是不到3岁的孩子处在一个以自我为中心的意识里，很难发现别人的优点和长处，因此从小教育孩子善于发现别人的优点和长处，并学会赞美和欣赏十分重要。

学会赞美和欣赏别人与提高孩子的情商水平有很重要的关系。赞美和欣赏都是一种积极的情绪。学会赞美和欣赏别人就是学会找出别人的优点，发现自己的差距。这是一种潜在的激励自己的动力，有助于自己的进步。同时，由于你的赞美和欣赏，别人获得了自尊心和荣誉感，心理得到满足并受到激励，促使别人更加积极向上；由于你的赞美也引起别人对你的好感，无形中拉近了人与人之间的距离。无论是谁，都喜欢听别人对自己说赞美的话，因为这是人的一种本性。赞美和欣赏不但是人际关系最好的润滑剂，也是团结人的黏合剂，是获得朋友和友谊的灵丹妙药，使得别人愿意和你在一起，并愿意团结在你的周围。通过你的赞美和欣赏，别人会获得快乐并体会到自身价值，从而更加努力学习和工作。善于赞美和欣赏别人，是为人处世的一个本领，对于孩子将来的人际交往有着重要的作用。因此，父母应该让自己的孩子学会这种本领，真诚地赞美他人。

培养赞美和欣赏能力的方法

要想让孩子学会赞美和欣赏他人，就需要家长对其从小进行培养。孩子在3岁以前主要是在家庭中生活，家长首先应该通过孩子的各种感官，让孩子感受世间一切美好的事物。例如，观看各种颜色绚丽的图片，聆听各种美妙的变幻无穷的声音，闻各种沁人肺腑的气味以及品尝各种食物的美味，触摸美轮美奂的艺术品。家长应不时地用语言向孩子讲述这些美的东西，例如："看这个图片中的小姐姐多漂亮呀！""听小哥哥唱得多好听呀！""这些水果的气味多好闻呀！""阿姨做的饭菜多好吃呀！""雕刻的胖娃娃多可爱呀！"虽然孩子不能完全理解你说的语言，但是孩子通过感官感受物品，以及通过妈妈赞美和欣赏的表情，一种美的感受在孩子的大脑中保存下来。

随着孩子的生长发育，社会交往不断地扩大，生活经验不断积累，家长应该引导孩子善于发现他人的优点和长处。因为2岁多的孩子主要是模式化学习，对事物的看法也只是局限在表面性和情绪性上，不可能会看到事物的本质。但是，从这方面着手，让孩子先学会如何找出别人的优点（哪怕是表面的或带有情绪性的），帮助孩子去欣赏别人的优点，然后用准确的语言和表情进行真诚的、实事求是的赞美。这种赞美源于生活，发自内心，是一种真情流露，所以会收到赞美的效果。这绝不是一些人所说的阿谀奉承、献媚拍马。常言道，"送人玫瑰，手留余香"孩子也在赞美别人的行为中获得别人的喜爱。

同时，也要让孩子将自己与被他欣赏的人进行比较，鼓励孩子向他赞美和欣赏的人学习。久而久之，这种良好的行为就会成为一种习惯固定下来，成为孩子个性中的一部分。当然，随着孩子思维水平的发展，孩子要逐渐学会不但从外表赞美别人，还要能够发现别人内在美好的一面。随着孩子道德观和价值观的产生和发展，这种赞美和欣赏别人就具有了特殊意义。

要想教会孩子学会赞美和欣赏别人，家长首先就要学会赏识自己的孩子，善于发现孩子的长处，以表彰孩子的优点带动孩子克服自己的缺点。这让我不禁想起一项著名的心理学实验——罗森塔尔效应。美国心理学家罗森塔尔考察一所普通中学时，在一个班里随便地走了一趟，然后就在学生名单上圈了几个名字，告诉他们的老师，这几个学生智商很高、很聪明。过了一段时间，教授又来到这所中学，奇迹发生了，那几个被他选出的学生现在真的成了班上的佼佼者。罗森塔尔教授这时才对他们的老师说，自己对这几个学生一点儿也不了解，这让老师很是意外。

因为罗森塔尔教授是著名的心理学家，在人们心中有很高的权威，老师对他的话都深信不疑，因此对他指出的那几个学生产生了积极的期望，像对待聪明孩子那样对待他们。而这几个学生也感受到了这种期望，也认为自己是聪明的，从而提高了自信心，提高了对自己的要求标准，最终他们真的成了优秀的学生。这一效应就是期望心理中的共鸣现象。这个现象留给我们这样一个启示：赞美、信任和期待具有一种能量，它能改变人的行为。当一个人获得另一个人的信任、赞美时，他便感觉获得了社会的支持，从而增强了自我价值，变得自信、自尊，同时获得一种积极向上的动力，并尽力达到对方的期待，以避免对方失望，从而维持这种社会支持的连续性。

2岁10个月

《育海拾贝》记录了托儿所和家长的沟通

这个月，老师在《育海拾贝》向家长告知了铭铭班级在10月份的主题活动——我是好宝宝。

亲爱的秦绍铭家长：

您们好！

为了延续"上托儿所"主题活动，我们又开展了"我是好宝宝"的主体活动。

在这个活动中，我们通过生活故事、儿歌、游戏、装饰环境等各种形式培养幼儿的生活自理能力。2~3岁是幼儿生长发育的关键期。著名教育家陈鹤琴先生提出"凡是儿童自己能做的，应当让他自己做"的教育原则。孩子长到两三岁，便有了强烈要求"我自己"的独立愿望，我们要因势利导，开始培养孩子日常生活的初步自理能力和基本习惯。

培养2~3岁幼儿的大小肌肉群和动作协调性的发展，如吃饭。幼儿不但学会手喂饭的动作技能，还发展了手指肌肉的灵活性及手眼协调性。所以，孩子每学一项动作、能力，他的大小肌肉群动作协调性也将得到相应的发展。2~3岁幼儿生活自理能力，就是要学会独立用勺吃饭、拿杯子喝水、会洗手。在孩子学习自理能力技能的过程中，老师和家长给予适当的鼓励，树立孩子自信心，让孩子懂得自己的事情自己做。孩子在提高能力的同时，也培养了勇于面对问题，敢于克服困难的抗挫能力及独立做事、有始有终的好

311

习惯。这种坚强、独立、自信，正是适应未来社会的高素质人才的良好个性品质。

为了初步培养幼儿的生活自理能力，我们在本月所做的是：

（一）把生活能力培养寓于易读易记的儿歌中，寓于有趣的情景中。

好奇、好模仿、想说话是2～3岁孩子的年龄特征，我们把生活自理技能设计成有趣的情景故事、形象的儿歌，让孩子在看看、说说中理解内容，懂得粗浅的道理，从而掌握动作技能。

例如，学吃饭。我们在培养小朋友自己吃饭时，尊重和培养幼儿独立吃饭的欲望。让孩子自己吃饭，虽然边吃边掉饭粒，但老师还是坚持让小朋友自己吃，随时帮助纠正拿勺的姿势。我们老师还不时提醒幼儿："一手扶着碗、一手拿着勺，小眼睛看好碗，吃得干净真正好。"

（二）把生活能力的培养寓于游戏之中。

爱游戏是孩子的天性。我们让孩子在游戏中，在自己动手操作中进行能力培养，同时注意个别孩子的指导培养。

比如，我们在操作区投放了一些塑料桶让幼儿拧拧盖盖，还放置了用纸盒子制成的娃娃，让幼儿用小勺做喂宝宝的游戏。在一面墙上用布制成一幅美丽的图画，背景图的树上钉着一些纽扣、雌雄扣等，让孩子把果子扣到树上，把夹子夹到树上，在操作中发展孩子手眼协调能力、锻炼小肌肉，使幼儿的自理能力得到巩固和强化。我们还制作了小火车，让幼儿爬爬火车（发展大肌肉运动）、装饰火车（通过撕贴纸、团纸来发展小肌肉），让幼儿在情景中发展动手能力。

现在活动已接近尾声，请家长朋友们在家也不要低估了孩子的能力，放开手，让孩子用自己的小手做力所能及的事情吧！吃饭自己喂、鞋子自己穿、用过的玩具送回去，帮爷爷拿眼镜，帮奶奶捶捶背……给予孩子动手的机会。老师、家长"懒"一点儿，鼓励孩子自己做事。这就需要家长、老师一定要放开手，为幼儿创设足够的能发挥其自助能力的机会。例如：当幼儿早上穿衣服的时候，家长可帮他套上头，让幼儿自己穿袖子，鼓励他自己穿完衣服，而不要给他穿完；当幼儿想吃饭的时候，家长就可以把饭和勺给他，让他自己吃……久而久之，幼儿的自理能力就提高了。同时，当孩子乐意用自己的小手做平常事时，请不要忘记鼓励和赞赏您的孩子哦！这样才能让孩子体验自己的成功，渐渐地树立起自信。

在www.cwin365.com的网页上有托儿所活动情况的介绍，想了解托一班小朋友的活动情况也可点击家园桥详看。

钱老师　吴老师　毕老师

2008年10月

《育海拾贝》还专门设计了一页"请您告诉我"栏目，请家长将自己的希望和建议告知老师们。于是，女儿给老师写了回信。

钱老师、吴老师、毕老师：

你们好！

由于我和铭铭爸爸最近出国很多，铭铭到北京姥姥姥爷家做小客人，离开学校近一个月。回沪后，他很快就融入了学校生活，从来不哭，也很喜欢和老师、小朋友们一起玩，我们真的很开心。铭铭是个很酷的小男生，他不太爱和妈妈讲学校发生了什么好玩的事，尽管爸爸妈妈都很想知道他最爱和哪些小朋友一起玩啦，是否睡好、吃好啦，最爱的游戏是什么啦……不过，他虽然没有详细讲什么，但他会告诉爷爷奶奶"三位老师都很喜欢铭铭的"。铭铭最近逻辑思维发展很快，讲话总是"因为……所以……""虽然……但是……"挺有意思。最近上海天气不太好，希望铭铭在校可以多点儿室外活动，多跑、多跳，也希望他吃饭可以更独立一点儿。不知什么原因，他总想被别人喂，妈妈、姥姥对此都很头疼，但也没有办法。

祝好！

铭铭妈妈

2008年10月11日

这个月，老师在《育海拾贝》向家长告知了铭铭班级在11月份的主题活动——秋天的水果。

阵阵秋风吹落了红的叶子、黄的叶子，吹动了妈妈的裙角，吹来了水果的香醇。秋天是一个绚丽多彩的季节，也是一个丰收的季节，它有着非常鲜明的季节特征和可供研究的资源。为了让幼儿在多彩的季节中感受秋天的美丽和收获，激发幼儿关注自然、热爱自然的情感，本月我们开展了主题活动——秋天的水果和树叶飘飘。

秋天到了，各种各样的水果、农作物成熟了。家长们为孩子带来了山楂、柚子、苹果、生梨、橘子、葡萄、石榴、柠檬、火龙果、枣子等水果，教室里成了水果园。我们通过看看、摸摸、闻闻、尝尝、画画、做做、唱唱等方式逐一让孩子认识水果。我们在活动中初步感受了水果的颜色、水果的形状、水果的大小、水果的味道，我们还了解了切开的水果是什么样子的。我们拿着篮子买水果：用固体胶把水果粘在老师剪好的篮子里。我们学着种水果：用橡皮泥搓圆再压在老师剪好的树上。我们还用报纸做大水果，用皱纸贴水果呢。看我们的本领大不大？老师还在墙面上造了"水果屋"，我们"住"在香蕉、苹果、西瓜屋里香香甜甜真开心，我们沉浸在水果的天地里。

大自然中到处都有让幼儿快乐学习的素材，请宝宝来到户外找秋天。让我们捡树叶、观赏花，还玩秋风吹、摘水果等游戏。在游戏中，孩子们的兴趣很高，身心也得到了彻底的放松。我们在小花园里，尽情地感受着秋天的变化。

本月活动不仅让孩子们在水果和树叶的世界里感受到秋天的魅力，还让我们体会到家长的支持是顺利开展主题活动的保证，在此再次感谢您的配合和支持！

在水果的活动中，铭铭虽然错过了很多，但他一回到幼儿园就在老师的引导下完成了"能吃的宝宝"等作品。铭铭也认识了几种常见的水果和水果颜色。老师请他在集体面前介绍他带来的红果和西柚时，他显得特别自信和自豪。铭铭这次回来进步特别大，情绪也基本稳定了，而且看得出来他很喜欢幼儿园和老师。现在，他吃饭和睡觉进步多啦。吃饭时，他会自己吃几口，老师再帮几口。以前他有含饭的现象，现在老师对他说要让牙齿和喉咙工作起来，否则它们的本领就会越来越小，时间久了就不工作了，而且亲子苑弟弟才不会吃饭，托班的哥哥都会吃饭。这样一说效果还真灵，他真的会"啊呜啊呜"地吃起来。铭铭是个明事理的孩子，有时和他说说道理还是挺管用的。再者，铭铭在穿衣方面真的是其他孩子学习的榜样。大多数家长喜欢给孩子穿得很多，但还是不断生病。可是，铭铭坚持只穿两件，反而每次摸他的手心都是热乎乎的。您的理念和做法真的非常值得向其他家长推荐。所以，这次家长会我们特地邀请铭铭的姥姥来介绍经验，在此也非常感谢您的配合和支持。

钱老师　吴老师　毕老师

2008年11月

2岁11个月
给孩子进行寒冷训练

天气逐渐转冷了，虽然上海不像北京那样四季分明，但是仍然可以看到一些树叶随着天气的变冷逐渐转黄。黄栌、元宝枫、火炬、地锦红栌类的树叶也渐渐转为红色点缀在其中。一些落叶木的树叶在瑟瑟秋风中开始稀稀拉拉地飘落到地上。一切都预示着秋天已经来临，即将进入冬天。

每天早晨，我都要站在阳台的窗户边感受外面的温度如何，来决定给铭铭穿多少衣服。一般来说，我是以"春捂秋冻，不生杂病"的原则来决定铭铭的衣着的。

这句流传在老百姓口中的谚语是有一定科学道理的。因为气温刚转暖，不要过早脱掉棉衣。冬季穿了几个月的棉衣，身体产热散热的调节与冬季的环境温度处于相对平衡的状态。由冬季转入初春，乍暖还寒，气温变化又大，过早脱掉棉衣，一旦气温下降，就难以适应，会使身体抵抗力下降，病菌乘虚袭击机体，容易引发各种呼吸系统疾病及冬春季传染病。而秋季气温稍凉爽，不要过早过多地增加衣服。适宜的凉爽刺激，有助于锻炼耐寒能力，在逐渐降低温度的环境中，经过一定时间的锻炼，能促进身体的物质代谢，增加产热，提高对低温的适应力。

正常人的体温总是保持相对恒定，一般在36℃～37℃。人体体温受位于大脑下丘脑部位的体温调节中枢调控，并通过神经、体液因素使产热或散热过程呈动态平衡，保持体温在相对恒定的范围内。当体温低于37℃时，下丘脑后部立即启动产热机制；当体温超过37℃时，下丘脑前部立即启动散热机制。产热、散热两者之间不断维持着动态平衡，这个平衡的值或者叫作体温调定点，就是人类在进化过程中选择的37℃。

体温太高或太低都会使人体生理功能受到损害。人的皮肤是人体最大的散热器官，很容易受环境温度的影响。幼儿体温调节中枢发育的还不健全，其体表面积相对较大，皮肤层薄，皮下脂肪少，血管丰富，散热较多，所以对外界气温的适应能力是很差的。让孩子穿得轻薄一些，鼓励他多去户外环境中活动，既能让孩子呼吸新鲜空气、晒晒太阳，又能增强中枢神经系统对体温的调节功能，使孩子的皮肤更好地适应外界温度。这样孩子就会逐渐适应寒冷环境，提高御寒能力，因而可以少感冒。如果孩子穿得比较多，皮肤总是处在一个保温的环境中，就不需要体温调节中枢进行调控，一旦遇到气温变化，孩子肯定会生病的。更何况，这么大的孩子正处于活泼好动的时期，新陈代谢旺盛，而运动后肌肉不断地产热，需要通过空气对流、辐射、传导进行散热。这时，皮肤上的毛孔张开将汗排出，但是因为孩子穿得多，过厚的衣物阻止了散热进行，一直张开的毛孔容易遇到冷空气，由此导致感冒。

因此，从铭铭出生以来，我是从来不捂孩子的，给铭铭穿的衣服都比较少。例如，别人家的孩子都已经穿上长袖衣服、长裤子了，可是铭铭还是穿着短裤和短袖的T恤衫，所以铭铭身着短衣短裤也成了托儿所众多小朋友中的特殊打扮。在家里，铭铭也是经常光着脚在大理石的地板上来回行走，因为从小的锻炼，他不喜欢在家里穿鞋和袜子。

一般来说，铭铭穿衣多少总比别的孩子晚半个月的节气。而且我鼓励孩子多做户外活动，即使在北京的寒冬腊月，我照样带着铭铭每天早晨7点左右去遛公园。所以，铭铭自从适应了幼儿园的环境以后，就很少生病了。

2岁11个月
让孩子喜欢上家庭的饭菜

随着孩子逐渐成长，自主意识不断发展，铭铭对吃的方面也有了自己的喜好和要求，也在不断追求口味上的满足，不再满足家里为他准备好的食品，而是更喜欢一些颜色鲜艳、造型奇特、合自己口味的食品。

在刚入园时，每次从幼儿园接他回家的路上，他只要看到别的家长带给小朋友一些他没有吃过的或者极少吃的、却是非常吸引他的食品时，就会眼馋。看到一些小朋友可以边走边吃零食后，更是羡慕得不得了。尤其是看到有的小朋友吃着薯片、棒棒糖、冰激凌或冰棍、一些膨化食品以及花花绿绿的果冻时，他眼睛里常常流露出渴望的目光。虽然铭铭还不会向我要这些食品，但是他会转弯抹角或明知故问地说："姥姥，那个小朋友吃的是什么呀？"或者："姥姥说了，不要在大街上一边走一边吃，这样很不文明，也不卫生，可是他们为什么吃呀？"眼睛还一直扫视着。我只好拉着他快些走开。我明白外面的食品对他的诱惑太大了！

其实，我了解铭铭的心思，他无非是想和这些小朋友一样，可以吃到他喜欢吃的零食，而且也要像这些小朋友一样可以边走边吃。"喜欢模仿"是3岁左右孩子的一个特点。但是，这些食品都是我不允许他吃的，更不允许他在马路上边走边吃，正如铭铭说的那样，这是既不卫生，也不文明的进食习惯。

如何正确地给孩子选择零食呢？我一直遵循着卫生部和中国营养学会发布的《中国居民膳食指南》中的零食选择指南。

☐ 零食应该是合理膳食的组成部分，不能仅从口味和喜好上选择。

☐ 选择新鲜、易消化的零食，多选择水果和蔬菜类食物。

☐ 吃零食不要离正餐太近，避免影响正餐食量，睡前半小时不要吃零食。

☐ 不吃油炸、含糖多、过咸、过黏、膨化的食品。

☐ 多喝白开水，少喝饮料，尤其是乳饮料。

☐ 注意进食安全，避免孩子食用豆类和坚果的食物，以免发生意外。

☐ 吃零食前要洗手，吃完后要漱口。

目前市面上的一些食品确实存在着一些不安全的因素。食品添加剂在加工的食品中几乎无所不在，尤其是零食中添加剂的滥用，更是举不胜举。而且有些添加剂是反营养物质[1]，危害巨大。

例如，一根小小的雪糕就含有20多种添加剂。如果按照国家规定正确使用这些食品添加剂，单一吃某种工厂生产的食品，可能对人体危害不大。但是，就怕一次吃多种加工食品，或者长期吃这些经过工厂或者食品店生产的加工食品，那么累加起来进入机体的反营养物质的量，就会对人体造成一定的损伤。尤其对婴幼儿来说，肝脏和肾脏发育还不成熟，这些反营养物质不能很好地在肝脏中解毒或通过肾脏排毒，造成大量该物质蓄积在体内，严重影响了孩子的生长发育，甚至会造成孩子个子矮小和智力落后。而孩子也正处于口味发展的敏感期，往往为了追求食物的口感和新奇而大快朵颐，"狂轰滥炸"的电视广告又带给孩子极大的诱惑，如果家长再不注意给孩子控制这些零食的话，就给孩子的生长发育埋下隐患。所以，我一直主张应该让孩子的口味回归到喜欢家庭厨房里做出的饭菜味道。我是这样说的，也是这样做的。

我每天都会换着花样给铭铭准备早餐。例如，一天玉米面粥、一天小米粥、一天蒸蛋羹、一天自己做的酸奶。另外，粥里放的蔬菜多是绿叶菜或红薯、南瓜，4天轮转一次。有时不吃馒头，改吃用西葫芦、胡萝卜、鸡蛋、面粉摊的小饼。早餐过后送去幼儿园，铭铭就不吃幼儿园的早点了。这么做是为了最大限度地掌控孩子的营养。

1　关于反营养物质的具体内容请参见P120。

铭铭的早餐

6：30 起床，洗漱完毕后配方奶200毫升

7：30 吃早餐

☐ 蔬菜粥一小碗（里面加一个煮好的蛋黄）

☐ 馒头小半个或者菜包子1个（我家的馒头大概一两一个，包子半两一个）

☐ 馒头中夹一片自己家做的酱牛肉或酱肘子，如果没有熟肉制品就是奶酪一个（成长奶酪）

☐ 黄瓜2～3小条（一根黄瓜切3段，每段切4小条）或者生菜1小片

如果周六日休息，上午的加餐就是水果。水果我也是每天不重样，几天一轮回。中午自己做饭菜，保证孩子的蔬菜和动物蛋白的摄入。我们大人的饭菜都依随孩子的口味。下午铭铭睡醒后，配方奶200毫升，外加水果。晚餐也是自己家做的饭菜，同样保证蔬菜和动物蛋白的摄入。

我给孩子选择的动物食品以海鱼、虾为主，其次是畜肉，鸡肉吃得比较少，因为目前市场上的鸡都是速成生长鸡。为了孩子多吃一些蔬菜，我们给孩子做包子、饺子的时候多，有的时候也做夹馅的烧饼，偶尔做一次馅饼（主要是控制油的摄入）。每天的午餐和晚餐是米饭和面粉类食物各一顿。每天都有豆腐或者豆制品的配菜，每顿饭都配上南瓜汁、豆浆、玉米汁或稀稀的紫米五谷粥（都是用豆浆机做的）。孩子喝的水就是白开水。他也喜欢喝饮料，但是我不给买，除非有时生病食欲差，我才给榨鲜果汁兑上水喝。晚饭后决不允许孩子再进食。

铭铭喜欢吃糖，但是每天只有一小块，有时他玩着还忘记了，因此铭铭经常是几天才吃一小块糖。至今他都没吃过棒棒糖，也不会要冰棍、雪糕吃。算起来，他从出生到现在，吃冰激凌小球也就2～3次，而且每次也吃不到一个球，冰棍从没有吃过。我从不给孩子买薯片、饼干、蛋糕和面包这类食品，孩子的零食就是水果。我家的面条都是我用家庭小压面机做的，使用的面粉都是选择的不含添加剂的标准粉（含有麸皮多）。有时，我用食品加工机打烂绿叶菜或者西红柿来揉面，做成蔬菜面条，一份份用袋子包好冻到冰箱里，吃的时候拿出一包做熟即

可。面包和酸奶也是自己做。给铭铭选择食品时，我都要仔细看看标签的成分表和含量比例，这样选择的食品才能最大限度地保证铭铭入口食品的安全和卫生。

每天去托儿所接铭铭之前，我都会在家里冲调好200毫升的配方奶，将洗干净的或者削好皮的水果放在密封盒里，放在汽车上。现在，铭铭看到小朋友边走边吃一些零食，就会学着我的口气对我说："姥姥！我不喜欢吃这个，这不是健康食品！"当铭铭坐上自家的汽车后，他就会很快地喝完配方奶，然后拿着小饭叉吃完水果。这样既满足了孩子对零食的渴求，也增加了摄入的能量，达到孩子身心的满足。

为了使铭铭健康成长，我确实费了不少心，但是我快乐，因为铭铭的茁壮成长是我的付出成果。我真的希望各位妈妈自己操作起来吧，为了孩子的一生，让孩子喜欢上家庭做的饭菜的味道，从小打下健康的基础。

附

防腐剂：苯甲酸钠、山梨酸钾、丙酸钠、丙酸钙。

抗氧化剂：BHA、BHT、PG、TBHQ、维生素E、维生素C、植酸、茶多酚。

疏松剂：明矾、酒石酸氢钾、磷酸氢钙、葡萄糖酸内酯、碳酸钙、小苏打。

甜味剂：果葡萄糖、麦芽糖、低聚糖、阿斯巴甜、甜叶菊糖、甜蜜素、安赛蜜、糖精。

增稠剂和稳定剂：瓜尔豆胶、卡拉胶、单甘酯、磷酸盐。

常见合并标志的添加剂：香料、酵母、乳化剂、增稠剂、稳定剂、水分保持剂、pH调节剂等。

消费者往往认为，乳化剂、稳定剂、增稠剂等只代表一种添加剂。实际上，这种笼统表示的背后往往涵盖至少两种以上添加剂。一方面配料包装面积小，无法写那么多名词；另一方面也正合商家的心理，消费者会觉得化学名称越少越好。

摘自2008年12月24日新京报《诱人食物背后的添加剂》

321

2岁11个月
关注托儿所每周营养食谱

孩子入托后，对于每个家长来说，除了关心托儿所老师自身的素质和教学内容以外，孩子在托儿所的饮食也是家长额外关注的事情，我自然也不例外。我不但关心孩子饭菜的质量如何，我更关心每顿饭营养搭配得是否合理。我个人认为，孩子所吃的饭菜不需要价钱昂贵，即使便宜的饭菜只要做到食品种类多样化、营养搭配合理，能够满足生长发育中孩子对营养的需求，就是好的食品。当然，如果能够做到每顿饭菜颜色搭配鲜艳、形态可爱，则更能引起孩子吃饭的兴趣，那就更好了。

我希望每顿饭不但有谷类食物（不但有细粮，最好还有一些粗粮），还要有动物蛋白、蔬菜、水果，同时还要保证食物的形状大小以及软硬程度适合孩子所在年龄段的消化系统发育的特点。只有这样，才能保证孩子们喜欢吃、吃得好、吃得饱、吃得健康、吃得安全。因此，我格外关注每周托儿所发布的营养食谱。

这个托儿所每周一都会在医务室和各个教室的广告栏中张贴出这一周的营养食谱。我仔细看了看这周每天的食谱安排。一般来说，如果我认为食谱有些地方安排得不合理或营养不全面，我就会在晚餐时进行弥补，尽量保证铭铭每天摄入的营养全面。

托儿所的营养食谱包括早晨加餐、上午喝的保健营养水（这个托儿所的特色食品）、午餐、下午加餐，同时还设有病号饭和肥胖儿的特殊饮食。营养食谱中托大班、幼小班、幼中班和幼大班是各不相同的。

中国福利会托儿所幼儿一周食谱　托小班—幼小班

日期 餐列	星期一	星期二	星期三	星期四	星期五
早点	牛奶、花色饼点	牛奶、花色饼点	牛奶、花色饼点	牛奶、花色饼点	牛奶、花色饼点
保健营养水	冰糖陈皮山楂水	冰糖白萝卜枸杞水	冰糖胡萝卜胡葱水	冰糖红枣嫩姜茶	冰糖梨香橙皮水
午餐	**托大** 肉汁烂汤面 双粒焖鸡肉粒、药粒、山芋粒 **幼小** 双条焖鸡肉条、药条、山芋条 黑木耳炒小青菜	**托大** 麦片香米软饭 四味香鱼珠子、青豆、松仁、玉米粒 蘑菇炒茼蒿菜 胡萝卜泥肉糜羹 **幼小** 麦片香米软饭 四味香鱼珠子、青豆、松仁、玉米粒 蘑菇炒茼蒿菜 胡萝卜泥肉糜羹	**托大** 双色馒头、小花卷 或刀切馒头 鱼香肉丝焖蛋饼 什锦菌菇菜汤：洋葱、胡萝卜、卷心菜、花色菌菇 **幼小** 双色馒头、小花卷 或刀切馒头 鱼香肉丝焖蛋饼 什锦菌菇菜汤：洋葱、胡萝卜、卷心菜、花色菌菇	**托大** 清香白米烂饭 韭黄炒鳝粒 金针菇炒小菠菜 油豆腐粉丝鸡鸭血羹 **幼小** 清香白米烂饭 韭黄炒鳝粒 金针菇炒小菠菜 油豆腐粉丝鸡鸭血羹	**托大** 黄金二米软饭 酱爆山药鸡心粒 双菇烩双花：西蓝花、蘑菇、香菇、花菜 鲜汁枸杞玉米蓉蛋羹 **幼小** 黄金二米软饭 酱爆山药鸡心片 双菇烩双花：西蓝花、蘑菇、香菇、花菜 鲜汁枸杞玉米蓉蛋羹
病号	白粥、酱瓜	花色菌菇焖蛋柳	六补大馄饨（无海参）	沙司牛肉饼 金针菇牛肉丝面	肉糜西蓝烂面
午点	卤香小豆干 葱香萝卜丝鱼蓉粥	异香鸡鸭肝片 赤豆山芋酒酿圆子羹	玫瑰豆沙包 鲜汁生菜鸡蓉粥	红烩鹌鹑蛋 冰糖银耳血糯粥	花生蓉蟹柳米仁羹 奶香椒盐酥饼
水果	生梨	蜜橘	苹果	猕猴桃	脐橙

323

从每周公布的营养食谱来看，每天的保健营养水和水果是不重样的。午餐安排的饭菜营养比较全面合理。每天幼儿园的食品品种有二十四五种，做到了食品的多样化，满足了孩子对营养的需求。

我具体分析了铭铭所吃的食谱，因为这时上海正值深秋，气候干燥，马上要进入冬季，所以营养保健水起到了驱寒、保暖、开胃、下气、止咳、化痰等功效。

冰糖陈皮山楂水

陈皮有理气燥湿之功效。山楂有消积化滞的功能，可以促进消化。冰糖具有补中益气、和胃、止渴化痰的功效，其虽然甘甜，但性平和。本款保健营养水口味酸甜，孩子们都很喜欢喝。

冰糖白萝卜枸杞水

白萝卜具有下气消食、除痰润肺、解毒生津之功效。枸杞子含有丰富的胡萝卜素、维生素A$_1$、维生素B$_1$、维生素B$_2$、维生素C以及钙、铁等，同时还含有14种氨基酸等营养成分，用于秋燥咳嗽，有滋阴助阳之功效。本款保健营养水加以冰糖调味，是一款不错的保健水。

冰糖胡萝卜胡葱水

胡萝卜含有丰富的胡萝卜素，具有健脾化湿、下气补中、利胸膈、安肠胃的作用。胡葱又称蒜葱，有开胃、下气、温中之功效。本款保健营养水颜色艳丽，再加上冰糖进行调味，孩子们肯定爱喝。

冰糖红枣嫩姜茶

红枣具有健脾益胃、补气养血安神之功效。嫩姜可以起到温中、驱寒、止呕的功效。本款保健营养水再配以冰糖，有促进消化、全身温暖、健脾安胃的作用。

冰糖梨香橙皮水

梨具有生津、润燥、清热、化痰之功效。香橙皮具有通气、助消化和化痰止咳的作用。本款保健营养水再配以冰糖在秋燥的天气里起到滋阴、润肺、止咳、化痰的功效。

托大班的营养食谱体现了食品的多样化，因为只有食品的多样化才能保证营养均衡合理，而且食物搭配得颜色鲜艳、形状可爱，能深深地吸引住孩子的眼球，引起他们的食欲。看来托儿所的营养师和厨师们为了孩子能够吃好、吃饱、吃得有营养确实下了一番功夫。

星期二的午餐

麦片香米软饭（主食）。麦片，即燕麦片，是一种非常理想的食品，是营养价值极高的禾谷类作物之一，含有幼儿生长发育的8种必需氨基酸，且构成较平衡，含有理想含量的赖氨酸和蛋氨酸。大米中氨基酸严重不足，两者混合可以弥补大米的营养缺陷。燕麦中所含的脂肪主要是不饱和脂肪酸，是促进幼儿生长发育和新陈代谢的必需脂肪酸，特别是B族维生素的含量占谷类粮食之首，能够弥补精米精面在加工中丢失的大量B族维生素。同时，燕麦中富含两种重要的膳食纤维，有利于孩子便秘的治疗，更好地清除孩子体内垃圾，减少肥胖的产生。进食燕麦符合现代营养学家所提倡的"粗细搭配""均衡营养"的饮食原则。

四味鱼珠（菜）。本菜是由鱼肉小颗粒和枸杞子、青豆、松仁、玉米粒做成的，颜色鲜艳。其中，松仁因营养丰富、风味独特深受孩子们的喜爱。松仁所含的脂肪多是人体所必需的亚油酸、亚麻油酸等不饱和脂肪酸，能够软化血管，增强血管弹性，维护毛细血管的正常状态，具有降低血脂、预防心血管疾病以及通便润肠的作用。松仁还含有大量矿物质如钙、铁、磷等，能给机体组织提供丰富的营养成分。

玉米是粗粮中的保健佳品，含有丰富的维生素B_6、烟酸等成分，具有刺激胃肠蠕动、加速大便排泄的特性，同时富含维生素C，具有抗氧化的作用。玉米胚尖所含的营养物质有增强人体新陈代谢、调整神经系统的功能。玉米有调中开胃及降血脂、降低血清胆固醇的功效。玉米中还含有生理活性物质玉米黄质，可以保护幼儿的眼睛，不受氧自由基的伤害。

青豆营养丰富，其脂肪主要是不饱和脂肪酸。青豆中的植物蛋白质含量丰富，含有人体必需的氨基酸，尤其是赖氨酸含量高，同时还含有丰富的磷脂，有助于幼儿的大脑发育。

鱼肉富含动物蛋白，而且是优质的蛋白质，其氨基酸的组成比较平衡，与人体需要接近，其利用率较高。鱼肉中的脂肪主要是不饱和脂肪酸，且含有丰富的DHA，有助于大脑神经系统的发育。同时，鱼肉中还含有一定数量的维生素A、维生素D、维生素E等，锌和硒也比较丰富。其中，海鱼还富含有碘，这些都有助于幼儿身体的发育。

蘑菇炒茼蒿（菜）。各种蘑菇不仅口感鲜美、细腻嫩滑，营养价值也非常高。蘑菇中的蛋白质含量非常高，可达30%以上，比一般的蔬菜和水果要高出很多。蘑菇富含18种氨基酸，其中人体自身不能合成、必须从食物中摄取的8种必需氨基酸在蘑菇里都能找到，而且含量较高。有些蘑菇中蛋白质的氨基酸组成比例甚至比牛肉更好。研究发现，蘑菇的营养价值仅次于牛奶。蘑菇中的纤维素比一般的蔬菜含量要高，有助于孩子大便的排泄。

茼蒿是深绿色的蔬菜，含有生理活性物质——叶绿素，可以清除体内的氧自由基，具有健脾开胃、宽中理气、消食、增加食欲的功效。茼蒿含有丰富的膳食纤维，能有效地帮助肠道蠕动，有润肠通便的功效。同时，茼蒿还含有丰富的维生素、胡萝卜素及多种氨基酸，可以满足孩子生长发育的需求。

胡萝卜泥肉糜羹（汤）。胡萝卜富含20余种胡萝卜素，用油炒熟后吃，在人体内可转化为维生素A，提高机体免疫力，故被誉为"东方小人参"。胡萝卜与肉类食品同烹饪，能够促使其营养成分被人体有效吸收。

细算起来，中午的饭菜可真说得上是丰富多彩了。其中大约有11种食品，做到了食物多样化、干稀搭配、粗细搭配，从而保证了孩子对营养的需求。

孩子午觉过后配以加餐。上下午加餐应该看作是孩子全天合理膳食中的一部分。由于孩子年龄小，胃容量不大，而活动量相对比较大，新陈代谢旺盛，对能量的需求比较大，因此需要午觉过后进行加餐。加餐应该选择新鲜、易消化的食物，其中多以液体奶、水果和稀软面食为主。星期二，托儿所给托班的加餐是异香鸡鸭肝片和赤豆山芋酒酿圆子羹。食物中，肝片含有丰富的铁；赤豆有健脾、和血、利水、易消化的作用；山芋归脾经和肾经，具有补中和血、益气生津、宽肠胃、通便秘的功效；加上少许的酒酿圆子的酒香味道，更能够引起孩子的食欲。

星期二，孩子们吃的水果是蜜橘。食谱中所列出的从星期一至星期五的水果不重样，依次为生梨、蜜橘、苹果、猕猴桃和脐橙。

中福会托儿所还针对不同体质的孩子准备不同的饮食，例如，生病的孩子有病号的饮食，肥胖儿有特殊的饮食等，以进一步促进孩子们身心健康，满足不同孩子生长发育的需求。所以，铭铭非常喜欢吃托儿所里的饭菜。

2岁11个月

铭铭入托后喜欢一个人玩

据托儿所老师反映，铭铭自从入托以来多喜欢自己玩自己的，很少主动去和其他小朋友一起玩。虽然他有时也会坐在地上，羡慕地注视着其他小朋友一起玩得兴高采烈的场景，但是仍然没有表现出参与进去的愿望。看了一会儿，他又开始玩自己的了，似乎一个人玩得还很愉快。

这怎么行呢！在人类社会中，当孩子作为一个生物人出生后，他必将以一个"社会人"立足于社会中。

在人的一生，每时每刻都要面临适应社会，都要与人交往，需要爱与友谊。很难想象，如果一个人离开了社会将如何生活！早在1948年世界卫生组织（WHO）成立时，在宪章中就明确了"健康"的定义："健康是一种生理、心理和社会适应都完满的状态，而不仅仅是没有疾病和虚弱的状态。"在1989年，世界卫生组织对健康又重新下了定义："健康不仅仅是没有疾病和衰弱的状态，而是一种在身体上、精神上和社会上都完好的状态。"由此可见，健康包括躯体健康、心理健康、社会适应和道德健康四个方面。社会上的完好状态就包括了社会适应性以及社会交往。要想培养铭铭成为一个健康的孩子，对于他的社会适应能力，尤其是社会交往能力的培养也是非常重要的。

幼儿的社交能力主要表现在交往主动性和交往技能两方面。铭铭为什么不能自动去找小朋友一起玩呢？我想除了目前这个阶段幼儿心理发育的特点外，主要还是我们没有给孩子创造一个良好的社会交往机会，没有教会他如何主动去邀请小朋友和他一起玩，也没有传授给他一些社会交往的技巧。铭铭只有在与小朋友进行交往和共同游戏中，才能在同龄人中找到自己的价值，才能对自己充满自信心。

从心理学上来说，2～3岁是发展伙伴关系时期，因为2岁以后随着肢体运动能力迅速发展，运动空间扩大，这个阶段的孩子开始喜欢和小伙伴一起玩。虽然他们还处在以自我意识为主的阶段，但是孩子也会产生最初的友谊，互相喜欢对方，尽管这种友谊不长久。这种交往必须建立在平等、双向的基础上。在交往的过程中，孩子学会分享和合作、移情和共情。

于是，就铭铭的这个问题，我和女儿女婿召开了家庭会议。我们分析了一下铭铭发生这种情况的原因。从铭铭的性格来说，他不是一个内向的孩子，是一个很阳光的小男孩，而且还是一个感情很丰富、情感也很容易表露出来的孩子。

我们从他小时候起就注意他的社会化方面的培养，每天都带着他在小区院子里和其他小朋友集会。那时，尽管他不会说话，但是他喜欢看其他的孩子，喜欢和其他的孩子做伴。自打铭铭学会走路以后，小王每天都带着他与小区内外熟识的孩子一起玩。小王和我们一家人都属于喜欢与人搭讪、与人交往的人。虽然那时铭铭与小朋友是各玩各的，是一种平行的交往行为，但是这是孩子社会交往能力从婴儿到幼儿发展的必然阶段。入托前，铭铭还能带领一帮孩子去闯汽车行，说明他还是具有一定号召力的孩子。

为什么孩子入托后却表现出社交行为倒退的现象呢？我想，他入托以后，在托儿所里面对的是陌生的环境、老师和小朋友；回到家里，我又没有天天带着铭铭与其他小朋友一起玩；他的爸爸妈妈频繁出差，小王又由于家里有事离开了，所以没有人给铭铭创造与其他小朋友进行社会交往的机会，因此问题的根源还是在家庭。正因为他不会主动去和小朋友一起玩，所以就越发显得不那么合群了。

找到原因，我和女儿、女婿商量后做出决定：周末爸爸妈妈尽量少安排出差和公事，多请铭铭班上的同学到家中来玩，或者他们带着铭铭去朋友家做客。所幸的是，铭铭的几个同学都是女儿女婿的同学或者同事，有着比较方便的条件为铭铭创造与小朋友熟悉的机会。通过熟悉自己班上的几个同学，带动他继续熟悉其他的同学。同时，我们设计一些社会交往的不同场景并教会他一些交往的技巧和语言，告诉孩子在社会交往的过程中如何运用正确的言语，清楚地表达自己的情感、需求和想法。例如，我们设计了"如何邀请朋友参加自己的活动""如何请求别人的帮忙"和"当想玩别人的玩具时，应该怎样向别人说"等情景，让铭铭设想在这些情境中自己应该如何去说，才能主动邀请小朋友与自己一起玩，由此教会铭铭正确的交往方式。

其实，3岁左右的孩子不能加入别人的游戏时，心里会感到难过，于是我们告诉他如何去接近小朋友。例如：可以带着有趣的玩具走到其他小朋友的身边，以吸引别人的注意；叫着对方的名字主动说"××，我有这个好玩的玩具，你的玩具我也喜欢，我们一起交换玩好不好"，这样就容易博得小朋友的好感。同时，这样做也可以使铭铭学会与别的小朋友分享，让他逐步理解体会一个玩具是可以一起玩或者轮着玩的。

另外，我们也准备与托班的老师进行沟通，希望老师多帮助和引导铭铭与小朋友进行交往。

我记得《学前教育·家教版》曾经有一篇报道说，有一项研究把儿童按社交地位分成5种类型：受欢迎的儿童、被拒绝的儿童、矛盾的儿童、被忽略的儿童、一般的儿童，并把"被拒绝的儿童"和"被忽略的儿童"统称为"不受欢迎的儿童"。另一项追踪5年的研究表明，如果不进行干预，"不受欢迎的儿童"的社交地位将就此固定，不会有什么改善。非但如此，相比其他幼儿而言，这些幼儿还是幼儿园里的低成就者，而且在成年以后，偏离社会的行为也比较多，例如，"被拒绝的儿童"容易发展成反社会人格，而"被忽略的儿童"容易发展成神经质的人格。所以，对于幼儿的交往问题，家长不能等闲视之，必须及早干预，帮助幼儿学会社会交往，使其成为适应社会的受欢迎的人。

在《育海拾贝》中，老师向家长告知12月和1月的课程主题内容

随着冬季的到来，天气逐渐变冷，孩子们发现幼儿园里的大树飘落了许多树叶，绿绿的草地也变黄了。早晨出门，爸爸、妈妈都要给自己戴上帽子、手套、口罩，系上围巾，还要穿上厚厚的外套。在孩子们自身感知和体验的过程中，他们满怀欣喜迎接着冬天的到来。帽子、围巾、手套，这是寒冷的冬季必备的生活用品，可以用来御寒。同时，色彩鲜艳、形状多样的帽子，五彩斑斓的围巾，可爱的手套更是冬日里一道亮丽的风景，装扮、美化着我们的生活。12月我们就从这些幼儿身边的物品入手，从三个层面逐步开展活动。

第一层面：从收集帽子、围巾、手套并进行分类的游戏过程中，激发幼儿对这些物品的观察及探索的兴趣；再通过摸一摸、玩一玩、用一用，感知这些物品的舒适与多样化，体会物品软软的、暖暖的感觉，进而体会爸爸、妈妈那份软软的、暖暖的爱的感觉。

第二层面：引导幼儿在听故事《一只手套》与"小动物找啊找""送帽子、围巾、手套回家""给长颈鹿戴围巾"等游戏和生活活动中，把帽子、围巾、手套当作生活中的朋友，能够初步知道帽子、围巾、手套的作用，从而喜欢它们、爱护它们。

第三层面：通过对帽子、围巾、手套的色彩和造型的感知，在看看、戴戴中欣赏美，在涂涂画画中表现美，初步感受帽子、围巾、手套的不同图案、不同大小、不同长短。

在此，对在这次活动中为您的宝宝带来帽子、围巾、手套的家长表示衷心的感谢，谢谢您对我们活动一如既往的支持和配合！

过新年对于孩子来说是件高兴的事情。如今，新年就在眼前，我们的幼儿园和活动室早已装扮一新，处处洋溢着新年的气氛。我们小小的托班宝宝也被这些情景和气氛感染。我们一起玩"下雪"（抛纸片）、一起滚雪球。我们一起唱新年歌、做新年帽，还互赠新年礼物呢！我们小朋友还拿起了话筒，穿起了漂亮的裙子和衣服，与朋友一起表演节目呢！新年老人还为我们送来了礼物。在幼儿园和小朋友一起过新年可真有趣、真特别呀！

幼儿园的哥哥、姐姐还邀请我们一起观看他们表演。哥哥姐姐的本领可大呢，他们会念儿歌、会跳律动、会唱英文歌、会摆pose，还会吹笛子呢，真是让我们大开眼界呀！

过了年，我们就长大一岁了，我们也要像大哥哥、大姐姐一样聪明能干。以后也请爸爸妈妈来幼儿园看看我们的本领大不大，让爷爷奶奶（或外公外婆）高兴，让爸爸妈妈自豪！

12月，我们也尝试地开了孩子入园以来的第一次家长会，再次感谢您能从百忙中抽出时间来参加家长会。宝宝的健康成长离不开我们的教育，更离不开家长的关爱和呵护，让我们为孩子的快乐、健康而共同努力。

钱老师　吴老师　毕老师

2008年12月

在《育海拾贝》"请您告诉我"栏目中，女儿给老师进行了回复。

钱老师、吴老师、毕老师：

圣诞快乐！转眼就到了12月底，铭铭也第一次意识到："妈妈，我就要过生日了。我有蛋糕吃吗？我喜欢草莓的。"真的，铭铭马上就要到3岁了，日子过得多快呀！

铭铭现在回家，有时会想起幼儿园老师教的儿歌，会大声唱《健康歌》，会和妈妈讲"我今天跟钰钰都吃得很好，都是自己吃的"。这是沟通能力的增强和对学校的喜欢，真是很棒！

这个月开始，我们努力让铭铭早点儿到校（不能总是最后一个进教室），这样铭铭可以在教室内多学一点儿手工或做游戏。周末，铭铭经常找其他小朋友一起玩，有些同龄的小朋友已经开始给图画书涂色了，不过铭铭最喜欢的还是贴纸，他对拿蜡笔还不大感兴趣。上次他带了一本贴纸书来班里，给好几个小朋友都贴了"小笑脸"的贴纸，懂得分享，真是个懂事的小朋友。

铭铭妈妈

2008年12月24日

3岁
我不赞成给孩子过生日

铭铭到12月29日就该3周岁了。除了在铭铭1周岁时给他过过生日外，以后铭铭的生日我从来没有想过要给孩子过，因为在我们家里从来没有给下一代人过生日的习惯，一般只是写一封信或者打一个电话表示祝贺而已。但是，对于老人的生日我们是很注重的，必定要在这一天给老人订做一个大的生日蛋糕或者大寿桃，大家再吃上一碗长寿面，祝愿老人身体健康，岁岁平安，年年增寿！通过给父母过生日来表达儿女对父母养育的感激之情。孝敬父母、懂得感恩是中华民族的优良传统，因此给父母过生日是天经地义的事情，也是必须做的事情。

有时，一些朋友和同事在饭店或者儿童娱乐场所为自己孩子举行生日party，铭铭也多次被邀请参加了这些聚会。小小的"寿星公"被众星捧月般地呵护着去吹生日蛋糕上的蜡烛。当孩子吹灭了象征着几岁的蜡烛时，人们一起欢呼庆贺，唱起生日歌，纷纷送上庆贺的礼物，孩子笑眯眯地理所应当地接受着这些礼物和享受着生日蛋糕。这一天，所有的人都在围着这个孩子转。对于孩子来说，这无疑是最享受的一天，也是最快乐的一天。

不过，除了让孩子感到快乐，这样过生日还会使孩子的潜意识收获"唯我独大"和"吃喝享乐"。随着日益奢华的生日集会，孩子还会养成互相攀比的习气。所幸铭铭岁数还小，不懂得羡慕和攀比，但是以后参加这种生日派对，会对铭铭产生什么影响就很难说了。

父母给孩子过生日这样舍得花大钱，我和先生也就此讨论过。先生说："现在的人都是向下（对下一代）疼（疼爱），往上疼（对长辈）的有对孩子疼的一半就不错了！这是现在的形势，没有办法。说白了，就是上一代人欠下一代人的债，现在就叫作还债，而且是自觉自愿！一代、一代，纯粹是为社会尽义务！"

"我不同意！欠什么债？难道下一代人只能向上一代人索取而不尽义务？"我不服气地说。

"你还别不服气！你看看，现在每个做父母的对孩子照顾得多么耐心和细致。你看见过多少家长厌烦自己孩子的？没有！父母对子女的爱永远是博大深远，永远是无怨无悔地付出！但是，如果父母生了病，尤其是慢性病或者长期卧病在床，做儿女的自始至终不烦，而且像照顾自己孩子那样耐心地照顾自己年迈父母的恐怕就不多了，要不然怎么说'久病床前无孝子'呢！古人说的话没错！这是生活经验的总结！你问问一些已经做了爸爸妈妈的人，他对自己孩子的生日记得十分清楚，却不知道自己父母的生日是何时。尤其是结了婚以后，有了自己的小家庭，生活的重心都转移到小家庭，而忽略了生他养他的父母家，是不是这样？要不然怎么有《常回家看看》这样的歌曲呀！"先生反驳我。

"不对！我认为之所以出现目前的情况，还是我们对子女平素教育得不到位。像给孩子过生日，我就不同意！"对于先生说的情况，我不得不承认确实是存在的，尤其是在现在。究其根源，我认为责任的大棒还是应该打在上一代人身上。

例如，为什么要给孩子过生日？其实孩子的生日就是妈妈的受难日。为了这个孩子能够来到世上，妈妈不仅要经受十月怀胎的磨难，还要经受分娩时难以忍受的疼痛。孩子出生后，父母又要含辛茹苦将其养大。所以，我认为不应该给孩子过生日，而是应该在这一天感恩于妈妈，成为纪念妈妈的受难日。通过纪念妈妈的受难日要让孩子理解并学会感恩，感谢爸爸妈妈带他来到了这个世界，感谢家里所有的人对他无微不至地关怀，感谢所有关心照料过他的人。

另外，给孩子过生日还容易使他养成不劳而获的思想。一次次过生日，一次次强化了他心中只有自己的思想，心安理得地享受别人给予的礼物和关爱，岂不知这些礼物都需要家长以后去偿还。这对孩子只有害处没有好处，而且根据每个家庭的经济情况所办的生日会有所不同，孩子之间容易养成互相攀比的坏习气。我们总说现在的孩子是小公主、小皇帝，他们只会享受，不懂得感恩，不懂得回报，不能经受挫折，难道家长就不应该好好地反思一下自己吗！

　　我不赞成给孩子过生日！但是，根据班级家长们以往形成的不成文的习惯，女儿在铭铭生日的当天也买了一些糖果，交给托儿所的老师，请小朋友一起吃一吃，大家一起唱《生日歌》祝贺铭铭生日快乐。女儿的处理方式还不错，用这种方式可以让孩子学会分享、学会互相关心，增进了小朋友之间的友谊。

第7章

3~4岁发育和养育重点

	发育概况	养育重点
大运动发育	· 大部分动作都完成得不错，但自控、判断和协调能力仍处于发育阶段	· 单脚跳和单脚站立至少5分钟； · 没人帮助也可以上下楼； · 可以向前踢球，将球扔出手，多数情况下可以抓住跳动的球； · 可以灵活地前后运动； · 家长必须注意监护、保护。
精细动作发育	· 可以画圆形和方形 · 可以使用剪刀 · 可以搭9块以上的积木 · 开始使用一些工具	· 让孩子练习画一个由2～4部分构成的人体； · 进行简单的8～12块的拼图游戏或搭积木游戏； · 尝试让孩子练习使用真正的螺丝刀、小榔头等工具； · 尝试拉拉链等。
生活自理能力	· 基本自理能力形成	· 学会用勺将食物放进嘴里，自己用杯子喝水，尽管不熟练； · 训练孩子"表示"大小便； · 能有意识地脱下裤子，而不是拉下来。
认知发展	· 正确说出一些颜色的名字 · 理解数字概念并认识一些数字 · 推理仍然是单方面 · 有明确的时间概念	· 可以从一个观点考虑问题，但不能从多方面考虑问题； · 可以理解日常生活时间； · 可以执行三部分组成的命令； · 可以回忆起一部分过去讲过的故事； · 理解相同和不同的概念； · 从事自己喜欢的事情。

	发育概况	养育重点
语言发育	· 对代词掌握得更熟练 · 出现因果关系的复合句 · 掌握基本的语法规则	· 初步理解和使用人称代词"你、我、他"和物主代词"我的、你的、他的"; · 初步理解指示代词"这""那""这个""那个",但理解水平仍然比较低; · 使用语言表达、理解并参与发生在他周围的事情; · 可以使用语言表达自己的情感; · 可以用含有5~6个单词的句子说话; · 说话清晰,陌生人也能听得懂; · 可以讲故事。
情绪、情感发育	· 情绪与感情更加丰富和深刻化	· 情绪的动因由主要满足生理需要向满足社会性需要过渡; · 不能分辨现实与幻觉,常常把无生命的东西赋予生命特征和情感; · 对想象中的东西或意外感到恐惧,恐惧的事物增多; · 在初步明辨是非的基础上,产生了爱老师、爱小朋友、爱幼儿园的道德感、美感和理智等高级情感。
社会性发展	· 更加自立 · 有合作意识 · 明确性别	· 可以与其他的孩子合作,学会轮流玩玩具并发展友谊; · 在游戏中可以扮演生活中的各种角色,如爸爸、妈妈、售货员、厨师、医生等; · 开始模仿同性别的人。 · 可以协商解决一些与他人的冲突。

3岁1个月
在《育海拾贝》中，老师对铭铭入托后的表现进行总结

就要放寒假了，《育海拾贝》中"老师的话"为铭铭入托4个多月以来的表现做出了精辟而准确的总结。

时间过得真快，转眼一个学期即将接近尾声。铭铭在幼儿园已经度过4个多月了，对爸爸妈妈来说，这些时间可能只是平凡的上班下班、工作生活，然而对铭铭来说却是人生的一次飞跃。

铭铭虽然在刚入园的一段时间内情绪有过波动，但在家人的坚持下和铭铭的努力下，他还是顺利地踏出了人生的第一步。这4个多月来，铭铭最大的进步就是在幼儿园的自主意识越来越强。原来的铭铭依赖性比较强，吃饭、小便、睡觉、穿脱鞋子都要老师帮忙，可是现在老师想帮忙，他都要坚持自己做。铭铭真的是长大了！当然，这与家人的鼓励和支持是分不开的。在此，我们对您的积极配合表示由衷的感谢！

铭铭是一个特别好学的孩子，而且现在还会遵守规则。以前活动时，老师请小朋友回答问题，他总是抢着回答了。现在，回答问题或操作材料他总是先把手举得高高的。有时刚请过他，老师就请其他小朋友，他就会说："老师，我又举手了，你怎么不请我呀？"

铭铭也是一个特别仔细的孩子，每次整理玩具，他总是把每一样玩具认认真真地放整齐。别的小朋友都到老师这里集合，他也不着急，总是把事情做好了才过来。他最爱听的就是老师表扬他是一个大哥哥。有时，在班级

里，他还真有大哥哥风范呢。老师请小朋友放小圆凳，他自己放好了不算，还要督促动作慢的小朋友赶紧放好。老师带小朋友跑步，他看见前面有大球挡着赶紧把大球踢开。他真的成了老师的小助手呢！

铭铭在和小朋友交往方面的进步也很大。原来他总是自己玩自己的，或者黏在老师身边。现在，他和好朋友小钰、鑫宝会一起做游戏、看看书，有时还会与其他小朋友拉拉手、抱一抱呢！

只是铭铭有时在运动的时候有点儿偷懒，运动幅度不肯太大，有时玩到一半他就停下来做观众了。不知他在家运动的情况如何？如果假期中您有时间，也可以多带他到公园等比较空旷的地方，让他尽情奔跑、跳跃、享受野外的乐趣！

这4个多月来，铭铭在幼儿园体验了和家人分离的悲伤，体验了和老师、小朋友活动做游戏时的快乐，体验了自己动手吃饭、洗手的成功和喜悦。希望铭铭在新的一年里，在老师和家人的共同帮助下，能够收获更多的健康和快乐！

另外，假期马上就要到了，请在家里多注意宝宝的安全，请尽量按照幼儿园的作息时间安排活动，谢谢配合！

新学期开学的时间为2009年2月9日，周一。

请带好被褥、放衣服的小包、一件薄外套和厚背心，还有将"假日宝宝"（在一张剪成牛图形的纸上贴上孩子寒假活动的照片）和《育海拾贝》一起带到幼儿园来！

祝您全家新年快乐！

钱老师　吴老师　毕老师

2009年1月

3岁1个月

公园是早教的大课堂

北京的冬天还是非常冷的，尤其是寒冬腊月天更是滴水成冰。为了让铭铭欣赏和观察美丽首都冬天的自然景色，并有意识地在寒冷的冬天锻炼他的身体，利用托儿所放寒假之机，我带着铭铭飞回到了北京。

姥爷看到他最疼爱的外孙子回来了，高兴得不得了，不但宠爱有加，而且呵护备至，几乎每天都嘱咐我"外出一定要给铭铭穿好外衣，戴上帽子、围巾和口罩，千万不要冻着""这儿不是上海，孩子不适应外面这样寒冷的天气""中午有太阳照着，天气最暖和的时候，你再带孩子去公园散步"等。每天临上班之前，他还啰啰唆唆嘱咐一大堆话，唠叨得我都嫌烦了："好了，知道了！你快去上班吧！"

等姥爷一上班，他的嘱咐我就抛到九霄云外了。我马上给孩子穿上带有帽子的羽绒外衣，像往常一样带着铭铭下楼遛公园去了。

因为公园就在家附近，去公园散步是最方便的了。更何况这里还有年年冬天都开放的露天冰场，吸引了很多人在此溜冰，孩子们也都喜欢在这里玩冰车。这种情景在位于南方的上海是看不到的。

这是一个大雪过后的早晨，我带着铭铭下了楼，走出楼门口就看见曾经围绕着小区流淌的长河水已经冻结成了坚固的冰层，上面铺盖着厚厚的积雪，白雪上留下了一行行清晰的鸟儿的脚印。河边汉白玉的围栏上也堆积上了一层厚厚的白雪，像给围栏戴上了白色的帽子。周围河边的杨柳树的树枝上以及远处建筑物的楼顶上也都穿上了白雪制作的盛装，在刚刚露出脸的朝阳照射下熠熠生辉，好一派北国风光！

　　雪后的清晨，冷空气迎面扑来让人感到虽有些微微的寒冷，但是这种寒冷却让人感到十分惬意和舒适。铭铭跟着我刚走到大楼门口拐弯的地方，突然一股强有力的大风迎面吹来，吹得我们几乎都有些喘不出气来。我赶紧拉着铭铭的手，转过身来倒退着走路。"哇！这儿怎么这样冷呀！"我不禁对铭铭说道。我看到大风吹得铭铭身体歪歪斜斜地快要站不住脚了。"不对呀！今天的天气预报可没有报有这样的大风呀，为什么我们走到这儿会遇到这么大的风呀？"我对铭铭说。抬起头来我发现我们已经走到两座楼中间了，"哦，这就是狭管效应！"我转过头来对着铭铭说，"铭铭，你知道什么是狭管效应吗？"我知道问他也是白问，但是就这个现象和自身的体验，我觉得也应该给他讲一讲。于是，我就用十分通俗的语言讲给他听。"就是当风从宽阔的地方经过这两座楼之间时，"我指着1号楼和2号楼说，"由于这是一个比较狭窄的地方，风要挤着通过这个狭窄的地方，风力就会突然变大，这就是狭管效应。北京有这种风的地方很多，因为北京的冬天是一个多风的季节，大楼也多，所以你就会感到通过这些地方时风特别大。你看，吹得我们几乎都走不动，也喘不上气来了！是吧？"我看见铭铭似懂非懂地点点头，低着头使劲地倒退着走，稍一侧身连在外衣上的帽子几乎也被风吹掀开了。我赶紧用手扶住铭铭的帽子，说："我们快跑！"说着拉起铭铭的手转过身来快步跑过了两楼之间的通道，风力顿时小了不少。

　　这时，小区一个邻居老奶奶看见我拉着铭铭，批评我说："大清早就带着孩子出来，天气多冷呀！还顶着这么大的风，也不说给孩子戴上口罩、系上围巾！小心孩子要着凉的！你这个当姥姥的！"铭铭说："奶奶，我不愿意戴口罩、帽子，我连手套也不愿意戴。这样舒服！"我对老奶奶的好心劝说笑了笑，说："您遛公园回来了？""是呀！"老奶奶一边往1号楼走一边叨叨："这个当姥姥的，也不知道给孩子多穿一点儿……"

　　进了公园门，就看见一个大雪人堆在白皑皑的雪地上。雪人的身上插着一把扫帚苗，两颗黑色的石头镶嵌在雪人头上充当了它的眼睛，半截红萝卜插在雪人头上成了雪人的鼻子，也不知道谁还给雪人戴上了一顶破草帽。铭铭围着这个雪人走了两圈，说："姥姥，这个雪人跟书里画的雪人一个样，真好看！"

"铭铭，伸手去抓一把雪，看看凉不凉！"我对铭铭说。铭铭果然伸手去摸了一下雪，"姥姥，雪太凉了！看，我手心的雪已经化了，这是水！"铭铭惊奇地问我，"姥姥，雪是什么呀？是不是水呀？"

"好，姥姥讲给你听。雪实际上就是水。水有三种形态，其中河里和湖里的水、下的雨，还有我们喝的水都是液体状态，这就是水。当北方寒冷的冬天来临时，水就结成了冰。你看我们门口的长河和这个公园湖里的水是不是都结成了冰？这时，冰就是水的固体状态。你看姥姥呼出的气是不是变成了白哈气啦？这是因为姥姥呼出的气体里含有水蒸气，水蒸气就是气体的水。当水蒸气一遇到外面的冷空气就又变成了无数个小水滴，当这些小水滴聚集在一起时就成白哈气了。不信，你哈哈气。"铭铭真的就张开嘴大口地对外哈气，果然一股股白色哈气从铭铭嘴里冒出来。铭铭感到十分神奇，不停地对外哈气。

我接着说；"当阳光照射在大地上时，地面上的水，像我们门前的长河水、公园的湖水，还有海水受热蒸发后变成我们看不见的水蒸气。水蒸气升上高空，一旦遇到高空中的冷空气，就会聚集成大水滴。如果不是在寒冬，这些大水滴就会落在地上，就是我们说的下雨了。但是，现在是北京的寒冬，所以这些水滴就会结冰变成各种形状的雪花纷纷扬扬地飘落下来，就成了今天我们看到的大雪了。"铭铭听我这么一讲，感到十分神奇，马上问我："冰箱里结的冰也是水，对吗？"我紧接着对他说："对的！我已经给你在当当网订了有关水的图书，等书送来以后，我再给你仔细地讲讲。"

由于公园的树木绝大部分是落叶木，除了一部分松树、柏树外，几乎都是光秃秃的，给人以凋零、孤寂的感觉。但是，由于白雪堆积在湖面、树枝和楼阁、亭子上，好像给大地铺上一层洁白无瑕的白色地毯一样，人们也感受到了一种庄严、神圣、洗涤心灵的气氛，让人感到这个世界是多么的纯洁可爱。公园里的人已经很多了，不但有老年人，还有不少年轻人。晨练的人们有的快步行走、有的倒着走路、有的好像是在进行不知疲倦的马拉松跑步、有的跳着健身操、有的打着太极拳，还有的舞剑，但是像我带着这么小的孩子清晨遛公园的人还真是不多见。

我鼓励铭铭向前跑给我带路，我假装去追他。因为铭铭每年来北京2～3次，

344

所以他对这个公园已经很熟悉了。每次铭铭跑出10多米就停下来等着我，等我快步走过去时，铭铭高兴地对我说："姥姥，我比你跑得快，我是第一名！""哎呀！姥姥有点儿手脚慢，但是我以后会追上你的！"

就这样铭铭和我跑跑停停，很快就来到了溜冰场。我一摸铭铭裸露的小手还热乎乎的。铭铭看到不少人穿着冰鞋在冰场上或驰骋滑行或翩翩起舞，羡慕得不得了。尤其当他看到冰场旁边的另一个小冰场上，一些人坐着小冰车，双手拿着钢钎扎着冰面，小冰车快速地向前滑行时，铭铭立刻被吸引住了，于是一种跃跃欲试的感觉油然而生。"姥姥，我也坐冰车！"铭铭要求道。"不行，姥姥是老人了，可不能在冰上推着你走。等这个星期你爸爸妈妈来后，让他们带你来玩，好不好？"铭铭知道我确实不能带他玩冰车，他也就不坚持了，只好恋恋不舍地离开了冰场，一路上不断地跟我说："姥姥！爸爸妈妈来了一定让他们带我坐小冰车，可不要失信呀！""当然啦！姥姥说话从来是算数、守信用的。"我信誓旦旦地对他说。

"姥姥！"我知道铭铭又来了新问题，"您说，为什么小冰车能够在冰面上跑得这样快呀？""一般木头做的小冰车下面有两条粗粗的钢丝，这两条钢丝接触到冰面上，小冰车就会滑得很快。如果没有这两条钢丝，就不会跑得快了。这里的小冰车是用钢板做的，钢板直接接触冰面所以滑得快。""哦！"从铭铭的语气中感觉到他似乎有点儿明白了。当然，此时的铭铭还不理解什么是摩擦力和摩擦系数，因此也用不着讲得很深奥。

走着走着，我们突然看见路边的一棵松树上跑下来一只灰褐色的小松鼠，松鼠的后背上有三条深褐色的条纹，一条蓬松的大尾巴拖在后面。"铭铭，快看！小松鼠。"我招呼着铭铭。只见这只小松鼠飞快地跑到不远的雪地上用两只小前爪扒开积雪，找到了一个小松塔后，看到我们走近就又飞快爬到树上，坐在树杈上，面对着初升的太阳，用前肢剥开松塔，抱着里面的果仁送入口中，津津有味地咀嚼品尝，时而竖耳侧听，时而转动双眼环顾四周，举止滑稽，令人发笑。

铭铭站在一边仔细地观看着。"铭铭，你看这只小松鼠的警惕性还很高呢！"我说。铭铭接着话茬说："像'小嘀咕'一样胆小，什么都害怕。"铭

1 妈妈和我一起玩冰车 2 使劲推着妈妈坐的冰车走

铭说的"小嘀咕"就是他很喜欢阅读的一套丛书中的小松鼠。这套童话丛书是加拿大作者梅兰尼·瓦特根据孩子胆小害怕的心理问题,以名叫"小嘀咕"的小松鼠的口气写出来的。每当铭铭看到小嘀咕胆小、警觉的表现时,他都会被逗得咯咯地笑出声来。所以,铭铭看到树上警惕的小松鼠后自然就联想到了这套书。

看着小松鼠,铭铭问我:"姥姥,松鼠吃什么呀?""松鼠最爱吃的是植物种子和果实。当然没有这些食物的时候也吃一些嫩树枝、树芽、树叶、昆虫和鸟蛋。你看松鼠的耳朵和尾巴的毛特别长,这是为了能适应树上的生活。它们使用像长钩的爪和尾巴保持身体的平衡。在黎明和傍晚,它们也会离开树上,到地面上觅食。松鼠在秋天会四处寻找食物,找到后,就会把它们运送到安全的地方,像利用树洞或在地上挖洞,来储存食物,同时还会用泥土或落叶堵住洞口。所以,松鼠秋天储存好了食物,冬天就不发愁了。即使到了冬天,大地被白雪覆盖,而且尽管它们把食物藏得那儿都是,但是它们却能毫不费劲地找到自己藏起来的食物。那条大尾巴在松鼠跳跃时不但可以帮助它掌握平衡,而且松鼠睡觉时,还会把尾巴当棉被盖在身上,用来保暖呢!"铭铭听到我这样说,惊奇地睁大了眼睛,看着小松鼠,直到小松鼠爬到树顶消失为止。

随后,我们又一起看了游人喂食公园里饲养的一群鸽子,看着麻雀抢鸽子的食物。就这样,我根据一路上看到的情景,给铭铭进行讲解。铭铭在和我散步的过程中,根据看到的、听到的、触摸到的,又学习了不少知识,而且还进行了寒冷训练。

大自然真是孩子最好的课堂。要让孩子学习更多的知识,家长也需要不断地充实自己。其实,孩子的早期教育时时、处处、事事就贯穿在生活当中,遛公园时也不要放过呀!

3岁1个月
让铭铭去买早点，对他进行金钱和消费的启蒙教育

寒假里，每天早晨我都带着铭铭遛公园。这个公园里有一个早点铺，主要是为了解决一些晨练的人吃早餐的问题。有一天，我带着铭铭去看了看早点铺的具体情况，发现这个早点铺还真是不错，花样品种繁多，不但有北京传统的早点，例如包子、炸油饼、糖耳朵、炸糕，有天津各式各样的烧饼，农村的玉米面贴饼子、窝头、菜团子，还有豆腐脑、豆浆、杂豆稀饭、馄饨、杂碎汤、炸豆腐汤等。铭铭看见这么多好吃的食品，尤其是一些北京小吃他既没有见过也没有吃过，因此非要买来吃一吃。

在这儿吃早点我是不同意的，毕竟卫生安全方面还是有些让人不放心。但是，我们可以买一些刚出锅的、铭铭没有吃过的、具有北京小吃特点的食品带回家去吃，这样不但让铭铭领略北京吃的文化，而且还能指导他如何去购买物品，认识钱币，在日常生活中对他进行金钱与消费的教育，让铭铭通过买早点的购物行为来接受金钱与消费的启蒙教育。另外，通过怎样与售货的阿姨和叔叔打交道，还能教会孩子掌握人际交往的一些技巧，因为孩子的社会交往能力是通过与不同人交往的体验中潜移默化获得的。托儿所为了提高孩子的社会交往技巧，通常会玩一些社会角色扮演的游戏。孩子们通过社会角色的扮演来模仿现实的生活，利用角色演绎了现实社会人与人之间的关系。但是，实际购物与铭铭在托儿所里玩的角色游戏还是有区别的，这次是"真枪实弹"地去练习，我要看看铭铭表现得如何。

于是，清晨我们离开家之前，我带上了装有密封盒的布口袋，告诉铭铭今

天请他给家里买早点。铭铭非常高兴地答应了，因为这样的"工作重担"还是第一次交给他。去公园的路上，他脚步走得飞快，而且还像小男子汉一样挺起小胸脯，雄赳赳、气昂昂的劲头，恨不得马上就走到早点铺。

从家走到公园早点铺需要20多分钟，于是在路上我开始给他预习"功课"："铭铭，我们家现在一共有4个人，姥爷、姥姥、铭铭还有小姨。姥姥、小姨、铭铭每个人吃1个烧饼，姥爷吃2个烧饼，我们一共吃几个烧饼呀？"

铭铭开始掰着手指头算了起来："这是姥姥吃的，这是小姨吃的，这是铭铭吃的，姥爷吃2个烧饼，就是2个手指头。"最后算出来了："姥姥，我们一共吃5个烧饼。"

"好！我们买6个烧饼，2元钱3个烧饼，6个烧饼花4元钱。"我对铭铭说。如果让铭铭再计算"2元钱3个烧饼，6个烧饼是多少钱"是不合适的，因为这是逻辑性很强的运算题，对于3岁的孩子是不适宜的。于是，我指着1元钱的纸币告诉他："这是1元钱，如果需要用4元钱需要几张这样的钞票呀？"我手里面拿着1元一张的纸币5张让铭铭抽取。这时，铭铭从我手中抽取一张，嘴里叨叨："这是1元。"然后又抽取一张，嘴里念叨："这是2元啦。"就这样一共抽了4张1元钱的纸币，拿在他的手中。

然后，我又告诉铭铭："你在买东西时，如果售货员是个叔叔的话，就跟叔叔说'叔叔，我买6个烧饼'；如果售货员是阿姨的话，就对阿姨说'阿姨，我买6个烧饼'。当叔叔或阿姨给了你烧饼后，你把钱递过去，告诉他们这是4元钱。叔叔或阿姨点完钱之后，你要说'谢谢叔叔'或者'谢谢阿姨'，然后再说声'再见'，记住了吗？"铭铭说："记住啦！"然后，我嘱咐铭铭拿住了钱，不要丢失了。就这样，我们来到了早点铺。

一看早点铺里吃早点的人可是真多，需要排队购买，而且由于烧饼需要一盘一盘烤好，买烧饼的这一队排得还很长。我拉着铭铭排到了队尾。不一会儿，我后面又排上了好些人。这时，排在我后面的一位老先生对我说："你带着孩子不方便，上前面跟大家说说，先买好了。"我笑笑对老先生说："没关系，让孩子也学习学习排队买东西。""爷爷都说了，姥姥，我们到前面去买吧！"铭铭因为个子矮，夹在人群中只能看见别人的大腿，看不见前面的情况，可能感觉十分不舒服。"不行！别人都在排队，我们按规矩也必须排队，先到先买，否则大家会说，这个小孩子怎么不懂得规矩呀！大家都这样不就乱了吗！"铭铭不说话了，乖乖地跟着我排队。

由于是用烤箱烤烧饼，几盘烧饼同时烤，所以不一会儿就排到我们了。我们前面的人买完了，我鼓励铭铭上前去买烧饼。铭铭把攥着钱的手举起来，鼓足了勇气对售货员阿姨说："阿姨，我买6个烧饼，给您4元钱。"售货员阿姨笑着对他说："我先给你拿烧饼，然后再收你的钱，小伙子！"说着，售货员用夹子拿来6个烧饼装在袋子里，然后接过铭铭高举的钱，点了点钱，然后操着一口北京话说："正合好！"并把钱放进钱盒里。这时，我告诉铭铭："现在应该说，谢谢阿姨，跟阿姨说再见！"铭铭这时才想起来，急忙说："谢谢阿姨，阿姨再见！"售货员高兴得直夸铭铭："真是一个懂礼貌的孩子！好吃明天再来！"铭铭乐滋滋地回答："好的。"然后，铭铭对我说："阿姨夸奖我了。""有礼貌的孩子人人都喜欢。"我对铭铭说。说完，我领着铭铭又去卖豆腐脑的地方去买豆腐脑。因为我怕热豆腐脑烫着孩子，所以是我自己买的。

回来的路上，铭铭坚持要自己拿着装烧饼的布口袋。他一边走一边对我说："姥姥，明天我们再来买烧饼吧！""好的，没有问题。不过，你需要事先问问大家需要吃几个烧饼，然后准备好钱，我们才能再来买烧饼。"铭铭听后说："嗯，我知道了。"说完，他又问我："姥姥，你的钱是从哪里来的？"

"是姥姥和姥爷工作挣来的。"

"可是姥姥现在没有工作呀！您不是整天在家看着我吗？"铭铭不解地问道。

"是姥姥年轻时努力工作挣下来的，退休后国家又补助了一部分钱呀，姥姥现在花的是退休金！"铭铭似懂非懂地看看我说："姥姥，我要是工作也能挣钱是不是？"

"是的，人人都要通过工作才能挣到钱，才能用钱去买衣服和食品，才能养活自己。"

"可是我没有工作呀，也能养活自己呀！"铭铭思考了一会儿说。

"你是爸爸妈妈挣钱养活着你，他们工作都很辛苦的。你看爸爸妈妈每天上班是不是很忙的？如果他们不工作的话，就没有钱养活你了，今天我们也就不能买到烧饼和豆腐脑了。大家挣钱养活你不容易，因此可不要浪费呀！也要感谢爸爸妈妈和我们大家呀。"铭铭不说话了，可能是在思考我说的话，因为就他这个年龄段可能还不理解挣钱、消费和养活自己的关系，但是这种启蒙教育是不可少的。而且还要让孩子逐渐明白，大人挣钱不容易，应该懂得节约用钱，也要让孩子懂得感恩父母、家人以及社会对他的养育。

回到家里，铭铭高兴地对姥爷说："今天，大家吃的烧饼是我排队买的，卖烧饼的阿姨还夸奖我有礼貌呢！"接着，他又骄傲地拍拍胸脯，自信地说："以后我们家买烧饼的事就交给我了！"

3岁1个月
孩子的逆反心理

今天，铭铭从托儿所回来，自己坐在地上搭建火车轨道，然后看着小火车在他搭建的轨道上行驶着。他一边看一边还不停地扳着道岔，让火车沿着他指挥设计的轨道行进。

这时，女儿女婿已经下班回到家中，阿姨也做好了饭，于是我们叫他吃饭。这是我们一家子难得的一次全家都在的晚餐。谁知他理也不理，跟没有听见一样。女婿又叫他："铭铭！阿姨叫你吃饭你怎么不答应？快过来！准备吃饭！"可是铭铭还是跟没有听到一样。阿姨再一次叫他，他这才抬头说："我要吃水煎包！"阿姨说："今天没有做水煎包，姥姥说吃清蒸鱼、炒绿菜花，还有你喜欢吃的炒茭白和西红柿鸡蛋汤。"没有想到刚刚很还平静的铭铭却突然大哭起来，高声喊道："我要吃水煎包！我就要吃水煎包！我不吃米饭，也不吃鱼！"顿时气得我和女儿女婿火冒三丈，不得不采取强制的手段，把他强拉到饭桌旁的椅子上。

女儿说："不吃也好，你就饿着肚子，在一边看着我们吃，不许动！"说着转过头来对我说："妈，不要理他！我们自己吃，让他看着！"说着，女儿拿起筷子来自己先吃了起来，而且一边吃还一边说："今天阿姨做的饭真好吃，尤其是这鱼做得太好吃了，茭白也特别好吃。西红柿鸡蛋汤还真香！也好看！里面有红色的西红柿、黄色的鸡蛋花还有绿色的香菜，真漂亮！妈，您多吃一点儿。"我们谁也没有理他。

本来全家能够聚在一起吃一顿晚饭是很开心的事，因为女儿女婿工作都很忙，很难回家在一起吃顿晚饭。我们的好心情让铭铭搅得糟糕透了。我用眼角扫了一眼铭铭，只见他看见没有人理他，自己也不哭了。不一会儿，他慢慢地拿起了勺子挖着米饭吃，于是我赶紧用他专用的筷子给他挑了一些鱼肉和绿菜花放进他的碗里，然后又在他的碗里放了一些茭白，让他自己吃。女儿、女婿依然没有理他。铭铭这时小声地说："妈妈，我好好吃饭了。"女儿说："自己吃饭很好，我们喜欢这样的孩子。你刚才的表现对不对呀？"铭铭小声回答道："不对！""那就好，你改正了错误，我们还是非常爱你的。但是，我们对该吃饭却不吃饭，还无理取闹的孩子是不喜欢的。"

近来，我发现铭铭越来越不听话了。你告诉他吃饭了，他却说"我不饿"，或者坐在地毯上摆弄着他的玩具说"等我玩完了再吃"。你对他说："铭铭赶快换好衣服，我们得赶紧去幼儿园了，不然要迟到了。"他却头也不抬地说："我把这本书看完了再去！"眼看着去幼儿园的时间就要晚了，他却不慌不忙地稳坐泰山似的继续坐着看他的书。你要是告诉他不要再拆卸汽车玩具了，他却置若罔闻，不但将小汽车的车轮全部卸下来，而且还将车轮上的龙骨也全给拆下来了。好端端的一个玩具小汽车就这样让他"大卸八块"，虽然日后他会再组装上，但已经是"缺胳膊断腿"成了一辆残缺不全的小汽车了。尤其是对于一些需要赶时间的事情，常常因为他的一些所谓的理由而耽搁，惹得我这个急性人火冒三丈、失去耐心，恨不得上去抢下他手里拿着的书或者玩具，扔到一边去。

我心里明白，这是孩子2岁以后心理活动出现的一个显著的特点，即进入第一反抗期，出现了逆反心理。所谓的逆反心理就是，在特定条件下，个体心理产生的与客观外界要求或愿望相反的逆向心理活动。虽然"逆反心理"人皆有之，也是幼儿心理发展过程中必然要出现的心理现象，但是幼儿的逆反心理却有着它独特的表现。

逆反心理的形成原因

我在前面说了，孩子到了1岁以后自我意识开始发展，逐渐认识到自己是作为一个独立的、自主的、有别于他人和外界环境存在的个体。也就是说，幼儿开始认识到"我"和他人、客观环境是有区别的。随着幼儿年龄的增长，尤其是语言和思维能力的发展，他们的社会实践能力、经验以及活动范围都在增长，他们对周围的环境和事物有了更强的控制感和认知感，进一步意识到"我"是可以支配自己的行动而不受外人控制的，因此表现出越来越大的主观能动性，对成人的指挥和安排表现出越来越大的选择性和自主性。

由于独立性越来越强，幼儿对于许多事情都产生了"自己来"的愿望，所以会"闹独立"，对家长的安排常常表现出反抗以显示自己的能力，因此常常做出一些叛逆的事情来，或者对他人发号施令，指挥他人行动以显示自己的力量。这就是我们常说的孩子进入第一反抗期了。

当孩子还没有建立起正确的道德行为规范时，他们的表现常常搞得家长焦头烂额，不堪忍耐。因此，正确认识2岁以后孩子具有的特殊心理问题，是家长应该学习和掌握的理论知识。这样才能对孩子采取有效的、针对性强的教育方法，让其安全、顺利地度过第一反抗期。

孩子产生逆反心理的原因除了幼儿心理发育的特殊性以外，还有以下几个原因。

（1）与孩子好奇心强，喜欢探索有关。孩子一生下来就有很强的求知欲，对周围的事物，什么都想摸一摸、什么都想问一个为什么，而且喜欢自己动手去探个究竟。随着认知水平和思维的发展，他们不但希望去了解事物的表面现象，还想了解事物的本质以及各种事物之间的关系，因此拆坏玩具和物品的事情频频发生。到3岁左右，孩子拆卸玩具或者物品的行为表现发展到了高峰。所以，你不让他拆，他就偏要给你拆；你越不让他干，他就要偏要干给你看。

（2）与家长不当的教育方式有关。例如，有的孩子因为家长娇生惯养、事事依随，养成了任性、骄横跋扈、自私的品格，只要稍不随心愿，就会撒泼打滚蛮不讲理。最终，家长还是依顺了事，这更加强化了孩子的这种抗逆行为。也有的家长因为过于强势或过于唠叨，不理解也不尊重孩子的意愿，对于孩子出现的错误非打即骂、讽刺挖苦、频频说教，造成孩子极度反感，由此加重了孩子的叛逆思想。

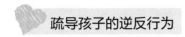 **疏导孩子的逆反行为**

我们应该清楚地认识到世界上任何事物都具有二重性，虽然幼儿出现的逆反心理让家长感到恼火和困惑，也为教育他增加了一定的难度，但是我们从另一方面看，孩子的逆反心理也有其积极的一方面。孩子的逆反行为反映出他的自我意识比较强，敢于探索求知、敢于异想天开、敢于创新、敢于坚持，而且不怕失败，在干自己想干的事情时不受外界因素影响，一心一意去做，这正是我们现代社会需要造就的标新立异、开拓进取的栋梁之才。只要家长正确地引导，这样的孩子就会像爱迪生那样为社会做出更大的贡献。

另外，一些反抗性强的孩子，在他抗争的时候，充分表达了自己的思想，发泄自己心中的不满和情绪。家长应根据他暴露出的问题进行有针对性的教育和引导。对这类孩子的教育要比对一些内向的、把想法憋在心里而不善于表露出来的孩子容易得多，而且还有利于孩子保持健康的心理状态。

因此，对于具有逆反行为的孩子，每个家长都要认真地分析孩子为什么会产生逆反行为。如果孩子是因为好奇心驱使，正在干自己想干的事情，而且这件事情有助于提高孩子的认知能力和探索精神，家长就要顺势引导，让孩子通过自己的探索掌握新的知识。同时，要允许孩子犯错误，因为孩子在探索的过程中不可避免地会做出一些不符合家长心愿的事情来或者破坏一些物品，但孩子在一次次的破坏和犯错误的过程中吸取了教训，获得了经验，收获了知识，这对于孩子的成长是非常重要的。

如果是孩子任性、故意捣乱、不遵守规则的话，由于这种行为没有造成很大的危害，所以建议冷处理，对他的行为不理不睬。当他的执拗情绪冷静下来后，再动之以情、晓之以理地教育，才会收到不错的效果。如果孩子的逆反行为可能会造成恶劣的后果或者威胁到人身安全，那么就需要采取惩罚的办法。例如，将他关到屋子里进行反省、禁止他最参加一项他喜爱的活动、取消准备给他买的他最喜欢的书籍和玩具等，让他意识到正是由于他的不良行为才导致他受到惩罚。每次惩罚最好能够做到刻骨铭心，让他永远记住。当然，以上的方法必须建立在爱孩子的基础上，明确告诉孩子改正了错误，爸爸妈妈还是一样爱他的。

3岁1个月
对孩子不能说反话

　　这天我从外地讲课回来，铭铭看见我回来了，马上跑过来亲热地扑进我的怀里。想到我已经3天没有看见铭铭了，自然少不得抱起来亲吻他的脸颊。这时，我看见铭铭双眼有些红肿，于是马上问女儿这是怎么回事。女儿说："您回来之前，一直是他爸爸在和他搭积木玩，两个人玩得很高兴。这时，他爸爸接到一个工作上的电话，马上去书房写答复的邮件。铭铭还沉浸在玩积木的乐趣中，总不时地跑进书房问这问那，搅得他爸爸无法集中精力工作。于是，他爸爸把他强拉到屋外告诉他去找妈妈去，并关上了房门。铭铭感到受爸爸的冷落了，就站在门外哭了起来。他爸爸在屋里说'你要再哭就去卫生间哭，不要吵我'。之后，他听到铭铭还在哭，又说'如果你再哭，谁都不喜欢你了'。谁知道，这个孩子真的就到卫生间去哭了，尤其是听到他爸爸说谁都不喜欢他了，哭得越来越伤心了。我叫他到我这里来玩，他却说是爸爸叫他到卫生间去哭的，谁都不喜欢他了。妈，你说这个孩子可笑不可笑呀！"

　　我立刻放下铭铭，拿出我新给他买回来的绘本，让他进屋先看书，并告诉铭铭一会儿我再念给他听。铭铭只要一看到书，就把什么都忘了，尤其是新书更吸引他了，于是他立刻进屋去看书去了。

　　我回身对女儿严肃地说："有什么可笑的，孩子的思维是很简单的，尤其对他崇拜的人更是言听计从。他喜欢爸爸和他一起玩，他并不懂得爸爸正在工作是不能打搅的，你们谁都没有给他讲过。刚才，孩子的思维还停留在和爸爸搭建积木的兴奋中，所以他才跑去一次次问爸爸，因为他最崇拜的爸爸是什么都会的大能人。这是一件好事，说明孩子肯于思维、肯于探索、求知欲强，而且崇拜爸爸，以为爸爸什么时候都会回答他的问题、什么问题都回答得出来。但是，他不会区分说话的场合和时机，这是需要我们告诉他的。对这么大的孩子不能说反话，因为他还不理解反话的意思，他所思维的内容是非常具体的，而且只能根据接触的表面现象和听到的话语进行思维，缺乏灵活性，所以思维只是停留在事物的表面，而不能反映事物的本质。你说反话他难以理解，他当正面话去听，他爸爸让他去卫生间哭，他就会真的去卫生间哭了。如果再对孩子说，再哭谁都不喜欢你了，孩子就会真的认为大家都不喜欢他了。他可不理解这是爸爸说的反话，不会理解爸爸是喜欢他的，就是不喜欢他哭的行为。这不是孩子可笑，而是你们的做法不对！"

这时，女婿走出房间，笑着对我说："妈，我就是赶着要发一个邮件，他在一边捣乱，搅得我不能集中精力写信。其实，我让他到门外去找他妈妈玩，是为了我好集中精力写信，谁知道他却哭起来了。为了制止他哭，所以我才说气话让他到卫生间去，他却真的以为我让他去卫生间，真的不喜欢他了。"女婿说完，转过身进了铭铭的屋，并对铭铭说："铭铭，爸爸给你念姥姥买回来的这本新书。"屋里又传来了女婿的念书声和铭铭的欢笑声。

3～4岁的孩子虽然已经理解大人讲话的意思，也能通过语言与成人进行交流和沟通，但是他们只能理解具体的事物，不会做复杂的分析和综合；只能做直接的推理，不会进行逻辑思维。所以，他们对大人的话只能正面去理解，不会分析大人讲话的真实含义，更不能理解大人的反话。

"反话"是一种特殊情况下采取的特殊讲话方式，我们对于成人可以采取这种比较婉转迂回或者含蓄幽默的讲话方式，因为成人能够通过当时说话的场合、讲话人的情绪状态以及谈话的前后因果关系，经过思考而理解。但是，对于小儿来说，需要直截了当地提出自己的看法和意见，千万不能对孩子说反话。同时，这也提示了我们家长，我们对孩子的教育，尤其是对幼儿及学龄前儿童的教育必须以正面教育为主，为孩子树立正面模仿的对象，并且引导孩子去模仿和学习。孩子一旦做出好的行动和行为来，家长要有意识地通过正强化的手段去巩固这个良好的行为习惯。

3岁2个月

喜欢帮助人的铭铭

　　下午3点钟，我本该动身去托儿所接铭铭的，因为手中的文稿没有修改完，我又不愿意留下一个"尾巴工程"，所以忙完了稿子再去托儿所接铭铭时，就已经错过了接孩子的时间。好在铭铭现在已经爱上了托儿所和那里的小朋友，还有他们班的三位老师，所以晚一些接他也没有关系。

　　我匆匆忙忙赶到铭铭教室，发现教室里只剩下三个孩子了。其他两个孩子正跟着吴老师和毕老师学习拼插"小雪花片"[1]，铭铭正在帮助钱老师收拾小朋友们临走时来不及放回原处以及被遗忘在各个角落中的一些玩具和小物品。铭铭小脸红扑扑的，正忙得带劲呢！

　　"老师，不好意思我来晚了。"我心怀歉意地对老师们说。

　　"没有关系，放学后我们也要准备明天的教具呢！"钱老师回答道。吴老师和毕老师也抬起头来微笑着向我打着招呼。

　　"铭铭，我们赶紧走吧，不然要影响老师工作！"我招呼着铭铭。铭铭正准备弯腰拿起小朋友坐过的塑料小圆凳子，头也不抬地说："我帮老师把东西收拾好。"说着拿起小凳子就走到摆好的小凳子堆上码放起来。"好的，我等着你。"我站在活动室门口等着他（因为近期发生的甲型流感，家长是不允许进入教室的）。

　　这时，铭铭手拿起小篮子将小朋友遗失在犄角旮旯的"小雪花片"捡起来放到篮子里，甚至将正在进行插拼的小朋友用的"小雪花片"也一并收拾到自己的小

1　一种可以进行拼插的各种形状和颜色的塑料片。

篮子里，惹得小朋友一脸的不高兴，说："你干吗把我要用的雪花片收走了？"于是，铭铭又赶紧把已经放进篮子里的"小雪花片"还给了小朋友。就这样，铭铭一直忙到其他两个小朋友的家长来接他们。小朋友临走时又请求铭铭帮助他们将塑料小凳子摆在已经摆成小塔似的凳子顶上，因为铭铭在班上个子是最高的，他可以够得着摆好的凳子顶。铭铭是很乐意帮助个子比较矮的小朋友做这件事情的。

钱老师对我说："铭铭在我们班上是最爱帮助老师和小朋友的孩子。他喜欢帮助老师拿教具和物品，也喜欢帮助老师收拾教室。因为铭铭是全班个子最高的，所以小朋友都会求铭铭帮他们摆上凳子，铭铭为此也是很自豪的，感到很高兴。铭铭最喜欢听别人夸奖他像个大哥哥、像个小班长了。"紧接着，钱老师、吴老师和毕老师又及时地表扬了铭铭，夸奖他"现在由于铭铭的帮助，教室很快就收拾得干干净净了。老师很感谢铭铭的帮助"。老师的表扬让铭铭顿时显得神采奕奕，临走前他又将汽车停车场（老师要求孩子们各自从家拿来的一辆汽车，放进老师设计的汽车停车场，供喜欢汽车的孩子们互相借着玩耍）里的汽车摆正，才向各位老师一一道别，离开了托儿所。一路上，铭铭与我说说笑笑，看得出来铭铭今天过得很愉快！

听到老师对铭铭乐于助人的表扬之后，我也感到十分欣慰。因为一个孩子茁壮成长，不但要健康、活泼、聪明，更需要培养他良好的道德品质和行为习惯，成为一个高情商、高智商、全面发展的孩子。

回来的路上，我对铭铭说："铭铭，今天帮助老师收拾干净教室，是不是很开心呀？"铭铭高兴地点点头。"姥姥喜欢铭铭爱帮助人，好孩子都是喜欢帮助别人的。"铭铭又高兴地点点头。

 利他思想的重要性

古人在《三字经》中谈道："人之初，性本善。性相近，习相远。"其意思是说，每个人刚出生时，本性都是善良纯洁的，彼此相差不多。只是由于后天学习环境不一样，性情也就有了好与坏的差别。孩子爱帮助人，这是人类善良的本性决定的，这种利他思想如果家长对孩子从小就注重培养并不断地进行强化，那么这种善良的天性就会保留下来。当别人遇到困难时，孩子就会自然地流露出帮助人的愿望。

孩子可以从帮助别人的过程中发现自己的价值。同时，由于自己的帮助和付出，使对方的困难得以解决，让别人的不便转变为方便，使得别人生活得更幸福，孩子就会感受到一种成功的体验，自己也在帮助别人的过程中获得了满足和快乐。这也是人类社会发展所需要的。如果我们忽略了这方面的教育，这种善良的天性就会被磨灭；如果个别家长自私自利、患得患失，那么孩子学到的就是唯利是图；如果家长对旁人的疾苦不闻不问，孩子学到的就是冷酷无情。

 利他思想的培养

让孩子学会帮助人，首先要使他学会观察别人的困难，了解别人的困难，产生同情心并且设身处地地为他人着想，从内心深处自然流露出愿意尽自己全力去帮助他人的欲望。但是，对于幼儿或学龄前儿童来说，他们还处于自我中心，同情和移情能力还比较弱，很少会站在对方立场上去考虑问题，因此就需要家长、周围人以及老师进行教育、示范和引导，在孩子幼小的心灵中播下关心他人、热心帮助他人并且具有同情心和善良的种子。其次，教育孩子做事时要时时处处想到别人，与人方便就是与己方便。同时，也要让孩子明白，在人类社会中，一个人的能力是极有限的，如果没有他人的帮忙，自己什么也干不成。

教会孩子帮助他人，要从身边的小事做起。

（1）让孩子了解他人的困难。例如，多让他思考这些困难是什么原因造成的，如果自己遇到这些困难是不是也很痛苦，促使孩子产生同情和移情的情感。

（2）引导孩子思考应该怎样帮助有困难的人，并付诸具体行动来帮助他人。

（3）有些困难是由于做事不当造成的，应当引以为戒。告诉孩子以后做事情时应该考虑到对于别人是否方便或者不利，以免为别人制造困难。

（4）教导孩子帮助别人时要真心真意且善始善终，不能三心二意、半途而废，更不能虚情假意。

（5）教育孩子真心帮助别人是一种奉献，是不图回报的。

希望我们家长和老师的日常教诲如涓涓清泉不断地滋润着我们给孩子播种下的种子，同时不断地净化着孩子的心灵，让它成为伴随孩子一生的精神财富。

3岁2个月

用画红旗的办法提高铭铭的自我控制能力

自我控制能力是自我意识的重要成分，也是构成情商的重要因素之一。自我控制能力是指一个人善于控制自己的情绪，约束自己言行的品质。自控性不仅表现在调节活动能持久地进行，也表现在对不符合要求和集体规则的行为的控制。这是在活动中抑制那些干扰性因素，保持有效的行为，坚持不懈地保证目标实现的一种综合能力，主要表现在认知、情感和行为等方面。

随着铭铭自我意识的发展，他开始越来越"我行我素"，什么事情都要按照他的意愿办，再加上他活泼好动，表现出来的行为也就越来越让我感到头痛。因为我担心一旦这些不好的行为养成习惯，以后再纠正起来就十分困难了。陈鹤琴先生也指出："人类的动作十分之八九是习惯，而这种习惯大部分是在幼年时养成的，所以幼年时代应当特别注意习惯的养成。"更何况3岁左右是给孩子立规矩的关键时期。

美国学者特尔曼从1928年开始对1500名儿童进行了长期的追踪研究也印证了习惯的重要性。当时，这些儿童平均年龄7岁，平均智商130。成年之后，对其中最有成就的20%和没有什么成就的20%进行比较，结果发现，他们成年后之所以产生明显的差异，其主要的原因就是前者有良好的学习习惯及强烈的进取精神和顽强的毅力，后者则甚为缺乏。

国内外许多教育家都十分强调习惯培养的重要。我国著名教育家叶圣陶先生说过"教育就是习惯的培养"。从更深刻的意义上讲，习惯是人生的基础，而基础水平决定人的发展前途。对于孩子来说，如果从小习惯培养得好，对认知水平的提高、生活能力的培养、品德的陶冶、个性的形成至关重要。从小养成的良好行为习惯，将伴随孩子的一生，使孩子终生受益。反之，幼儿的坏习惯一旦形成，不以十倍、百倍的力量将很难使其习惯改变，使幼儿终身受害。大量的事实证明，习惯如何常常可以决定一个人能否取得成功。

每次吃饭时，铭铭总是像针扎屁股似的坐不住椅子，吃上几口就会受外界某件事物的引诱离开座椅，转悠一圈才又回到座位上吃第二口。有的时候，在吃饭的过程中，只要有人提到××物品，他就会马上离开座椅去找这个物品。你告诉他吃饭时不能离开座位，要专心致志地吃饭，他当时答应得很好，保证下顿饭不这样，而且也保证说话算数，但下一顿饭还是故技重演。每当我提醒他要遵守自己的诺言时，他自己却说："有的时候我说话不算数。"弄得你哭笑不得。有时气得我吼他，真想挥拳打他一顿。

有一次他又吃饭时四处溜达，而且口中含着饭长久不下咽，活像动画片中鼓着一侧腮帮子的兔子。反复提醒了几次他都不听，这下激怒了女儿。态度一向温和的女儿严厉地惩罚了他，让他面对墙壁罚站，他哭得死去活来，不断地呼喊着"姥姥——姥姥——"我知道他想求助于我，但是我躲在屋里就是不露面。看见找不到靠山了，他只好承认错误，说："妈妈，我不这样了，我下次不这样了。"因为孩子承认了错误，所以女儿也就解除了对他的惩罚，并对他说："妈妈是非常爱你的，但是不喜欢你的这个行为。你以后如果还这样，妈妈的惩罚会更厉害的。"

当时铭铭答应得很好，可是第二天晚饭还是"外甥打灯笼——照舅（旧）"。女儿又要惩罚他，我一想这样惩罚可能对他不起什么作用，于是我对女儿说："我们还是换一个方法吧！单纯惩罚不是一个好办法，孩子当时屈服了，也做出

TIPS

自我控制能力强弱主要表现为抗拒诱惑和延迟满足这两种形式。抗拒诱惑是抑制自己不去从事能够得到满足，但又为社会所不允许的行为；延迟满足是为了长远利益而自愿延缓当前的满足。

了保证，但让这个阶段的孩子信守诺言不现实。我仔细分析了孩子的情况，孩子对感兴趣的事情还是坐得住的，例如，孩子最喜欢看书、拼图、做一些搭建的游戏。只要看到新书，他都会如饥似渴地坐在那儿看起来，而且是全身心地投入，绝没有站起来游逛的情况发生，对周围人说什么话他都可以'置若罔闻'。从这一点看，他的坚持性还是不错的。孩子只是在吃饭问题上表现得不好，经常受周围环境因素的干扰。虽然我们十分注意这个问题，但是孩子在这个阶段受到神经系统的发展水平、生活经验、认知水平以及道德观发展水平的限制，他的自控能力还是很薄弱的。好在这是寒假，我们可以观察他吃三顿饭的情况，并采用每顿饭画红旗、黑旗的办法来提高他的自制能力。鉴于3～4岁的孩子坚持性和自制能力都很差，不可能一开始就做得十分好，因此获奖的条件可以宽一些。随着自控能力的加强可以再严格一些。"

于是，女儿立刻在卡片上画了一个表格，告诉铭铭，吃饭必须有一定的规矩：吃饭时不能看书、玩玩具；必须自己吃饭不得大人喂；不能离开餐桌；咀嚼后的食物必须咽下，不得含在嘴里迟迟不咽；吃完饭要将自己的碗勺送到厨房，并且要谢谢阿姨。每顿饭只要表现得

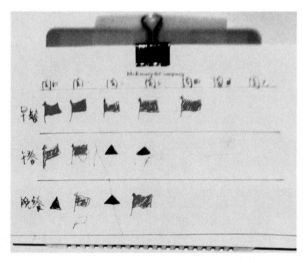

红旗、黑旗表

好，而且坐在椅子上自己吃完了饭，就能获得红旗。如果吃饭时违反了规定，例如吃饭时离开座位去溜达就要得黑旗。如果一周有7面黑旗就不能再买新书，如果黑旗不到7面可以买一本，如果一周不到4面可以买2本，并且可以让铭铭亲自去书店挑选图书。

铭铭听到妈妈规定的"如果表现得好，可以去书店自己挑选书籍"，高兴得不得了，于是急忙答应了妈妈提出的要求。这张表格也就挂在了饭桌旁的墙壁上。

第一天，铭铭早晨和中午饭吃得很好，因此各获得1面红旗。可是，到了晚饭，他就忘了自己应该怎么做，又离开餐桌去拿他的玩具了。直到妈妈提醒他，他才回到餐桌前，晚餐自然得到了1面黑旗。

铭铭看见妈妈在表格上画上了黑旗就大哭起来，非让妈妈涂去。这时，女儿说："没有办法，我已经跟你说得很明白了，你还是犯了错误，妈妈只能画黑旗。我说话算数的。"铭铭又哭着把头转向了我，饱含泪水的眼睛眼巴巴地看着我。我对铭铭说："妈妈说得很对，姥姥也不能做主。今天你做错了，明天只要改正，不再犯这个错误，我保证你能够得到红旗。"铭铭看到求援无助，只好答应明天好好表现。

第二天，铭铭三顿饭确实表现得不错，因此获得3面红旗。谁知道第三天就又出现了反复，中午和晚上又离开餐桌四处去溜达，他早已经将妈妈制订的吃饭规矩抛到九霄云外了，结果自然是获得了2面黑旗。这时的铭铭已经会连续数数了，自己数了数已经有了3面黑旗，不由得又要哭了。我急忙劝阻他："哭是没有用的，这2面黑旗是姥姥画的，因为你确实没有好好吃饭，只有明天再努力吧！"铭铭看到我坚决的表情，只好忍下来了。

就这样，铭铭在一周之内获得了6面黑旗，但总算是比以前有进步，于是妈妈兑现了诺言，带他去我家小区前面的商场给他买了一本连线的图画书。这是铭铭最喜欢的图画书之一。

第二周，女儿重新制作了一张相同的表格，替代了原来的。不过，在执行过程中，铭铭也出现了数次反复。

由此，可以看出养成孩子良好的行为习惯需要我们家长不断地进行反复强化。习惯就是某种行为，经过反复强化，逐渐稳定下来，成为一种固定的行为模式。习惯不是一般的行为，而是一种定型性的行为。但是，总的来说，孩子3～4岁在自控能力方面还是很差的，不要认为"孩子小不懂事，在生长发育过程中出现的一些行为偏离问题在所难免，不必大惊小怪"，也不要认为"将来去了幼儿园或学校有老师来纠正，树大自然直"。正如一些专家所述："孩子出生后，是通过各种学习和所接触的外界建立自己的认知系统。这个系统也包括了世界观、行为方式等在内的一系列问题的准则，这些准则又反过来影响新的内容的学习。如果已经建立的准则是不恰当的，那么孩子的行为就可能出现偏差。"

3岁3个月

铭铭参加了音乐学校进行艺术启蒙教育

2003年，我在全国各地开始巡讲以"开发孩子的右脑，培养全脑人"为课题的讲座。我为什么要选择这个课题呢？主要是我查看了大量的科普资料，尤其是看到1981年美国斯佩里博士通过自己研究人脑近40年的经验和割裂脑实验，证实了大脑的不对称性并提出"左右脑分工理论"，由此获得了诺贝尔生理学或医学奖后发现，各国都在研究、探索右脑开发并获得了惊人的成就。

20世纪60年代，哈佛大学教育研究生院开展了"零点项目"研究，主要研究科学教育和艺术教育在人类潜能开发中的重要性以及两者相互之间的关系。20多年来，他们投入了大量的资金，有的从幼儿园开始追踪，发表了上千篇论文和专著。他们的研究成果对美国教育影响很大，为此克林顿政府在1994年3月通过了《2000年目标：美国教育法》，在美国历史上第一次将艺术与数学、历史、语言、自然科学并列为基础教育的核心学科。

 ### 艺术培养与右脑发展

为什么文化艺术、身体运动能够制约科学技术的发展呢？原来音乐、美术、体育与右脑有着密切的关系。

人类的左脑有理解语言的语言中枢，主要完成语言的、逻辑抽象的、分析的、数字的思考认知和行为。左脑主管人的说话、阅读、书写、计算、排列、分类、语言回忆和时间感觉，具有连续性、有序性、分析性等机能。它可以进行有条不紊的条理化思维，即抽象思维。所以，左脑是一个理性的脑，是工具，又叫学术脑。

右脑虽然是没有语言中枢的哑脑，但是有接受音乐和形象思维、发散思维、直觉思维的中枢。右脑主要负责直观的、综合的、几何的、绘图的思考认识和行为，主管人的鉴赏绘画、观赏自然风光、欣赏音乐、理解节奏、学会舞蹈的能力以及态度情感。右脑凭直觉观察事物，纵观全局，把握整体，具有不连续性、弥漫性、整体性等机能。从生理学的角度上来说，右脑具有类别认识、图形认识、空间认识、绘画认识、形象认识等能力，它的思维是形象思维。

因此，只有左右脑共同开发，才能更好地促进人才的综合发展。

我认为，孩子在6岁以前生活在直观动作思维和形象思维的世界里，几乎全部是以右脑为中心，这正是开发右脑的关键时期。通过讲座告诉年轻的爸爸妈妈们，如何采取科学的措施，实施生动活泼的引导方法，因势利导，循序渐进，激发孩子学习的兴趣。让孩子在人为的良好的情绪下，在玩中不知不觉中学到知识。这个讲座当时在全国各地非常受年轻的妈妈爸爸的欢迎，也成为当时对孩子进行早期教育的一个内容。

 用音乐开发右脑

音乐能开发右脑，启迪智慧，不少的科学家、哲学家、诗人、作家等本身就是艺术家，像恩格斯、列宁、牛顿、托尔斯泰、契诃夫等人都对音乐有着特殊的感情。他们不同程度地受到音乐的熏陶，从音乐中获得欢乐和力量，并在音乐中感悟人生的真谛。

新中国的"两弹元勋"邓稼先研究"两弹"时，由于工作艰苦而寂寞，所以每当思考问题时，他总喜欢坐在阳台上静静地聆听音乐。他最爱听贝多芬的《命运交响曲》。邓稼先欣赏贝多芬不屈服于命运、勇于向命运挑战的英雄性格。李岚清曾经说，他相对比较喜欢的音乐家是莫扎特、贝多芬和施特劳斯，认为莫扎特来到人间就是为了推广音乐，贝多芬一生都在与病魔和不幸遭遇作斗争，所以音乐很有震撼力，施特劳斯却带给人无穷的欢乐，都很了不起。他同时又谈到，音乐的魅力在于它能使生活更有情趣、思想更有创意、工作更有效率、领导更有艺术、人生更加丰富，希望大家都能成为一个音乐爱好者，这样对事业的发展、对创造性思维的锻炼以及对人生都有帮助。李岚清从个人体会的角度谈了音乐的作用，他认为：任何人都离不开音乐，没有音乐的生活和世界是不可想象的，音乐与语言一样是人类所不可或缺的；音乐可以培养人们广阔的胸襟，调整人与社会、人与人之间的关系，培养群体意识；好的音乐有助于提高工作和学习效率；音乐家的事迹可以给人们以启示，如对事业执着追求、勤奋学习的坚忍不拔的精神，超越前人的理想与愿望，抓住主旋律的工作特点，有时为了整体效果打破宏观与微观的关系的技巧；音乐家普遍比较敏感，这种敏感对做其他工作的人来说同样重要；等等。

女儿女婿决定让已经3岁多的铭铭参加×××音乐中心，培养他的艺术素质，对此我是非常赞成的。因为我认为这样做有利于开发孩子大脑的潜能，是符合孩子大脑发育规律的。

这个中心课程学习的顺序就像学习母语（听、说、写）一样，首先是从听力训练开始，让孩子去听、去理解。因为3岁左右的孩子听力发展得十分迅速，对声音的分辨力也提高得很快，听觉系统很容易接受各种声音信息的刺激，而且对这些声音具有很好的记忆力，具备了学习音乐的生理条件。

铭铭从学习听单音开始，逐步过渡到以后高难度的和声辨别，培养孩子的乐感。我们发现铭铭对于声音的分辨是很敏感的，他时常根据听到的声音浮想联翩，说出一些与音乐有关的、想象中的东西，让我们感到大吃一惊。有的时候，我们也觉得他说的都是一些风马牛不相及的问题，觉得很可笑，可是再一细想，又觉得铭铭确实说得有道理，这大概就是音乐赋予孩子联想和创新的道理吧。

听力的训练以及对于大自然中各种声音的理解对孩子学习唱歌、学习键盘乐器是有帮助的，也为孩子以后即兴创作和伴奏打下基础。

同时，这个中心还选择一些适合孩子唱的歌曲，逐渐加进钢琴的学习，从单手到双手弹奏，再到边弹边唱。与此同时还训练孩子记住音色强弱、表情记号、节奏快慢。

铭铭在训练课时，由于唱的是他喜欢的歌曲、听的是他喜欢的乐曲（经常是一些童话般的音乐），同时双手也在练习弹奏，孩子很容易集中注意力。这样，在学习音乐的课程中，铭铭能够初步掌握键盘乐器通用的弹法、指法和简单的乐理知识等，还训练了铭铭双手掌握平衡以及动作的配合和协调。

　　一周一次的音乐学习总是令铭铭很是向往，他喜欢在钢琴上即兴演奏，虽然不成调子，但是他每次弹奏都充满了喜悦和兴趣。我对女儿和女婿说，当铭铭学习音乐的课程结束后，根据铭铭的个性和喜好再决定他是否继续学习弹钢琴。对待孩子学习音乐，我们既不能强迫，也不能放任自流。现在既然是学习，就要让他认真对待每一堂课。不能让学习音乐成为孩子的一个沉重负担，否则孩子学习音乐也就失去了意义。

3岁3个月

练习演讲能力

星期六早晨吃完早饭后，全家人轻松愉快地坐在客厅里聊天。这时，女儿要求铭铭给我们讲解他画的图画。说是图画，其实就是铭铭在印好的画面上填上颜色或者按照画面的箭头连出一幅有趣的画。"填色"或者"连线"这两项动手操作的训练是铭铭最喜欢做的。铭铭每次运笔都是一丝不苟，从来没有厌烦过。正因为他喜欢，所以在画的过程中他的专注性和坚持性也表现得十分突出。但是，要求他根据画的内容来给我们进行讲解（实际上就是看图说话），就需要凭借他的观察力、想象力、思维力和语言的表达能力了，甚至还要求他有一点儿小小的"美感"，这对他来说是一个难题。

只见铭铭双脚并齐站在贴着他作品的墙旁，开始准备演讲。他的右手拿着一支拉长了的伸缩教鞭。这支教鞭是女婿出国给我带回来的，送给我用来讲课。后来，随着科技的发展，女婿又送给我一支激光笔，于是这根教鞭就送给了铭铭，让他拿去玩。没有想到，这根教鞭还成了铭铭演讲时使用的工具。站在那儿的铭铭活脱脱一个小老师的模样。

铭铭向大家深深地鞠了一躬，像模像样地手持教鞭，毫不怯场，声音清晰地开始演讲："大家好！我叫秦绍铭，现在3岁3个月了。今天，我给大家来讲……今天——今天——我——给——大家——讲……"说着说着，铭铭的声音明显地变小了，而且还拉长了声音，似乎有些结巴。于是，我们大家给他报以热烈的掌声，并鼓励他："你讲得很好，要是声音更大一些就更好了。我们大家都喜欢听。"受到大家鼓掌的激励后，铭铭又高兴地提高了声音，继续讲下去。他说：

"今天我给大家来讲这幅图画。这是我送给姥爷的一张画，画的是一只很大、很大的大羊。这只大羊很结实，身体很健康，像姥爷一样。这只羊穿着一身黑大衣，长着两个弯弯的橙色大犄角。"说着，铭铭还特地拿着教鞭指了指画面上被涂上橙色的犄角。

"铭铭，羊怎么会长这种颜色的犄角呀？应该是白色的犄角呀？"我插嘴问道。

"白犄角不好看，我喜欢橙色，像橙子一样多好看呀！我喜欢吃橙子，所以我就涂上橙色了，这样搭配漂亮！"铭铭很直接地说了他的观点。

"请姥姥不要打断我的话！"铭铭不客气地批评了我，我自觉理亏不作声了。家长确实应该尊重孩子的一些想法，虽然孩子有些想法是幼稚可笑的，但是这些想法可能就是孩子的一种创新思维。其实，越是天马行空、风马牛不相及的事情，以后越有可能成为一种创造。

"这是羊的红色大耳朵，羊的头是紫色的，我喜欢这些颜色！这样搭配很漂亮。羊的四条腿长着的是粉色的毛，羊还穿着4只非常帅的黑皮鞋。羊脖子上拴

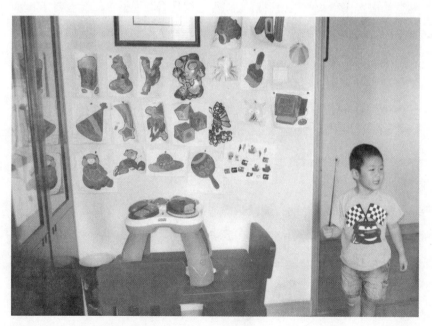

铭铭3岁8个月时给我们讲解他的作品

着一只黄色的铃铛，走起路来铃铛会叮当叮当地响，非常好听。你们大家看我这张画涂的颜色是不是很好看呀？我特别喜欢这只颜色鲜艳的羊，它是所有羊中最漂亮的一只。"讲到这儿，铭铭由衷地笑了，用欣赏的眼光看着这幅画，然后富有感情地说："因为姥爷是属羊的，我爱姥爷，所以就把这只羊的画送给了姥爷留作纪念。"还别说，这张画给人的感觉是颜色鲜艳、夺人眼球，虽然颜色搭配得有些怪异，但是确实很漂亮，这就是我家铭铭萌发的美感。

说完，铭铭就要鞠躬退席，我马上问道："铭铭，怎么羊的下面还有花园宝宝的贴画呀？""因为羊是生活在公园的草地上，公园里有花园宝宝。我喜欢看花园宝宝的动画片，喜欢里面的依古·比古、唔西·迪西，"说着就用教鞭指着依古·比古、唔西·迪西的贴画，"我还喜欢玛卡·巴卡、汤姆布利柏·安、汤姆布利柏·哦、汤姆布利柏·咦，还有叮叮车，所以我就把这些贴画贴在羊的下面了，让这些宝宝陪着姥爷。没有我在姥爷身边，姥爷会很孤独的（已经会用书面语言'孤独'了，而且用得还很恰当）。我的讲解完了！谢谢大家！"

说完，铭铭又深深地鞠了一躬，然后自顾自地唱起来了："唔西·迪西，我来了！唔西·迪西，我来了……"他的发音很准确，《花园宝宝》动画片中的各种人物绕口的名字他也能准确而清晰地叫出来，而且学唱的歌曲音调掌握得也很准确。他不顾我们这些"听众"还意犹未尽等着他继续说下去，自己就跑开到存放他光盘的抽屉里去找他的《花园宝宝》的光盘去了。

 语言表达能力

语言表达能力是我们一辈子都要用的能力。蒙台梭利认为，一个人的智力发展和他形成概念的方法，在很大程度上取决于他的语言能力。从小培养孩子良好的语言表达能力，练习演讲，不但可以增强孩子的自信心，还进一步锻炼了孩子的思维、心态、展示自己学识的能力、应变能力以及表达和沟通能力，不但能够提高他的智能，而且还能提高他的情商。这是人一辈子用之不尽、取之不完的财富。

1983年，美国哈佛大学心理学教授提出了多元智能理论，他认为人类有多种智能，是以能否解决实际问题和生产及创造出社会需要的有效产品的能力，而非传统智力以语言和抽象逻辑思维能力的单一判断标准。他提出8种智能，其中就有语言智能。这种智能主要是指听、说、读、写的能力，表现为个人能够顺利而高效地利用语言描述事件、表达思想和与人交流的能力。这种智能在记者、编辑、演讲家、作家、政治领袖等人的身上有着比较突出的表现。

孩子出生以后，外界的喧嚷、五光十色的信息蜂拥而至。视觉的、听觉的、触觉的、平衡的、运动的、语言的、形状的、颜色的、符号的、声音的等各种信息，强烈地刺激着孩子的大脑，促使脑细胞伸出无数的神经突起来接受这些信息的刺激，并做出处理。处理后的命令通过传出神经与其他的神经细胞进行连接，以便将大脑的命令通过神经纤维互相连接成的神经通路传递出去，让机体做出迅速的应对。这个过程也是孩子进行学习的过程。

孩子在3～4岁这个阶段接受新生事物的能力和语言发展特别快，其学习的速度是他一生中任何阶段都不能比拟的。对于语言表达能力的培养，要从小着手进行，要让孩子多看、多听、多说，正确地引导和挖掘孩子的语言表达能力，让孩子的语言表达能力在成长过程中得到充分的锻炼和发展。

 ## 语言表达能力的训练

家庭是孩子成长的第一环境，家长应该为孩子的语言表达能力创造各种机会来进行演练。

（1）让3～4岁的孩子主动讲出自己生活中的事情，鼓励孩子能够站在集体面前大胆和自然地讲话，并且讲话时辅以手势和面部表情。这也是我们培养铭铭时的重点。看图使用连贯语言讲故事，能够促使孩子独立、完整、详细地表达自己看图所联想的故事。这不但可以促进他的语言表达能力的提高，还可以激发逻辑思维的苗头。

（2）3～4岁的孩子在言语发育方面，由于生理发育尚不成熟，往往会出现一些辅音发音的错误，有时候还对一些唇齿音和翘舌音出现混淆和发音的错误，家长要引导孩子多做练习，克服困难。铭铭的发音准确率还是挺高的，我想这可能与家中人说的都是单一的普通话，而且平时与我们经常教铭铭说儿歌与绕口令，引导铭铭多做一些发音的练习有关。正确的发音会为口头语言表达能力打下良好的基础。由于从小注重铭铭阅读习惯的培养，读书成了他的最大喜好。所以，铭铭3岁以后的词汇量就已经很丰富了，时常从嘴里蹦出一些成语和书面语言来。词汇是语言的基本建筑材料，词汇量的多少，直接影响到语言表达能力的发展。

（3）演讲是为了清晰地表达和交流自己的思想，因此家长在训练孩子演讲时必须确定主题，而且还要帮助孩子分清主次，最好能让孩子配合肢体语言和图片，并与听讲者互动，使演讲更生动。演讲过程中，教会孩子如何根据自己讲的内容调整自己的表情、语调高低、声音强弱和配合使用肢体语言，才能使演讲吸引人。对于孩子演讲的表现，家长要给予肯定和鼓励，这样孩子演讲时就会充满自信。要鼓励孩子在人群面前大胆地说，而且声音要洪亮。每次演讲前做好充分准备，使得演讲过程流利，这样孩子就一定会成功。只要孩子有一次成功的经验，以后就会对自己充满信心，更乐意去进行演讲的尝试。

（4）演讲能力的培养是一个循序渐进的过程，绝不是一朝一夕所能获得的，所以家长不要有急躁情绪。

附　以下是我在博客上的一篇博文。

阅读、识字和语言发育

2010年暑假，我的外孙子铭铭来到北京人民广播电台的爱家广播，参与了由小群姐姐主持的《毛毛狗的故事口袋》节目，录制了"我来讲故事"。在录音间，他在麦克风前镇定自如、声情并茂地给小朋友听众讲了一个非常有教育意义的故事《机器人心中的蓝鸟》。在录音间里，我和小群姐姐听着他娓娓道来的讲述、富有情感的语调和从容不迫的语气，让他一气呵成地完成了全部的录音工作。录完音之后，小群姐姐高兴地夸奖道："小帅哥太棒了！一次就通过了！口齿伶俐清晰而且极富感情。来！小群姐姐给你配上音乐。"说着小群姐姐迅速用一首关于机器人的乐曲给铭铭讲的故事配上了音乐。当我听到经过配乐合成后由铭铭讲的故事时，我简直不敢相信这就是我家的铭铭在讲故事——那么好听、那么动人！

铭铭在讲故事前说："小朋友们，你们好！我叫秦绍铭，现在4岁半了。我是上海中福会托儿所小一班的学生，马上就要进入中班了。我现在给大家讲一个故事。"

当听到铭铭语气缓慢且富有感情地说"机——器——人——心中的——蓝——鸟"时，我不由得感慨万千。他在讲完故事后，询问小朋友听众道："小朋友，你们喜欢机器人吗？"我的一颗悬着的心才终于放了下来。

听铭铭讲故事，你很难想象这是一个调皮、淘气的男孩子。只要铭铭在家，他手脚几乎没有一刻是闲着的，家里的玩具几乎都被他拆得支离破碎、惨不忍睹。有的时候，他"固执"起来让我头痛不已。唯一能够让他安静下来的事情只有两件——阅读和看电视。看电视我是允许的，但是要有时间限制，一天也就20～30分钟，而且也不是天天看，近来已经有一个星期没有看电视了。可是，阅读却是天天进行着。他屋里的书架上摆满了各种各样的图书。只要有书，无论是他反复阅读过的书籍，还是新买的书籍，一旦拿到他的手中，他都会如饥似渴地看起来，屋里顿时安静得鸦雀无声。

有的家长问我，铭铭看的是什么书这样吸引他？我给他买的都是一些儿童读物，是图画、文字并茂的绘本。为了给他买书，我已经成了当当网、卓越网的钻石级客户。这些书里有赵明老师暑假前给他寄来的、由赵明老师编写的《快乐识字童话绘本·第一辑》的《草莓酱阿姨》《会讲故事的壁炉》《面包太太和面包小仙子》《柠檬王的宫殿》《大鼻子牙医的豌豆》《北极熊逃跑了》；还有他近来特别爱看的是一套韩国的系列丛书《从小爱科学——有趣的物理》《从小爱科学——有趣的化学》《儿童好奇心大百科》以及《它们是怎么来的》。这些书通俗易懂，将深奥的科学道理通过非常易懂的语言文字表达出来，非常吸引铭铭，也满足了他的好奇心。现在，铭铭嘴里还不时地跑出"惯性""摩擦力""空气中78%是氮气"等科学术语。当他拿着《带不走的蜗牛》放在幼儿园班级的小图书馆里时，我就告诉他，如果你拿这本书的话，你必须按照书中的文字讲给小朋友们听，这样他们才能了解蜗牛的习性和有趣的科学道理，否则只看图画他们是不会懂的。

心理学家认为，孩子2～3岁是口头语言发育的关键期，4～5岁是书面语言发育的关键期。根据语言学习发展的规律——听、说、读、写，如果教育得当，孩子5岁左右是可以认识2000多个字和阅读一些幼儿读物的。2～5岁又是孩子智力快速发展的时期，美国心理学家布鲁姆通过追踪调查研究发现，假定一个人的智力以17岁为发展的最高点，将其智力定为100％的话，1岁发展其智力的20％、4岁发展其智力的50％、8岁发展其智力的80％、13岁发展其智力的92％、17岁发展其智力的100％。孩子获得知识和各种信息的途径不能仅依靠听觉器官，去听大人所传授的知识和信息，或者亲自去感受获取直接知识和信息，因为这样获取的知识和信息是有限的。因此，更主要的还是要依靠视觉器官，即眼睛去看。而要想孩子获得更多的知识和生活经验，只有通过识字后自己去阅读更多的书籍才能获得更多的间接知识和信息，扩大自己的知识领域。如果孩子大脑储存了更多的知识和信息，他的形象思维以及后期发展的逻辑思维才能更加灵敏，孩子才会更聪明。

从小培养孩子的阅读习惯，从给孩子读书到孩子逐渐学会自己阅读，这是我们家长应该为孩子做的。正如前一时期由少年儿童出版社举办的"学前儿童双语国际教育研讨会"上得出的结论那样，让孩子及早阅读对培养孩子学习兴趣有利而无害。与会者认为，对于幼儿早期阅读的教育，应该是终生养成性的教育，让阅读成为孩子生活中的一部分。

来自京沪两地的教育专家认为，孩子学汉字的最佳年龄段为3～6岁。识字不是目的，让孩子识字是为了进一步为他阅读书籍打下基础。通过识字可以不断拓展自己所能接触世界的范围，而文字正是他们急于探索世界的工具。更何况中国"汉字是平面化的方块图形文字、象形文字，具有音、形、义三者统一，表音表义能力强，字与字造型之间有很大的差异性，单字识别率很高的特点。汉字多是由象形文字演化而来，很多字与实物之间存在着不同程度的形似或神似，即使一些字脱离实物，但每个字都是一个具有某种特征的图像，利于幼龄儿童辨别、认记。同时，汉字具有神奇的组词能力，是一种字词分离的文字。将汉字的词汇拆开来看，很多字本身就是词。这样孩子们虽然只认识一些有限的'熟字'，但却可以像玩魔术一样地合成许多变化无穷的新词来。因此，汉字本身的这些特点使提前、集中、快速识字成了可能"[1]。

正是由于铭铭认识了大量的文字（大约2500个），所以他可以通过自主阅读获得更多的知识，也促使他书面语言能力得以极大的提高。正因为他认识字，所以在反复阅读的过程中加深了理解，很快就记住了他要讲的故事，又进一步增强了他的记忆力。一些研究成果还证实，经过早期阅读培养的儿童有良好的语言能力，并且证明它与儿童入学后的认知水平、读写水平均有较高的关系。

1995年，联合国教科文组织把4月23日定为"世界阅读日"，主要是借着这个重要的日子向大众，尤其是青年人和儿童推广阅读和写作。所以，让孩子早期进行阅读吧！孩子一辈子将受益无穷！

1　杰姆·戈德法布编：《天才之路》，西北工业大学出版社，2002年。

3岁4个月

我教铭铭学"算术"

随着铭铭进入3岁，对于数的认识又上了一个新台阶。他不但认识1~10的数字，而且能按物点数，还学会10以内从小到大、从大到小的数字排序和10以内数的大小比较。我想现在应该教会铭铭10以内数字的组合和分解，并且学会按物点数说出物体的总数，为孩子以后学习10以内的加减法打下基础。

数字具有抽象性和概括性，鉴于3岁的孩子是直观动作思维到具体形象思维的过渡阶段，因此孩子学习算术必须与具体形象和对物体的摆弄动作联系起来，靠死记硬背是不可以的。虽说目前孩子的记忆是以机械记忆为主，但是对于枯燥、抽象的数字还是不能很好理解，也不会产生兴趣。孩子不感兴趣的事情是学不好的，因为兴趣是学习的内动力，只有孩子有兴趣，才能学会、学好。因此，家长要为孩子提供一系列具有操作活动的游戏，让孩子在游戏活动中通过自己动手，满足他们的好奇心和求知欲望，激起孩子积极参与活动的兴趣，在玩的过程中产生积极的思维活动。这也是3岁多的孩子学习算术最好的方法。

于是，我在电脑上用制作PPT的办法，打出了0、1、2、3、4、5、6、7、8、9这几个的数字，同时还制作了"+""="以及"-"，每个数字和符号印制了4张。我还将铭铭吃过的奶酪上的小塑料棒洗干净保留下来，准备利用这些材料和铭铭一起玩"打牌"的算术游戏。

我和铭铭面对面坐在床上，然后将小塑料棒每个人各分10根。我告诉铭铭按照姥姥说的方法我们来做游戏。听说姥姥与他做游戏，铭铭十分高兴。对于这些小塑料棒他特别熟悉，也喜欢玩。因为我曾经用这些小棒子给他摆出正方形、三角形、菱形、四边形让他学习认识图形，所以对这些小棒铭铭是超级喜欢。

我先拿出1根塑料棒，让铭铭看看这是几根，铭铭看后马上回答出"1个"。于是，我在这根小塑料棒下面放了一个"1"字的卡片，然后我让铭铭也拿出1根小塑料棒与我的1根并排放好，然后在铭铭拿出的小棒子下面也摆放了一个"1"字的卡片。我问铭铭现在一共拿出来几根？铭铭数了数马上回答"2个"。"铭铭，这不能叫2个，应该叫2根！"顺便我把量词的概念又告诉了孩子。

接着，我在两个"1"字中间摆上了"+"号，告诉铭铭这叫加号，表示将这两个数字相加。在铭铭摆出的"1"字后面又放了一个"="，又告诉铭铭这叫等号，表示等号两边的数量应该是一样多的。"="号后面摆上了"2"字，即1+1=2，读作1加上1等于2，也就是说1根小塑料棒再添加上1根小棒就表示是2根小棒，所以2是1加1的总和。

由于有具体形象的物品（小塑料棒），还有数字卡片，再加上我和孩子进行的是一场类似打牌的游戏，你来我往的互动过程，铭铭非常喜欢。这样铭铭就知道了"2"可以分成两个"1"，两个"1"又可以组合成"2"。

我让铭铭再拿出1根小塑料棒，同时再在这根小塑料棒下面摆上1张"1"字卡片，然后问铭铭现在一共有几根小塑料棒。铭铭数了数，说"3根"。我在算术式的等号左边再摆上一个"+"和"1"，将等号右边的"2"换成了"3"，即1+1+1=3，并告诉铭铭"3"是由3个"1"组成，而"3"也可以分成3个"1"。

如此类推，几天之后铭铭很快就掌握了10以内数字的组合，同时还学会了10以内的加法。有的时候，我们不用小塑料棒而是让铭铭数手指头来计算。记得有一次我先生来上海小住，看到铭铭数手指头做算术，还在旁边说："不要数手指头，要用脑子算。""不行！"我对先生说，"这么大的孩子还不会所谓的心算，借助手指头或者物体进行计算是这个年龄孩子学习算术的一个很好的方法，孩子很容易将抽象的数字转化为形象的东西来计算。以后随着具体形象思维向抽象逻辑思维发展时，孩子逐渐就会用心算的方法了。"

之后，我又开始与铭铭做数的分解游戏。我拿出一个"3"字，问铭铭："3含有几个1呀？"铭铭茫然地看着我不出声。我知道这个问题太抽象了，孩子不明白。于是，我拿出3根小塑料棒，铭铭一看到塑料棒马上就说："姥姥，我知道了，3根小塑料棒中有1根、1根，还有1根塑料棒。"铭铭用手指一根一根地数着塑料棒。"对了！铭铭说对了！"我高兴地亲了亲铭铭。

我又拿着3根小塑料棒问铭铭："如果将这3根小棒分给铭铭和姥姥2个人，铭铭和姥姥各分得几根呀？"铭铭将这3根小棒分成了2堆，1堆1根小棒，1堆2根小棒。铭铭自然将有2根小棒的划为已有，我只能拿1根小棒。通过这个游戏，铭铭就知道3可以分解为3个1，也可以分解为1和2两个数。铭铭玩得很高兴，他的小塑料棒越来越多，而我的却越来越少，因为分解后凡是大数目小棒都归他了。就这样，我又陆续教会了他分解10以内的数字，为孩子以后学习减法打下了基础。

通过教学实践，我觉得数的组合孩子比较容易掌握，数的分解就有一定的难度，因此家长只有通过游戏和动手操作的过程来让孩子掌握。单纯的说教和演算算术题不但引不起孩子的兴趣，而且还会导致孩子的厌恶和拒绝，这样会打击自己和孩子的自信心。

3岁4个月
带铭铭外出旅行要注意安全

这是一个春暖花开的季节，带孩子去西子湖畔旅游是我们全家一直想做的事情。现在铭铭已经3岁多了，应该经常带他去游览我国名胜古迹、山川河流，让孩子获得更多的感性知识，同时也让孩子小小的年龄感受到我国是一个地大物博的国家，在孩子幼小的心田上撒下爱国主义的种子。更何况，我一直提倡的是"大自然是孩子最好的课堂，让孩子用一双稚嫩的双手去拥抱大自然"的理念，于是女儿女婿决定利用周末全家自驾去杭州旅游度假。

从上海到杭州开车大约需要2小时。虽然开车走的是高速公路，但是路上会经过几个很有特色的江南小城，可以看到不同城市的不同建筑风格的房屋、自然景观和各色花草，对于孩子来说也是增长见识的一种不错的选择。于是，我和女儿女婿周五晚上就开始准备旅游所用的物品。铭铭兴奋极了，跟着跑来跑去忙活起来，不过他的帮忙往往帮不上什么忙，反而影响大人干活，于是我让他准备好自己随身携带的小书包，由他决定选哪件玩具装在书包里带去玩。铭铭听到我将这么"重要的任务"交给他，自己又有抉择权，高兴得不得了，于是坐在一边开始挑选玩具。时间到了晚上9点多钟时，我赶紧催促他睡觉，以便养足精力准备明天一路远行。

第二天清晨，铭铭不等我像往常那样叫醒他，他自己便早早地醒来了，并在我的督促之下，很快洗漱完毕，喝完奶，上好厕所。全家吃完早饭后很快就准备上路了。来到地下车库的汽车旁，铭铭爬上了他的汽车座椅，然后熟练地系上了安全带。

铭铭从小坐汽车一直都使用儿童座椅，原来个子小，使用的是面朝后的小婴儿座椅。1岁以后，他个子长得很快，原来的座椅已经不适合他了，所以现在给他换成面向前方的座椅。

临开车前，女婿走过来又仔细地检查了铭铭的安全带是不是系得正确，安全带的插扣是否插好。当一切检查无误后，女婿才开车上路。

在路上，铭铭看到妈妈系着安全带坐在副驾驶座上，就对我说："姥姥，我看到有的小朋友就坐在副驾驶座上，也有的小朋友让妈妈抱着坐在副驾驶座上，我也想坐在那儿让妈妈抱着我，和爸爸一起坐在汽车前排的座椅，看着前面的路，多神气呀！""那可不行！"我对铭铭严肃地说，"小孩子坐在副驾驶座上是很危险的，妈妈抱着就更危险了。这样做发生意外时很容易受伤，而且会伤得十分严重，需要去医院抢救！"铭铭已经听出我的语气很坚决，而且看见我严肃的表情，立刻就不再说话了。他从小就知道小孩子是不能坐副驾驶座的，他只能规规矩矩地坐在自己专用的汽车儿童座椅上。

TIPS

汽车上所有的安全带都是根据成人的身高、体型设计的，这种成人使用的安全带难以控制住孩子的身体，所以孩子矮小的身体很容易从安全带内滑脱出来。据说一个坐在后面安全座椅上的婴儿比没有防护的孩子在一次事故中脱险的机会多96%。另外，在汽车前窗下方隐藏着一个未充气的安全气囊，安全气囊的高度大约是孩子坐位时头的高度。一旦遇到意外，安全气囊将会迅速打开充气，据说其时速能达到每小时300千米，强大的作用力会造成幼小的孩子窒息，甚至造成颈骨、胸骨或颅骨的骨折，以及面部、颅内的损伤。因为这些安全气囊也是按照成人的身高、体重设计的，所以儿童不能坐在副驾驶座上。

在路上，铭铭看着两侧窗外的景色，饶有兴趣地观察着飞驰而过的各种汽车。汽车是铭铭的最爱。不知不觉已经在路上走了半个多小时。时间一长，铭铭在儿童座椅上就坐不住了，吵着要看动画片（这辆汽车有车载电视）。女儿告诉铭铭现在不能看动画片，因为汽车在飞快地前进，经常有小小的颠簸，很容易看坏眼睛。这一点我是特别同意的。如果人眼长时间观看过亮、晃动的电视画面，极易造成眼睛疲劳、干涩、流泪、发胀、疼痛，甚至眼花、畏光、头晕等症状，导致视力下降、屈光度出现问题等眼部疾患。尤其是小孩子由于眼肌调节能力较成人差，很难适应电视光线时强时弱，快速的、跳跃式的变化，瞬间变换的画面，所以电视对孩子的眼睛伤害更大，时间长了可引起近视、远视和斜视等视力障碍。

为了转移孩子的注意力，女儿与铭铭玩起了猜谜语的游戏。猜谜语是训练孩子集中思维的一种方法。开始女儿说的谜语比较简单而且确实有出处，后来女儿给铭铭出的谜语显然是现编现说，在大人听起来简单易猜，但是对于只有3岁的铭铭来说还是有一定难度的。不过，由于谜语都是围绕着铭铭经常接触的事物和物品出的，所以孩子非常感兴趣，不停地督促妈妈说新的谜语。经过一段时间，女儿已是江郎才尽，油尽灯枯了。于是，我接着给铭铭出谜语题："铭铭，你猜猜这是什么食物：麻房子，红帐子，里面坐着个白胖子？"铭铭想了半天回答不出是什么食物。这时，他突然叫他爸爸："爸爸，你猜这是什么食物呀？"女婿没有回头，说："爸爸正在开车，需要集中精力，不能东看西看的，否则开车会出问题的。你和妈妈、姥姥猜吧！"虽然女婿是有着十几年驾龄的老司机，但是无论在什么时候，尤其是孩子坐在车上时女婿还是非常小心谨慎的。就这样，我们与铭铭玩猜谜语的游戏一直玩到杭州郊区的富春山居，这是我们下榻的宾馆。

富春山居是一个建立在非常秀丽的半山腰上的宾馆，宾馆周围是一座座连绵起伏的丘陵，层层碧绿的梯田镶嵌其中。据说这些梯田种的都是郁郁葱葱的茶树，每天清晨放眼望去，远处云雾缭绕、或隐或现的翠绿欲滴的江南美景令人流连忘返。由于我们到宾馆已接近中午，温暖的太阳升到头顶的高空中，自然也就看不到云雾缭绕的景象，但是群山叠翠仍让我们过足了眼福。这里沁人肺腑的清馨空气让我们不禁贪婪地深深吸了一口气。

不远处有一望无垠的高尔夫球场，是由Daniel J.Obermeyer设计的，是中国唯一以丘陵地形茶园为主题的国际标准高尔夫球场。走下酒店的石阶便是一片碧波荡漾的湖水，一艘装潢精致的小舟载着游客在高尔夫会馆码头和酒店码头上往来穿梭。

外面的喧嚣世界在这里已经消失得无影无踪，我们享受着房间内的静谧，仿佛生活在一个世外桃源中。铭铭兴奋得活蹦乱跳，拉着我们的手跑出了房间，一会儿要求在宾馆的高尔夫球场上奔跑，一会儿又要坐上游船看着艄公在湖水中用力地撑着高大的蒿杆缓缓前进。大自然给了铭铭无穷无尽的想法。

第二天，我们一家又游览了西子湖畔、西湖十景中的三潭印月、苏堤上的六座拱桥、苏堤跨虹桥畔的曲院风荷景碑亭、平湖秋月景区等。傍晚，我们驾车又回到了上海。兴奋了一天的铭铭坐在他的儿童座椅上迷迷糊糊要睡着，女婿只好抱着他进了家门。洗漱完毕后，铭铭很快进入了梦乡。

带孩子外出旅行，家长应该注意安全并做到以下几点。

（1）外出旅游，尽量将孩子的作息时间安排得与原来一致，在旅途中劳逸结合，不要过于疲劳。

（2）外出吃饭要选择正规的、卫生条件好的餐厅。一些卫生条件不好的餐馆是某些重症肠道传染病的传播场所。

（3）多选择一些适合孩子进食的饭菜。选择水果蔬菜一定要新鲜，生吃水果蔬菜一定要清洗干净。水产品应当加热后再食用，不要吃生鱼片、烤制的生蚝、醉蟹、醉虾和腌制的水产品（这些水产品大多含有细菌、微生物和寄生虫）、短期腌制的蔬菜。坚决不吃发霉变质的食物。

（4）科学、合理地选择孩子外出的零食，做到吃前洗手，吃后漱口，

（5）不要采食野菜和野蘑菇，尤其是田间、马路边、公园里、果树下的野菜和蘑菇，因为除了不会识别这些植物的毒性外，还有农药、铅、排泄的废气污染残留等问题。

（6）外出旅游购物、就餐要索取票据，注意查看食品的生产日期、保质期和生产单位，不要购买无标签的食品。票据要标清餐饮单位的名称和地点，方便日后查证。一旦发生食物中毒或就餐过程中发现卫生问题，可及时向当地的卫生监督机构投诉举报。

3岁5个月

什么时候学习外语好

随着我国向国际化迈进的步伐不断加快，我国与世界各国之间的交流越来越频繁，人们越来越重视外语的学习了。最近，女儿和女婿给铭铭报了一个外语学习班，是一个以孩子们最喜欢看的动画片为教材、主要进行听力和口语训练的学习班。对此，我没有提出反对的意见。

想当初，在孩子近1岁的时候，也就是女儿让铭铭去上所谓的世界第一品牌、用双语办学的亲子班时，我就明确地告诉女儿，我不赞成孩子太早学外语，因为孩子在这个阶段正是学习母语的时候。

从医学角度上说，孩子在9～12个月正是学说话的萌芽阶段，1～3岁是语言发生阶段，其中1～1岁半是理解语言迅速发展阶段。在这个阶段孩子理解的语言大量增加，但是说出的语词很少。1岁半～3岁是小儿积极说话发展阶段。在这个阶段孩子说话的积极性很高，语词大量增加，语句的掌握也迅速发展。2岁以后特别是3岁到上学前应该是孩子基本掌握母语口语阶段。3～4岁小儿已经接近掌握母语的全部语音，这个时期也是小儿语言中枢所在的大脑左半球逐渐形成优势半球的时期。如果过早学习第二种语言，这时孩子对母语还不能完全理解，又开始学习第二种语言，很容易造成语言中枢的混乱。

相关研究显示，出生在多种方言并存家庭的婴儿，开口说话通常要晚于同龄人，因为他们还不具备如此之强的语言理解能力，对来自外界的言语刺激难以形成统一的反应，造成哪种方言也不太会说。这样不但母语不能很好地掌握，而且第二种语言也学不好。更何况不同民族语言的思维和词语的组成方式不同，其词

384

义的理解和表达方式也会有所不同，因此不能很好地掌握词的表面意义，更不能掌握词的深化和转义。

学习外语的最佳时间

孩子在掌握了母语之后，也就是3～4岁时再学习第二种语言是最好的。这个时期，孩子的学习方式主要是以模仿为主，且模仿力很强，能够逼真地模仿出老师所发的语音、语调，并不受母语语音和语法的干扰。而且这时的孩子敢说，也不怕说错丢丑，喜欢反复去说，尤其是受到外人表扬之后，说的兴趣会更高，因此这一时期比较容易学会第二种语言的发音。同时，这个时期小儿对声音的敏感度较高，很容易接受听到的语音。我国著名的学前心理学专家陈帼眉教授在她编著的《学前心理学》中谈道："小儿学习语音的过程，前后有两种不同的趋势。起初是扩展的趋势。婴儿从不会发出音节清晰的语音，到能够学会越来越多的语音，是处于语音扩展的阶段。3～4岁内的儿童，相当容易学会全世界各民族语音的发音。但是，在此以后，学习语音的趋势逐渐趋向收缩。儿童掌握母语（包括方言）的语音后，再学习新的语音时，出现了困难。年龄越大，学习第二种语言的语音，更多受第一语言语音的干扰。"

3～4岁也是孩子语言意识发生的阶段，开始表现出对自己和别人的发音感兴趣，喜欢做发音的练习。孩子会努力学习新学到的语音或者自己还不能准确发出的语音，对自己通过练习能够发音准确表示自豪，这样有利于巩固学习的兴趣。同样，孩子也会意识到自己发音的弱点或发音的错误，为此感到沮丧、回避或生气，这样有利于修正自己发音的错误。这个时期的孩子能够抓住别人发音的特点，喜欢指出别人发音错误的地方，并给人做示范，这样更容易掌握正确的发音。据有关专家研究，这个时期也是孩子词汇量增长的活跃期，5岁以后会有所下降。这些正是小儿学习第二种语言非常有利的条件。

2005年，世界权威刊物《自然》杂志上刊登了我国教育部设在解放军306医院的认知科学与学习重点实验脑功能成像中心与香港大学合作的一项最新科研成果。这些专家通过研究认为，人脑的语言功能区有两个，一个是位于前脑的布鲁卡区，另一个是位于后脑的威尔尼克区；同时经过研究证明，使用表意象形文字的中国人与使用拼音文字的外国人，其大脑中的语言区不在同一个地方。

中国人有自己独特的语言区，就是前脑的布鲁卡语言区。中国人由于从小学习中文，所以布鲁卡区非常发达，后脑的威尔尼克语言区平时几乎用不到，因此功能极弱，在脑影像图上不易找到。大脑皮层各个功能区分布的特点是，越是机能相关的部分，相互间的距离也越近。而前脑的布鲁卡区与运动区紧密相连，所以中文语言的记忆主要靠"运动"。中国象形字结构灵活，需要多理解、多记忆，因此要想学好中文显然要进行多看、多写、多说、多读等多项运动，才能获得记忆，学好中文。

使用拼音文字的人，常用的是后脑的威尔尼克语言区，布鲁卡语言区几乎用不到。威尔尼克语言区更靠近听力区，所以对语言的记忆主要靠听、说。学习拼音文字的人应注重营造一个语音环境，做到多听、多说、多练习，才能获得良好的学习效果。

布鲁卡区和威尔尼克区开始发育和成熟的时间各不相同：布鲁卡区在2～3岁时开始快速发育，在10～12岁时发育成熟。人在幼年时期，这一部位非常灵敏，但随着年龄的增长，灵敏性呈下降趋势。如果小时候没有激活威尔尼克语言区的神经通路，威尔尼克语言区长期处于抑制状态，根据大脑神经突触"用进废退、优胜劣汰"的修剪原则，威尔尼克语言区渐渐失去了它应有的功能和作用，所以成人用布鲁卡语言区去学习拼音的外文主要是注重背单词、语法、阅读和写，而不善于听，更不愿意去说（哑巴外语），所以用学习中文的方式去学习外语就会很困难。而3～4岁的小儿学外语却比成人快，这是因为此时小儿大脑的布鲁卡语言功能区发育还没有结束，而威尔尼克语言功能区也处于发育阶段。这个时期小儿母语已经基本掌握，并能通过学习外语激活威尔尼克语言功能区的神经通路。因此，脑科学的专家们认为孩子学习外语以3～12岁为最佳时期，也就是在布鲁卡区发育成熟之前学习拼音文字的外语。超过这个时期，母语保护系统的阻力就会加大，学习起来就困难了。

 ## 学习外语的条件

需要注意的是，孩子学习第二种语言所处的环境是十分重要的。如果所处的生活环境是以母语环境为主，仅靠课堂教授第二种语言，其小儿学习第二种语言发音准确率往往明显低于处于第二种语言生活环境的小儿。但是，如果具备双语学习的环境，如华裔子女，在家里通用的语言是中文，但是由于他生活的大环境是所在国的语言环境，因而具备了两种语言环境，所以他们学习第二种语言就相对于在中国学习外语的孩子来说更容易。这类孩子不但毫不费力地掌握了一般用语，甚至连俚语都能够熟练地掌握，而且还发音准确。因此，我们家长需要注意给孩子创造一个小的双语环境。如果家庭有条件进行外语训练（发音正确的外语训练），尤其是父母外语不错，在家中创建一个外语环境，对于孩子能够正确熟练掌握外语是非常有好处的。

　　培养孩子们学习第二语言的兴趣也是十分重要的。应该像学习母语一样走言语再认，而不是言语再现（即学习写）的道路。通过孩子最熟悉的生活情节、身边的事物、原版的故事、歌谣、动画片来激发孩子的兴趣和注意力，因为孩子对鲜明、生动、有趣、形象直观的事物，生动形象的词汇，有强烈情绪体验的事物，多种感官参与的事物容易记忆，也容易保存下来。孩子在游戏、玩耍、观看和聆听的过程中就会比较轻松地掌握一些常用的生活用语，理解歌谣和故事情节。3～4岁，小儿的记忆是以形象记忆和机械记忆为主，而语音的学习和词汇量的掌握正是需要机械记忆与形象记忆。利用孩子感兴趣的事物学习，孩子就很容易将瞬时记忆、短时记忆转化为长久的记忆保存下来，甚至可以终生不忘。孩子一旦能够使用外语与他人进行简单的交流，孩子的成就感便会油然而生，促使孩子更乐意去学习掌握更多的外语。孩子在愉快的情绪下更容易记忆第二种语言的词语，逐渐激发了学习第二种语言的内动力，这样学习第二种语言就像学习母语一样可以自然而然地学会。正如世界学前教育组织中国委员会主席祝士媛教授所讲的，孩子越小学外语越没有压力，使孩子在轻松自然、寓教于乐的情景下学习，让他们觉得英语只是生活中的一部分。孩子听多了，自然会掌握。

　　想起当年我学习俄语是从高中一年级开始，付出的精力不少，但是由于先认外文字母，同时学习拼写外文字母，再学习单词和语法，走的是语言再现和语言再认同时进行的道路，所以学起来很吃力。这样枯燥的教学方式，对于一个处于中文环境的学生来说，要想掌握好第二语言是十分困难的，更何况我们开始学习第二语言的年龄已经过了掌握第二语言的关键期。虽然当初自己俄语学习得很不错，俄语的高考成绩也很优秀，但是由于大学毕业后被分配到农村县医院，没有使用俄语的机会。缺少了俄语的语言环境，再不使用俄语，自然就将俄语忘到"爪哇国"去了，这至今是我一生中感到非常遗憾的事情。

所幸的是，我总结了自己学习外语的经验教训，当女儿小学毕业被保送到北京四中时，我就决定让女儿参加英语入门启蒙班，因为他们小学没有开外语课。同时，我也聘请了英语教师作为家庭教师，进行英语的强化训练，还利用中学的寒暑假，为女儿选择了外教口语训练班，训练口语。随着我国与世界各国的交流日益增多，外语的使用尤其是世界第一通用语言——英语的使用增多，为女儿学习英语创立了大好的语言环境。她就学的北京四中是一个与世界各国教育界交往非常广泛的中学。由于她英语口语发音比较准确，而且词汇量掌握得多，自身又是北京四中学生会主席，所以她经常带领来他们学校进行学术交流的外国教育界人士到学校各处参观并用英语进行介绍，为她掌握英语打下了坚实的基础。在她大学期间，由于第四届世界妇女大会在中国北京召开，她有机会接受同声翻译的训练，英语水平又上升一步，为她去美国哈佛商学院学习扫清了语言上的障碍。我们母女两个学习外语的经历和经验为铭铭如何学习第二种语言起到了借鉴作用。

 ## 学习外语需要注意的事项

（1）必须选择高水平的、最好是所学语言国的（不是会说外语的外国人就能进行外语教学）并通过国外严格的资质认证的外教。外语的启蒙教育所接受的必须是纯正的语音、自然的语调，一旦孩子掌握的是不正确的发音，将来进行修正是十分困难的。同时，要求教师要经过专门的幼教培训，懂得幼儿生理和心理发育特点，因为这个阶段的孩子既活泼好动、敢说，又不会像小学生一样规规矩矩地坐着听老师讲课，而且具有一定的反抗性，其学习效果很容易受情绪影响。在不良的情绪影响下，孩子很难学好英语。

（2）选择的教材应该是生动活泼、浅显易懂的，且书中画面应该色彩鲜明，有可爱的造型，以适合儿童的心理、生理发育的特点。同时，教学过程应采用多媒体、动画片、歌谣等形式，并配合游戏、表演等教学方法。为的是对孩子进行听、说的训练以激发孩子学习外语的兴趣，使得孩子乐意去学、注意去聆听、大胆地去说，逐渐做到会听、会说、会运用日常生活用语。正如著名心理学家布鲁纳所说，"学习最好的刺激是对所学教材的兴趣"，好的教材能够让孩子在寓教于乐中收获外语知识。

（3）教学方式最好是集体教学和一对一的教学兼顾。因为3～4岁的孩子大部分都有从众的思想，往往喜欢随着全体孩子一起说，一起喊叫外语单词。一对一的教学有助于教师掌握每个孩子实际的水平，因为每个孩子接受外语的能力是有差异的，这样便于老师或者父母进行个别辅导。

（4）学习外语的同时也必须重视母语的学习，因为语言是文化的载体，母语的口头和书面的表达能力代表了一个人的文化修养水平。如果母语修养太差，对于外语的掌握和理解就会存在一定的困难，不能很好地与人进行沟通。

3岁5个月

多姿多彩的幼儿园生活

　　铭铭多姿多彩的幼儿园生活让我感到十分欣慰。孩子从出生到3岁大部分时间是生活在家庭中，家庭环境对孩子是否健康（包括身体健康和心理健康）成长起着主导作用，家庭被称为"制造人类性格的工厂"。当孩子3岁入了幼儿园，幼儿园的教育环境对孩子的影响丝毫不低于家庭的影响。

　　在1978年，75位诺贝尔奖获得者在法国巴黎聚会。有记者问当年的诺贝尔物理学奖得主卡皮察："您在哪一所大学、哪一个实验室里学到了您认为是最主要的东西？"这位白发苍苍的老人沉思片刻回答道："在幼儿园。"记者愣住了，紧接着又问："在幼儿园您学到了什么？"老人回答："把自己的东西分一半给小伙伴们；不是自己的东西不要拿；东西要放齐整，饭前要洗手，午饭后要休息；做错了事情要表示歉意；学习要多思考，要仔细观察大自然……"可见，上幼儿园是人生启蒙非常重要的阶段。

　　幼儿园时期是孩子良好的学习能力和性格形成的关键期，对开发幼儿智力、促进幼儿个性良好发展以及幼儿社会化方面的发展都起着相当重要的作用。因此，幼儿园的环境以及组织的各项活动对于孩子提升各方面能力、应对各种挑战都将产生积极的影响。事实也的确如此，大外孙子和小外孙子上的都是中福会托儿所。托儿所丰富多彩的生活常常让孩子流连忘返。

中福会托儿所除了按照教学大纲安排的体育课之外，每周还有一天专门给每个年级举办"豪华"阵容的"运动嘉年华"。说它"豪华"是因为在"运动嘉年华"那天，运动场上会摆满适合该年龄段的各种运动器材，琳琅满目、应有尽有，其中还有体育老师根据孩子发育特点创造的一些运动器材。

　　"运动嘉年华"是当年大外孙子和现在小外孙子非常喜欢的体育活动。有一天，因为女婿出差，送小外孙子去托儿所的任务就交到了我的身上。这天正是为小班孩子举办每周一次"运动嘉年华"的日子。早晨，我送小外孙子去托儿所，只见操场上摆满各式各样的运动器材。小外孙子看见这么多的运动器材乐得小嘴一直合不上，兴奋地对我说："姥姥，今天我们又有嘉年华了！我好高兴呀！"并时不时将滚到路上的大球踢回去，一副跃跃欲试的模样。我离开托儿所后，站在院墙外的栅栏旁观看，不一会儿，小班的孩子们排着队在老师们的带领下来到了操场。老师带着孩子们先做好运动前的热身活动，然后在老师们的看护和指导下孩子开始尽情玩耍。在各种运动器材上孩子们大胆地尝试、勇敢地探索。孩子们不但享受了清新的空气浴、和煦的日光浴，还促进了大运动和精细运动的发展，更训练了孩子坚忍不拔的探索精神。运动也促进了孩子独立和合作品质的发展。

托班的嘉年华在进行准备

1 恒恒敢于从高处跳下

2 匍匐爬行过障碍物

3 跨越障碍物

4 用泡沫塑料棍子将网上的球顶下

5 恒恒学习拍球

金宇清老师摄

一年一度的美食节也是这个托儿所一项非常有特色的活动。在美食节上，各个班级的家长和老师费尽心思办了各种美食店，烹煮各地的美食。本来我很想作为志愿者家长参加小外孙子班的"饺子铺"工作。要知道我是北方人，包饺子是我的绝活，但是由于当天我有事先安排好的工作，没有参加成，感到非常遗憾！

美食节让孩子们大开眼界，活跃了孩子们的生活，孩子们快乐极了！这个美食节不但对孩子进行了"食育"的教育，让孩子了解世界各国以及我国各个民族的饮食特点，还宣传了营养知识和健康知识。在美食节上，孩子们品尝了我国各地以及一些国家的美食，并学习了一些简单美食的制作方法。托儿所食堂班的厨师们还为孩子们表演了制作美食的绝活，将各种食品制作得美轮美奂，像精致雕刻的艺术品，引起孩子们发出啧啧的赞叹声。在美食节中，大班的孩子往往成为"同伴教育"的主角，以自身良好的饮食习惯为弟弟妹妹做出榜样。美食节也成了老师们对孩子进行健康饮食教育的好课堂。

1 美食节上的知识宣传板　2 美食节上的饮食好习惯宣传板

1 恒恒喜欢的美食节

2 一位外籍家长设计的百变饺子馆

3 恒恒认真做

4 恒恒认真地看各种食物

5 恒恒跟家长奶奶学习包粽子

6 恒恒跟家长妈妈学习做寿司

7 恒恒跟志愿者妈妈学做包子

金宇清老师摄

1 茶道布展

2 美食节布展（一）

3 美食节布展（二）

4 美食节布展（三）

5 美食节学做汤圆的场地

6 美食节布展（四）

中福会托儿所摄

1 厨师叔叔们制作的精美糕点

2 美食节上学习制作小饼干的场地

3 美食节上的醋文化展

4 美食节布展（五）

5 美食节上给孩子们表演节目的场地

6 美食节上老师们的有趣表演——我们不吃汉堡包

中福会托儿所摄

春节是中国人最重要的传统节日。外孙子的托儿所每当寒假过后开学初都要举办一年一度的娃娃民俗节。陈所长在她的微信中说："从除夕到正月十五，大街小巷、家家户户都洋溢着团结、喜庆的气氛。正月初九，在浓浓的年味中羊年的新学期到来了。中国福利会托儿所开展了欢腾热闹的'娃娃民俗节'，天天有活动、天天有精彩，将年味、年俗、年趣进行到底。让孩子们在体验和参与中欢度中国年，走进民俗风。"

在这个民俗节中，上海民乐团的艺术家们为孩子们带来了民乐表演，如民乐四重奏《麒麟》《金枝玉叶》，还有笛子独奏《幽兰逢春》，琵琶独奏《十面埋伏》，二胡独奏《赛马》，唢呐独奏《百鸟朝凤》，让孩子们感受到民乐的魅力，了解不同传统乐器的特点。大班的孩子们还和演奏家们一起来了首《凤阳花鼓》。

杂技演员表演了魔术、顶球、滚杯等经典杂技绝活。同时，这个民俗节还开展了丰富多彩的民俗活动，如写春联、绘丹青、做灯笼、猜灯谜、捏泥人、搓汤圆、画龙、舞龙、抬轿子、摇小船、跳皮筋、造房子、敲铜锣、扮大头娃娃等。

对此，陈所长在她的微信中说："在娃娃民俗节欢庆的日子里，让孩子们学习到中华民族源远流长的文化精髓，感受到身为中华民族的子孙的骄傲。同时，大班的孩子们牵着中班、下班、托班的弟弟妹妹们参与了各项活动，孩子们学习了中华民族讲文明礼貌、接人待物的好传统。孩子们在自然宽松、愉快的气氛中，主动参与实践，接受教育；在潜移默化中感受到快乐、体验民俗艺术；践行道德礼仪，理解传统文化，增强民族认同感。"

1 小朋友在跑旱船
2 恒恒学习剪窗花
3 哇，这是泥塑作品
4 恒恒见识了民族乐器二胡

金宇清老师摄

1 娃娃民俗节上的民乐表演深深吸引了孩子们　2 娃娃民俗节上的泥塑、瓷器展台

3 娃娃民俗节上的文房四宝展台　4 看杂技表演给孩子们带来了意外的惊喜和震撼

5 抬轿子游戏让孩子们学会了合作，领略了民俗的风采

中福会托儿所摄

3岁6个月
铭铭打了小朋友

几天前的一个晚上，铭铭临睡前突然对我说："姥姥，我打××了，打得他流鼻血了！"我一听大吃一惊，心里想这还了得！怎么这样严重！于是，我赶紧问："你为什么打××？"

"我喜欢他的汽车，可是他不给我玩！他先打我的，我就打他了！"铭铭理直气壮地说。

"人家的汽车为什么要给你玩？××哭了吗？老师批评你了吗？"我问。

"××哭了，老师给他擦干净了鼻涕，哄着他不哭了……"铭铭又说，"毕老师批评我了，让我站在她的身边，给××赔礼道歉说'对不起'了！"

这可是一个大问题，谁家的孩子被打谁不心疼呀！可我怎么没有听老师向我反映呢？我看看表，才9：30，估计钱老师还没有睡觉，赶紧给她打了一个电话："钱老师，我听铭铭说他打了××，而且还打得鼻子流血了？"

钱老师说："没有呀！我没有听说。这几天班里有几个孩子尽在乱说，也有可能是孩子想象出来的！孩子有时语言表达不清楚或者不知道如何表达就容易发生肢体冲撞！"

"可是铭铭说的不像是想象的！"我又转头问铭铭，"铭铭你在幼儿园哪儿打的××？"

"我在礼堂的舞台上来回走着时打的××。"铭铭很诚实地回答道。

"铭铭说得有鼻子有眼的，可能还真有这回事。我之所以追究这件事情，是怕铭铭打得比较重，我们做家长的理应向××家长赔礼道歉并且给孩子慰问。同时，我们也要加强对铭铭的教育！"我对钱老师说。

"我明天去核实一下，也有可能当时我不在，不太了解。"

"好的，谢谢你！这么晚还打搅你不好意思！"

第二天，我送铭铭去幼儿园，他们班的卢老师和毕老师都在。钱老师一问果然确有其事，事情发生在上个月下旬的一天，当时倒不是打得流鼻血，而是鼻涕里交杂了一点儿血丝。老师说，鼻涕中的血丝与铭铭的打是没有关系的。接着，卢老师说："近来铭铭是有打人的行为，昨天铭铭还打了另外一个小朋友，因为是该轮到他玩拼图了，可是那个小朋友不肯给他拼图（玩拼图也是铭铭最爱做的一件事）。不过，老师批评后铭铭马上就认错了，而且还向那个小朋友道对不起了。"

"不管谁先打的，铭铭的个子是全班最高的，而且很有力气，小孩子打人又不知道轻重，他肯定会打痛小朋友的。现在，谁家的孩子都是宝贝，哪个家长不心疼呀！凭什么人家的孩子就要挨打呀！绝不能姑息他的这个错误，这样容易养成凌弱暴寡的坏习气。以后再发生这种情况，请老师不能光批评而且必须严惩。我绝不会怪老师的，一定要把他的这个坏行为消灭在萌芽中。"我的态度十分明确，而且从来都非常支持老师的工作，因为我深知老师不管采取什么教育方式，其主观愿望都是为了孩子好，更何况铭铭上的幼儿园还是上海非常优秀的幼儿园，这个幼儿园的老师素质都很高。

这件事表面看起来是因为别人先打了铭铭，后来铭铭又反手回击了对方，我不排除铭铭有可能因为用语言表达不清楚自己的需求而采取的肢体冲撞手段。但是，企图使用打人的手段来获取自己想要的东西是铭铭的一个真实想法，铭铭打人行为的深层原因不得不引起我的思考。

我记得，1岁左右，铭铭在小餐桌上吃饭时注意力不集中，一边吃饭一边玩，几次告诫后他仍然不听。我十分愤怒，用力拍了他的小餐桌一下，当时拍的声音非常响，铭铭一激灵，十分惊讶地看着我，眼泪浮现在眼眶里，我顿时感到自己做得不对，于是就和颜悦色地劝铭铭应该专心吃饭。后来，我也没有把这当成一回事。事情过去了很长时间，有一次铭铭在玩耍中也向小王阿姨拍了桌子。这当时就引起了我的震惊，孩子的延迟模仿真是无时无刻不存在着，我暗自警告自己以后一定要注意自己的言行，千万不要成为不良行为的模仿对象。

两三岁时，铭铭吃饭的表现越来越不好。虽然在他吃饭时我们家十分注意就餐的环境，从来不开电视，也不做可以引起他分散吃饭注意力的事情，可是他吃饭的速度越来越慢。其慢的原因主要是含着一口饭或者饭菜虽然不停地咀嚼着，但是双手的小动作也不断。因为不允许他吃饭时玩玩具，他就玩自己的手，小手到处乱摸，甚至玩自己的衣角都可以玩一段时间，但是嘴里的饭就是不往下咽。这导致他吃一顿饭能吃上一小时。

看着铭铭的表现，我十分生气，他妈妈也经常埋怨我："铭铭这样与您管得不严有关，为什么我小的时候您就管得那样严，甚至挨打，为什么对铭铭就这样放纵？""说我娇惯孩子，我怎么娇惯孩子了？我可是从来不溺爱孩子的。"我不服气地反驳女儿。不过，确实有的时候因为我是干活性急而且自认为是手脚麻利的人（这种性格可能与做医生这一职业有关），最看不惯做事磨磨蹭蹭的，因此就不自觉地多出一只手帮一下干事磨磨蹭蹭、慢条斯理的铭铭。正因为如此，养成习惯的铭铭经常喊我："姥姥，这个毛衣哪面是前面？""姥姥，帮我提上外面的裤子！我怎么总是也套不好它！"因此，他的自我服务能力相对于其他能力就差一些。

有一次铭铭的表现着实地激起了我的火，反复规劝都不听，我不由得伸出手来打在了铭铭的屁股上。也许是我从来没有打过他，或者平常对他的管教都是雷声大雨点小，这次一动真格的，他确实害怕了，马上承认错误保证以后不这样了，而且吃饭的速度立刻就快了。但是，他以后常常故技重演，气得我不禁又打了他。虽然我打他的次数极少，打得也不重，都是隔靴搔痒，但是我的这种行为却给孩子带来了潜移默化的影响，这次打小朋友就是最能说明问题的。所以，孩子一旦出现各种行为问题，究其根源都会在大人身上找到，我必须就此很好地检讨自己，杜绝这样的事再次发生。

2岁以后随着自我意识的加强，孩子对物品的占有欲发展到高峰，我及时地给孩子进行了物权教育，明确地告诉他：凡是属于他的物品，如玩具和书都由他来支配，别人需要的话，必须征求他的同意后方可使用，即使妈妈、爸爸和姥姥也是一样；同样，别人的物品是属于别人的，他要用也需要征求别人的同意，绝不能私自动用，即使是属于爸爸、妈妈和姥姥的物品他也不能随便拿，必须征得我们的同意方能使用。明确了物权的观念，就应该鼓励3～4岁的孩子通过玩具和游戏学会合作、分享和互惠，但是前提必须是公正和平等。

学龄前的孩子与他人的交往一般都是围绕着玩具和物品而发生的，所以和小伙伴发生冲突也多是因为争夺玩具造成的。铭铭打人的这件事也充分说明，我们作为家长在教育孩子时除了明确要求孩子要有物权观念，还要遵守与人交往的各种规则和礼节，学习社交礼仪，并且需要不断地强化这些行为，那样孩子才会懂得礼貌，才会善于与别人进行交往，受到别人的欢迎。相反，如果家长放纵孩子不遵守社会规则，孩子往往霸道任性，不会受别人的欢迎，很难融入社会。

在此同时，家长还要引导并教会孩子与人进行交往的一些技巧，懂得运用情绪和语言等各种表达方式，准确地把自己的想法、感受、情绪等传递给对方。这是有效实施社会交往的关键要素之一。在实际生活中，凡是能够分享、合作的孩子在同伴中是受欢迎的，他的社会交往能力是高的，在同伴中的地位也是高的，这样的孩子就容易满足其自尊、自我的需要。

我在仔细询问铭铭当时打人的具体情况后，明确地告诉铭铭："××不愿意把汽车给你玩是没有错误的，因为汽车是他的，他可以借你玩也可以不借你玩。如果他抢了你最喜欢的汽车，你干吗？你也会不干的，对不对？"铭铭点了点头。

"如果你经常打小朋友或者抢小朋友的东西，大家就都不爱和你玩了，你没有了朋友是不是很孤单？"我问铭铭。

"是的！"铭铭难过地低下了头，双眼含着泪水回答道。铭铭是一个很容易动感情的孩子。

"但是，如果你确实想看看他的汽车，我教给你一个方法，你听不听？"我问铭铭。铭铭赶紧点头说："听！"

"××喜欢你的什么玩具？"我问铭铭。

"他喜欢我的农耕机。"铭铭说。

"那好！你要先对××说'那天我打你不对，对不起你，请你原谅'，然后再说'你很喜欢我的农耕机，我借给你玩玩；你的汽车太酷了，我特别喜欢你的汽车，我们交换玩可以吗’，或者对他说‘我们一起玩好吗’，我想××一定会答应的。你去试一试看！”我鼓励铭铭照我说的方法去做。

第二天，铭铭从幼儿园回来高兴地对我说：“××让我玩他的汽车了，我也把自己的玩具借给他玩了，我们俩又成了好朋友！”

3岁7个月
一张"小笑脸"贴纸的奖励

铭铭去幼儿园已经快1年了，每天让铭铭最高兴的事情就是在额头上或者衣服上被老师贴上一张张直径大约1厘米的小笑脸贴画。每次去幼儿园接铭铭的时候，如果铭铭是欢蹦乱跳地跑出来，他会十分骄傲地仰着头或者挺挺胸，故意引起我的注意。如果我假装看不见，铭铭就会马上提醒我："姥姥，你猜我今天身上有什么变化？"他已经会用"变化"这个词了。我装出"恍然大悟"的样子，迎合着铭铭的愉快心情说："姥姥看见了，你又多了两张小笑脸！老师又表扬你了？快让姥姥亲亲你！说说看，老师为什么要表扬你？"

"今天我吃饭好，吃饭也快，钱老师给我贴上了一张笑脸。"铭铭自豪地说。

"哇！那姥姥真为你感到高兴，也为你感到骄傲！以后一定要坚持下去呀！获得更多的笑脸！"我不由得又亲了亲铭铭，不失时机地鼓励了一番，"那另一张小笑脸是怎么回事？"

"是我睡觉好，我不用老师陪着，自己很快就睡着了！"看得出来，铭铭很为自己今天的表现感到自豪，也很在乎老师奖励的这些"小笑脸"。

如果铭铭跑到我的身边，拉着我的手快速离开幼儿园，绝口不提幼儿园的事情，肯定是没有获得小笑脸的奖励。我轻轻地问道："铭铭，今天老师为什么没有奖励你小笑脸贴画？"

"老师批评我了"或者"我表现得不乖"，铭铭往往会这样回答。

"挨批评是不是很难过呀？我也为你感到很难过！可是为什么老师批评你

呀？"我关切地问道。

"因为我不好好午睡，总是说话，老师批评我了，说我如果再不好好睡觉，为了不影响其他小朋友，老师会请我站在另一边去！"

"哦——"我拉着长声，"这可不是一件好事！我看铭铭不愿意站到另一边去！这个惩罚让铭铭的脸面不太好看！"我对铭铭表示理解他当时难过的心情。

"不过，老师批评得很对！"我话锋一转，"为什么午睡时要说话？说话可不好，不但自己睡不着，而且还影响了别的小朋友，姥姥也不喜欢这种表现！老师批评你后，你对老师怎么说的？"

"我对老师说，我错了！我以后再也不说话了！我可不站到另一边去！"铭铭承认错误极快，但是忘性也大，因此是重犯率极高的孩子，这也很符合这个阶段孩子的特点。

"知道自己错了马上改了还是很好的，不过你今天为什么要说那么多的话？"我马上肯定了孩子知错必改的行为，我也想知道是什么原因促使孩子这样兴奋。

"今天我一直在想妈妈给我买的小青蛙弗洛格的书。小青蛙弗洛格对小熊真好，它们是真正的好朋友！我特别喜欢这本书，所以——所以——"铭铭急于表达自己的想法，开始有些打磕巴。

"肯定是想讲给小朋友听，是吧？"我马上接上铭铭的话。

"对的！"铭铭肯定地点点头。

"大家都睡觉了，怎么能听你讲故事呀？等大家醒了再讲不是更好吗？"我说。

铭铭自己也肯定地点了点头。

幼儿园给孩子贴笑脸或者其他的卡通图片是老师表扬孩子的一种手段，铭铭将这个荣誉看得比任何一种物质奖励都重要。看着铭铭一天天多起来的"画片"，我告诉铭铭，我已经找到一个漂亮的小水果糖盒，以后专门用来存储表扬铭铭的"小笑脸"等卡通画。看着放到盒子里面的画片，铭铭特别高兴，小心翼翼地拿着跑回了自己的房间，我想肯定是他自己准备收藏起来。不一会儿，铭铭又小心翼翼地将小糖盒拿到我的屋子里，用充满信任的口吻说："姥姥，您帮助我收起来，我怕自己弄丢了！"

"好的！我一定替你保管好！"我一本正经地回答他。

"我一定要将画片攒得多多的！"铭铭坚定地说，"姥姥，您千万不要把我的盒子弄丢了！"铭铭再一次叮嘱我。

"那当然啦，怎么会弄丢了。姥姥记住了，你放心吧！姥姥一定替你保管好！"我又再一次郑重其事地向铭铭表示了决心。当着铭铭的面，我将他的小糖盒好好地保存在我的书柜里。不能辜负孩子对我的信任，我对铭铭的承诺一向是非常认真的。

道德观的形成

孩子出生后，通过各种学习和所接触的外界建立自己的认知系统。这个系统也包括世界观、行为方式等在内的一系列处世的准则，这些准则又反过来影响新的内容学习。如果已经建立的准则是不恰当的，那么孩子的行为就可能出现偏差。

三四岁正是幼儿处于道德观初步形成的阶段。在孩子还没有形成明确是非观念之前，孩子们判断是非的标准与成人完全不同：他们认为只要是能满足自己需求的事情或者行为都是正确的；孩子们判断是非曲直的标准是简单的、表面的且十分具体，即非黑即白；即使自己明明知道犯了错误也不会乖乖地承认自己的过错，而是找出各种理由去搪塞，企图证明自己是正确的；一旦孩子遇到困境或者挫折，产生的挫败感也会使他们忘记了原先所遵守的准则，可能会失去理智而大声哭闹、异常愤怒，甚至发生打人、咬人等行为，做出一些在大人眼里不可理喻的事情来。

道德观的塑造

为了塑造孩子良好的行为和习惯，对孩子好的言行使用物质或精神手段进行奖励，对一些错误行为进行批评或者惩罚，是对幼儿进行道德观教育的一种手段。尤其是表扬，孩子渴望得到家长或老师的表扬，而不喜欢批评，更不希望惩罚。父母和幼儿园的老师在孩子心目中最具权威性，他们的言行以及对孩子的评价对孩子影响甚大。

伴随着孩子日益增长的智力、交往能力和认知能力，孩子不断吸收和内化父母和幼儿园老师的谆谆教导，逐渐明白哪些行为是正确的，哪些行为是错误的。"表扬"和"批评（惩罚）"运用得当就会对幼儿树立良好的行为规范起到事半功倍的效果。通过表扬使得孩子了解了自己的优点和长处，并将自己的优点和长处经过不断强化保存下来形成行为习惯；通过家长或老师的批评，也促使孩子及时修正自己的错误，使孩子的成长沿着一条正确的轨道前进。这样做孩子不但获得了精神上的满足和愉悦的心情，而且促使孩子客观地看待自己，学会正面地评价自己，有助于孩子建立健康的人格。

与此同时，家长需要注意以下几点。

（1）孩子在不同发育阶段表现出不同的典型行为。例如，婴儿时期，孩子吃手很正常，但是如果3～4岁的孩子还在吃手就是不良行为了。

（2）行为异常与否也要看具体场合或情景。

（3）根据行为的性质不同，需要正确区分不良行为和异常行为。

（4）不同的社会、文化、经济、宗教、习俗对于人类同一种行为的判断标准也不同。

（5）对孩子的各种行为奖惩要分明。

（6）对于好的行为表扬要及时。好行为发生后要立即强化，且强化的行为必须明确。

（7）因人而异选择不同的物质奖励或精神奖励。

（8）出现不好行为时要给予惩罚，一旦孩子有改正表现，即撤销惩罚。

（9）惩罚只是制止和警告，用来降低不良行为发生的次数和强度。因此，想要使用"处罚"来达到规范行为、纠正错误的目的，会很难达到父母的期望。

幼儿发展测评

托班

生活自理能力	完全达到	经常达到	有时达到	尚未达到
1.在成人的提醒下，知道洗手后用毛巾擦干，餐点后要擦脸	√			
2.愿意吃各种食物，能用小勺独立地吃完自己的一份饭菜	√			
3.养成餐毕自己放好餐具，饭后自己漱口、擦脸的习惯	√			
4.能主动如厕	√			
5.在成人的提醒下，知道口渴了自己取杯喝水	√			
6.能独立地找到自己的小床	√			
7.会穿脱简单的衣服和鞋子	√			
8.愿意接受日常清洁要求（洗手、洗脸、擦鼻涕等）	√			

个性和社会性发展	完全达到	经常达到	有时达到	尚未达到
1.喜欢上托儿所，能用语言和行动表示自己的意愿	√			
2.喜欢老师，愿意用自己的方式亲近老师	√			
3.喜欢和同伴一起活动，感受共同游戏的快乐	√			
4.愿意用礼貌用语向周围熟悉的人问候	√			
5.能和同伴一起整理玩具，在成人的提示下物归原处	√			

身体的协调与发展	完全达到	经常达到	有时达到	尚未达到
1.动作自然协调，走、跑交替	√			
2.能双脚离地连续跳跃2~3次	√			
3.从13厘米~20厘米的高处跳下，跨跳20厘米平衡线	√			
4.独自走过平衡木（高12厘米、宽25厘米~30厘米、长1.5米~2米）	√			
5.能单脚站立5秒~10秒	√			
6.能在75厘米高的门洞钻进钻出，能追逐爬	√			
7.会举起手臂投掷，能将球扔出3米左右	√			
8.会手扶栏杆双脚交替上下楼梯	√			
9.会退着和侧着走	√			
10.会动作自如地跟着音乐做模仿操	√			
11.能穿木珠、夹夹子及插、接雪花片等积木	√			

语言	完全达到	经常达到	有时达到	尚未达到
1.学用普通话来表达自己的需求	√			
2.喜欢参加念儿歌、听故事、讲述等活动	√			
3.乐意开口模仿认说日常生活中常见物品的名称	√			
4.能独立、完整地念儿歌	√			
5.能对老师的话语有回应	√			
6.喜欢翻阅图书和卡片，能讲述其中的物体和人物动作	√			

认知	完全达到	经常达到	有时达到	尚未达到
1.对自己身边的环境和变化着的事物表示好奇，并尝试着提出疑问	√			
2.能感知生活中的简单数量，会口手一致数1~3	√			
3.能区分物体明显的大小、长短、高矮、多少	√			
4.能按照物体的一个特征进行分类	√			
5.能认识红、黄、黑、白、绿，并进行区分	√			
6.能认识正方形、三角形、圆形，并进行区分	√			
7.喜欢参加音乐活动，能跟着音乐节奏和同伴一起拍手，并尝试变换动作	√			
8.喜欢接触不同的美工材料，并尝试涂涂、画画、粘粘、贴贴等	√			

老师的话

Dear 秦绍铭

长得比同龄孩子高大的铭铭，是个聪明可爱、单纯热心的大男孩。一年来，你一点点开始独立了；手脏了会自己洗；吃饭时乐意自己喂；起床后尝试着自己穿；集体活动了，自己去搬椅子；甚至裤子脏了还会自己主动拿裤子换……只是做事情总是那么笃定。你尝试着自己的事情自己做，更乐意学着做老师的事情，挂毛巾、收圆凳、放杯子……真是老师的好帮手！一年来，你也交到了自己的好朋友，因为你已经学会和同伴分享，学会了和小朋友说礼貌的话，学会了帮助小朋友。老师希望你升入小班以后学会更多的本领，让自己的动作再快一点儿，向着"小班长"的目标前进！

2009年6月 钱老师 吴老师 毕老师

完全达到——熟练掌握、运用该项目的内容。
经常达到——对该项目涉及的内容掌握较好，偶有反复。
有时达到——在一定条件下（例如老师的帮助下），能够完成该项目的内容。
尚未达到——还未有该项目涉及的行为出现。

3岁8个月

铭铭经常自言自语说话，好不热闹

随着铭铭一天天长大，我感到带他比较省心，也不太受累了。因为每次从幼儿园接他回来，他不需要我来陪他玩，他自己可以玩得很好，经常是一个人过家家、玩拼图、镶嵌玩具以及搭建一些建构的玩具，我也乐得轻松，可以在屋里做一些事情。

最近，我发现铭铭自言自语现象发生得越来越频繁了。3岁之前，铭铭不喜欢自己玩，必须让家中的大人陪同他一起玩。进入3岁以后，他有时候一个人也玩得不亦乐乎，在玩的过程中偶尔会自言自语重复一些大人告诫他的话，什么"不能摔玩具"或者"不能拿它"等。随着一天天长大，铭铭自言自语的现象越来越多了，主要发生在一个人玩的时候。他喜欢一个人自问自答，说的内容也很丰富，很是热闹！

有的时候，我在屋里仔细聆听他说的话："你这个猴子不听话。这是给你看病，快点儿吃药，吃了药病就好了。""不要害怕打针，打针只有一点点疼，我就不怕打针。告诉你我打针很快的，你还没有疼我就打完了。"我一听就乐了，这不是我在他生病时或者打预防针时说的话吗！他又照搬上来对他的玩具说了。

他玩厨房玩具过家家时，自言自语道："打开烤箱，现在我要烤鸡了，要做什么啦？哦！现在用定时器了。"他说完后，我在屋里还真听到他摆弄定时器（也是玩具）的声音。不一会儿，他又说："炒个葱头。"紧接着就听到他打开"燃气灶"的声音，又听到"煤气燃烧"的嗞嗞声，和"炒菜爆锅"的声音。然

413

后，他又说："再拌一个水果沙拉，这是草莓，这是苹果，这是西红柿。"接着就听到他掰开水果中间的尼龙扣的声音。我偷偷向厅里张望，只见他在地毯上用小盘子（是玩具配套的塑料盘子）盛放着他做的"饭菜"。一个毛毛熊坐在他的身边，他对毛毛熊说："我们开始吃饭吧！"

最有意思的是他自问自答的说话。有一次，他在厅里搭建火车轨道，让他喜欢的火车"托马斯"和"高登"（动画片《托马斯和他的朋友们》中的角色）沿着他搭建的轨道前进。铭铭在连接轨道时经常自问自答："这个轨道怎么连接不上呢？我看看。哦！是我没有对齐。"有时候又问自己："这个高架桥怎么搭的来着？我想想，爸爸好像是这样搭的。对的！是这样搭的。你看，我搭得不错吧！"他的自言自语并没有要求回答。我看见他小手正按照自己说的话，有条不紊地连接轨道。还别说，搭建得真不错，他已经能够连成一个环形的轨道了，中间还连接上一个高架桥。

他在玩的过程中，遇到困难不能解决的问题时，他也会说出声来。看到他比较难处理，有时候在一旁看报的女婿就出来帮一下忙，当然这种帮助也只是点拨一下，主要还是启发他自己再动动脑筋，自己去解决问题。

 ## 孩子自言自语的原因

人的语言主要分为外部语言和内部语言。孩子从学会说话到3岁前主要是外部语言，就是一种想到什么就说什么的出声语言。六七岁时，大部分孩子都能像成人一样进行不出声的、沉默思考时的内部语言。内部语言是在外部语言充分发展的基础上逐渐发展起来的，是语言发展的高级阶段。在外部语言逐渐转为内部语言的过程中，出现了"自言自语"这种过渡的、独立的语言形式。3岁左右，孩子在游戏的过程中开始出现自言自语的现象，在3～6岁时自言自语现象比较常见，5岁时达到高峰。自言自语是言语发展过程中的一个必经阶段。

自言自语主要表现为两种形式，一种形式是游戏语言。这种语言的特点是比较完整、详细，有丰富的情感和表现力。孩子往往是在游戏的过程中，用语言补充和丰富自己的行动。另一种形式是问题语言。这种语言的特点是比较简短、零碎，常常在遇到问题和困难时出现，表现困惑、怀疑和惊奇等。这时孩子提出问题，并不需要别人回答。当孩子找到解决问题的办法时，还会出现自言自语表示自己思维的过程和采取解决问题的办法。

孩子的自言自语多出现在幻想游戏和针对非人物的说话、感情的释放和表达、形容自己的活动和引导、语言游戏等方面。在孩子做游戏或一些事情时，孩子一面做各种游戏动作或事情，一面说话，用语言来说明自己正在做的动作；或者用语言来补充自己想做却做不到的事情；或者用语言说出自己要做的事情；或者做事情遇到困难，通过自问自答来表示自己的怀疑、惊奇和困惑。

3岁左右，孩子的思维以自我为中心，其语言也是自我中心语言。由于认知水平有限、逻辑思维和自控能力差，因此就表现出自言自语。孩子自言自语反映的是自己思维的过程和要采取的办法，这时孩子思想放松，畅所欲言，其语言充满了感情色彩，充分地表达自己的情绪、情感，感情上得到宣泄和倾诉，这样做有助于孩子的情绪稳定。而且孩子在自言自语时往往全身心地投入，注意力最集中，这样有助于孩子的学习和认知水平的提高。孩子通过自言自语也锻炼了语言表达能力，这也是孩子独立处理问题的一个好机会。

 如何对待孩子的自言自语

一般来说孩子在独处、与不熟悉的人在一起或遇到不熟悉的环境时，自言自语的情况多。当与父母以及小朋友在一起时，自言自语发生的就少。

心理专家认为，自言自语是幼儿重要的认知工具，是一种说出声音的思维。幼儿自言自语的过程就是他思维的过程，可以起到指导和调节孩子行为的作用。自言自语多的孩子恰恰说明他是一个肯于动脑筋思考、注意力集中的孩子。

家长在孩子自言自语的时候，不要采取忽视的态度，否则就失去了了解孩子和引导孩子的机会。也不要无故地打断孩子的说话横加干涉，否则就会中断他的思维和打击他完成任务的积极性，不利于孩子的坚持性和注意力控制的发展。

家长应该充分利用孩子的自言自语，细心地观察自己的孩子，更好地了解孩子在游戏和玩玩具的过程中遇到的困难、他们思考的是什么、准备要怎样做达到解决问题的目的。家长可以根据孩子的思考选择适时的时机给予适当的指导和鼓励，让孩子的认知水平获得更大的提高，进而提高他的智力水平。

随着孩子逐渐长大，逻辑思维和自控能力逐渐发展，与人交往增多，内部语言就会迅速地发育起来，自言自语的现象相应减少，到了7岁自言自语就基本消失了。如果到了八九岁孩子还常常自言自语，那家长就要注意，这可能是一种病态，要带孩子到医院去检查治疗。

3岁9个月

铭铭学习轮滑

听幼儿园老师反映，铭铭近来有些怕苦怕累，不愿意参加幼儿园的一些体育锻炼课程。每当做一些比较消耗体力的大运动项目时，他就跑到一边溜达去，不愿意参与进来。有的项目他不是在小朋友中做得最好的，他也不参加。

这怎么能行！一个男孩子从小就要训练他必须吃得了苦和受得了累。更何况幼儿园的体育课程根本就算不上苦和累。再说，任何体育竞技都会有输赢，只能得第一，不能得第二，得了第二就不高兴，甚至发脾气或者干脆放弃，这可不行！这个年龄段的孩子已经有了荣誉感，喜欢在竞争中获得第一，这无可非议。但是，在未来社会的竞争中不可能永远站在第一的位置上，所以从小培养正确的荣誉观是很重要的。一个输不起的孩子在将来的竞争社会中只能败下阵来！

根据老师反映的情况，我和女儿商量了一番，决定让铭铭开始学习四季皆宜、不需要特殊场地的轮滑运动。之所以选择轮滑这个运动项目，是因为铭铭在3岁4个月时，大运动和精细运动的技能掌得都不错，骨骼肌肉发育得比较好，现在身高已经是1.1米了，体重20公斤，在全班20个同学中他是最高的。据轮滑教练说，3~5岁是学习轮滑的最佳时机，因为骨骼关节的柔韧性好，比较容易掌握轮滑技术，而且还不知道害怕。年龄大了随着生活阅历的增加，孩子反而会缩手缩脚、瞻前顾后，产生恐惧感。

学习轮滑的几大好处

（1）可以提高心肺功能。轮滑是一项全身性的有氧运动，通过滑轮滑可以把身体调整到最佳状态。它能促进心脑血管系统和呼吸系统机能的改善和代谢作用的加强。轮滑每小时消耗2394千焦~4830千焦的热量，与跑步的效果不分上下。一般来说，轮滑的最大氧气消耗量（测量运动强度的基准）是跑步的90%，对保持有氧运动的最佳强度很有效果。

（2）能够增强孩子的身体素质。身体素质包括身体的平衡力、活动的速度、力量、耐力、柔韧性、灵敏度、协调能力等。滑轮滑能增强臂、腿、腰、腹等肌肉的力量和身体各个关节的灵活性，特别是对人掌握平衡能力有很大作用。铭铭是剖宫产儿，对他来说更需要这样的全身协调运动。

（3）有助于锻炼孩子勇敢、坚强的意志品质，培养其不怕苦不怕累的精神。

（4）能使孩子从小树立起竞争意识，同时培养他正确对待"输"和"赢"。

（5）初步掌握安全知识，增强自我保护意识，逐渐掌握在学习轮滑过程中如何保护自己不受伤。

（6）培养孩子的自理能力。让孩子逐渐学会自己穿轮滑鞋、护腕、护掌、护膝、戴头盔等。

于是，我们去轮滑鞋店为铭铭选购轮滑鞋。根据店主的建议，我们给孩子选购了一双比较坚固、可调节大小、品牌还不错的轮滑鞋，同时配备好了头盔、护掌、护腕、护膝等全部行头。然后，铭铭接受了店主半小时的免费培训。铭铭穿上轮滑鞋很兴奋，全副武装好后更是神采奕奕、跃跃欲试。店主是一位50多岁的东北人，在他耐心的指导下，铭铭穿着轮滑鞋初步学习了站立和坐下，还能够走两三步。根据店主的建议，我们参加了上海风火轮轮滑初级训练班。

女儿女婿每周六上午带他去卢湾区体育场学习轮滑。女婿为了陪儿子训练自己也买了一双轮滑鞋及全套保护设备，与孩子同时学习轮滑。刚去的时候，铭铭还兴趣十足，跟着教练认真学习自我保护的方法：如果向前摔时，要两膝先着地，然后两肘着地，继而双手手指上跷后手掌着地；向侧摔时，先肘着地，然后手掌着地；向后倒时，双手掌向两侧先着地，然后臀坐地。后来，铭铭又学习了原地踏步、高抬脚踏步，以提高下肢、脚的支撑能力，做到抬腿收腹等。

由于训练的进度比较缓慢、枯燥，铭铭的兴趣逐渐消失，表现得越来越差，经常远离训练班的孩子，独自在一边磨磨蹭蹭，消磨时间。体育场的训练场地是露天的，地面上有尘土，摔倒后常常弄得双手很脏。铭铭就以此为理由，开始表现出不高兴甚至哭闹起来，嫌弄脏了双手，要求终止训练，必须马上去洗。

第四次训练时，进了轮滑训练场，女婿帮助他穿好全部行头，铭铭却原地不动坚决不滑，像个坐地炮岿然不动！由于参加的是集体训练班，教练需要完成他的教学任务，铭铭不爱学，游离于训练班外，教练也不会放下其他学员去刻意关注和照顾他。女婿没有办法只好给我打电话，问怎么办。这时上海的天气已经很热了，而且湿度很大，在露天场地训练确实比较辛苦，我告诉女婿这次训练就暂停吧！谁知道女婿却向教练请了长期的假！就这样，只训练了4次（其实就是3次，因为第四次根本没有训练）的轮滑课泡汤了。

对于铭铭"罢训"的原因我是最清楚的。天气热，训练比较辛苦，怕苦、怕累是他不爱训练的一个理由。其实，更深层的原因是与他同时训练的孩子（都比他大很多）比他进步得快，已经能够滑起来了。这对于荣誉感和表现欲甚强的铭铭来说是不能接受的，但是他却没有不服输的劲头，只好坐地耍赖企图就此罢训。这也说明铭铭的抗挫能力太差了。

考虑到铭铭的这种表现对于他今后的成长是不利的，而且还有1个月铭铭就要放暑假了，于是我决定利用暑假回北京的机会再次启动轮滑训练课程。

放假回到北京后，首先需要提高铭铭全身体质，锻炼下肢的力量。因此，每天早晨我都会在6点左右准时叫铭铭起床，在洗漱、吃奶、认字、大便都结束后，也就是近7点时，我们祖孙两个就下楼去公园晨练。晨练的内容就是沿着公园的最大圈进行走和跑的训练。

路上，我和铭铭一边聊天，一边看着四周的景色，不时回答铭铭提出的各种问题。有时，我也根据观察到的事物去询问铭铭，并做详细的讲解。为了提高他的耐力，我还不时地激励他较长时间地跑步。这时，他会气喘吁吁地对我喊道："姥姥还是我跑得快吧？"语气中带有几分自豪。经常有遛弯的老人夸奖他："这个孩子起得真早，不睡懒觉，跑得还真快！"铭铭就会骄傲地挺起小胸脯说："谢谢奶奶！"如果老人再夸奖一句："真有礼貌！"尽管铭铭头上汗水直流，可是跑起来却更带劲了，小嘴就更甜了。

就这样，铭铭连走带跑锻炼了1小时左右，8点多一点儿我们就回到了家。洗完澡，然后吃早饭。不用督促，铭铭早饭吃得非常香。晚上，我们老两口和铭铭又一起遛一遍公园。每天早晚各1小时走和跑的锻炼，让铭铭全身的体质迅速提高，两条小腿特别有力量，小腿的肌肉硬邦邦的，于是我决定给孩子报名参加轮滑训练。

根据以往铭铭参加轮滑班的表现，我想还是请个教练做"一对一"的训练。有专门的教练对他一个人进行训练，铭铭想"耍滑偷懒"恐怕也不行了。正巧北京铁骑兵团在离我家不远的购物中心有室内的轮滑训练班，于是我给铭铭请了一位教练专门对他进行训练。

这是一个温和的、脾气非常好的东北小伙子——张教练。我先向教练介绍了铭铭轮滑掌握的程度，也谈到铭铭在训练中怕苦、怕累、怕脏的情况，而且告诉张教练，铭铭很调皮，具有巧言善辩、不服管教、注意力不集中、喜欢自由行动的特点，提醒教练注意。最后，我明确表态："凡是想学会一项技能，不吃苦、不受累是学不会的，鉴于铭铭的表现希望张教练要严格要求他，该批评的就要批评、该惩罚就要惩罚，我绝不会埋怨你。当然，也需要给予一定的表扬，以增强他的信心。你就放心按照你们的教程去做。"

第一天训练，我给铭铭穿戴好轮滑的全部行头，将他交给教练。铭铭很有礼貌地说："张教练好！"教练就拉着铭铭去训练场地，先教给他如何在滑轮滑的过程中保护自己，然后教授V字形站立、平行站立、内刃站立以规范他的动作。在学的过程中，铭铭的表现越来越差劲了，眼睛不时向四周扫荡，要不就是喊累，一会儿蹲在地上耍赖皮，一会儿要求擦鼻涕，一会儿要尿，一会儿又哭着找姥姥。我发现，只要我在他的视野里，他就会哭闹不停，完全不听教练的讲授。

如果他摔倒在地上，无论教练怎么拉他，他就是趴在地上不起来。

看到这种情况，又考虑到我在旁边教练可能也不好意思对他严厉管教，于是我偷偷地离开了训练场地，躲在了一个铭铭看不见的地方来观看他的训练。这时，我发现铭铭用眼睛四处扫视寻找，肯定是在找我。当他发现没有我时，他马上就表现得老实多了（可能觉得给他仗胆的人没了），开始听教练讲解，随着教练的要求做动作。不过，他还是有时注意力不集中，我想这与孩子有意注意的时间比较短、注意力容易分散有关，毕竟训练场地四周有一些体育用品商店，不时有过往的行人站着观看，同时还有集体训练班在上课，这一切都会分散他的注意力。

由于有前3次在上海初训的基础，教练开始教他直线滑行和登地的方法。看着铭铭已经能够滑起来了，我感到十分的高兴。当课程要结束的时候，我立刻现身来到教练旁（铭铭看见突然出现的我大吃一惊）请教练对铭铭的表现进行评议。

"这个孩子聪明、理解力强，就是有些怕苦、怕累，而且训练时精神不集中，所以动作的要点和示范动作往往需要给他重复多遍。慢慢来吧！学轮滑需要有个过程，我教过很多这样的孩子。"说完，张教练为了引起铭铭对学习轮滑的兴趣，还带他去滑高坡（坡高50厘米～60厘米）。滑高坡就是穿着轮滑鞋站在坡上的平台上，然后蹲下来，低头，双手扶着轮滑鞋脚尖，翘起臀部，用力飞速地从高坡滑下，依靠滑行的惯性作用继续向前冲，然后再用力冲上对面的高坡。如果下滑的速度不够快，就不能冲上对面的高坡，这时就必须穿着轮滑鞋从坡面逆向爬上。一般铭铭都能爬上去，然后再滑下来。铭铭非常喜欢这个游戏，胆子也非常大。尽管累得汗水顺着脸颊滴下来，并湿透了全身的衣服，双手脏乎乎的，小脸画上不少黑条条，但他绝不会嫌脏要求去洗手。看来孩子只要有兴趣，什么苦和累都不在话下，什么技能都是可以学会的。

随后几次训练我都是躲开，由张教练全盘管他。除了训练外，张教授还要帮他擦鼻涕、擦汗、上卫生间小便，也真难为这个还没有结婚的小伙子了，还要担负起幼儿园护理老师的工作。为此，我从心里感谢他。每次训练开始张教练都是带他先复习上次教的动作，纠正铭铭不正确的姿势，然后教新的动作，最后再

铭铭玩轮滑（唐人摄影）

去玩一些滑坡的游戏。铭铭有时还会耍赖皮、哭闹，但是因为没有我在身边，张教练训了几声，顿时老实不少。有时，张教练看他做动作不认真，还严肃地警告他。如果一个动作做不好，就要罚他做10遍，于是铭铭只好乖乖训练。孩子毕竟是孩子，过了一会儿就忘记了刚才教练的警告，动作又开始敷衍了事，眼睛四处张望，结果张教练还真的惩罚他做10遍。

有一次，张教练在前面背对他做示范动作让他注意看，他却趁机转身向旁边的冰激凌售卖处滑去，尽管滑得歪歪斜斜、磕磕绊绊的，却没有影响到他滑过去并站在售货柜前观看各种冰激凌和饮料。张教练一回身发现铭铭不见了踪影，只好四处寻找他，结果发现铭铭正指着冰激凌询问售货阿姨哪个好吃呢！张教练双手像拎小鸡一样把他给拎走了。

就这样，经过12次的一对一轮滑训练课，铭铭初步学习了直道滑行、平刃滑行、弧线滑行等动作。因为幼儿园要开学了，我们必须回上海，于是铭铭向张教练告别，结束了他的轮滑训练。回来的路上，铭铭悄悄地对我说："姥姥，其实张教练很可爱的，我很喜欢他教我。"

回到上海，铭铭的幼儿园给孩子们进行了全面的体检，结果铭铭获得了幼儿园医务室的"健康之星"奖状，并得到一根计数的跳绳。铭铭高兴得不得了，我回家之后马上将奖状贴到墙上，告诉铭铭之所以得奖状，就是因为他暑假里每天两趟在公园散步和参加轮滑训练班的结果，以激励他继续进行体育锻炼。

对孩子德、智、体、美、育等方面进行全面教育是非常必要的，偏废任何一面都不行，只有这样才能保证孩子全面综合地发展。重视孩子的体育锻炼，在轮滑训练中培养孩子能吃苦受累，也是对孩子进行抗挫教育的一种好方法。古人云："不经一番寒彻骨，怎得梅花扑鼻香。"更何况适当的体育锻炼还有助于孩子良好性格的形成。我记得美国哈佛大学的一位教授这样说过："培养人才最重要的不是灌输知识，而是塑造性格。体育场上的竞技活动是锻炼儿童性格的最好途径。强健的体魄和坚忍不拔的性格对儿童以后在社会上获得成功是必不可少的条件。"

后记

在铭铭刚4岁时，因为我在北京有一些事情必须办，于是没等幼儿园放寒假就提前2周带铭铭回到北京，继续让铭铭参加了铁骑兵团的一对一轮滑训练。同时，我也给铭铭报名参加了一个轮滑训练班，让铭铭有一个与其他小朋友接触的机会。

这次带教的也是一位姓张的教练，但这位张教练要求更为严格，看似表面更为严厉。铭铭曾对我表示："我坚决不让王教练教，他太厉害了，我怕他！"铭铭说的王教练其实就是这位张教练，因为暑假里他看到这个张教练对小朋友要求十分严格，有时还要进行惩罚性训练。我心里想，你不是害怕这个教练吗，咱们就请这位教练。还别说，铭铭一看带教的是他心中恐惧的教练，顿时大哭起来，坚决不跟张教练走，结果被笑呵呵的张教练双手一夹，提起来就滑走了。

铭铭很快就不哭了，可能觉得哭是没有用的，便开始跟着教练训练。由于教练要求严格，铭铭心中就有几分畏惧，例如摔倒了，教练喊"1——2——"，如果喊到3不起来，教练就要惩罚。铭铭一改原来耍赖皮的毛病，只要摔倒了，不等教练喊到3，他早已经爬起来乖乖地站在了教练对面，爬起来的动作那叫一个快。看来孩子也会看人行事。

铭铭对动作的领会能力显然比3岁七八个月时好了许多，而且双脚登地的动作也显得十分有力。当一个动作没有做好时，他会主动要求再多做几次，其学习的主动性也提高许多。尽管张教练要求严格，表面看起来也比较严厉，其实内心是一个温柔的小伙子。所以铭铭每天都是高高兴兴地去，快快乐乐地回来，再也听不到不愿意去的声音了，而且还偷偷地对我说，开始喜欢上这个张教练了。

张教练对我说，以铭铭现在掌握的情况，如果进行弯道滑行能够连续做两次交叉步，就可以升甲班了。但是，铭铭却总也掌握不好，关键是他还没有掌握好要领，不能很好地移动重心的位置。一次，他被张教练留下来自己滑行弯道练习交叉步。我在旁边观看，只见铭铭围绕着训练场地，一次又一次做交叉步滑行。由于他不能将重心从一只腿移到另一只腿，因此不断地摔跟头，爬起来再练。就这样，铭铭有的时候可以连续做三个交叉步，但是动作不稳定。铭铭还不罢休，继续自己练习。这时，他全身已经湿漉漉的，面颊流淌着汗水，喘着粗气，还不停地一圈一圈地滑着，一次一次地练习交叉步滑行。看到铭铭已经连续滑了2个多小时，天色已晚，我也怕他累坏了。在我的劝说下，他才离开训练场。为了表彰他这天的表现，我奖给了他两册新绘本，他高兴极了。

孩子的训练成绩总是有反复，每次必须认真纠正他动作中错误的地方。我记得教练要求在双脚弧线滑行时必须尽量将上半身压低，双手背后，这样才能减少阻力，提高滑行的速度，也便于在滑圆形的跑道时进行交叉步滑行。铭铭刚开始做时还能弯腰、压低上半身、双手背后，但是滑着滑着腰就直起来了，双手也从背后放松下来，这样就导致速度减慢，交叉步滑行做不成功。于是，张教练就让铭铭弯腰压低上半身，后背上倒扣一个羽毛球，告诉铭铭只要羽毛球掉了，就要罚他滑10圈。这样铭铭就不敢再将上半身伸直了，唯恐羽毛球掉下来。有的时候，张教练让铭铭摆好滑行的姿势，在铭铭的后背上用羽毛球轻轻砸一下，就偷偷将羽毛球拿到自己身后。铭铭不知情还以为真的驮着一个羽毛球呢，只能认真去滑。一旦他又要直起身体来，张教练就赶紧向外抛出羽毛球，然后马上严肃地说："看，羽毛球又掉了，接着再滑2圈。如果还掉，就再罚！"铭铭双眼含着眼泪却很自觉地说："我再继续滑。"就这样，在张教练的严格要求下，铭铭已经滑得有模有样了，顺利地升入了甲班。

当然，铭铭在训练的过程中也有哭鼻子的时候，也有喊累的时候，但受到教练惩罚大哭过后，他自己马上会对张教练表白："我姥姥说就应该严格要求我，这样我才能学好轮滑。"当有的小朋友在训练过程中哭鼻子的时候，他还会劝解道："不要哭了，教练就是要严格些，不然就学不会轮滑了！"逗得站在一旁的张教练看着这个会"脑筋急转弯"的孩子大笑不已。

看，我家铭铭就是这样一个孩子。

3岁10个月

外孙子的爸爸、我的女婿对我有意见

大家看到我这个题目可能感到疑惑或者以为是丈母娘和女婿闹意见了，其实不然！是他对我正在写着的书有看法，因为书的前几章没有将女婿在育儿过程中的重要地位突显出来。女婿当着我的面没有说什么，可是背后却与女儿悄悄嘀咕："妈在新书里谈到如何养育铭铭时，好像没有我的什么事情似的！"当女儿将这些话转告给我时，我听了不禁大笑："咱这个女婿还真够可爱的，还会邀功了！为什么不当面和我说呀？"说完，我马上停止了笑声，一本正经地告诉女儿："谁说我不写他了，后面我还要大写特写呢！父亲在养育孩子的过程中的地位谁也不能替代，父亲担负着与母亲明显不同的重要角色。同时，父子之间的交往具有母子交往所不能替代的独特作用，尤其是他对孩子的一些教育和潜移默化的影响也是你和我所不能做到的。"

我家的女婿是一个典型的上海人，虽然长得高大威猛，但是具有上海好男人的一切特点：是疼老婆、尊重与关心丈母娘和老丈人的好丈夫、好女婿；是孝顺父母和爷爷奶奶的好儿子、好孙子；是一个对家庭绝对负责任的好男人。怪不得今年上海《申江服务导报》记者对女儿做人物专访时，女儿谈到自己的先生，一点儿也不想隐藏自己的幸福。她说："我先生非常适合我。有时候我加班回家很晚，他会等我。那时候，我脑子还有议题，很想和人讨论，他耐心地和我分析。他懂得用一种很自然的方式爱我。"

在铭铭成长的过程中，女婿充分显示了一个好爸爸的楷模作用。为了养育一个健康的孩子，女婿不但戒了烟，而且处处注意保持健康的生活方式。女儿怀孕

期间，只要有空他就陪着女儿去郊区散步，生活上给予细致周到的照顾和体贴入微的关怀。女儿临产时，他给予了女儿最大的精神安慰。女婿的安慰让女儿战胜了分娩时遇到的挫折和恐惧。孩子出生后，他在新生儿阶段就积极地参与了护理孩子的工作。这一切正如我在上一本书中所写的那样。

今天是星期六，女婿休息。当小王要给铭铭换尿布、洗屁股时，女婿提出他想给儿子换尿布和洗屁股。这时，我才突然意识到怎么疏忽了父亲有育儿的要求和责任了呢！

我马上把孩子送到女婿手中，看着小外孙被他爸爸抱在怀里：一个是1米8以上的大个子，一个是50多厘米的娇小婴儿；一个深情地默默注视着手中的宝宝，一个天真无邪地看着爸爸。爸爸抱着宝宝站在早晨洒满了金色阳光的屋里，这是一幅多么美好的、充满了人间柔情的画卷呀！

只见女婿笨手笨脚地将儿子放在尿布台上，他那双大手颤巍巍地将孩子的裤扣解开，把已经尿湿了的纸尿裤打开，取下纸尿裤并且包裹好扔到专用的尿布桶。然后，女婿小心翼翼地让孩子躺在他的右臂膀上，将衣服的小裤腿压在孩子的身下，右手提着孩子的双脚，左手拿着海绵在洗屁股的小盆里用水清洗着孩子的小屁股。别看他是五大三粗的汉子，可是给孩子洗得还真仔细：孩子的"小鸡鸡"、肛门、腹股沟处，他一一按前后顺序仔细地清洗，然后用干毛巾又一一擦拭干净，再将孩子放在尿布台上轻轻地撒上少许的婴儿爽身粉，并且用手涂抹均匀后，给孩子穿上纸尿裤。我在旁边告诉他，纸尿裤一定要兜在肚脐以下，防止尿液洇湿肚脐引起感染，女婿一一照办了。这时，我发现他没有把纸尿裤两边的纸边缘外翻出来。我提醒女婿必须将纸尿裤两个纸边翻出来，否则尿液会从侧面渗漏出来的。

虽然是冬天，女婿还是紧张得脑门上渗出了滴滴汗水。做完后，女婿笑着对我说："其实做起来并不难，我就是怕自己粗手粗脚地碰坏他，因此就很紧张！"

"你做得真不错，比我想象中的要好几倍！继续努力吧！"我发自内心地夸奖着他。

铭铭在成长的过程中凡是具有刺激性、需要一些力量的游戏都由女婿来完成。我也记录了他和孩子的这些经历。

　　女婿工作了一天，下班回来已经很疲劳了（女婿几乎天天工作到深夜1~2点），可是一进门，看到小铭铭后马上喜笑颜开，立即说："我马上去换衣服，洗干净手，让铭铭'坐飞机'。"

　　"坐飞机"就是让孩子俯卧在大人的一只手臂上，大人的前臂托着孩子的腹部及前胸，孩子的双腿放在大人手臂的两侧，大人的另一只手拉着孩子顺着手臂往前滑。做时可以伴随着音乐轻轻地摇动孩子，或者带着孩子转圈。孩子非常喜欢大人做这项游戏，在"坐飞机"的过程中高兴得大笑。在这项游戏中，孩子努力抬头，训练了背部和颈部的肌肉。同时，孩子抬头观看四周环境，开阔了孩子的视野。俯卧时，腹部承受着均匀的压力，孩子感到非常舒服。尤其是大人欢快地哼唱，随着节奏不断地变动，孩子就像小鸟一样欢快地"飞翔"。这项游戏训练了孩子的空间知觉，也刺激了前庭系统，锻炼了孩子的平衡能力，是一项不错的感觉统合训练。

　　今天，女婿让孩子玩"坐飞机"可是变了花样，美其名曰"发射火箭"。他让孩子仰卧在他的右前臂上，孩子的头放在女婿的右手掌中，臀部和后背躺在他的右前臂，双腿放在他右前臂的两侧。女婿的左手拉着孩子的右手，孩子的左臂自然地伸开着。女婿双眼柔情地注视着儿子，嘴里哼着节奏鲜明的曲子开始缓缓转圈，左一圈、右一圈，孩子咧开嘴笑了。一会儿停止转圈，女婿的右手臂向后缩，然后向火箭一样快速向前送出。刚开始可以看得出来孩子有些紧张害怕，这是一种本能的、反射性的恐惧，毕竟仰面躺着和俯卧的感觉是不一样的。对于小婴儿来说，从高处落下，身体位置突然改变会引起孩子本能的恐惧。但是，随着女婿的重复动作，小铭铭逐渐放松了，大概是对爸爸产生了信任，还咧开嘴笑出了声。看得出来，小铭铭很喜欢与爸爸玩这项游戏。

送铭铭上幼儿园的任务女婿自告奋勇地承包下来。不管前一天夜间工作到多晚，他每天早晨必会按时起床，按时送铭铭上幼儿园，为此女婿每天都要提前1小时到公司。赶上女婿出差由我送铭铭上幼儿园时，在去幼儿园的路上，我发现多是妈妈、阿姨和隔代人送孩子，由爸爸送孩子去幼儿园的真是很少。不难想象，一个1米8多的大个子爸爸拉着一个连跑带颠的小男孩，走在通往幼儿园的路上，该是一道多么亮丽的风景！

由于女儿工作非常繁忙，需要经常出差或加班，于是带孩子去雅马哈音乐学校、参加轮滑训练班等就又成了女婿周末的专项任务。为了让铭铭更好地学习轮滑，女婿也买了一双轮滑鞋与铭铭同时参加训练。

平时一些建构性的游戏和玩具都是女婿带着铭铭一起玩，在玩的过程中也会不厌其烦地给他讲解其中的一些科学道理，其耐心程度一点儿都不亚于女儿。当女儿周末有工夫时，女儿和女婿就带着孩子去海洋馆或郊区去游玩。每当看到女儿一家三口快快乐乐、亲亲热热，作为丈母娘的我打心眼里感到高兴和舒心。

对于铭铭的教育，女婿是最主张放手的。他认为我照顾铭铭过于周到和谨慎了。他常常说，有一些看似危险的事情，只要大人在身边，不妨让孩子试一试，吃了一次亏，下次他就接受教训了。对此我却不认同，因此我们常常在教育铭铭的问题上产生一些分歧。虽然最后常常是以我为胜利一方而结束，但是我心知肚明，女婿是尊重我，不愿意让我不高兴才让步的。所以，我在《完美父母》杂志主编采访时吐出真言："说句心里话，不知道为什么对铭铭就不像当初对女儿那样放手和严厉，有时不自主地就多出了一只手，总喜欢帮他一下。而且我总是拿工作中遇到的一些意外事例作为警示例子，因此不自然地就限制了铭铭的一些自由和放手的机会。虽然从专业角度来看，这样做不合适，我也一直告诫自己不能这样做，但是真的有时候就是不自觉地想帮助外孙子一下。说白了，恐怕就是对外孙子有些溺爱，其实自己心里是明白的！"

现在只要是铭铭与爸爸一起外出，碰到邻居小朋友时，铭铭都会指着爸爸说："你知道吗？他是我的爸爸！是不是很帅呀？"脸上显示出一股骄傲自豪的神情。因为铭铭永远认为爸爸是最伟大的、最帅的，是个什么问题都能解决的大能人！可不是吗！正因为铭铭和他的爸爸十分亲，女婿要是出差几天，铭铭就会反复地问我："爸爸什么时候回来呀？我想爸爸了。"当见到爸爸出差回来，铭铭马上就会跑过去给爸爸一个热烈的拥抱和亲吻。你说，父子之间的依恋关系是不是建立得很好！

从心理学和教育学角度上说，父子之间的交往与母子之间的交往内容和方式是有所不同的。一般来说，父亲与孩子游戏的时候多，父亲更喜欢和孩子做大运动的游戏，而且偏重于肢体运动和触觉上的游戏，花样繁多，新异且具有很大的刺激性，非常容易激发孩子的兴趣，引起孩子的兴奋，因此提高了孩子对外界反应的敏感性。孩子从爸爸那里获得了情感上的满足。

稍大一些的孩子在游戏时往往更希望和父亲在一起，因为父亲是他最好的游戏伙伴。在与父亲的游戏中，孩子不但能够积极参与，而且学会了合作和平等的交往。当游戏出现困难时，爸爸一般都鼓励孩子自己去尝试解决问题，拓宽了孩子的思维路子，培养了坚忍不拔的毅力。

父子之间的交往满足了婴幼儿早期心理发展的内在需要。教育研究表明，由父亲带大或参与带大的孩子具有积极的个性品质，独立性比较强，处理问题坚韧、自信、果断。

父亲是男孩的性别认同的榜样，男孩可以从爸爸那儿学习男子汉的阳刚之气。女孩也会从父亲那里学习如何与异性接触和交往。

父子之间的交往也有助于提高孩子的社会交往能力，丰富孩子的社会交往内容，使孩子学习更多的社会交往技巧，有助于孩子以后与小伙伴的交往，乃至于将来更好地搞好人际关系、更好地融入到现实社会中去。

3岁11个月

家长和老师在铭铭的教育问题上产生了分歧

　　每次在接铭铭时，我往往都是最后一个来接孩子的家长。我主要是希望有机会能和幼儿园的老师们及时沟通一下铭铭在幼儿园的情况。近来，钱老师向我反映，铭铭在老师讲课的时候，有喜欢下座位走动或者不举手就答话的现象。还有的时候，老师在上面给全体小朋友讲课，他在下面和旁边的小朋友说悄悄话，常常影响周围的小朋友不能好好听老师讲课。

　　根据钱老师的反映，我向钱老师表达了自己的想法："虽然我们比较注重孩子个性的发展，在家里设置比较宽松的环境，允许孩子自主选择游戏和玩的方式，也尊重孩子的一些想法。女儿更是看重孩子独立和自由的发展，比较尊重孩子的意愿和个性，从不刻意去支配和限制孩子的行为。但是，自由不是绝对和无限制的，它必须服从一定的规则。如果孩子的行为发育出现暂时的偏离没有被家长及时发现和纠正，以至发展为异常行为时，才引起家长的注意，就会错过最佳纠正和治疗的时间。现在正是给孩子立规矩的关键期，希望我们一起帮助铭铭克服自由散漫的问题，养成良好的学习习惯，为他以后上小学打好坚实的基础。"

　　前几天还发生了这样一件事情。

　　铭铭所上的幼儿园是上海享有盛名的幼儿园，经常有全国各地的托幼机构前来观摩学习，或者召开公开课请家长来园参与，让家长进一步了解孩子在幼儿园的情况。一向重视孩子教育的女儿推掉了一些重要的工作会议，前去参加铭铭班级的公开课。

看到妈妈能来参加幼儿园活动，铭铭兴奋得忘乎所以，在课堂上他做了一些"出色的"表演。老师讲课的时候，铭铭开始手脚不老实了，他用手去碰旁边一位小朋友的脸蛋（这是铭铭从来没有过的行为），引起这个孩子的抗议。继而，铭铭在课堂上搭茬，不举手就发言，表现得十分突出，引起了老师和参加公开课家长的注意。于是，钱老师在课后单独找铭铭谈话并就他不遵守课堂纪律的行为给予了批评。钱老师就此问题与女儿进行了沟通。女儿当时认为："铭铭在课堂上的表现确实不好，但是对于这个年龄段的孩子来说，较长时间地坐着听课确实有可能会不集中注意力，因此对于铭铭这样的课堂行为是可以理解的，没有必要把它当成一件大事来处理。"女儿的回答显然让钱老师感到有些意外。

晚上，女儿回家后将这件事情向我说了，并认为钱老师没有必要对孩子要求得那么严。我听后对女儿说："铭铭这是人来疯。本来铭铭就有强烈的表现欲，你来参加他们的公开课，这个表现欲就表现得更突出了，但是他又不懂得哪些行为是妈妈和老师喜欢的行为，所以才有今天课堂上的表现。这与你平常放任他的一些不好行为有关——对孩子赞赏太多，姑息他的一些错误，甚至是比较严重的错误。今天钱老师课后马上批评他做得很对！对孩子的错误必须及时指出来进行批评，否则时间一长，孩子对于他的错误行为就忘得一干二净，批评就不会有的放矢，这不利于他认识自己的错误。应该及时地让他知道他刚才的行为是错误的，老师和家长都不喜欢看到他有这样的表现。当他还分不清什么是正确行为、什么是错误行为的时候，我们就需要给他建立正确的行为准则。因此，对铭铭一些不遵守课堂纪律的表现必须及时纠正。这不是小题大做，也不是不尊重孩子的独立和自由。等待孩子自己去认识自己的错误这是不可能的，时间一长，不良的行为习惯就养成了。你这样对老师讲，以后老师还怎么管教铭铭，这会让老师产生压力的！亏你还是这个幼儿园家长委员会的成员呢！"

孩子出现"人来疯"是有原因的：一方面，因为孩子已经3岁多了，随着自我意识的增长，他希望有人注意他的存在，为了证明他的存在就想出"闹"的办法。由于生活经验的局限，孩子认为这种表现能够引起别人的重视，对他更加关注，于是就采取了不恰当的表现形式。另外，铭铭偏于多血质外向型的气质，活泼且表现欲很强，很喜欢在别人面前表现自己，但是由于不能很好地掌握尺度，也就有了如此的表现。另一方面，由于家中的生活很寂寞，而孩子又喜欢探索，对外界充满了好奇，刚开始学习与人交往，不能很好地掌握交往的手段，所以家里来了客人时就出现"人来疯"的现象。孩子这样做不是有意识的，完全是缺乏生活经验，不能控制自己的缘故。但是，我们在保护孩子自尊的前提下，要给予适当的批评和教育，告诉他们在各种场合应该如何遵守各种规则，在不断矫正孩子错误的同时等待孩子的成长。

第二天早晨，我很早就送孩子去幼儿园，主要想找钱老师再进行一次沟通。我对钱老师说："昨天我听铭铭妈妈谈到铭铭在公开课上的表现，这个孩子确实做得太过分了。你能抓住时机批评和教育他，尤其是当着孩子妈妈的面去教育他，我认为你做得很对，我支持你。昨天我已经批评过铭铭妈妈了，希望她的谈话不要给你造成压力和负担。我支持你给孩子立规矩，让孩子遵守课堂纪律，尤其是铭铭这个年龄段更是应该的，没有规矩不成方圆，孩子的自由必须服从社会规则。希望我们以后就此多多沟通。另外，对于铭铭的表现欲问题，我看能不能这样：当孩子出现这个苗头的时候，我们能不能在课堂上先让他回答一些问题，以满足他的表现欲；同时给他提供同学中表现好的榜样让他进行模仿和学习，争取在幼儿园阶段养成一个遵守课堂纪律的好习惯。我和铭铭的爸爸、妈妈一定会很好地配合你的工作，因为我们都是为了达到一个目标——铭铭健康成长。"钱老师认同了我的建议。一次愉快的沟通就这样结束了。

这是我应铭铭老师的邀请，给铭铭所在中班的孩子们讲课后所写的博文。

我给孩子们讲课

上个星期，铭铭幼儿园的班主任钱老师给我打电话，想邀请我给铭铭班级的小朋友们讲一堂有关人体器官的科普课，让孩子们初步认识人体主要的器官，激发幼儿探索人体奥秘的兴趣，学会如何保护人体的器官，让每个孩子拥有一个健康的身体。同时，也为了让孩子们初步了解食物在体内变化的过程，借以培养孩子良好的饮食习惯以及卫生习惯。为此，钱老师还从医科大学有关教研室借来了人体解剖构造的立体模型。

说实在的，给学生讲课、给家长讲课、给医生讲课我是毫无顾忌的，对我来说这些可谓轻车熟道，可给学龄前儿童讲课真是"大姑娘上轿——头一回"。我不知道如何深入浅出让孩子们听后能够理解，也不知道如何讲才能够引起孩子们的兴趣。但是，我一贯支持老师的工作，老师辛辛苦苦地设计课程我理应配合，更何况这是对孩子进行人体奥秘启蒙教育的一个良好的开端。虽然对于如何授课一团雾水，但我还是在懵懵懂懂的情况下答应了下来。

既然答应了，就要好好准备，对待小孩子也是不能随便应付的，因为正确的启蒙教育必须是符合科学的教育，来不得半点儿糊弄。于是，我就人体几个主要的器官的功能，以及食物在人体中消化的过程，写了一份简单的讲课提纲，旨在教育孩子不但要认识自己身体外表的器官，还要爱护躯体内的一些主要脏器。同时，我用孩子们能够理解的语言让他们认识这些脏器的功能。例如，教给孩子如何保护牙齿，怎么样正确进餐，为什么不能挑食、偏食的道理，告诉孩子多吃蔬菜和水果的好处，一定要多喝水、要喝什么水，怎样做不会便秘，应该吃什么样的零食等。但是，我毕竟不懂得幼儿教育，于是请钱老师进行修改。

我还建议让全班32个小朋友分别扮成馒头、米粉、面条、饺子等各种主食，各类的蔬菜、水果，还有鱼、虾、鸡蛋、各类的禽肉和畜肉、牛奶等，随着我制订的每顿配餐表，表演一次食物在人体消化道中旅行的情景剧。让孩子们每到一个器官就要说出它们的名字，说说它们的功能，以及到每个器官需要注意的事项。做到当堂的内容当堂消化，让孩子记住这些脏器和功能，也能让孩子明白每日进餐食品应该多样化。

食物配餐表

早餐：牛奶、玉米面+白面粉做的馒头、鸡蛋、黄瓜、牛肉、苹果、食盐、食用油。

上午加餐：香蕉、橙子或者哈密瓜、营养水。

中餐：大米+小米+南瓜饭、小青菜、胡萝卜、鱼肉、鸡肉、鸭肉、西红柿鸡蛋汤、食盐、食用油、水。

下午加餐：猕猴桃、梨、小面片+小白菜汤或者牛奶。

晚餐：燕麦+小米+红薯粥、虾肉+西蓝花、凉拌芹菜、食盐、食用油、水。

随后，钱老师依据学龄前儿童发育的特点，参考我写的提纲拟好了活动方案。为了让孩子更好地理解消化的过程，钱老师还找来了DVD的动画片给小朋友们看。一切准备就绪，只欠东风了。

别看是给孩子们讲课，我心里还真紧张。没有想到的是，班上很多热心的家长也要求参加了这次活动，并且很早就来到了幼儿园。当我走到活动室站在小朋友面前时，全班小朋友一致喊："姥姥好！"我回答道："小朋友们好！"

接着，我就进入主题："孩子们，你们知道我们身体都有什么器官吗？请大家给我说说。"

只听见小朋友们开始七嘴八舌地说了起来：

——手；

——脚；

——眼睛；

——耳朵；

——嘴；

——牙齿；

……

　　钱老师和蔡老师要求孩子们举手发言。只见一个个小朋友都踊跃地举起手来，我叫起来一个小朋友，他回答道："气管！"这是一个不被孩子们看见、摸着的器官，说明这个孩子能够突破其他小朋友的思维模式进行创新性思维。我表扬了这个小朋友并且让大家为他鼓掌。紧接着，陆续有孩子回答出了"大肠""小肠""肝脏""大脑""胃""食道"等，看得出来孩子们的信息量是很大的。这不能不让我感到现在的孩子真是很聪明，是我们小的时候甚至我女儿小的时候所不能比拟的。我心里暗暗地想，可不能轻视孩子的认知水平，不能抱着固有的观念去看待孩子。

　　接着，我就开始给孩子们讲身体中主要几个脏器的功能。我先让孩子们摸一摸自己的胸部是不是感受到跳动的感觉，然后教给孩子们去摸一摸腕部桡动脉，感受脉搏的跳动，告诉孩子们为什么这儿会有跳动。原来这是心脏在工作，通过心脏和脉搏的跳动把营养输送到全身，然后再把全身的废物收集回来，这样孩子们才能长高高的个子和聪明的头脑。最后，我指着人体心脏的图形让小朋友们看。

　　我又让小朋友一只手捏紧鼻子再闭上嘴，问他们是不是感到憋得慌？觉得出不来气？小朋友们说："是！"于是，我又告诉小朋友："人如果不呼吸是不行的，那么最大的呼吸器官是谁呀？"有的小朋友说鼻子，有的小朋友说是肺，有的小朋友说是气管。我指着解剖图告诉大家就是肺脏。

　　就这样，我把全身主要的脏器介绍给了孩子们。我原来担心孩子们会不好好听课或者不感兴趣，没想到孩子们一个个发言踊跃，而且思维一直积极地跟着我的课走。

　　随后，我讲到食物是怎样在消化道中"旅行"的。食物先进入嘴中，然后混合上唾液通过舌头进行搅拌和牙齿的咀嚼，将食物嚼碎。我怕孩子们不理解唾液是什么，便告诉他们唾液就是口水，让他们回家好好咀嚼馒头或者米饭，就会感觉到越嚼馒头或者米饭就越感到甜。这是为什么呢？就是因为有唾液的缘故（当然不能讲淀粉酶了，孩子们不懂）。从孩子们眼里可以看出他们感到十分惊奇。

我又谈到如何保护牙齿。我问孩子们："你们一天刷几次牙？"孩子们一致说："2次！"我高兴地对他们说："你们说得太对了！尤其是晚上刷牙比早晨刷牙更重要。另外，每顿饭吃完后一定要用清水漱口，否则食物残渣留在嘴里会怎么样呀？"小朋友们一致说："蛀牙！""对了！"我对孩子们说，"形成蛀牙不但疼痛难受，不能很好咀嚼食物，而且以后还不能换一口漂亮的白牙，所以一定要保护好自己的牙齿。"同时，我也告诫参加活动的家长每天孩子刷牙时，家长一定要帮助孩子再仔细地刷一遍，这是家长在孩子上学前要帮助孩子做的工作。

　　课继续进行着，我讲到嚼碎的食物通过食道送进了胃里，同时告诉小朋友食道可是不欢迎太烫的或者太凉的食物。我又问小朋友："过凉的食物是什么呀？"孩子们说"雪糕""冰激凌""棒冰"……我说："对了！小朋友答得真对！以后我们是不是应该少吃这些食品呀？"小朋友一致以呼喊的声音回答："是！"接着，我又问小朋友："胃就是一个食物加工厂，有没有小朋友在天冷时吃得不舒服了吐过，吐出的食物有股酸酸的味道？这股酸酸的味道就是胃为了消化食物分泌的胃酸，食物在胃里混合上胃酸通过胃努力地摩擦把食物消化成细细的糊糊状就送到小肠中。小肠在肝脏产生的苦苦的胆汁的帮助下，消化食物中的脂肪，还有胰腺产生的胰岛素也来帮小肠消化面粉或者大米做的食物。同时，肝脏还把食物中有毒的、有害的物质进行解毒。如果实在不能解毒的物质肝脏便存起来，但是如果肝脏储存的毒物多了，它也受不了，就要生病了，所以我们应该尽量不吃、少吃不健康的食品。小肠就像一个大过滤袋将消化好的、有营养的物质通过过滤袋漏到肠壁的血液中，然后再通过血管送给了全身，于是小朋友们就会长得高高的，身体壮壮的，头脑还特别聪明。过滤剩下的渣滓就送到大肠中，大肠看到小肠吸收了那么多的营养不干了，自己也在食物的残渣中吸收残留的营养和其中的水分。完全不能要的残渣就形成大便从肛门排出去了。在这里我要问小朋友们：有没有小朋友大便很干，解大便十分困难的呀？"有的小朋友回答道："有！"我又问大家："有没有解大便时，很费力气，而且大便中还带有鲜血！"大家都说没有，不过我听见有个小朋友小声说："有！"于是，我告诉小朋友："每天最好大便一次，而且最好是在早晨。另外，要多吃蔬菜和水果，多喝水，不能喝甜饮料、含气的饮料，因为这些对身体都是有害的。"趁此机会，我告诉孩子们需要选择什么零食："不要吃油炸的、高糖、过咸、过黏和膨化的食品，睡前不要再吃零食、不要喝奶。"

说着说着，一堂课的时间就到了，钱老师告诉我情景剧明天再演。我虽然还意犹未尽，也只好匆匆结束了课程。我一再道歉："对不起孩子们，我的时间没有掌握好！"然后，钱老师对孩子们说："鼓掌！谢谢铭铭的姥姥！"紧接着，钱老师又问："大家知道铭铭的姥姥是干什么的？"孩子们又七嘴八舌地说："是医生！""是老师！""是专家！"我笑一笑对孩子们说："你们说得都对，在这里我是铭铭的姥姥！谢谢小朋友！"就这样，我给孩子们讲了一堂课。然后，孩子们一起看了有关消化的DVD片，将我讲的又复习了一遍。

说实在的，我没有想到孩子们这样喜欢听一些科普知识，我也没有预料到孩子们的知识这样丰富，真是"后生可畏"呀！不能不对他们刮目相看。

4岁

不要忽视孩子

　　随着铭铭学习英语的兴趣不断增加，爸爸妈妈在家中也开始用简单的英语日常生活用语与他对话。平时，只要是爸爸妈妈下班回到家里，CD机播放出的就是英语的儿童歌谣，内容主要是介绍家人的称呼。当铭铭要求看他喜欢而且熟悉的动画片时，女儿和女婿就会放原版的碟片给铭铭看。尽管动画片中说的全部是英语，铭铭照样看得兴高采烈，还不时地与爸爸妈妈就动画片中的内容进行交谈。对于铭铭不正确的发音，女儿女婿发现后会随时进行纠正，直至发音正确为止。

　　本来铭铭对外语学习班的教学内容就感兴趣，尤其是自己学会了几句简单的英语对话后，由于他正确发音、运用得当，还受到大家一致的表扬，他学习的兴趣就更大了。他喜欢去上外语学习班，而且在班上也是一个勇于发言、敢于大声模仿、喜欢表现自己的外向孩子。

　　有一天，家长被允许参加英语班的课堂教学。由于女儿和女婿工作很忙不能参加，我作为家长参加了这次开放教学汇报表演。当孩子们排着队由外教女老师和一位中国女助教带领着上楼进入他们的教室时，我们这些家长被要求留在接待室等候半小时。过了半小时，这个班的家长被要求上楼进入铭铭的教室。

　　这是一间布置得很漂亮的教室，墙壁上是用先进的多媒体教学投影的影像，孩子们可以通过触摸影像不同部位来变换所需要的影像。这些影像就是动画片中的、孩子们最喜欢的各种卡通人物和动物。

　　铭铭看见我进入教室坐在座位上时，兴奋地跑过来抱住了我，我轻轻嘱咐铭铭要赶快回到自己的座位上去。当孩子们坐好后，外教通过触摸式电视画面向孩子们提问。铭铭立刻举手要求回答，但是老师叫起一个女孩子回答问题。紧接着，外教又提出问题，铭铭立刻举手要求回答，可外教并没有理会他，于是着急的铭铭举着手就站起来说出了答案。但是，外教既不批评他也不理他，而是叫另一个女孩子回答问题。这时，其他几个男孩子也像铭铭一样，甚至有的孩子站了起来，在屋子里走动。当外教提出第三个问题时，铭铭立刻举手，看老师不叫他，他立刻站起来开始拉老师的胳膊。看得出来，铭铭是希望老师叫他。外教竟看也不看他，还是叫了其他小朋友。那位年轻的中国女助教甚至将铭铭已经获得的五星（这是奖励孩子的一种方式）也给擦去了，可能是对铭铭没有获得允许就站起来回答问题的惩罚吧！

就这样，在整个回答问题期间，铭铭和另一个男孩子被冷落在一边，一直被拒绝着，可是老师一直没有对他们提出建议和交代回答问题的规则。我看见铭铭露出十分沮丧的表情。见此情景，我不由得产生了疑问：今天是向家长汇报学习成绩的，我们家长在此老师还这样对待这些活泼好动的孩子，如果家长不在会不会也有这样的情况发生呢？外语学习包括很多内容，其中听和说对于幼儿学习外语尤为重要。如果不让孩子去说，人为地剥夺孩子说的权利，这样学习外语还有什么意义呢！更何况对于这个时期的孩子来说"公平"是很重要的。为什么老师不叫他，难道是因为他活泼好动？活泼好动是男孩子的特点。而且铭铭当初是很规矩地举手了，是因为老师反复不叫他回答问题，而铭铭又属于表现欲比较强的孩子，作为教师应该满足孩子的这种欲望，更何况这不是什么坏事情。如果老师给他一次机会，以后他就不会反复站起来甚至出现拉老师衣服的举动了。再说，对于这么大的孩子如果哪一点做得不对，老师应该给他明确地指出来，孩子的思维还不会"弯弯绕"。一旦孩子改正了，就应该叫他来回答问题，这样孩子才会理解什么是好的行为、老师喜欢什么样的行为。我开始质疑这个外教以及助教是不是接受过幼教的培训。当不到20分钟的展示教学成果的课程结束后，我就心中的疑问和顾虑去找了这个教学中心的负责人谈谈我对他们教学的一些看法。

（1）目前幼儿学习外语主要是学会"聆听"（也就是听得懂）和学会"说"这两方面。如果老师人为地剥夺了孩子说的机会，这对孩子是不公平的。更何况，这样做老师也不能了解孩子对所学语言掌握的程度和存在的问题。这个班共10个孩子，由两位老师教授，孩子应该有充分的"说"的时间。

（2）美国对于学前儿童教育采取的是一种开放式教育，十分注重幼儿爱玩的天性，尊重每一个孩子且保护他们的自尊心，十分注意培养幼儿的自信、自主、自立的精神和学习的兴趣，旨在寓教于乐中收获学习的成果。而不是像小大人一样坐在课堂里规规矩矩地回答问题，这完全是对小学生的教育，这种教育方法是不适合3～4岁孩子的。美国人办的学龄前儿童外语学习班应该充分体现这一点。

（3）在这里，孩子接受教育的机会是平等的。况且这里不是义务教育，是高额收费的学习班，每个孩子都有权要求平等对待。对于个别教师的教学偏重行为应该给予批评和及时的纠正。

（4）老师在教学中对孩子（不管是犯错误还是幼儿的天性导致的举动）采取忽视和冷淡的态度，这比严厉惩罚孩子对孩子的心理伤害更严重。

当我正在与这个中心的负责人进行沟通时，同班的一位家长旁听后也参与进来，她说："我非常赞成这位家长的意见，今天我也有同感。今天我们家长在旁边老师还这样，我们不敢想象当家长不在场时会是什么情景。这么大的孩子又不会向家长表述在学习班的情况，我们怎么会放心呢！"

负责人听后诚恳地接受了我们的意见，并告知他们教学总监会亲自跟班参与教学，让我再观察几堂课后再决定是否转班学习。

其实，今天引起我对外语学习班的老师最大的不满是她们对孩子的忽视和冷淡。在我们生活中，每个人都怕被忽视和冷淡，不管是大人还是幼儿，因为忽视和冷淡是对人精神上的一种虐待，也可以说是一种冷暴力。在现实生活中并不只是个别老师对孩子忽视、冷淡，其实也有一些家长因为工作忙等各种各样的理由对孩子表现出一种冷淡、放任、疏远和漠不关心的态度。这些家长自认为在物质生活上已经大大满足了孩子的物质需求，但是对孩子情感上的需求经常表现出敷衍了事、与孩子不能很好或者极少进行沟通，即使与孩子谈话，家长也表现出心不在焉，不能面对面看着孩子讲话，甚至无缘无故撇下孩子自己离去。

有时，老师或家长因为对孩子的某些要求或行为表示不满，经常故意采取忽视和冷淡的态度，使用这种手段对孩子进行惩罚。殊不知，经常使用这样的做法会让孩子感觉到老师或家长是不喜欢或者不爱自己的，认为自己是被排斥和抛弃的，从而产生自卑情绪。

　　还有一些家长把孩子从幼儿园接回家，借口下班家务多，不愿意坐下来与孩子进行沟通和交流，而是打开电视，让孩子与电视为伍，促使孩子懒于思考、不愿意说话，久之势必会影响孩子人际交往和情感上的交流。如果孩子长期处在这样一个被忽视、被冷淡的环境中，不但将来其社会交往会出现问题，性格变得内向、不自信，甚至会影响孩子人格的发展。

　　所幸的是，这个外语学习班的负责人非常重视我的意见，他们的教学总监跟着孩子们上了几堂课，及时地纠正了教学中的错误。铭铭每次上完课都会高兴地告诉我又学会了什么内容，又得到了老师的表扬、又获得了几颗星星，脸上的表情充满了自豪、自信，眼睛流露出对于学习外语的渴望和期盼。

补记

有关二胎问题——铭铭有了小弟弟

女儿尝到了独生子女在家庭生活中的孤独和寂寞，不愿意铭铭也像她一样日后感到孤独和寂寞，因此他们夫妇两个商量后决定要二胎。我作为一个独生子女的母亲十分支持他们要二胎，希望以后铭铭有个玩伴。这样不但有利于孩子社会化的发展，而且不会让独子（女）由于集全家人宠爱为一身而产生强烈的优越感和骄纵的行为，经不起任何挫折。虽然两个孩子在他们成长过程中会发生争执，但这些争执对每个孩子来说也是一种挫折的体验，并且通过这些争执也让孩子们掌握了解决问题的各种办法。成年以后，世上有着一个有血缘关系的亲兄弟姐妹可以互相关心、互相照顾，遇到苦难会联手共同面对。同时，当父母老了的时候，他们还可以分担照顾父母的压力。近年来，看到一些失独父母随着年龄日益渐老，逐渐失去了自我管理的能力，缺乏儿女亲情的关怀以及那种无依无靠的晚年生活也促使我建议他们要二胎。

作为儿科医生，我也考虑到如果生二胎对于长子铭铭来说面临着不小的心理压力。如果处理不当，他会感到全家对他的爱减少了，同时也会认为以后他要独享的一切都会分一半给他的弟弟（或者妹妹）。这对于一直享受着全家宠爱以及优厚生活条件的铭铭来说确实是一个不小的心理压力。但是，我又想到，如果铭铭有了弟弟（或妹妹），在和弟弟（妹妹）一起生活的过程中，学会了与弟弟（妹妹）分享，将来他走向社会就会懂得与人分享是一种美德，愿意为他人和社会做出奉献。如果他学会爱护弟弟（妹妹），对弟弟（妹妹）的一些行为表现出宽容大度，他也就学会了对别人的宽容和大度。这些将更有利于塑造铭铭具有爱心、宽容、诚实、自信、独立、谦虚、有责任感的优秀品格，而弟弟（妹妹）也会以铭铭做榜样来模仿和学习。

考虑全家已经习惯了只有铭铭一个孩子的较为简单的家庭生活，如果生了二胎家庭结构发生改变，可能发生复杂的家庭问题，所以我们全家有必要坐下来认真地逐一沟通。

（1）从现在起，我们就开始进行对铭铭的沟通和安抚工作，同时对铭铭进行有关"分享"的教育。全家人绝不能因为忙于照顾第二个孩子而忽略了铭铭的感受，必须让铭铭感觉到虽然有了弟弟或者妹妹，但是全家对他的爱丝毫没有减少。在处理两个孩子之间的纠纷时，一定要公平对待，不可偏颇。

（2）做好经济以及精力上的准备。女儿女婿养育二胎在经济上问题不大，但是精力上确实存在一些困难。因为女儿和女婿都是事业上的强人，女儿已经身为麦肯锡咨询公司的资深董事、全球合伙人；女婿也是一家投资公司的老总。但是，父母的事业再成功也代替不了父亲、母亲对孩子的关怀和呵护。到那时，女儿女婿肯定要比现在付出更多，更加劳累！他们必须从现在起做好各方面的准备。

（3）养育孩子的第一责任人是父母。作为隔代人，我已经日渐衰老，不可能像当年照顾铭铭那样精力充沛，所以更多的是要女儿女婿自己亲力亲为陪伴孩子们成长，而我只是他们身后协助的人。

全家达成共识后，日常生活开始按部就班地进行着。

铭铭很喜欢玩"过家家"游戏，但是因为家里没有同伴和他玩，所以他特别想要一个玩伴，而且喜欢有个听他指挥的玩伴。我们就适时地对他灌输，如果有个小弟弟和小妹妹就可以满足他的心愿了。

的确，我国几乎大多数家庭都是一个孩子。这些孩子没有兄弟姐妹，在家庭中缺乏同伴间交往的实践训练。他们最经常接触交往的就是父母，与父母等成人的交往又往往处于依赖和被照顾的地位，是权威和服从的关系，缺乏同伴间平等、合作、互惠的关系，对于适应将来的社会非常不利。

孩子之间的交往和与成人交往是不一样的，前者是双向、平等的。在交往的过程中获得同伴的肯定和接纳，孩子能得到分享和合作的欢乐。在发展同伴间的合作、互补和互惠行为中，孩子逐渐发展移情和共情能力，有利于提高其社会交往能力以及健康的人格建立。

　　铭铭在小区里和孩子们一起玩，每当他看到家中有弟弟或者妹妹的小朋友受到弟弟或者妹妹的崇拜，以及他们之间的亲热劲时，铭铭都会羡慕不已，因为铭铭特别喜欢当哥哥。我们及时告诉铭铭："看！有弟弟和妹妹多好呀！你可以做大哥哥了，弟弟或者妹妹一定会特别喜欢你！"为此，我们还特意给他买了宫西达也的绘本《跟屁虫》。这本书讲述了哥哥和妹妹的故事。书中的小主人公说："我的妹妹可真是一个跟屁虫。"这句看似抱怨的语言，其实暗藏着哥哥对妹妹的爱惜与自豪。宫西达也的绘本线条简单、色彩搭配明亮、表情可爱生动、语言简洁幽默，深深吸引着铭铭。

　　我的妹妹是个跟屁虫，我做什么她都要跟着做。

　　我说"蹦"，跳了起来；妹妹也说"蹦"，可她根本跳不起来。

　　我说"再来一碗"，把空碗递给妈妈；妹妹也说"再来一碗"，可她的碗里还是满满的。

　　我看着书"哈哈哈哈"地大笑，

　　妹妹也看着书"哈哈哈哈"地大笑，

　　可书是倒过来的，

　　妹妹是一个跟屁虫。

　　……

　　我的妹妹真是个跟屁虫，她一直都是个跟屁虫。

　　哥哥说我是跟屁虫，哈哈哈！

　　……

　　明明什么都做不好。

　　可是，她还是我最可爱的跟屁虫妹妹。

——宫西达也《跟屁虫》

绘本中的情景很吸引铭铭，尤其是小主人公的自述和对妹妹的爱，让铭铭也特别希望有个跟屁虫的弟弟或者妹妹。他不时问妈妈："妈妈什么时候给我也生个跟屁虫的弟弟或者妹妹呀？"有的时候，我问铭铭："你是喜欢有个弟弟呀，还是喜欢有个妹妹呀？"铭铭说："我都喜欢！"

　　怀孕这件事可不是随全家人的意愿的，直到铭铭快5岁时，女儿才怀上第二胎。铭铭看到妈妈日益增大的肚子，有的时候会跟妈妈说："让我摸摸妈妈肚子里的宝宝。"看得出来，铭铭真心喜欢有个弟弟或者妹妹了。喜欢绘画的铭铭还送给妈妈一幅孕妈妈的蜡笔画。

　　根据医生检查，女儿二胎还是需要剖宫产。在医生规定进行剖宫产手术的日子，我和女婿带着铭铭送女儿住院，并告诉铭铭："妈妈要住院动手术，明天你就知道妈妈给你生的是弟弟还是妹妹了！"一听说妈妈需要动手术，铭铭着急了："我不让妈妈动手术，那样妈妈会很痛的！"说着号啕大哭。女儿躺在病床上笑着安慰铭铭："妈妈不痛，明天妈妈的肚子就小了，你就看到弟弟或者妹妹了！"看得出，女儿是痛并快乐着。

　　女婿留下来陪床，我带着铭铭回家了。第二天上午，女婿打来电话，告诉我女儿生下来一个男孩。我立刻告诉铭铭："妈妈生了一个小弟弟！你是大哥哥

1 铭铭眼中的孕妈妈　2 铭铭带着弟弟玩建构游戏

了！我们下午去医院看妈妈和弟弟。"

"姥姥，弟弟叫什么名字呀？"铭铭问。

"弟弟叫秦绍恒，我们就叫他恒恒吧！"

铭铭又说："恒恒？真有意思！是不是他很厉害呀？"铭铭把"恒"理解成"横"了。

"不厉害！他很可爱！目前除了睡觉就是吃奶！"

在女儿住院的日子里，每天我都带着铭铭去医院看望女儿及刚出生的小外孙子恒恒，为的是让铭铭感觉到家庭结构发生了变化——家中有两个孩子了，他要接受有一个弟弟的现实。每次铭铭看着襁褓中熟睡的恒恒，都禁不住用手去摸摸他的小脸蛋。我告诉铭铭要轻轻地摸，不要弄醒他。铭铭摸后兴奋地告诉我："弟弟的小脸蛋很嫩，就像豆腐一样。"

女儿出院后，由于我一直像以前一样照顾着铭铭，妈妈爸爸也十分注意呵护他，所以铭铭看起来没有什么情绪变化，反而觉得多了一个弟弟就是增加了一个新"玩具"。他每天都要到妈妈的屋里，去看看小弟弟，不时地摸摸睡在婴儿床上的弟弟的手和脚。看得出来，对这个新降生的弟弟，铭铭还是感到很新鲜、很好奇的。尽管铭铭表面看上去很懂事，有时还会帮大人一起照顾弟弟，但事实上孩子的心里未必是真正接受了弟弟到来的现实。虽然我们先期已经为二胎到来做了很多铺垫工作，但现实比想象要复杂得多。

家里来探视新宝宝的人无不带来礼物送给弟弟。铭铭将一切看在眼里，从面部表情就可以看出来他有一些不满，因为以往来人都是送给他礼物，现在只送给弟弟了。为了弥补铭铭内心不平衡的感受，我和他爸爸经常带着他外出，让他自己去挑选他喜欢的绘本和汽车玩具。虽然这样，仍然可以看得出来铭铭还是有些失落。每次客人走后，他都会对我说："姥姥，人家送弟弟的礼品，他还小不会玩，我替他保存着！"没有等我答应，他早已经把弟弟的礼品保存在自己的橱柜里了，以后再也没有拿出来过。

虽然铭铭没有表现出强烈的情绪反应，但是我知道，他的内心还是存在着竞争意识：怕弟弟的到来会让他失去全家对他的爱，怕不能像往常那样独享所有的物品。原来占据优势地位的铭铭，因弟弟的降生改变了这样的格局，铭铭确实需要时间来适应这种改变。因此，家长要密切关注大孩子的情绪变化。

随后几年，我还像以往照顾着铭铭的饮食起居，女儿女婿会利用更多的时间带着铭铭外出游玩或者看电影、看话剧、参加朋友的各种集会，让铭铭感觉到虽然有了弟弟，父母对他的照顾和关爱一点儿都没有减少。

但是，弟弟2岁以后，由于自我意识以及物权的发展，他开始与哥哥进行竞争。哥俩常常为玩具、绘本争夺而打架。每次买来玩具，铭铭都会在弟弟不注意的时候挑选一些自己喜欢的偷偷藏在自己睡觉的二层床上（因为弟弟还小爬不上去）。等到弟弟能够爬上哥哥床的时候，弟弟立刻发现床上众多的"宝贝"，好像发现了新大陆，舍不得下来。即使下来，他总会顺手拿几件玩具，铭铭看到了立马夺回来，于是兄弟俩就开始打架。当然，胜者自然是人高身壮的铭铭了。可是，弟弟也不甘示弱，会哭着向大人告状，大人少不得进行调节。哥哥的自私表现自然要受到大人的批评："铭铭，大人买来的玩具是让你和弟弟共同玩的，有的玩具已经不适合你这么大的孩子玩了，为什么不给弟弟玩，要私自藏起来？"为此铭铭经常问我："姥姥，你是爱弟弟多一些还是爱我多一些？"

"你们两个我都爱，因为你们都是姥姥的宝贝外孙子。但是，弟弟还小，你应该学会让着弟弟、照顾弟弟，因为你是兄长。古人常说兄长如父，将来弟弟会很尊重你！以后，你们长大成人，兄弟俩还要互相照应。弟弟现在还小，但是已经懂得分享，例如幼儿园有好吃的，他都会跟老师说，我给哥哥要一份。幼儿园小朋友过生日发的糖果都会拿回来给你，并且说我与哥哥分享。是不是这样，铭铭？因为弟弟还小，不会像你这样懂事，因此在一些小事上你要让着弟弟。当然，关键的事情我们还是要尊重你的想法的。我们都爱你，你看爸爸妈妈每次都带你去国外玩，可是从来没有带过弟弟，其实这对弟弟也是不公平的。以后，我要向你爸爸妈妈提出，再外出旅行，一定要带上弟弟了，你们全家一块玩多好呀！"

随着弟弟长大，铭铭上了小学，我就带着弟弟去学校接铭铭放学。弟弟2岁以后，每次接铭铭放学，弟弟都非要拉着哥哥的书包（拉杆箱式书包）。这时是铭铭最自豪的时候，他会告诉同学："这是我弟弟，我弟弟可爱吧！他这么小可是非常有力气，拉着我的书包走，简直成了我们学校的一景。"同学们都很羡慕铭铭有个可爱的小弟弟，这让铭铭感到有个弟弟真好！

其实，铭铭是很爱他弟弟的，早晨醒来一进弟弟屋就会亲亲弟弟，或者抚摸弟弟。只要回到家里没有看到弟弟，他马上就会问："弟弟呢？我们学校食堂做了点心，我给弟弟带回来一个。"同时，我们也尽量让铭铭带着弟弟读绘本或者玩一些建构游戏，在游戏中充分肯定铭铭的领导地位，树立铭铭的威信和权威，同时也让铭铭担当起哥哥的责任来。

在我家，哥俩一天不见面就想，待在一起就打，这恐怕是多子女家庭常见的状况。

根据我家的实际情况，我还是希望想要二胎的家庭，两个孩子之间相差2～3岁为宜。两个孩子年龄间隔太小，根据马里兰州大学的一项研究表明，假如两个孩子相差不到2岁，虽然他们更能轻易适应家里新添的一员，因为他们还没有很强烈的觉得自己被别人替代了的意识，但是妈妈需要在生产第一胎后身体有一段恢复的时间。另外，哈佛学前班课题的指导老师用了13年的时间来观察孩子们如何与兄弟姐妹相处，他们发现，年龄相近的孩子之间竞争性更强，而照顾他们的人的压力也更大。两个孩子年龄间隔太大，像我家这样，长子由于长期集百般宠爱于一身，其占有欲会更为强烈，对于二胎的出生更为敏感，或多或少都会产一些心理问题。因此，千万别忽略老大的心理感受，要尽量事事平等地对待两个孩子，让孩子感受到父母的爱不会因为一个新生命的诞生而减少，老大原本得到的爱和温暖并不会改变。也要教育老二要尊重老大，平时注意树立老大的威信。我们家长做事也要尽量对两个孩子公平，确保两个孩子的心理平衡，让两个孩子感受到同样的爱，千万不能出现偏爱或情感倾斜，造成孩子心理上的阴影。

看来处理好兄弟两个之间的关系还任重而道远呢！

幼儿发展测评

小班

生活自理能力	完全达到	经常达到	有时达到	尚未达到
1.在成人的提醒下，养成饭前洗手的习惯，并能把手洗干净	√			
2.会用毛巾把脸擦干净	√			
3.会穿脱鞋子，分清左右脚	√			
4.会将衣裤折叠整齐	√			
5.能使用调羹独立进餐	√			
6.养成喝水的习惯	√			
7.能根据自己的需要去大小便	√			
8.能安静、独立地入睡		√		
9.懂得爱护玩具、学习收拾玩具和日常用品	√			

个性和社会性发展	完全达到	经常达到	有时达到	尚未达到
1.喜欢上幼儿园，初步适应集体生活	√			
2.主动招呼熟悉的人（包括其他班的老师和幼儿园的工作人员）	√			
3.在老师的提醒下，遵守最基本的集体活动规则，如不打断他人说话，玩别人的玩具先征求主人的同意等		√		
4.乐意参加集体活动，体验与同伴共处的快乐	√			
5.愿意与他人交流	√			
6.礼貌地求助和感谢他人的帮助	√			
7.在成人的启发下能做出安慰、关心和帮助他人的行为	√			

身体的协调与发展	完全达到	经常达到	有时达到	尚未达到
1.会使用剪刀	√			
2.动作协调地踏步	√			
3.听信号转换方向，不碰撞、不跌倒	√			
4.双足交替上下楼梯	√			
5.两手两膝着地协调地向前爬行，不碰物体	√			
6.模仿教师认真做操	√			
7.会连续拍球	√			

语言	完全达到	经常达到	有时达到	尚未达到
1.在集体中倾听老师讲故事或说话	√			
2.用普通话交流，愿意在集体环境中大声说话，用短句表达自己的意思	√			
3.喜欢听故事、看表演	√			
4.喜欢翻阅图书，能理解画面表达的大概意思	√			
5.熟悉简单的英语日常用语，对英语学习感兴趣	√			

数学	完全达到	经常达到	有时达到	尚未达到
1.区别1和许多，了解物体数量之间多、少和一样多的关系	√			
2.手口一致地点数4以内物体总数	√			
3.认识三种图形——正方形、圆形、三角形	√			
4.能根据物体的一个特征进行分类（颜色、形状、大小等）	√			
5.会按大小、长短排序	√			

音乐与美术	完全达到	经常达到	有时达到	尚未达到
1.在游戏中愿意用声音、动作等表现所理解的事物和自己喜爱的角色	√			
2.喜欢做音乐游戏，能感受音乐节奏、旋律的显著变化，并会随变化变换动作	√			
3.学唱简单的歌曲，随音乐打节拍	√			
4.能大胆地涂色，且色彩多种多样	√			
5.能用不同的线条组织图案	√			
6.尝试用多种颜色、线条、材料和工具自由地表现熟悉物体的粗略特征，并做简单想象，体验乐趣	√			
7.能用雪花片等建构玩具进行一些简单物体的建构（花、桌、椅、圆形物体等）	√			

探索世界	完全达到	经常达到	有时达到	尚未达到
1.知道自己是中国人，住在上海	√			
2.了解身体的外形结构和五官，学习避开日常生活中可能出现的一些危难因素	√			
3.能区分自己和他人的物品	√			
4.喜欢操作、使用简单的工具，例如用小铲子、漏斗等，进行探索活动	√			
5.在老师的吸引下，愿意用各种感官感知周围环境中的物品和现象，了解其最明显的特征	√			

老师的话

✳ Dear 秦绍铭

    又一学年的幼儿园生活结束了，时间过得真快啊，不过你也长大了许多，进步了许多。活泼可爱、聪明健康的你，待人热情有礼貌，爱帮老师做事情，能主动与老师和同伴交流，语言表达能力较强。在集体教学活动中，你爱动脑筋，总能抢着回答老师的提问，并能积极参与各类游戏活动，常常有不同一般的想法并能大胆发表自己的见解。现在，你的小手也越来越能干，不仅会自己吃饭、穿脱衣服，还会和小朋友合作叠被子。在涂色、做手工方面，你的进步也不小，你总能坚持很长时间做你喜欢做的事，这是小朋友和老师最佩服你的地方。

    现在，你的朋友越来越多，老师相信你一定能成为一名合格的中班哥哥。预祝你今后继续快乐地学习、快乐地成长！

2010年6月 钱老师 卢老师 毕老师

女孩（0~5岁）BMI 生长曲线图

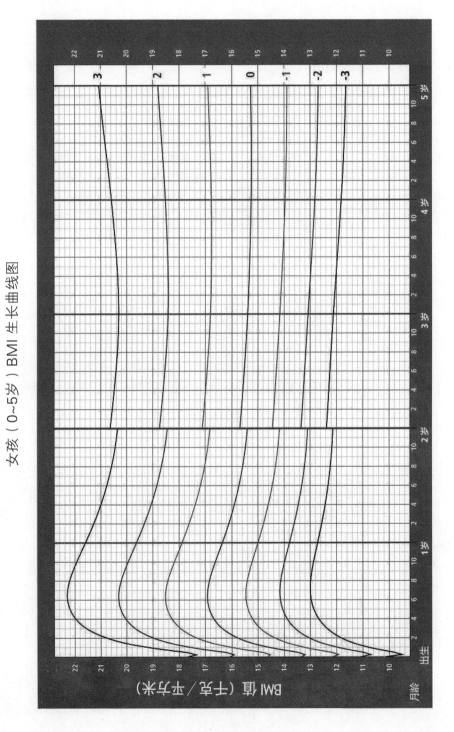

附录

454

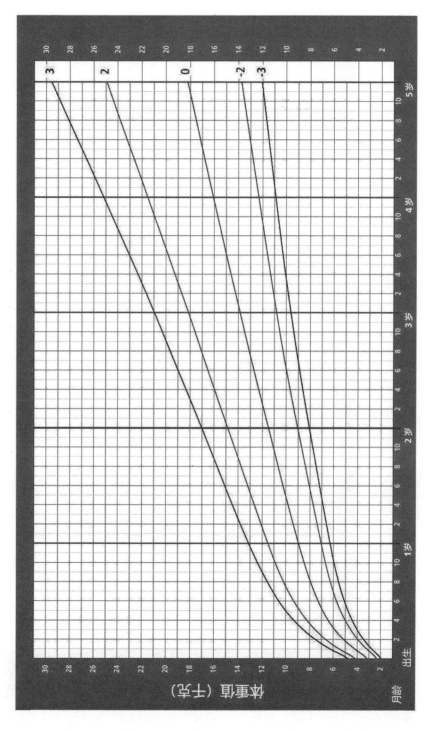

女孩（0~5岁）体重生长曲线图

女孩（0~5岁）身高生长曲线图

身高（厘米）

月龄

456

男孩（0~5岁）BMI生长曲线图

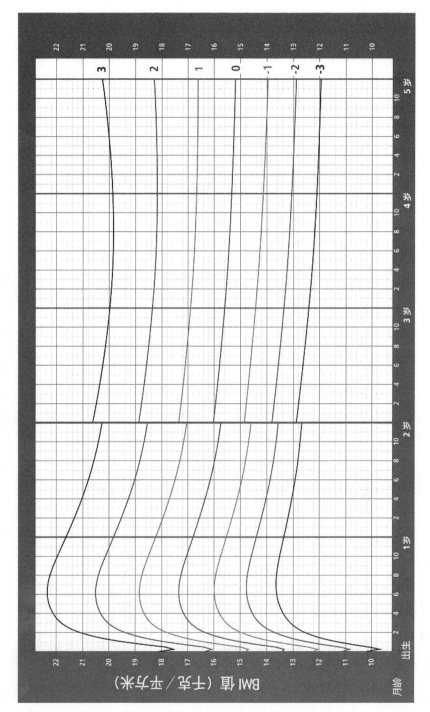

此图由世界卫生组织（WHO）提供

男孩（0~5岁）体重生长曲线图

体重（千克）

月龄   出生   1岁   2岁   3岁   4岁   5岁

男孩（0~5岁）身高生长曲线图

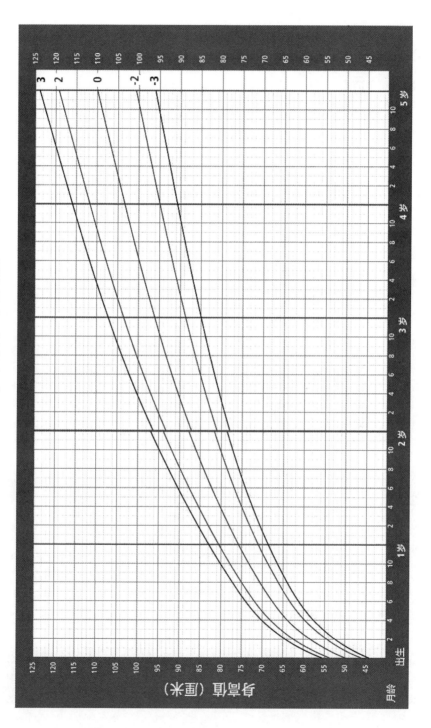

索　引

参考文献

［1］鲍秀兰等著：《0～3岁儿童最佳的人生开端》，中国妇女出版社，2013年。

［2］庞丽娟、李辉著：《婴儿心理学》，浙江教育出版社，1999年。

［3］孟昭兰著：《婴儿心理学》，北京大学出版社，2001年。

［4］陈帼眉著：《学前心理学》，人民教育出版社，2001年。

［5］金汉珍、黄德珉、官希吉主编：《实用新生儿学（第三版）》，人民卫生出版社，2006年。

［6］胡亚美、江载芳主编：《诸福棠实用儿科学（第七版）》，人民卫生出版社，2005年。

［7］菲利普·津巴多著：《害羞心理学》，中国人民大学出版社，2009年。

［8］琳达·索娜著：《婴幼儿早期大小便训练》，中国妇女出版社，2006年。

［9］斯蒂文·谢尔弗主编：《美国儿科学会育儿百科（第五版）》，北京科学技术出版社，2012年。

［10］张思莱著：《张思莱谈育儿那点事儿》，中国妇女出版社，2013年。

［11］张思莱著：《张思莱育儿微访谈》，中国妇女出版社，2014年。

［12］刘全礼编著：《儿童行为塑造及行为问题矫治》，中国妇女出版社，2009年。

［13］中国营养学会编著：《中国居民膳食指南》，西藏人民出版社，2010年。

［14］孟昭兰主编：《情绪心理学》，北京大学出版社，2005年。

［15］本杰明・斯波克著：《斯波克育儿经（第八版）》，南海出版公司，2007年。

［16］尹文刚著：《大脑潜能——脑开发的原理与操作》，世界图书出版公司，2005年。